环境学概论

（第二版）

U0278858

主　编　胡筱敏　王凯荣

副主编　黄勇强　刘汉湖　崔　丽

参　编　（按汉语拼音排序）

白书立　付忠田　李光德　李科林

李　亮　肖羽堂　易丽娟　袁绪英

张永利　郑桂灵　邹梦遥

华中科技大学出版社

中国·武汉

内 容 提 要

本书以"人口、资源、环境协调发展"为主线,系统阐述了人类与环境、可持续发展与环境保护的关系。全书共分 12 章,主要内容涉及环境与环境问题,可持续发展的理论与实践,环境科学的生态学基础,人口、资源与环境,能源与环境,大气污染及其防治,水体污染及其防治,土壤污染及其防治,固体废物污染及其防治,其他污染及其防治,环境评价与规划管理,景观环境利用与保护等。本书对环境学方面的基础知识、环境污染防治的基本原理做了较详细的论述。

本书可作为高等学校非环境类专业开设环境教育课的教学用书,也可作为环境类各专业和从事环境保护工作的专业人员的参考书。

图书在版编目(CIP)数据

环境学概论/胡筱敏,王凯荣主编. —2 版. —武汉:华中科技大学出版社,2020.1(2022.1 重印)
全国高等院校环境科学与工程统编教材
ISBN 978-7-5680-5935-0

Ⅰ.①环… Ⅱ.①胡… ②王… Ⅲ.①环境科学-高等学校-教材 Ⅳ.①X

中国版本图书馆 CIP 数据核字(2019)第 292584 号

环境学概论(第二版)　　　　　　　　　　　　　　　　　　胡筱敏　　王凯荣　主编
Huanjingxue Gailun(Di-er Ban)

策划编辑:王新华
责任编辑:李　佩　王新华
封面设计:潘　群
责任校对:刘　竣
责任监印:周治超
出版发行:华中科技大学出版社(中国·武汉)　　　　电话:(027)81321913
　　　　　武汉市东湖新技术开发区华工科技园　　　　邮编:430223
录　排:华中科技大学惠友文印中心
印　刷:武汉科源印刷设计有限公司
开　本:787mm×1092mm　1/16
印　张:21
字　数:548 千字
版　次:2022 年 1 月第 2 版第 2 次印刷
定　价:49.80 元

全国高等院校环境科学与工程统编教材

作者所在院校

（排名不分先后）

南开大学	中山大学	中国地质大学（武汉）	东南大学
湖南大学	重庆大学	四川大学	东华大学
武汉大学	中国矿业大学	华东理工大学	中国人民大学
厦门大学	华中科技大学	中国海洋大学	北京交通大学
北京理工大学	大连民族大学	成都信息工程大学	华北理工大学
北京科技大学	东北大学	华东交通大学	华北电力大学
北京建筑大学	江苏大学	南昌大学	广西师范大学
天津工业大学	常州大学	景德镇陶瓷大学	桂林电子科技大学
天津科技大学	扬州大学	长春工业大学	桂林理工大学
天津理工大学	中南大学	东北农业大学	仲恺农业工程学院
西北工业大学	长沙理工大学	哈尔滨理工大学	华南师范大学
西北大学	南华大学	河南大学	嘉应学院
西安理工大学	华中师范大学	河南工业大学	广东石油化工学院
西安工程大学	华中农业大学	河南理工大学	浙江工商大学
西安科技大学	武汉理工大学	河南农业大学	浙江农林大学
长安大学	中南民族大学	湖南科技大学	太原理工大学
中国石油大学（华东）	沈阳工业大学	洛阳理工学院	兰州理工大学
山东科技大学	湖北大学	河南城建学院	石河子大学
青岛农业大学	长江大学	韶关学院	内蒙古大学
山东农业大学	江汉大学	郑州大学	内蒙古科技大学
西南林业大学	福建师范大学	郑州轻工业大学	内蒙古农业大学
聊城大学	西南交通大学	河北大学	中南林业科技大学
山东第一医科大学	成都理工大学	江苏理工学院	武汉工程大学
长沙学院	唐山学院	东北石油大学	广东工业大学
青岛理工大学	上海电力大学	佛山科学技术学院	五邑大学

前　言

　　生态文明建设、环境保护改善的根本在于教育。环境教育,作为全民素质教育的重要组成部分,其实施的可行性、持续性和绩效性日益凸显。在校大学生是未来国家建设的生力军,也是社会公民的重要组成部分,其环境保护意识直接关系到我国社会的可持续发展水平和全民族的生态保护素质。因此,在全国高校中积极开展环境教育,提高在校大学生的环境保护意识,无疑具有非常重要的现实意义。

　　“环境教育”作为科学概念,于1972年在斯德哥尔摩召开的第一届“人类环境会议”中被正式提出,一般是指借助于教育的手段,使人们认识、了解环境问题并获得治理环境和防止新环境问题产生的思想、观念、知识、技能和行为规范等。其内涵为将可持续发展和环境保护的原则与指导思想渗入自然科学、技术科学、人文和社会科学等综合性教学和实践环节中,使其成为受教育者的基础知识结构和综合素质培养的重要组成部分。环境教育的最终目的是通过个体或集体在环境知识技能、意识和能力方面的培养,形成人类自觉保护环境的素质,主动地适应生态平衡,积极参与协调人、自然、社会三者之间相互关系的活动,从而使人类赖以生存的整个环境不断改善优化,形成良性循环。我国的环境教育与我国的环境保护工作一样,起步于20世纪70年代末,经过十年的蓬勃发展,已形成了较为完整的体系,目前大致可以分为环境专业教育和非环境专业教育两大部分。环境专业教育方面,自1998年起,为了适应环境科学的高速发展和日益严重的生态环境危机,国家批准设立了环境科学与工程一级学科,下设环境科学和环境工程两个二级学科,强调了文、理及工科学科间的交叉、渗透;中国的非环境专业教育最初是由国家环境保护部门领导并成立了自上而下的环境保护宣传教育中心,以政府为主进行环境保护知识的宣传,目的在于通过环境科学知识的普及进而提高整个民族的生态环境意识。经过数十年的发展历程,到今天已涵盖了从初等到高等的整个教育过程,成为终身教育、普及教育及素质教育的重要组成部分。从目前我国高校环境教育的现实来看,环境教育大多局限于环境专业教育,环境教育不仅普及程度不够,大学生整体的环境意识状况仍然堪忧。作为培养未来社会高素质公民和建设者的机构,高校要适应新时期环境教育的需要,不仅仅是要培养高级环境保护人才,更应利用学科的群体优势、专业优势、教师资源的优势,从不同层次上加强非环境专业教育,在提高全民的生态环境素质方面发挥应有的作用。

　　本书是应华中科技大学出版社之邀,为提高高校非环境类专业在校大学生的环境素质而编写的。全书是在东北大学胡筱敏教授于2010年出版的《环境学概论》基础上,集全国十余所高校十几位环境工程方面的专业教师的智慧完成的。旨在培养学生可持续发展的环境意识;使学生树立在从事任何一项工程项目、生产活动或经济活动时都应把对环境的影响作为主要因素来认真考虑的观念;掌握生态环境、清洁生产、大气污染及其防治、水体污染及其控制、固体废物污染及其防治等环境工程的基础知识,使学生具备适应未来发展的基本知识结构。作者追求的特色是文理(工)兼备,即力图使工科学生掌握更多的环境伦理方面的人文知识及养成从宏观看问题的思维方式,使文科学生掌握更多的环境工程方面的基础知识。写作过程中,作者力图避免一些呆板的说教,努力将同各个学科的联系十分密切而复杂的环境问题合乎逻辑地展示给读者,在章节的安排上力求循序渐进,以使学生能由浅入深地进行学习。

　　本书由东北大学胡筱敏、青岛农业大学王凯荣任主编,江苏大学黄勇强、中国矿业大学刘汉湖、沈阳工业大学崔丽任副主编。参加本书编写的老师有：东北大学胡筱敏、付忠田、李亮，青岛农业大学王凯荣、郑桂灵，江苏大学黄勇强，中国矿业大学刘汉湖，山东农业大学李光德，沈阳工业大学崔丽，石河子大学易丽娟，华中师范大学袁绪英，华南师范大学肖羽堂，佛山科学技术学院张永利，五邑大学白书立，中南林业科技大学李科林，仲恺农业工程学院邹梦遥。付忠田、崔丽协助胡筱敏完成统稿。

　　本书可作为高等学校非环境类专业开设环境教育课的教学用书，也可作为环境类各专业和从事环境保护工作的专业人员的参考书。

　　书中不足之处在所难免，恳请各方读者批评指正。

　　作者在编写过程中，参阅了大量文献著作，在此对原作者表示谢意，个别引用未能一一列出，敬请原谅。

胡筱敏

目　　录

第1章 绪 论

1.1 环境概述

1.1.1 环境的概念

"环境"这个抽象概念,总是相对于某一中心事物而言的,它是指作用于这一中心事物周围的客观事物的整体,并因中心事物的不同而不同,与中心事物之间相互依存、相互制约、相互作用和相互转化,存在着对立统一的关系。

环境科学研究的环境,是以人类为中心事物的环境。简单地说,人类的环境是以人类为主体围绕着人类的空间,直接或者间接影响人类生活和发展的各种自然因素和社会因素的总体,是指人类以外的整个外部世界。自古以来,人类就与外部世界诸事物发生着各种联系,其生存繁衍的历史是人类社会与环境相互作用、共同发展和不断进化的历史。

人类的环境可以分为自然环境和社会环境两种。

自然环境是人类社会的自然资源和自然条件的总和,即地球的自然界部分。目前所研究的自然环境通常是指适宜于生物生存和发展的地球表面的一个薄层,即生物圈,它包括大气圈、水圈和岩石土壤圈等在内的一切自然因素(如气候、地理、地质、水文、土壤、水资源、矿产资源和野生动物等)及其相互关系的总和。自然环境是人类不可缺少的生存条件,人们在这里工作、生活,它既是社会物质生产的对象,又是社会物质生产的条件,是发展生产、繁荣经济的物质源泉。因而,自然环境是人和社会存在和发展的必要条件。

社会环境是人类在自然环境的基础上,通过长期有意识的社会劳动所创造的人工环境,包括构成社会的经济基础及相应的政治、法律、宗教、艺术、哲学等及人类的定居、人类社会发展和城市建设发展状况等。它是人类物质文明和精神文明发展的标志,并随着人类社会的发展不断丰富和演变。

事实上,环境这一含义不仅适用于人类,还适用于其他所有生物,但是不适用于任何非生物,因为只有生物才涉及生存和发展问题,也只有生物与环境接触,才导致了自身的生存和发展,这就是生物的本质,同时也说明了环境的本质。但是,人类环境与其他生物环境具有明显的不同,这一不同不仅仅是因为中心事物的差异,更重要的是因为人类环境具有社会性。人类环境是在人类与环境相互影响、辩证发展过程中,由人类利用和改造过的环境,也就是说,人类环境有深刻的人类烙印,是自然环境和社会环境交织在一起的人类生态系统。

另外,在世界各国所颁布的环境保护法律中,通常将应当保护的对象或者各种环境要素称为环境。《中华人民共和国环境保护法》明确指出:"本法所称环境,是指影响人类生存和发展的各种天然的和经过人工改造的自然因素的总体,包括大气、水、海洋、土地、矿藏、森林、草原、湿地、野生生物、自然遗迹、人文遗迹、自然保护区、风景名胜区、城市和乡村等。"这里的"环境"也就是环境保护的对象,有三个特点:一是其主体是人类;二是既包括天然的自然环境,也包括人工改造后的自然环境;三是不含社会因素。这种定义方式是从环境保护的实际需要出发,对

"环境"一词的法律适用对象或适用范围做出规定,为环境保护工作提供明确的指导。

1.1.2 环境要素

构成环境整体的各个独立的、性质不同的而又服从整体演化规律的基本物质组分称为环境要素,也称环境基质。环境要素分为自然环境要素和社会环境要素,但通常是指自然环境要素。环境要素包括水、大气、生物、阳光、岩石和土壤等。

环境要素组成环境的结构单元,环境的结构单元又组成环境整体或环境系统。如由水组成水体,全部水体总称为水圈;由大气组成大气层,全部大气层总称为大气圈;由土壤构成农田、草地和林地等,由岩石构成岩体,全部岩石和土壤构成的固体壳层称为土壤岩石圈;由生物体组成生物群落,全部生物群落称为生物圈。

环境要素具有一些十分重要的特点。这些特点不仅制约着各环境要素间互相联系、互相作用的基本关系,而且是认识环境、评价环境、改造环境的基本依据。环境要素最重要的特点如下。

1. 最差限制律

整个环境的质量,不能由环境诸要素的平均状况决定,而是受环境诸要素中那个与最优状态差距最大的要素所控制。这就是说,环境质量的高低取决于诸要素中处于"最差状态"的那个要素,不能用其余的处于优良状态的环境要素去代替和弥补。因此,在改造自然和改进环境质量时,必须对环境诸要素的优劣状态进行数值分类,循着由差到优的顺序,依次改造每个要素,使之均衡地达到最佳状态。

2. 等值性

任何一个环境要素,对于环境质量的限制,只有当它们处于最差状态时,才具有等值性。这就是说,各个环境要素,无论它们本身在规模上或数量上是如何的不同,但只要是一个独立的要素,那么对于环境质量的限制作用并无质的差异。这种等值性同最差限制律有密切的联系,不过前者强调要素间作用的比较,后者则是从制约环境质量的主导要素上着眼的。

3. 环境的整体性大于环境诸要素的个体和

一个环境的整体性质,不是组成该环境的各个要素性质的简单叠加,而是比这种叠加丰富得多,复杂得多。环境诸要素互相联系、互相作用所产生的集体效应,是个体效应基础上质的飞跃。研究环境要素不但要研究单个要素的作用,还要探讨整个环境的作用机制,综合分析和归纳整体效应的表现。

4. 相互依赖性

环境诸要素之间通过物质循环和能量流动而相互联系、相互依赖。

1.1.3 环境的分类

环境是复杂而庞大的体系,人们可以从不同的角度或以不同的原则,按照人类环境的组成和结构关系将它进行不同的分类。通常按照环境的主体、环境的范围、环境的要素等原则进行分类。

1. 按照环境的主体分类

按照环境的主体分类,包括两种体系:一种是以人类作为主体,其他的生命物体和非生命物质都被视为环境要素,环境就是指人类的生存环境,在环境科学中,多数人采用这种分类法;另一种是以所有生物作为环境的主体,其他的非生命物质作为环境要素,生态学研究往往采用这种分类法。

2. 按照环境的范围分类

按照环境的范围可以将环境分为聚落环境(院落环境、小区环境、乡村环境)、地理环境、地质环境和星际环境。

3. 按照环境要素分类

按照环境要素可以将环境分为两大类:自然环境和社会环境。自然环境虽然因为人类活动发生巨大的变化,但仍按自然的规律发展着。在自然环境中,按其主要的环境组成要素,可再分为大气环境、水环境、土壤环境、生物环境等。社会环境是人类社会在长期的发展中,为了不断提高人类的物质和文化生活而创造出来的。社会环境常按人类对环境的利用或环境的功能再进行下一级的分类,主要分为生产环境(如工厂环境、矿山环境、农场环境、林场环境、果园环境等)、交通环境(如机场环境、港口环境)、文化环境(如学校及文化教育区、文物古迹保护区、风景游览区和自然保护区)等。

上述环境的这些分类方法都是根据研究的方便和认识环境问题的深度和广度的不同而提出的,不存在本质上的区别。不同分类法所定义的环境类型间紧密关联并相互影响和制约,从而形成一个密不可分的整体。

1.1.4　环境的属性

1. 整体性

环境的整体性也可以表述为相互联系性,这种整体性主要表现为环境各要素之间及人类与环境之间相互联系,构成不可分割的整体。

环境各要素之间相互联系,是统一的整体。阳光、大气、水、生物、岩石等环境要素构成了生物圈,即人类的生存环境。生物圈的各种要素在环境的正常功能中都具有特殊的意义,都是不可缺少的。这些要素通过物质循环和能量流动等方式相互联系、相互作用,在相互作用中存在,在相互联系中起作用,在相互联系和相互作用中发展并表现它们各自的特性,构成相对稳定的整体。某一个要素的异常或变化,都会或多或少地引起整个环境系统的变化,甚至影响功能的发挥或发生功能的改变。比如,排放入土壤环境的固体废物能通过迁移转化等作用污染大气和水体,这一简单的例子就说明土壤、大气和水之间是相互联系的。认识到环境要素之间的整体性对于发展环境科学,了解和解决复杂的环境问题具有指导意义。

人类与环境之间相互联系,是不可分割的整体,这也是环境的整体性的最重要一点。人类通过多种渠道作用于环境,同时又不同程度地受到环境的反作用。随着人类发展水平的日益提高,人类对于环境的依赖和需求越来越多,人们迫切地从环境中攫取自然资源和能源,并将产生的废物排放入环境。在此同时,大气污染、水污染等状况便相继发生,反作用于人类,使人类无法饮用清洁的水、呼吸新鲜的空气,导致各种疾病的发生。这种状况的发生就是因为人类在攫取自然资源维持自身的生存和发展过程中,忽视环境与人类的相互联系,忽视人类是组成环境实体的一部分,使环境的整体关系失调,并且自食恶果。环境的整体性特点时刻提醒我们,人类不能超然于环境之外,在改造环境的过程中,必须将自身与环境作为一个整体加以考虑,才能产生对人类的最佳效果。

2. 环境质量

环境质量被用以表述环境的优劣程度,指环境的总体或环境的某些要素对人类的生存、繁衍及社会经济发展的适宜程度,是反映人类的具体要求而形成的对环境评定的一种概念。环境质量包括环境综合质量和各种环境要素的质量,如大气环境质量、水环境质量、土壤环境质量、生物环境质量、城市环境质量、生产环境质量、文化环境质量等。自然灾害、资源利用、废物排放及人群的规模和文化状态都会改变或影响一个区域的环境质量。随着环境问题的出现,环境质量主要用于表示环境遭受污染的程度。环境质量是不断变化的,也是可以改善的。环境质量通常要通过选择一定的环境指标,并对其量化来表达,也就是进行环境质量评价,借以表征环境质量。

3. 环境承载力

环境承载力又称环境承受力或环境忍耐力。它是指在某一时期,某种环境状态下,某一区域环境对人类社会、经济活动的支持能力的限度。人类赖以生存和发展的环境是一个大系统,它在为人类活动提供空间和载体的同时,又为人类活动提供资源并容纳废物。但是,由于环境系统的组成物质在数量上有一定的比例关系、在空间上具有一定的分布规律,所以它对人类活动的支持能力有一定的限度,这也就是环境承载力的概念。当今存在的种种环境问题,大多是人类活动与环境承载力之间出现冲突的表现。当人类社会经济活动对环境的影响超过环境所能支持的极限,即外界的"刺激"超过了环境系统维护其动态平衡与抗干扰的能力,也就是人类社会行为对环境的作用力超过环境承载力,环境质量就会下降甚至出现环境问题。人们用环境承载力作为衡量人类社会经济与环境协调程度的标尺。

1.2　环　境　问　题

1.2.1　环境问题的界定

环境问题是指由于自然原因或者人类活动使环境质量下降或生态功能失调,对人类的生存和社会经济发展造成不利影响的现象。人类与环境是一个整体,存在着对立统一的关系。人类只是地球环境演变到一定阶段的产物。人体组织的组成元素及其含量在一定程度上同地壳的元素及其丰度之间具有一定关系,表明人是环境的产物。人类出现后,通过生产和消费活动,从自然界获取生存资源,然后又将经过改造和使用的自然物和各种废物还给自然界,从而参与了自然界的物质循环和能量流动过程,不断地改变着地球环境。在人类改造环境的过程中,地球环境仍以固有的规律运动着,不断地反作用于人类,因此常常产生环境问题。环境问题又随着人类改造自然能力的提高而不断变化,呈现出愈演愈烈的态势。环境问题按照产生的原因可以分为原生环境问题和次生环境问题。

原生环境问题又称为第一环境问题,是指由自然因素自身的失衡和污染引起的环境问题,如火山爆发、洪涝、干旱、地震、台风等自然界的异常变化,因环境中元素自然分布不均引起的地方病以及自然界中放射性物质产生的放射病等。

次生环境问题又称为第二环境问题,是指由人为因素造成的环境污染和自然资源与生态环境的破坏。人类在开发利用自然资源时,只是将环境作为一个取之不尽、用之不竭的宝库和天然垃圾场,而将自身看作是环境的统治者,超然于环境之外,没有顾及环境的整体性,没有认识到环境的变化将反作用于人类自身。结果,当人类从环境中攫取资源并排放废物超出环境承载力时,就出现环境质量恶化或自然资源枯竭的现象。这些都属于人为造成的环境问题,通常所说的环境问题主要就是指次生环境问题。

次生环境问题又可分为环境污染和生态环境破坏两大类。由于人为的因素,环境的化学组分或物理状态发生变化,与原来的情况相比,环境质量发生恶化,扰乱或破坏了原有的生态系统或人们正常的生产和生活条件,这种现象称为环境污染,又称为公害,如工业生产排放的废水、废气、废渣对水体、大气、土壤和生物的污染。生态环境破坏主要指人类盲目地开发自然资源引起的生态退化及由此而衍生的环境效应,是人类活动直接作用于自然界引起的,如过度放牧引起的草原退化、毁林开荒造成的水土流失和沙漠化等。

1.2.2　环境的退化及环境问题的发展

人类是环境的产物,又是环境的改造者,人与环境是对立统一的整体。人类在漫长的历史长河中,在不同程度的生产力水平条件下,根据自身生存和发展的需要改造着环境。今天人类赖以生存的环境,既不是单纯地由自然因素构成的,也不是单纯地由社会因素构成的,而是在自然背景的基础上经过人类的改造加工形成的。它凝聚着自然因素和社会因素的交互作用,体现着人类利用和改造自然的性质和水平。然而,由于人类对于环境认识能力的低下以及对于自身科学技术水平的盲目乐观,人们在没有遭受环境问题的惩罚之前,沾沾自喜于对于环境的一个又一个胜利,盲目地发展,从而造成了日益严重的环境问题。正如恩格斯所指出的:"我们不要过分陶醉于我们对自然界的胜利。对于每一次这样的胜利,自然界都报复了我们。每一次胜利,在第一步都确实取得了我们预期的结果,但是在第二步和第三步却有了完全不同的、出乎预料的影响,常常把第一个结果又取消了。"可以说,环境问题的实质就是环境与发展问题。人类没有选择正确的发展方式,导致了环境从简单到复杂的不断变迁和环境问题的频繁发生。

一、环境的退化

环境的退化是人类生存和发展对环境影响的结果。自从人类在地球上诞生起,无论是刀耕火种还是以机器大工业为代表的工业文明,人类历史每向前行进一步都不同程度地影响着环境,造成环境的变迁。在工业革命前,环境退化在千百年中以非常缓慢的方式进行着,在相对局部的范围内发生。然而,快速增长的工业化社会的对环境影响的累积结果导致环境急剧退化。统计资料表明:

(1) 有 1/3~1/2 面积的陆地已经被人类活动改变;

(2) 从工业革命以来,大气的二氧化碳体积含量提高了 30%;

(3) 人工固氮的总量已经超过天然固氮总量;

(4) 被人类利用的地表淡水已经超过可利用总量的 50%;

(5) 近 2000 年来,地球上大概有 1/4 的鸟类物种已经灭绝;

(6) 接近 2/3 的海洋渔业资源已经过度捕捞或耗尽;

(7) 地球的大气层正开始失去清除空气污染物的自然能力;

(8) 北极地区的冰盖已减少了 42%;

(9) 全球 27% 的珊瑚礁遭到破坏。

各种环境要素的改变交织在一起,造成了环境的退化以至于环境功能的丧失。在人类社会的发展进程中,不乏这种先例。

美索不达米亚平原是著名的巴比伦文明的发祥地。它在幼发拉底河和底格里斯河之间,受两河流域的滋润,土壤肥美。优越的自然条件使它的灌溉农业发展较早,从四五千年前的巴比伦王国开始形成历史上灿烂的巴比伦文明。但是,在发展农业的过程中,两河上游的森林被破坏,造成气候失调、水土流失、土地沙化,竟使沃野变成不毛之地。

　　黄河流域是中华民族光辉灿烂文化的发祥地，四千多年前，曾经是森林茂密、水草丰足的森林草原带，农业发达。盲目开发、森林被破坏，致使 43 万平方千米的土地上千沟万壑，水土严重流失。

　　鄱阳湖是中国最大的淡水湖，水域面积最大曾达 4000 平方千米。但是由于人工种养吞食湿地、围湖造堰及无序采砂等诸多原因，鄱阳湖水域面积减少到不足 50 平方千米，曾经碧波千里的浩瀚水面消失了。

　　由世界自然基金会和联合国环境规划署联合发表的《2000 年地球生态报告》显示，人类若依照目前的速度继续消耗地球资源，那么地球上所有的自然资源会在 2075 年前耗尽。

二、环境问题的发展

　　如果说环境的退化是人类生存和发展对环境影响的结果，那么环境问题的产生和发展就是环境退化的直接表现并且反作用于人类的结果。在以往的人类历史中，在当时的发展观念下，环境问题随着人类文明的发展而发展，呈现出由简单到复杂、由区域性到全球性的变化态势。

1. 环境问题的出现

　　人类在诞生以后很长的时间里，只是天然食物的采集者和捕食者。偶尔因为人们的用火不慎，大片草地、森林发生火灾，生物资源遭到破坏，使人们不得不迁往异地以谋生存。这一时期人类对环境的影响不大，因此环境对人类的反作用并不强。偶尔的环境功能破坏、环境质量下降只在少数地方存在，虽然会给人们的生活造成一定的不便，但这主要是由于当时人类的生产力水平过于低下造成的，而环境本身经过一段时间的自我修复，基本能够恢复到原有的水平，尚不至于造成重大危害。

　　人类的农业文明时期开启了环境问题的开端。在人类学会培育植物和驯化动物、进入农业文明时代之后，人类改造环境的作用越来越明显，相应的环境问题开始出现。比如大量砍伐森林、破坏草原、刀耕火种、盲目开荒，往往引起严重的水土流失、水旱灾害频繁和沙漠化；兴修水利、不合理灌溉，往往引起土壤的盐碱化、沼泽化及某些疾病的流行。总体说来，农业和畜牧业的发展是人类生产发展史上的一次大革命，标志着人类利用自然和改造自然的能力迈出了一大步。在这一时期，环境问题开始出现，但是并不突出。

　　另外，在农业文明时代，也出现了一些工业文明的影子。随着社会分工和商品交换的发展，城市成为手工业和商业的中心。城市里人口密集，房屋毗连。炼铁、冶铜、锻造、纺织、制革等各种手工业作坊与居民住房混在一起。这些作坊排出的废水、废气、废渣，以及城镇居民排放的生活垃圾，造成了环境污染。13 世纪英国爱德华一世时期，曾经有对排放煤炭的"有害的气味"提出抗议的记载。

2. 环境问题的恶化

　　环境问题频繁发生并且开始引起人们关注是在 18 世纪 60 年代到 20 世纪 70 年代。资本主义生产完成了从工场手工业向机器大工业的过渡，工业革命迅速发展，人类逐步进入工业文明时代，利用和改造自然环境的能力得到空前增长。正是在这一时期，人类陶醉于社会生产力的突飞猛进，恣意从自然环境中攫取资源和能源，任意排放废物，造成了环境问题的大爆发，并且直接导致了当前全球性环境问题的产生。工业革命是人类环境问题的"分水岭"。

　　伴随着蒸汽机的发明和广泛使用，英国、欧美及日本等国相继建立了以煤炭、冶金、化工等为基础的工业生产体系。这一生产体系需要以煤炭作为燃料，因此煤炭资源的开采量大幅度上升，到 1900 年，世界先进国家英、美、德、法、日五国煤炭产量总和已达 6.641 亿吨。煤炭资源的广泛利用自然导致燃煤废物如烟尘、二氧化硫、二氧化碳、一氧化碳大量排放。据估算,在 20 世纪 40 年代初期,世界范围内工业生产和家庭燃烧所释放的二氧化硫每年高达几千万吨,其中 2/3 是由燃煤产生的。这一情况导致部分工业先进城市和国家煤烟污染问题的发生,甚至酿成多起严重的燃煤大气污染公害事件,如美国的多诺拉烟雾事件,在这一事件中,有 4700 多人因呼吸道疾病而死亡,而在雾散以后,又有 8000 多人死于非命。

随着内燃机的燃料从煤气过渡到石油产品——汽油和柴油,石油在人类能源构成中的比重大幅度上升。开采和加工石油不仅刺激了石油炼制工业的发展,而且导致石油化工的兴起。然而,石油的应用给环境带来了新的污染。首先,石油的广泛应用推动了汽车工业的发展,而汽车排放的尾气中含有大量的一氧化碳、碳氢化合物、氮氧化物及铅尘、烟尘等颗粒物和二氧化硫、醛类、苯并芘等有害物质,这些气体在静风、逆温等特定条件下,经强烈的阳光照射会产生光化学烟雾,严重危害人类健康。其次,以石油和天然气为主要原料的有机化学工业的发展,使橡胶、塑料和纤维三大高分子合成材料,以及合成洗涤剂、合成油脂、有机农药、食品与饲料添加剂等有机化学制品大量生产和应用。这些化学制品在为人类的生产和生活带来便利的同时,对环境的破坏也渐渐地发生,造成了有机毒害和污染等环境问题。

20 世纪 50 年代,西方大国竞相发展经济,工业化和城市化进程加快,经济高速持续增长。在这种增长的背后,隐藏着破坏和污染环境的巨大危机。因为工业化与城市化的推进,一方面带来了资源和原料的大量需求和消耗,另一方面使得工业生产和城市生活的大量废物排向土壤、河流和大气之中,最终造成环境污染的大爆发,使世界环境危机进一步加重。

在这一段时期,先后发生了震惊世界的八大公害事件,分别是马斯河谷事件、多诺拉烟雾事件、洛杉矶光化学烟雾事件、伦敦烟雾事件、四日市哮喘事件、米糠油事件、水俣病事件和痛痛病事件。这八大公害事件直接死亡人数达 5000 多,给人类带来了惨痛的教训。

3. 全球性环境问题的爆发

进入 20 世纪 80 年代,虽然人类开始注意到环境问题对人类的危害程度及环境保护的重要性,并且开始了一系列环境保护的行动,但是人类对于环境破坏的累积作用仍然在世界范围内大规模爆发出来。这时的环境问题不再是某一地区或者某一国家的事情,而是具有全球性、长期性、共同性和关联性。目前全球性问题主要包括:全球性的大气污染,如温室效应、臭氧层破坏、酸雨;大面积的生态破坏,如土地退化与荒漠化;生物多样性减少及国际水域与海洋污染等。

1) 温室效应

温室效应是指透射阳光的密闭空间由于与外界缺乏热交换而形成的保温效应,就是地面吸收太阳的短波辐射然后放出的长波辐射被大气中的二氧化碳等物质所吸收,从而产生大气变暖的效应。对于产生温室效应有重要作用的气体有二氧化碳、甲烷、臭氧、氯氟烃及水汽等,其中数量最多的是二氧化碳,约占大气总量的 0.03%。大气中的温室气体浓度增加,阻止地球热量的散失,使地球发生可感觉到的气温升高。

近几十年来,由于人口急剧增加,工业迅猛发展,呼吸产生的二氧化碳及煤炭、石油、天然气燃烧产生的二氧化碳远远超过了过去的水平。而另一方面,由于对森林乱砍滥伐,大量农田建成城市和工厂,破坏了植被,减少了将二氧化碳转化为有机物的条件。再加上地表水域逐渐缩小,降水量大大降低,减少了吸收溶解二氧化碳的条件,破坏了二氧化碳生成与转化的动态平衡,因而使大气中的二氧化碳含量逐年增加。空气中二氧化碳含量的增长,导致地球气温发生改变。自 1975 年以来,地球表面的平均温度已经上升了 0.9 ℃。以目前的趋势看,全球平均气温在未来 50 年内将升高 2～3 ℃,但如果温室气体排放继续增加,气温还会再升高几摄氏度。

尽管温室效应可能带来诸如中高纬度地区农作物增产、全球木材供应增加和取暖能源减少等有利结果,但是它带来的负面影响要远大于益处。据统计,全球每年有 10 万人因气候变暖而死亡。温室效应可能导致许多国家面临更加突出的水资源供需矛盾。比如,联合国政府间气候变化专门委员会 2007 年初的一个报告草案曾指出,如果平均气温上升 4 ℃,全球就会有 30 多亿人面临缺水问题。目前人类社会遭遇的垃圾处理和交通等环境问题将可能因为高温多雨而加剧。低海拔地区城镇化的快速发展和那里人口密度的迅速增加,使得全球更多人口处于海岸气候极端事件的威胁中。比如,热带风暴和飓风强度可能更大,带来的雨量更多,导致沿海国家遭遇洪涝等灾害;地球两极冰雪融化和海平面上升,地球上众多海岸线将被海水侵蚀,众多岛屿将被淹没,岛上及沿海居民生活受到威胁,而一些小岛国甚至不复存在。土地干旱,沙漠化面积增大。各地区高温、干热引发的森林火灾等事故也将不断出现。由于全球变暖,许多通过昆虫、食物和水传播的传染性疾病的传播范围将扩大,并对贫困地区的人口造成显著影响。数据显示,由于气候变化,全球更多的人口将面临疟疾和登革热这两种传染病的威胁。从长远来看,由于气候变化,不少动植物开始向南部或北部迁移,生物物种活动范围的迁移将导致迁入地和迁出地生物链混乱,从而对农林业和渔业产生不利影响。此外,气温升高还导致一些地区害虫数量大增,严重影响农业生产。有专家指出,50 年后,全球变暖将导致上百万个物种消失。

2) 臭氧层破坏

大气中的臭氧含量仅占一亿分之一,但在离地面 20～30 km 的平流层中,存在着臭氧层,其中臭氧的含量占这一高度空气总量的十万分之一。臭氧层的臭氧含量虽然极其微小,却具有非常强烈的吸收紫外线的功能,可以吸收太阳光紫外线中对生物有害的部分 UV-B。由于臭氧层有效地挡住了来自太阳紫外线的侵袭,人类和地球上各种生命才能够生存、繁衍和发展。1985 年,英国科学家观测到南极上空出现臭氧层空洞,并证实其同氟利昂 CFCs 分解产生的氯原子有直接关系。近年来,南极上空的臭氧空洞有扩大的趋势,在北极上空也出现了臭氧减少的情况。氟利昂等消耗臭氧物质是臭氧层破坏的元凶,氟利昂是 20 世纪 20 年代合成的,其化学性质稳定,不具有可燃性和毒性,被当作制冷剂、发泡剂和清洗剂,广泛用于家用电器、泡沫塑料、日用化学品、汽车、消防器材等领域。

臭氧层被大量损耗后,吸收紫外辐射的能力大大减弱,导致到达地球表面的紫外线 UV-B 明显增加,给人类健康和生态环境带来多方面的危害,目前已受到人们普遍关注的主要有对人体健康、陆生植物、水生生态系统、生物化学循环、材料及对流层大气组成和空气质量等方面的影响。例如阳光紫外线 UV-B 的增加对人类健康有严重的危害作用,潜在的危险包括引发和加剧眼部疾病、皮肤癌和传染性疾病。在已经研究过的植物品种中,超过 50% 的植物有来自 UV-B 的负面影响,比如豆类、瓜类等作物,另外某些作物如土豆、番茄、甜菜等的质量将会下降。臭氧层破坏会加速建筑、喷涂、包装及电线电缆等所用材料,尤其是高分子材料的降解和老化变质。天然浮游植物群落与臭氧的变化直接相关,对臭氧层空洞范围内和臭氧层空洞以外地区的浮游植物生产力进行比较的结果表明,浮游植物生产力下降与臭氧减少造成的 UV-B 辐射增加直接有关。由于浮游生物是海洋食物链的基础,浮游生物种类和数量的减少还会影响鱼类和贝类生物的产量。据一项科学研究的结果显示,如果平流层臭氧减少 25%,浮游生物的初级生产力将下降 10%,这将导致水面附近的生物减少 35%。阳光紫外线的增加会影响陆地和水体的生物地球化学循环,从而改变地球-大气这一巨大系统中一些重要物质在地球各圈层中的循环,如温室气体和对化学反应具有重要作用的其他微量气体的排放和去除过程,包括 CO_2、CO 及 O_3 等。这些潜在的变化将对生物圈和大气圈之间的相互作用产生影响。另外,臭氧层破坏也将导致对流层的大气化学更加活跃。

3) 酸雨

酸雨是指 pH 值小于 5.6 的大气降水,是大气环境污染的一种表现形式。形成酸雨的主要原因是大气中存在一定浓度的二氧化硫和氮氧化物等酸性气体。人类生产和生活活动燃烧大量的煤炭和石油,随之产生的二氧化硫和氮氧化物等气体,或汽车排放出来的氮氧化物烟气排放入大气中,这些酸性气体与水蒸气相结合,就会形成硫酸和硝酸等气态或者液态微粒,随大气降水降落到地面,形成酸雨。据统计,全球每年排放进大气的二氧化硫约 1 亿吨,二氧化氮约 5000 万吨,所以,酸雨主要是人类生产活动和生活造成的。目前,全球已形成三大酸雨区。我国覆盖四川、贵州、广东、广西、湖南、湖北、江西、浙江、江苏和青岛等省市部分地区,面积达 200 多万平方千米的酸雨区是世界三大酸雨区之一。世界上另两个酸雨区是以德、法、英等国为中心,波及大半个欧洲的北欧酸雨区和包括美国和加拿大在内的北美酸雨区。这两个酸雨区的总面积为 1000 多万平方千米,降水的 pH 值小于 5,有的甚至小于 4。

酸雨会对环境带来严重的危害,造成巨大的经济损失。危害的方面主要有腐蚀建筑物和工业设备、破坏露天的文物古迹、损坏植物叶面、破坏土壤成分,导致森林死亡、农作物减产甚至死亡、湖泊中鱼虾死亡、酸化的地下水危害人体健康。

4) 土地退化与荒漠化

土地退化是指土地受到人为因素或自然因素的干扰、破坏而改变原有的内部结构、理化性状,土地环境日趋恶劣,逐步减少或失去该土地原先所具有的综合生产潜力的演替过程。根据联合国防止荒漠化公约的资料,全球有 70% 的干地(不包括极端干旱的沙漠及冰封地区的土地)已面临不同程度和类型的退化,总面积达 3600 万平方千米。在近 20 年来,世界范围内超过 1/3 的森林、20% 的耕地及 10% 的草场由于管理不善出现了退化加剧的问题。随之而来的将是农业产量下降、粮食短缺、人口迁移、生态系统被破坏及生物多样性丧失等恶性连锁反应。

荒漠化是由于气候变化和人类不合理的经济活动等因素,使干旱、半干旱和具有干旱灾害的半湿润地区的土地发生退化。根据联合国环境规划署的估计,全球有 1/4 的土地受到荒漠化的威胁。超过 2.5 亿的世界人口遭受着荒漠化的直接影响,同时,由于耕地和牧场变得贫瘠,100 多个国家超过 10 亿人口的生计问题处于危险境地。产生沙漠化的自然因素主要是干旱、地表为松散砂质沉积物和大风的吹扬等,人为因素主要是过度放牧、过度垦殖和不合理地利用水资源等。

土地退化和荒漠化的危害是破坏土地资源,使可供农牧的土地面积减少,土地滋生能力退化,植物量减少,土地载畜力下降,作物的单位面积产量降低,还能导致河流、水库、水渠堵塞,风沙活动破坏通讯、输电线路和设施等。据国家林业和草原局调查表明,我国已成为受荒漠化危害最严重的国家之一,有 1/4 以上的国土荒漠化,每年直接经济损失达 540 亿元。

5) 生物多样性减少

生物多样性是指所有来源生物之间的差异,包括遗传多样性、物种多样性和生态系统多样性。生物多样性对于人类具有巨大的价值。人类的生存离不开其他生物,地球上多种多样的植物、动物和微生物为人类提供了不可缺少的食物、纤维、木材、药物和工业原料。它们与其物理环境之间相互作用所形成的生态系统,调节着地球上的能量流动,保证了物质循环,从而影响着大气构成,决定着土壤性质,控制着水文状况,构成了人类生存和发展所依赖的生命支持系统。物种的灭绝和遗传多样性的丧失,将使生物多样性不断减少,逐渐瓦解人类生存的基础。人类过度砍伐森林特别是热带雨林,致使生物的生境丧失,再加之生物资源的过度开发、环境污染、全球气候变化及工业、农业的影响,生物种类正在急剧减少,现在每天以 100 多种到 200 多种的速度消失。据估计,在今后的 20~30 年中将有 1/4 的物种消失,这对人类生存和发展构成巨大的潜在威胁。

6) 国际水域与海洋污染

海洋能为人类提供丰富的海洋食品及矿物资源,同时还具有调节气候、蒸发水分有利降雨等多种功能。海洋对于人类及整个地球环境具有重要的意义。但是,人类的生产和生活直接或间接地把物质或能量引入海洋环境,已经造成了严重的海洋污染。据研究,全球 41% 的海域受到包括海上采油、商业船运、人类活动导致的物种入侵、渔业捕捞、各种人为污染等 17 种不同人类活动的强烈影响。海洋污染最严重的区域包括北海、中国东海和南海、加勒比海、北美洲东海岸、地中海、红海、波斯湾、白令海和西太平洋部分海域等。

由于海洋的特殊性,海洋污染与大气、陆地污染有很多不同,其突出的特点:一是污染源广,不仅人类在海洋的活动可以污染海洋,而且人类在陆地和其他活动方面所产生的污染物,也将通过江河径流、大气扩散和雨雪等降水形式,最终都将汇入海洋。二是持续性强,一旦污染物进入海洋,很难再转移出去,不能溶解和不易分解的物质在海洋中越积越多,往往通过生物的浓缩作用和食物链传递,对人类造成潜在威胁。三是扩散范围广,全球海洋是相互连通的一个整体,一个海域污染了,往往会扩散到周边,甚至有的后期效应还会波及全球。四是防治难、危害大。海洋污染有很长和积累过程,不易及时发现,一旦形成污染,需要长期治理才能消除影响,而且治理费用大,造成的危害会影响到各方面,特别是对人体产生的毒害,更是难以彻底清除。

海洋污染对人类和海洋具有许多危害:它使海洋食品中聚积毒素,人食用后会得病;使海产减少,危及人类的食物源;使浮游生物死亡;使海洋生物死亡或发生畸形,改变整个海洋的生态平衡;海洋吸收二氧化碳能力减低,加速温室效应。

1.2.3　环境问题的解决

环境问题的频繁发生及对人类生命和健康的巨大威胁,使有识之士、科学工作者及各国政府开始关注环境问题并且寻求有效的解决方式。1962 年,美国生物学家 R. 卡逊出版了科普作品《寂静的春天》,详细描述了滥用化学农药造成的生态破坏,声讨了人类企图"控制自然"的妄自尊大,并且强调人与自然应该和谐相处。《寂静的春天》的出版开启了人类认识自然和保护自然的篇章。1972 年联合国在斯德哥尔摩召开了人类环境会议,通过了《联合国人类环境会议宣言》,呼吁世界各国政府和人民共同努力来维护和改善人类环境,为子孙后代造福。1992 年 6 月,在里约热内卢召开了联合国环境与发展大会,探求人类社会与环境协调发展的办法。环境保护成为全人类的共同事业。

在科学层面,许多科学家利用各自学科的理论和方法去认识环境、解决环境问题,从而产生了一门多学科和跨学科的新兴科学——环境科学。环境科学虽然还没有发展成熟,还未形成完整的理论体系,但是仍为世界各国解决环境问题、保护环境指明了方向,并且提供了技术指导。在国家层面,各国政府一方面大力推动环境科学的健康发展,并且努力提高民众的环境保护意识,另一方面又与其他国家乃至全世界联合起来共同解决环境保护问题。比如,在

1992 年的联合国环境与发展大会上,153 个国家签署了《联合国气候变化框架公约》,其目的是控制温室气体的排放,尽量延缓全球变暖效应。《生物多样性公约》《保护臭氧层维也纳公约》《斯德哥尔摩公约》《联合国海洋公约》等旨在解决生物多样性减少、臭氧层破坏、海洋污染等环境问题的一系列公约也先后签订,标志着人类进入环境保护的全球性时代。

回顾历史,人类社会经济每发展一步,新的环境问题便随之产生。这一状况越来越清楚地表明环境问题与人类社会经济发展紧密联系,环境问题的实质是环境与发展的问题。那么,是否人类文明每发展一步便必然造成新型环境问题的产生? 是否随着人类文明的发展,环境质量将由于环境问题的不断恶化而逐渐下降并最终无法适应人类生存? 对于这一问题,仍旧意见不一。虽然绝大部分人都承认由于人类过去在改造自然并获得自身发展的过程中存在技术力量薄弱,以及对自然规律认识不够全面等原因而制造了不少环境问题,然而依然深信,人类完全有能力克服发展过程中所带来的各种环境问题,尽管要付出很高的代价。有科学家认为,自然环境的污染不应当认为是生产增长和技术进步不可避免的后果,进步本身还提供了消除污染的可能性;自然资源储量减少是事实,但技术进步也在不断发现新的资源来满足人的基本需要。在美国以未来研究所为代表,对世界前景持乐观论点,发表了《世界经济发展——令人兴奋的 1978—2000 年》一文,认为人类总会有办法来对付未来出现的问题。人类是环境的主人,人类在同自然界的斗争中总是不断总结经验,有所发现,有所前进。环境问题是随着人类社会发展而发展,同时也是随着社会进步和科学技术发展而必然要被认识和解决的。出现环境问题的原因并不在于发展本身,而在于发展的模式。人们在环境问题上的失算,很大程度上是由于缺乏关于环境整体性的认识,割裂了人与环境的联系,结果在发展过程中采用了对环境恣意索取和践踏的发展模式,并最终形成了当今的环境局面。所以,为了避免在今后人类的发展过程中仍旧产生相似的状况,必须践行科学发展观。

目前,全人类的共识就是实行可持续发展,即有效地调控环境-社会-经济复合系统,使人类在不超越环境承载力的条件下发展经济,既达到发展经济的目的,又保护好人类赖以生存的大气、淡水、海洋、土地和森林等自然资源和环境,实现人类与环境的和谐发展。

1.3　环　境　科　学

1.3.1　环境科学的产生与发展

环境科学是 20 世纪新兴的综合学科,它是研究人类社会发展活动与环境演化规律之间的相互作用关系、调整人类的思想观念继而调控人类的行为、寻求人类社会与环境的协同演化与发展的科学。环境科学在解决环境问题的社会需要的推动下形成并迅速发展起来,其主要任务是探索全球范围内环境演化的规律、揭示人类活动同自然生态之间的关系、探索环境变化对人类生存的影响、研究区域环境污染综合防治的技术措施和管理措施。

环境科学是在人类与环境问题作斗争的过程中逐渐形成和发展的。一般认为,环境科学的发展经历两个阶段。

第一阶段是从 20 世纪 50 年代到 70 年代,一些分门别类的环境科学分支学科的形成标志着环境科学的诞生。50 年代以后,随着经济高速发展和人口剧增,出现了第一次环境问题的高潮。当时许多科学家,包括地理学家、生物学家、化学家、物理学家、工程学家、医学家和社会学家等纷纷运用原有学科的原理和方法对环境问题进行了大量的调查和研究,并逐渐形成了环境地学、环境生物学、环境化学、环境物理学、环境医学、环境工程学、环境经济学、环境法学、环境管理学，等等。在这些分支学科的基础上孕育产生了环境科学。

第二阶段是 20 世纪 80 年代以后，随着可持续发展理论的兴起和全球性环境问题的突出，环境科学的内容有了进一步扩展。在这一时期，环境科学把人与环境的协调演化作为研究对象，综合考虑人口、经济、资源与环境等因素的制约关系，从多层次乃至最高层次上探讨人与环境协调演化的具体途径。环境科学涉及科学技术的发展、社会经济模式的改变、人类生活方式和价值观念的变化等。现在，环境科学的理论和方法已经渗透到了社会发展的方方面面，从污染治理到自然生态保护，从公众的日常生活到国民经济规划的制定，环境科学已经成为社会和科学发展中不可缺少的重要部分。

1.3.2　环境科学研究的内容

1. 环境地学

环境地学以人-地系统为对象，研究其组成、结构及其演化与发展，探讨人类活动对地球环境系统的影响及其对人类社会的反馈作用，优化调控利用人-地系统。人-地系统就是由人类和地理环境构成的系统。随着人类的发展，人类活动的范围向下已进入地壳深处，向上已进入近地空间。所以广义地说，人-地系统可以认为是人类和地球构成的系统。因此，环境地学同地理学和地质学在研究对象方面有共同性，但环境地学更加侧重人类活动对地理环境的影响。

环境地学的主要研究内容有地理环境和地质环境等的组成、结构、性质和演化，环境质量调查、评价和预测，以及环境质量变化对人类的影响等。环境地学的学科体系尚未完全定型，目前较成熟的分支学科有环境地质学、环境地球化学、环境海洋学、环境土壤学、污染气象学等。

2. 环境生物学

环境生物学是研究生物与受人类干预的环境之间的相互作用规律及其调控机理的学科。环境生物学研究的对象是受人类干扰的生态系统。人类对生态系统的干扰，既包括人类活动对生态系统造成的污染，也包括人类对资源不合理的开发利用给生态系统带来的影响和破坏。

环境生物学研究的主要内容，包括环境污染所引起的生物效应、生态效应及其作用机理，生物对环境污染的净化作用及抗性机理，利用指示生物对环境进行监测、评价的原理和方法，与污染净化相关的生物工程技术的发展与应用，生物资源及生态系统的保护原理，生态农业与人类的可持续发展等内容。

3. 环境物理学

环境物理学是研究物理环境同人类的相互作用的学科。环境物理学的基础是物理学，是用物理学的规律和思维方法处理与环境有关的问题。环境物理学中的分支学科如环境声学、环境光学、环境热学、环境电磁学、环境放射学和环境空气动力学等都同物理学中的相应分支一一对应。环境物理学就其自身的科学体系而言，还没有完全定型。环境物理学不但研究声、光、热、加速度、振动等对人类的影响和评价，以及消除这些影响的技术途径和措施，还研究适宜于人们生活和工作的声、热等物理条件，其目的是要为人类创造一种适宜的物理环境。

4. 环境化学

环境化学是研究化学物质在环境中迁移、转化、降解的规律，研究化学物质在环境中的作用的学科。环境化学研究的主要内容有：运用现代科学技术对化学污染物在环境中的发生、分布、理化性质、存在状态及其滞留与迁移过程中的变化、化学行为等进行化学表征，阐明其化学特性与环境行为的关系;运用化学动态学、化学动力学和化学热力学等原理研究化学污染物在环境中的化学反应、转化过程及消亡的途径,阐明化学污染物的反应机制及源与汇的关系;研究有效地控制污染源与污染防治的化学技术与原理,对"三废"进行综合利用。环境化学按环境介质,可分为大气污染化学、水污染化学和土壤污染化学等分支;按研究内容,可分为环境分析化学、污染控制化学和环境污染化学等。

5. 环境医学

环境医学是研究自然环境和生活居住环境与人群健康的关系,阐明环境因素与相关疾病的发生和发展规律,研究利用有利环境因素和控制不利环境因素的对策,达到预防疾病、保障人群健康的目的的学科。环境医学的研究领域有环境流行病学、环境毒理学、环境医学监测等。

6. 环境工程学

环境工程学是综合运用工程技术的原理和方法,防治环境污染,合理利用自然资源,保护和改善环境质量的学科。环境工程学是由多种学科理论与工程技术相互交叉、融合而成的新型学科,涉及的知识领域包括物理学、化学、生物学、气象学、地理学、水利学、地质学、建筑学及机械学等。环境工程学的主要研究内容有大气污染防治工程、水污染防治工程、固体废物的处理和利用、噪声控制、放射性污染防治工程等。

7. 环境管理学

环境管理学是以实现国家的可持续发展战略为根本目标,以研究环境管理的规律、特点、理论和方法学为基本内容的学科。它综合运用环境科学和管理科学的理论与方法研究人类-环境系统的管理过程和运动规律,采用各种手段调控人类社会经济活动与环境保护之间的关系,为环境管理提供理论和方法上的指导。

8. 环境经济学

环境经济学是研究如何运用环境科学和经济科学的原理和方法,分析经济发展与环境保护的矛盾,以及经济再生产和自然再生产两者之间的关系,选择经济的、自然能承受的物质变换方式,以便用最小的社会和环境代价实现经济社会可持续发展并为人类创造清洁、舒适、优美的生活和工作环境的新兴学科。环境经济学的研究内容包括污染经济学、资源经济学和生态经济学。

9. 环境法学

环境法学研究关于保护自然资源和防治环境污染的立法体系、法律制度和法律措施,目的在于调整因保护环境而产生的社会关系。环境法学研究的范围也十分广阔,目前它涉及污染防治法、自然保护法、自然资源法、国际环境法等许多领域,有的甚至还包括了自然灾害防治法。环境法学研究的方法,除了要运用一般的法学研究方法外,还要运用环境科学的研究方法,要以生态学理论为指导,从法学的角度研究如何通过调整人与人之间的社会关系来协调人类社会与自然环境的关系。

10. 环境美学

环境美学是研究人类赖以生存和发展的环境的审美及美化规律的学科。环境美学的中心范畴是环境美,也就是人们赖以生存和发展的周围空间条件的美。环境美学主要研究城市建设、公用设施、街道规划、城市绿化、住宅民居的式样和布局、各种建筑的特点和布置等怎样才能符合人们的审美要求;城市、乡村应有怎样的总体设计才能使每一局部既有独特多样的美,相互间又和谐统一;怎样才能避免现代工业发展与自然资源开发对风景区的污染,保持不同名胜区的特点;多种多样环境的景观变化、空间组合如何符合美的规律等。

环境是一个有机的整体,环境问题又是极其复杂的、涉及面相当广泛的问题。因此,在环境科学发展过程中,环境科学的各个分支学科虽然各有特点,但又互相渗透,互相依存,它们是环境科学这个整体的不可分割的组成部分。环境科学现有的各分支学科,正处于蓬勃发展时期。在深入探讨环境科学的基础理论和解决环境问题的途径和方法的过程中,还将出现更多的新的分支学科。

1.3.3　环境科学的作用

环境科学自诞生之日起便迅速发展,目前已经形成由许多学科到跨学科的庞大的学科体系。许多学者认为,环境科学的出现是 20 世纪 60 年代以来自然科学迅猛发展的一个重要标志,它不仅解决环境问题,协调人类与环境健康发展,还推动了科学技术的发展。

1. 协调人类与环境协调发展

环境科学就是为了解决环境问题,促进人类与环境的协调发展而产生的。许多自然科学、技术科学与环境相结合使环境科学迅速发展成为一个功能强大的集所有学科理论为一体的集大成者,在保护人类环境的过程中起到了重要作用。比如,环境工程学科的水污染控制技术、固体废物处理与处置技术、大气污染控制技术能够处理人类在生产和生活中产生的废水、废气和固体废物,使人类免受环境污染的威胁。环境影响评价对人类的每一项活动在开展之初就进行分析、预测和评估,使这些活动对人类的影响降到最低水平。环境管理学从可持续发展的观念着眼,采用各种手段调控人类社会经济活动与环境保护之间的关系,促进二者实现双赢。

2. 推动了自然科学各个学科的发展

自然科学是研究自然现象及其变化规律的,各个学科从物理学、化学、生物学等不同角度去探索自然界的发展规律,认识自然。各种自然现象的变化,除了自然界本身的因素外,人类活动对自然界的影响也越来越大。20 世纪以来科学技术日新月异,人类改造自然的能力大大增强,自然界对人类的反作用也日益显示出来。环境问题的出现,使自然科学的许多学科把人类活动产生的影响作为一个重要研究内容,从而给这些学科开拓出新的研究领域,推动了它们的发展,同时也促进了学科之间的相互渗透。

3. 推动了科学整体化研究

环境是一个完整的有机体系,是一个整体。过去,各门自然科学,比如物理学、化学、生物学、地理学等都是从本学科角度探讨自然环境中各种现象的。然而自然界的各种变化都不是孤立的,而是物理、生物、化学等多种因素综合的变化。各个环境要素,如大气、水、生物、土壤和岩石同光、热、声等因素也互相依存,互相影响。比如臭氧层的破坏,大气中二氧化碳含量增高引起气候异常,土壤中含氮量不足等,这些问题表面看来原因各异,但都是互相关联的,因为全球性的碳、氧、氮、硫等物质的生物地球化学循环之间有着许多联系。人类的活动,诸如资源开发等都会对环境发生影响。因此,在研究和解决环境问题时,必须全面考虑,实行跨部门、跨学科的合作。环境科学就是在科学整体化过程中,以生态学和地球化学的理论和方法作为主要依据,充分运用化学、生物学、地学、物理学、数学、医学、工程学及社会学、经济学、法学、管理学等各种学科的知识,对人类活动引起的环境变化、对人类的影响及其控制途径进行系统的综合研究。

思 考 题

1．你对"环境"一词有何认识？
2．什么是环境要素？环境要素有哪些特点？
3．什么是环境承载力？
4．当前世界的主要环境问题有哪些？你认为应该如何解决环境问题？
5．环境科学研究的对象和任务是什么？

第2章　可持续发展的理论与实践

环境与发展是当今国际社会普遍关注的重大问题。人类经过漫长的奋斗历程，特别是从产业革命以来，在改造自然和发展经济方面取得了辉煌的业绩。但是与此同时，人类为此付出了惨重的代价，人类社会生产力和生活水平的提高，在很大程度上是建立在环境质量恶化的基础上。气候异常、灾害频繁而严重、臭氧层破坏、生物物种锐减等，像一次次警钟，迫使人们认识到通过高消耗追求经济数量增长和"先污染后治理"的传统发展模式已不再适应当今和未来发展的要求，而必须努力寻求一种人口、经济、社会、环境和资源相互协调，既能满足当代人的需求，又不对满足后代人需求的能力构成危害的发展模式。可持续发展就是这样一种适合于人类在新的世纪生存与发展的模式，它为人类社会解决全球性环境问题、人与自然和谐共处提供了最佳的解决办法。

2.1　可持续发展的定义和内涵

2.1.1　可持续发展的定义

持续（sustain）一词源于拉丁语 sustenere，意思是"维持下去、不间断、不减弱或不失去动力"。"发展"从字面上讲是事物向更高、更好、更先进的阶段进化。"可持续发展"则是指发展的能力，发展可不可能持续。可持续性这个概念针对资源与环境而言，可以理解为保持或延长资源的生产使用性和资源基础的完整性。

"可持续发展"一词在国际文件中最早出现于 1980 年，由世界自然保护同盟在世界野生动物基金会的支持和协助下制定和发布的《世界自然保护大纲》，指的是对资源的一种管理战略，即如何仅将全部资源中的合理的一部分加以收获，使得资源不受破坏，而新成长的资源数量足以弥补所收获的数量。之后，可持续发展这一战略思想更广泛地被哲学、经济学和社会学等社会科学领域诸多学者所接受和使用。这些学者分别从可持续发展的自然属性、社会属性、经济属性、科技属性等方面出发，对可持续发展的概念提出了自己的理解，比较有代表性的定义如下。

（1）发展得以持续，必须考虑社会和生态因素以及经济因素，考虑生物与非生物资源基础，强调人类利用生物圈的管理，使生物圈既能满足当代人的最大利益，又能保证其满足后代人需要与欲望的潜力（IUCN，1980）。

（2）可持续发展是一个受生态、经济、社会、政治等多种因素影响的发展过程，还应特别重视政治和社会因素的作用（Caldmell，1984）。

（3）如果从世代之间的公平发展考虑，可持续发展的核心是目前的决策不应当损害后代人维持和改善其生活标准的能力（Pearson，1985）。

（4）从资源资产管理的角度看，可持续发展是运用所有的自然资源、人力、财力和物力进行管理，以增加长期的财富和福利（Repetto，1986）。

（5）1987 年《我们共同的未来》报告中定义："既能满足当代人的需要，又不对后代人满足其自身需要的能力构成危害的发展。"

（6）可持续发展包括以下几项内容：保证人类在地球上的持续生存期，维持一定的生物现存量和农业生态系统的生产力，稳定的人口数量和经济有限度的增长，区域范围内的自我维护，保护环境和生态系统的一定质量等（Brown，1987）。它的基本意图，意味着我们在时间上应遵守理性分配的原则，不能在"赤字"状态下进行发展的运行；在空间上应遵循互利互补的原则，不能以邻为壑；在伦理上应遵守只有一个地球、人和自然和谐共处、平等发展、互惠互利、共建共享等原则，承认世界各地发展的多样性，以体现高效和谐、协调有序、运行平稳的良性状态。

（7）1991 年国际自然资源保护同盟、联合国环境规划署和世界野生动物基金会联合发表的《保护地球——可持续发展战略》中将其定义为"在不超出支持它的生态系统的承载力的情况下改善人类的生存质量。"

（8）人类应享有与自然相和谐的方式过健康而富有生产成果的生活的权力，并公平地满足今世、后代在发展与环境方面的需要，求取发展的权利必须实现（《里约宣言》，1992）。

（9）提高生产效率、改变消费，以最高限度地利用资源和最低限度地生产废物。

（10）可持续发展就是建立极少产生废料和污染物的工艺和技术系统（World Resources Institute，1992）。

（11）世界银行在 1992 年度《世界发展报告》中称，可持续发展指的是：建立在成本效益比较和审慎的经济分析基础上的发展政策和环境政策，加强环境保护，从而导致福利的增加和可持续水平的提高。

（12）英国经济学家皮尔思和沃福德在 1993 年所著的《世界无末日》一书中提出了以经济学语言表达的可持续发展定义："当发展能够保证当代人的福利增加时，也不应使后代人的福利减少。"

（13）发展的过程就是限制因子的克服与转换的过程。限制因子的克服与转换就是广义的创新过程。因此，可持续发展就是持续的创新（康晓光等，1993）。

（14）可持续发展的思想实质：一方面是要求人类在生产时要尽可能地少投入、多产出，另一方面又要求人类在消费时要尽可能地多利用、少排放（杨朝飞，1993）。

（15）既满足当代人的需要又不危害后代人满足需要的能力，既符合局部人口利益又符合全球人口利益的发展（杨开忠，1994）。

（16）在不危害后代人和其他区域满足其需求能力的前提下，以满足当代人的福利需求为目标，通过实践引导特定区域复合系统向更加均衡、和谐和互补状态的定向动态过程（曹利军，1998）。

（17）中国学者叶文虎、栾胜基等人综合了上述观点后提出，可持续发展是："不断提高人群生活质量和环境承载力的、满足当代人需求又不损害子孙后代满足其需求能力的、满足一个地区或一个国家的人群需求又不损害别的地区或别的国家的人群满足其需求能力的发展。"

上述的各种定义强调的侧重点虽然不同，但都力图从各不同侧面来体现可持续发展的战略思想所追问的最基本的问题关键：人类的活动与自然环境之间的关系。未来的发展模式必须解决人类活动与自然环境之间的矛盾。这是所有想给可持续发展下定义的人的共同想法。本书并不想另外给可持续发展进行新的定义，但为了能使读者更好地把握这一战略思想，有必要对可持续发展的内涵加以探讨。

2.1.2　可持续发展的内涵

"可持续发展"的实际意义是人们希望寻找到一条能使人口、经济、社会、环境、资源长期相互协调的发展之路。它既能促进经济增长、社会进步,又能满足人类对生活水平不断提高的欲望,在保护好环境使其不超过地球的承载能力的情况下,又能保证对后代人的需求不构成危害。可持续发展把发展与环境作为一个有机的整体,其基本内涵如下。

1. 资源与环境的可持续发展——基础

发展离不开环境与资源,发展的可持续性取决于环境与资源的可持续性。可持续发展强调要以保护自然为基础,要与资源和环境的承载能力相协调;强调在发展经济的同时必须保护环境,特别是在经济高速增长的情况下,必须对不可再生资源合理开发,节约使用,对可再生资源不断增殖,永续利用。可持续发展还强调人类应当学会珍重自然,将自己视为自然中的一员,与自然界和谐相处。树立正确的生态观,彻底改变认为自然界是可以任意盘剥和利用的错误态度,掌握自然环境的变化规律,了解环境容量及其自净能力才能使人与自然和谐相处,使人类社会持续发展。

2. 经济的可持续发展——前提

经济发展能富国强民,是人类社会发展的保障。而经济的持续发展必须与环境相协调,不仅追求数量的增加,而且要改善质量、提高效益、节约能源、减少废物、改变原有的生产方式和消费方式。也就是说,在保持自然资源的质量和其所提供的服务的前提下,使经济发展的净利益增加到最大限度。

3. 社会的可持续发展——目标

社会发展的实际意义是人类社会的进步、人们生活水平和生活质量的提高。发展应以提高人类整体生活质量为重点。当前世界大多数人仍处于贫困和半贫困状态,所以《21世纪议程》中提出:持续发展必须消除贫困问题,缩小不同地区生活水平的差距,通过使贫穷的人们更容易获得他们赖以生存的各种资源,达到消除贫困的目的。使富国与穷国的发展保持平衡,是实现社会可持续发展的必要条件,是符合大多数人利益的。

这三点内容有助于不同观点间的相互沟通,力图改变将环境与经济对立的认识方式和传统观念,将关心人类的后代利益上升为一切活动的基础之一,并从人类可持续生存的高度审视了人类贫富不均两极分化的格局,认为"一个相差悬殊的世界是不能持续的"。这些对于当今社会、经济和环境的协调发展以及人类的未来都是至关重要的。

2.1.3　可持续发展的基本思想

可持续发展的基本思想包括以下几点。

1. 不否定经济增长,重新审视经济增长模式——肯定经济增长的必要性

可持续发展并不意味着就要保护目前的资源储备,降低经济增长的速度,而是要肯定经济增长,尤其是穷国的经济增长。只有经济增长才能使人们摆脱贫困,提高生活水平;只有经济增长才能为解决生态危机提供必要的物质基础,才能最终打破贫困加剧和环境破坏的恶性循环。但在发展过程中需要重新审视如何推动和实现经济增长,只有采取良性的发展模式,才能解决人类面临的各种问题,求得人类自身全面发展。

2. 以自然资源为基础,同环境承载力相协调——强调发展与环境之间的辩证关系

环境与发展是紧密联系的,环境保护需要经济发展提供资金和技术,环境保护的好坏又是衡量发展质量的指标之一。经济发展离不开环境和资源的支持，发展的可持续性取决于环境和资源的可持续性。可持续发展强调的是以自然环境资源为发展基础，同资源承载力相协调，通过高效利用自然资源使社会、经济得以发展，而不是以环境污染、生态破坏为代价取得经济福利的增长。

"可持续性"可以通过适当的经济手段、技术措施和政府干预得以实现。要力求降低自然资产的消耗速度，使之低于资源的再生速度或替代品的开发速度。鼓励清洁生产和可持续消费方式，既重视数量增加，也重视质量提高，使每单位经济活动所产生的废物数量尽量减少，将生产方式从粗放型转变为集约型，研究并解决经济上的扭曲和误区。环境退化的原因既然存在于经济过程之中，其解决答案也应该从经济过程中去寻找。

3. 以提高生活质量为目标，同社会进步相适应——强调全面发展而不仅是经济增长

传统的经济发展模式是一种单纯追求经济无限"增长"，追求高投入、高消费、高速度的粗放型增长模式。这种发展模式是建立在只重视生产总值，而忽视资源和环境的价值，无偿索取自然资源的基础上的，是以牺牲环境为代价的。这样的"增长"必然受到自然环境的限制，因此，单纯的经济增长即使能消除贫困，也不足以构成发展，况且在这种经济模式下又会造成贫富悬殊的两极分化。因此这样的经济增长只是短期的、暂时的，而且势必导致与生态环境之间的矛盾日益尖锐。

可持续发展强调的是发展的整体性、协调性和综合性，寻求的是经济、社会、环境、资源、人口的全面发展。满足需要，尤其是贫困人民的需要。现在衡量一个国家的经济发展是否成功，不仅以它的国民生产总值为标准，还需要计算产生这些财富的同时所消耗的全部自然资源的成本和由此产生的对环境恶化造成的损失所付出的代价，以及对环境破坏承担的风险。这一正一负的价值总和才是真正的经济增长值。

4. 承认并要求在产品和服务的价格中体现出自然资源的价值——用经济杠杆促进可持续发展

可持续发展承认并要求体现出环境资源的价值，这种价值不仅体现在环境对经济系统的支撑和服务价值上，也体现在环境对生命支持系统的存在价值上。应当把生产中环境资源的投入和服务计入生产成本和产品价格，并逐步修改和完善国民经济核算体系。

5. 以适宜的政策和法律体系为条件，强调"综合决策"和"公众参与"——用政策杠杆促进可持续发展

可持续发展的实施以适宜的政策和法律体系为条件，强调"综合决策"和"公众参与"，需要改变过去各个部门封闭地、分隔地、"单打一"地分别制定和实施经济、社会、环境政策的做法，提倡根据周密的社会、经济、环境考虑和科学原则、全面的信息和综合的要求来制定政策并予以实施。可持续发展的原则要纳入经济发展、人口、环境、资源、社会保障等各项立法及决策之中。

可持续发展意义下的公众参与，是指公众接受并宣传可持续发展的思想和参加可持续发展战略的实施。它不仅包括公众积极参加实施可持续发展战略的有关行动或有关项目，更重要的是人们要改变自己的思想意识，建立可持续发展世界观，进而用符合可持续发展的方法去改变和控制自己的行为方式。只有每个人都对自己生活的地球、对人类大家庭的幸福和未来抱有强烈的责任感，才能形成一个巨大的人力资源和可持续发展的意识资源，才能推动可持续发展战略的实施。

6. 兼顾代内公平和代际公平原则

人类历史是一个连续的过程,后代人拥有与当代人相同的生存权和发展权,当代人必须留给后代人生存和发展所需要的必要资本,当代人要充分尊重后代人的永续利用自然资源和生态环境的平等权利,保护和维持地球生态系统的生产力是当代人应尽的责任。在强调代际公平时,也要考虑代内公平,这是在全球范围内实现向可持续发展转变的必要前提。发达国家在发展过程中已经消耗了地球上大量的资源和能源,对全球环境造成的影响最大,因此,发达国家应该承担更多的环境修复责任。

2.2 可持续发展思想的发展渊源

2.2.1 古代朴素的可持续思想(顺应自然)

数千年来,克什米尔地区流传着一句谚语:"地球不是祖先遗留给我们的,而是我们向子孙后代借用的。"从这句古语中可以看到可持续发展的思想自古即有。

早在中国春秋战国时期就有保护正在怀孕和产卵的鸟兽鱼鳖以利"永续利用"的思想和封山育林定期开禁的法令。春秋时在齐国为相的管仲,从发展经济、富国强兵的目标出发,十分注意保护山林川泽及生物资源,反对过度采伐。他的《管子•地数》中认为:"为人君而不能谨守其山林菹泽草莱,不可以立为天下王。"战国时期杰出的思想家荀况也把自然资源的保护视作治国安邦之策,特别注重遵从生态学的季节规律(时令),重视自然资源的持续保存和永续利用。他在《王制》中提到,"草木荣华滋硕之时,则斧斤不入山林,不夭其生,不绝其长也";"污池渊沼川泽,谨其时禁,故鱼鳖优多,而百姓有余用也";"斩伐养长不失其时,故山林不童,而百姓有余材也"。这些都是自然资源可持续利用思想的反映,而这一思想后来在历代统治者的法制中都得到了继承。例如1975年在湖北云梦睡虎地11号秦墓中发掘出1100多枚竹简,其中的《秦律十八种•田律》中有"春二月,毋敢伐材木山林及雍堤水。不夏月,毋敢夜草为灰,取生荔",清晰地体现了可持续发展的思想,是中国和世界比较早的环境法律之一。

在西方,一些著名学者,亦对可持续发展思想有所涉猎。2000多年以前,柏拉图的《克里底亚篇》就注意到覆盖森林的山脉变成荒山秃岭的原因。经济学家马尔萨斯、李嘉图和穆勒等也较早认识到人类消费的物质限制,即人类的经济活动范围存在着生态边界。

2.2.2 现代可持续发展理论的产生

现代可持续发展理论的产生源于人们对环境问题认识的逐步深入和热切关注。19世纪70年代以后,随着"公害"的显现和加剧以及能源危机的冲击,几乎在全球范围内开始了"增长的极限"的讨论。把经济、社会与环境割裂开来,只谋求自身的、局部的、暂时的经济性,带来的只能是他人的、全局的、后代的不经济性,甚至灾难。人们认识到,全球性的环境问题是超越国界,超越民族、文化、宗教和社会制度的。任何一个国家无论它多么强大,都无法单独解决全球性问题。因此,正是在探索环境与发展的过程中逐渐形成了现代可持续发展思想。在这一过程中以下事件的发生具有历史意义。

1. 萌芽阶段:《寂静的春天》

1962年,美国海洋生物学家蕾切尔•卡逊所著的《寂静的春天》出版,书中科学论述了DDT和其他化学杀虫剂的迁移、转化与空气、土壤、河流、海洋、动植物和人的关系,论述了由于过度使用农药和杀虫剂而导致环境污染、生态破坏，最终给人类带来不堪重负的灾难。书中描述"这是一个没有声息的春天。这儿的清晨曾经荡漾着乌鸦、鹑鸟、鸽子的合唱以及其他鸟鸣的音浪；而现在一切声音都没有了，只有一片寂静覆盖着田野、森林和沼泽。"《寂静的春天》为人类的前途描绘出一幅黯淡的图景。它警告人们要正视由于人类自身的生产活动而导致的严重后果，标志着人类关心生态环境问题的开始。

2. 思想奠基阶段：《增长的极限》

1972 年，以美国麻省理工学院米都斯为首的美国、德国、挪威等一批西方科学家组成的罗马俱乐部提出关于世界趋势的研究报告《增长的极限》。其中心论点是：人口增长、粮食生产、投资增长、环境污染和资源消耗具有按指数增长的性质，如果按这个趋势继续下去，我们这个星球上的经济增长在今后 100 年内的某个时期将达到极限，世界就会面临一场"灾难性"的崩溃，而避免这种前景最好方法是限制增长，即"零增长"。

增长极限论较之于单纯的经济增长论来说是一种进步，它所提出的关于人与自然关系的观点也逐步被世人所接受，但是它仍然具有一定的局限性。增长极限论以"增长-资源-环境"的相互关系为出发点，将人置于完全被动的地位，忽视了人类把握自己命运和行为的能动作用，忽视了技术进步对经济社会发展的巨大促进作用，过分夸大了人口爆炸、粮食和能源短缺、环境污染等问题的严重性，它提出的解决问题"零增长"方案在现实世界中也难以推行，从急需摆脱贫困的发展中国家到仍想增加财富的发达国家都有许多人不同意它的方案，所以反对和批评的意见很多。

《增长的极限》所表达的发展观尽管过于悲观，但却警告人类要从人与自然的和谐角度看待发展。在发展过程中，经济发展不能过度消耗资源、破坏环境，人类要注意经济增长与资源环境的协调，应考虑资源环境的最终极限对人类发展和人类行为的影响，无疑给人类开出了一副清醒剂。

3. 全球觉醒阶段：1972 年联合国人类环境会议

1972 年 6 月，联合国在瑞典斯德哥尔摩召开人类环境会议，为可持续发展理论奠定了初步的思想基础。这是首次讨论和解决环境问题的全球性会议，共有 114 个国家代表参加，发表了题为《只有一个地球》的人类环境宣言。

由于当时发展中国家经济比较落后，环境问题并不突出，偏颇地认为环境污染是资本主义发展的必然趋势，社会主义在这方面有无比的优越性。所以在此大会上只是强调发达国家造成的污染，强调的是单纯的环境问题，没有更直接的关注环境与发展之间的相互依存性。就环境问题去治理环境，不能从根本上找到解决问题的出路，因此各国在解决环境问题上未能达成共识。但是，这次会议唤起了世人对环境问题的觉醒，一些发达国家开始了对环境的认真治理，会议文件中已闪烁出可持续发展思想的火花，为研究和解决全球环境问题带来了新的曙光，是人类关于环境与发展问题思考的第一个里程碑。

4. 理论形成阶段：1987 年《我们共同的未来》

1980 年 3 月 5 日，联合国向全世界发出呼吁："必须研究自然的、社会的、生态的、经济的以及利用自然资源过程中的基本关系，确保全球持续发展。"1983 年 11 月，联合国成立了世界环境与发展委员会（WECD），挪威首相布伦特兰夫人任主席。成员有科学、教育、经济、社会及政治方面的 22 位代表，其中 14 人来自发展中国家，包括中国的马世骏教授。联合国要求该组织以"可持续发展"为基本纲领，制定"全球的变革日程"。1987 年，该委员会把长达 4 年研究、经过充分论证的报告《我们共同的未来》提交给联合国大会，正式提出了可持续发展的模式。

该报告对当时人类在经济发展和环境保护方面存在的问题进行了全面和系统的评价,一针见血地指出:"过去我们关心的是发展对环境带来的影响,而现在我们则迫切地感到生态的压力,如土壤、水、大气、森林的退化对发展所带来的影响。在不久以前我们感到国家之间在经济方面相互联系的重要性,而现在我们则感到在国家之间的生态学方面的相互依赖的情景,生态与经济从来没有像现在这样互相紧密地联系在一个互为因果的网络之中。"

《我们共同的未来》第一次明确提出了可持续发展定义,使可持续发展的思想和战略逐步得到各国政府和各界的认可与赞同。这反映了人类对自身以前走过的发展道路的怀疑和抛弃,也反映了人类对今后选择的发展道路和发展目标的憧憬和向往。人们逐步认识到过去的发展道路是不可持续的,或至少是持续不够的,因而是不可取的。唯一可供选择的道路是可持续发展之路。人类的这一次反思是深刻的,得出的结论具有划时代的意义。这正是可持续发展的思想在全世界不同经济水平和不同文化背景的国家能够得到共识和普遍认同的根本原因。

5. 政治承诺阶段:1992 年联合国环境与发展大会

1992 年 6 月,联合国在巴西的里约热内卢召开了环境与发展大会,共 183 个国家的代表团和联合国及其下属机构等 70 个国际组织的代表出席了会议,102 位国家元首或政府首脑到会讲话,我国也派出了由总理率领的代表团出席。这次大会深刻认识到环境与发展密不可分;否定了工业革命以来那种"高生产、高消费、高污染"的传统发展模式及"先污染,后治理"的道路;主张要为保护地球生态环境、实现可持续发展建立"新的全球伙伴关系";通过和签署了为开展全球环境与发展领域合作、实现可持续发展的一系列重要文件,如《里约热内卢环境与发展宣言》《21 世纪议程》《关于森林问题的原则申明》《生物多样性公约》等。

这次会议使人类转变传统发展模式和生活方式,第一次把可持续发展由理论和概念推向行动,加深了人们对环境问题根源与实质的认识,把环境问题与经济、社会发展结合起来,树立了环境与发展相互协调的观点,明确了在发展中解决环境问题的新思路。这次会议是人类关于环境与发展问题思考的第二个里程碑,确立了可持续发展的新战略。

6. 全面实践阶段:2002 年可持续发展世界首脑会议

"可持续发展世界首脑会议"于 2002 年 8 月 26 日—9 月 4 日在南非约翰内斯堡召开,共有来自 192 个国家的 104 位首脑、6.5 万名代表参会。这次会议以"人、星球和繁荣"为主题,主要目的是回顾《21 世纪议程》的执行情况、取得的进展和存在的问题,并制定一项新的可持续发展行动计划,同时也是为了纪念《联合国环境与发展会议》召开 10 周年。经过长时间的讨论和谈判,会议通过了《可持续发展世界首脑会议实施计划》和《关于可持续发展的约翰内斯堡宣言》,显示出全球环境意识方面的提高。这次会议是人类关于环境与发展问题思考的第三个里程碑。

2015 年 9 月 25 日至 27 日,联合国在纽约总部举行了发展峰会,百余位国家元首或政府首脑与会,这是自 2000 年千年首脑会议、2012 年"里约 +20"峰会以来,全球在发展领域又一具有里程碑意义的重大活动。峰会回顾了全球实施千年发展目标的进展和经验,并通过了 2015 年后发展议程《改变我们的世界:2030 年可持续发展议程》。《改变我们的世界:2030 年可持续发展议程》将重塑当今的全球可持续发展治理体系,对各国的发展空间乃至国内发展政策将产生重要影响,受到了国际社会的广泛关注。

2.2.3　可持续发展的形式

Williams 和 Millington 指出,人类需求与地球供应能力之间存在着不匹配的情况(即"环境悖论")。为了克服这种不匹配,需要减少需求,或者提高地球的供应能力,或者找到一个折中的方式来沟通二者,即可持续发展进程。理论上讲,这一进程可大致分为"弱可持续发展"和"强可持续发展"两种类型。前者涉及增加供应量,而不影响经济增长;后者则涉及控制需求,即干扰经济增长。二者虽然在理论上相互排斥,但在实际中能够共存。

1. 弱可持续发展

"弱可持续发展"是一种以人为中心的观点。其中,"自然"被认为是一种资源,为了实现人类目标可以使其效用最大化。该观点本质上认为"自然资本"与"人造资本"之间具有可替代性,即只要资本存量的总价值保持恒定(或增加),使其保留给子孙后代,它们所产生的利益种类就不会有差异。弱可持续发展认为,"人造资本"可以无限制替代"自然资本"。尽管科学发展能够增加自然资源的承载力,但是这种替代实际上是有限度的。因此,需要着重强调,人类实践活动需要以渐进的、可持续性的形式进行,并且需要科技支撑以减轻自然压力。

2. 强可持续发展

"强可持续发展"是一种以"自然"为中心的观点。其认为,"自然"不必在任何时候都对人类的需求有益,并且人类不具有剥削"自然"的固有权利。人类应该减少对自然资源的索求,鼓励在满足生存需求的基础上,建立更为简单的生活方式。并且其倡导者认为,自然资本不可能被人造资本完全取代。人造资本尚可以通过回收和再利用的方式来扭转,但某些自然资本,如物种,一旦灭绝就不可逆转。因为人造资本的生产需要以自然资本为原材料,所以它永远不能成为自然资本的全面替代品。

尽管"强可持续发展"限制了自然资源的使用,但其限制程度取决于不同的理论学派和区域特征。事实上,几乎没有社会不把经济置于自然之上,因此"弱可持续发展"观念通常占据主导。但是,不可否认,人们已在关注如何挽救关键的自然资本,甚至不惜以牺牲经济为代价。

2.3　实现可持续发展的原则与途径

2.3.1　实现可持续发展的基本原则

可持续生存不意味着人类生活在"刚刚能活"的生活质量水平上,而是关注生活质量的提高,强调没有广大公众的积极参与就不会有真正意义上的"发展"。就其社会观来说,可持续发展理论主张代内公平分配并要兼顾后代人的需要;就其经济观来说,主张建立在保护地球生态系统基础上的可持续的经济发展;就其自然观而言,主张人类与自然的和谐共处。因此可持续发展的基本原则可归纳为以下几点。

1. 持续性原则

持续性原则是指人类的经济建设和社会发展不能超越自然资源与生态环境的承载能力。人类发展对自然资源的消耗速率应充分顾及资源的临界性,应以不损害支持地球生命的大气、水、土壤、生物等自然系统为前提。资源的永续利用和生态环境的可持续性是实现可持续发展的根本保证。

人类有权利用自然,通过改变自然资源的物质形态来满足自身的生存需要,但必须建立人与自然是相互依存的有机统一体的观念,既要满足人类发展的需求,又要尊重自然演化的固有规律,不改变自然界的基本秩序。

2. 公平性原则

公平性原则包括同代人的公平即代内公平、代与代之间人的公平即世代公平和公平分配有限资源三方面的内容。

(1) 代内公平。

可持续发展理论主张满足全体人民的基本需求,给全体人民机会以满足他们要求较好生活的愿望。任何忽视公平性和歧视妇女儿童或忽视他们利益的发展都是不可持续的发展。当今世界的现实是,一部分人富足,而另一部分贫穷,占世界人口总数 1/5 的人处于贫穷状态。这种贫富悬殊、两极分化的世界,不可能实现持续发展,因此,要给世界以公平的分配和公平的发展权,要把消除贫困作为可持续发展进程中特别优先的问题来考虑。

(2) 代与代之间人的公平。

强调当代人在利用环境和资源时,必须考虑到给后代人留下生存和发展的必要资本,要给后代以公平利用自然资源的权利。

可持续发展必须正视当代人利益与后代人利益、当前利益与长远利益,不得偏废。当二者发生冲突时,要兼顾当代人与后代人的利益,对当代人与后代人的价值予以同等的重视。但是,实际生活中,眼前的、当代人的利益和价值易于发现,而未来的、后代人的利益和价值容易被忽视。因此,我们应该站在后代人的立场上,对当代人行为的资源、环境效应做出正确的伦理道德判断。

(3) 公平分配有限资源。

地球上的环境资源是有限的,一部分人占有得多,另一部分人就必然占有得少。因此,对环境资源的使用和消耗应提倡权利的公平。这不仅适用于人与人、部门与部门之间,而且适用于地区与地区、国与国之间。

由于历史原因与经济发展水平的差异,当前群体之间、地区之间、国家之间占有的自然资源量差别很大。发达国家利用自己的技术及经济优势,消耗了大量资源,而且用不平等的方式掠夺穷国的资源,从而产生富者愈富,穷者愈穷的两极分化。公平性原则认为,富国应该约束自己大量消耗和浪费环境资源的行为,而且应该帮助穷国实现经济增长和社会进步。1992 年环境与发展大会通过的《里约宣言》已把这一公平原则上升为国家间的主权原则:"各国拥有按本国的环境与发展政策开发本国自然资源的主权,并负有确保在管辖范围内或控制下的活动不损害其他国家或在各国以外地区环境的责任。"

3. 共同性原则

各国、各地区与全球环境构成了一个相互依存、休戚与共、一荣俱荣、一损俱损的有机统一体,局部与全局之间往往存在着牵一发而动全身的关系。一旦发生全球性的环境灾难,任何地区和国家都难逃厄运。任何国家都不能依靠单独行动来避免其他地区环境灾难给它带来的危害。因此,地区与地区、国与国之间必须进行充分合作,才能解决和克服地区性及全球性的环境问题。

由于不同国家的历史、经济、文化和发展水平不同,各国可持续发展的具体目标、政策和实施步骤应是多元化的,但可持续发展作为全球发展的总目标所体现的公平性原则和持续性原则,则是应该共同遵从的,从根本上说,贯彻可持续发展就是要促进人类自身之间、人类与自然之间的和谐,这是人类共同的责任。

2.3.2　实现可持续发展的主要途径

不同的国家和地区、不同的行业对实现本国、本地区和本行业可持续发展并没有统一的做法,总的来说实现全面的可持续发展主要途径包括以下几点。

(1) 制定可持续发展的指标体系,研究如何将资源和环境纳入国民经济核算体系,使人们能够更加直接地从可持续发展的角度,对包括经济在内的各种活动进行评价;

(2) 制定条约或宣言,使保护环境和资源的有关措施成为国际社会的共同行为准则,并形成明确的行动计划和纲领;

(3) 建立健全环境管理系统,促进企业的生产活动和居民消费活动向减轻环境负荷的方向转变;

(4) 有关国际组织和开发援助机构都将环境保护和可持续发展能力建设作为提供开发援助的重点。

2.4　可持续发展指标体系

1992 年联合国环境与发展大会通过的《21 世纪议程》,提出研究和建立可持续发展指标体系。构建可持续发展指标体系来评价可持续发展的目标、现状、水平和发展趋势,其本质在于寻求一组具有典型代表意义,同时能全面反映可持续发展各方面要求的特征指标,这些指标体系及其组合要便于人们对可持续发展目标的定量判断。

可持续发展是经济系统、社会系统以及环境系统和谐发展的象征。它所涵盖的范围包括经济发展与经济效率的实现、自然资源的有效配置和永续利用,环境质量的改善和社会公平与适宜的社会组织形式等。因此,可持续发展指标体系必然包含众多的内容。在制定指标体系时,应充分遵循科学性、整体性、简明性、稳定性和动态性等原则,充分表述可持续发展的内涵和特征。

可持续发展评价对象依据尺度大小不同可以分为全球尺度、国家尺度、区域尺度、地方尺度。可持续发展评价对象依据自身属性不同可以分为社会、经济、环境、生态、科技和能源等方面。

2.4.1　几种有代表性的国际可持续发展指标体系

目前,可持续发展在很大程度上被人们,尤其是各国政府所接受,但是,如何从一个概念进入可操作的管理层次仍需要进行很多实际的探讨。其中一个至关重要的问题就是如何测定和评价可持续发展的状态和程度。因此,可持续发展指标体系几乎涉及人类社会经济生活以及生态环境的各个方面。同时,区域尺度大小不同,侧重点也有所不同。这些倾向往往反映区域可持续指标体系的设定上。当然,研究的方法不同,指标或指标体系的设置亦不同。下面介绍几种有代表性的可持续发展的指标体系。

1. 联合国可持续发展委员会(UNCSD)的指标体系

该指标体系于 1996 年创建,在"社会、经济、环境和制度四大系统"的概念框架和"驱动力(driving force)—状态(state)—响应(response)"概念模型(DSR)的基础上,结合《21 世纪议程》中的各章节内容提出的一个初步的可持续发展核心指标框架。其中驱使力指标用以表征那些造成发展不可持续的人类的活动和消费模式或经济系统的一些因素,状态指标用以表征可持续发展过程中的各系统的状态,响应指标用以表征人类为促进可持续发展进程所采取的对策。DSR 模型突出了环境受到的压力和环境退化之间的因果关系,与可持续的环境目标之间的联系较密切。

2. 经济合作与发展组织(OECD)的指标体系

联合国经济合作与发展组织(OECD)的指标体系包括以下三类。

(1) OECD 核心环境指标体系　约 50 个指标,涵盖了 OECD 成员国反映出来的主要环境问题,以 1970 年加拿大统计学家安史尼·弗雷德提出的压力—状态—响应(PSR)概念模型为框架,分为环境压力指标、环境状态指标和社会响应指标等三类,主要用于跟踪、监测环境变化的趋势。该框架揭示了人类活动和环境之间的线性关系。

(2) OECD 部门指标体系　着眼于专门部门,包括反映部门环境变化趋势、部门与环境相互作用、经济与政策等三个方面的指标,其框架类似于 PSR 模型。

(3) 环境核算类指标　包括与自然资源可持续管理有关的自然资源核算指标,以及环境费用支出指标,如自然资源利用强度、污染减轻的程度与结构等。

为便于社会了解以及更广泛地参与公众交流,在环境核心指标的基础上,OECD 又选出"关键环境指标",旨在提高公众环境意识,引导公众和决策部门聚集关键环境问题。

3. 联合国统计局"综合环境经济核算体系"(SEEA)

1993 年开始,联合国统计局开发新型国民经济核算体系——综合环境经济核算体系(SEEA)。意在从可持续发展的角度出发对 GNP/CDP 加以改进,即"绿化"(绿色 GNP/CDP)。因此,SEEA 是一个旨在研究经济与环境之间关系的巨大数据系统。综合环境经济核算体系在实施中存在着数据的可获得性等一些实际情况的限制,目前仍不完善,但对当前各国的生态、环境核算体系的设计仍产生决定性的影响。

4. 国际环境问题科学委员会(SCOPE)的可持续发展指标体系

该指标体系由环境问题科学委员会(SCOPE)于 1995 年创建,是为了克服可持续发展指标体系框架中指标数目过多的问题,而与联合国环境规划署合作,提出的一套高度合并的可持续发展指标体系。该指标体系综合程度高,包括环境、自然资源、自然系统、空气和水污染四个层面共 25 个指标,是高度合并的可持续发展指标体系框架。

5. 世界银行的可持续发展指标体系

世界银行提出以"国家财富"和"真实储蓄率"为依据度量各国可持续发展、计算方法和初步的计算结果。该指标体系首次将无形资本纳入可持续发展度量要素之内,试图通过测量自然资本、人造资本、人力资本和社会资本等指标来测量国家财富和可持续发展能力随时间的动态变化,丰富了传统意义上的财富概念。

2.4.2　衡量可持续发展的新指标

为了弥补传统发展指标因为测度的准确性、权重赋予的科学性和指标选择的合理性等的不足,人们设计了许多其他可供选择的指数,如人类发展指数(Human Development Index,HDI)、可持续经济福利指数(Index for Sustainable Economic Welfare,ISEW)、真实发展指数(Genuine Progress Indicator,GPI)、生态足迹(Ecological Footprint,EF)、绿色 GDP 核算体系、环境绩效指数(Environmental Performance Index,EPI)等。这些可持续发展指标/指数在研究人员的努力下已经在一些国家和地区得到了广泛应用,以下将分别从社会政治学方向、生态学方向、经济学方向以及环境学方向对人类发展指数(HDI)、生态足迹(EF)、绿色 GDP 和环境绩效指数(EPI)进行介绍。

1. 人类发展指数(HDI)

人类发展指数(HDI)是联合国开发计划署于 1990 年公布的,用以衡量一个国家的进步程度。人类发展指数是以"预期寿命、教育水平和人均 GDP"三项基础变量所组成的综合指标。HDI 强调了国家发展应从传统的以物为中心转向以人为中心,强调了追求合理的生活水平而并非对物质的无限占有,向传统的消费观念提出了挑战。HDI 将收入与发展指标相结合,人类在健康、教育等方面的社会发展是对以收入衡量发展水平的重要补充,倡导各国更好地投资于民,关注人们生活质量的改善。

2. 生态足迹(EF)

生态足迹,最早由加拿大生态经济学家 William Rees 及其学生 Mathis Wackernagel 在 1992 年提出。生态足迹方法尝试用具体可观测的指标来定义可持续性,通过建立比较人类的生态需求和生态承载力的一个综合账户,来监测由人类需求引起的自然资源枯竭,并据此探寻可持续发展的途径。

生态足迹指在给定人口和经济条件下,维持资源消费和吸收废物所需的生物生产型土地面积。将一个地区或国家的资源、能源消费同自己所拥有的生态承载力进行比较,能判断一个国家或地区的发展是否处于生态承载力的范围,是否具有安全性。

3. 绿色 GDP

1993 年,联合国统计机构在其出版的《综合环境与经济核算手册》(SEEA)中首次提出生态国内产出(Environmentally Adjusted Domestic Product,EDP),即现在所称的绿色 GDP。绿色 GDP 是指从传统 GDP 中扣除环境污染等生态资源损耗价值后,剩余的国内生产总值。它是在国民收入核算体系(SNA)的基础上,考虑经济发展过程中所出现的生态环境损耗,而产生的一种新的 GDP 核算机制。绿色 GDP 充分考虑了 GDP 增长过程中的自然资源和环境损耗,并将其作为资本使用的一部分加以核算。这种新的核算方式不仅使国民经济核算更科学,而且有利于改进经济发展方式,促进经济与生态的协调发展。

4. 环境绩效指数(EPI)

耶鲁大学环境法律与政策中心(Yale Center for Environmental Law and Policy)与哥伦比亚大学国际地球科学信息网络中心(Center for International Earth Science Information Network,CIESIN)合作开发了环境绩效指数(Environmental Performance Index,EPI)。环境绩效是指特定管理对象或者区域环境管理活动所产生的环境成绩、效果和水平,不单是环境管理活动所产生的环境效果,更包含为环境状况改善所投入的成本因素,是体现环保效率的一个概念。其目的是力求实现度量国家或地区环境政策优劣、提示环境政策变化整体形势、提高公众环境意识、激发公众的主动参与和讨论、引导环境政策的良性发展。环境绩效是一种表现行为,也是一种行为结果,可以是过程行为,也可以是终结行为,其实质是环境目标的实现程度。

2.5　中国的可持续发展战略及行动

可持续发展对我国的发展具有重大意义,中国的人口多,人均资源少,生态脆弱,只有实施可持续发展才能振兴中华。我国政府把可持续发展既看作是挑战,更看作是机遇,十分重视对可持续发展战略的研究和实施,走出了一条独具特色的可持续发展道路。

2.5.1　可持续发展是中国进入 21 世纪后社会发展的唯一抉择

我国对于可持续发展道路的选择是具有历史和现实依据的。历史教训和现实制约使我们明白可持续发展是中国进入 21 世纪后社会发展的唯一选择。

1. 历史教训

20 世纪 50 年代初,中国追随苏联工业化"赶超战略",走上了一条用高消耗、高污染换取工业高增长的发展道路,虽然综合国力迅速增长,但也付出了惨痛的环境代价。到了 70 年代,中国开始了经济改革和开放的进程,计划经济逐步解体,市场经济逐步确立,使中国步入了一个长达 20 多年的高速增长期,但资源消耗和环境污染更是达到了令人震惊的新高度。从中国今后 20 多年人口、经济增长的趋势看,人、经济同环境的紧张关系尚难有大的缓解,环境、资源方面压力大、问题多、基础差这样一种不利状况还会延续相当长一个时期。

2. 现实制约

中国发展面临很多内外因素严重制约:一是人口结构问题,中国拥有庞大的人口总量,低素质和贫困人口比例较大,过低的生育率和失衡的老龄化,正持续成为中国人口的新挑战;二是自然资源基础薄弱,人均占有的资源十分贫乏,土地、水和重要矿物资源的可供量很少,环境容量狭小;三是科学技术基础薄弱和国民文化素质与环境意识不强的问题不会在短期内得到解决,特别是有害环境与资源的意识、行为和政策在一些方面还是根深蒂固的;四是国际市场竞争激烈,各国争夺世界资源和环境空间的竞争也非常激烈,中国获取国际资源和环境空间受到了极大的限制。

3. 唯一选择

我国的经济、资源与环境状况表明,中国在解决环境问题上的回旋余地不大,如继续沿用传统的发展模式,在达到令人满意的收入水平前,中国就将会遭受难以承受的巨大国际国内环境压力,生态环境可能出现一系列灾难后果,几乎没有可能使中国大多数人口享有发达国家的生活质量。中国将不得不寻求一种与大多数发达国家不同的、非传统的现代化发展模式——可持续发展模式。其核心思想就是实行:低度消耗资源的生产体系;适度消费的生活体系;使经济持续稳定增长、经济效益不断提高的经济体系;保证效率与公平的社会体系;不断创新、充分吸收新技术、新工艺、新方法的适用技术体系;促进与世界市场紧密联系的、更加开放的贸易与非贸易的国际经济体系;合理开发利用资源,防止污染,保护生态平衡。这种发展模式与可持续发展正是一致的,在中国是现实可行的。

2.5.2　可持续发展战略在中国的实施及取得的成就

可持续发展的目标是以人为本,实现社会的全面进步。人是可持续发展的中心体,以经济发展为条件、以生态环境保护为基础。1999 年,中国科学院可持续发展研究小组就提出中国可持续发展战略的总体目标,多年的实践表明这一可持续发展目标是积极稳妥、符合中国实际的,只要继续保持现有发展态势是能够实现的。要形成节约资源和保护环境的空间格局、产业结构、生产方式、生活方式,为子孙后代留下天蓝、地绿、水清的生产生活环境,遵循以下人口、资源、环境和经济战略。

(1) 人口战略:考虑人口发展趋势,全面放开"二孩"政策,稳定人口数量,提高人口素质,开发人力资源。2030 年人口控制在 14.5 亿左右,普及 12 年制义务教育。劳动力人口受教育年限在 14 年以上;2050 年人口保持在 13 亿左右,普及大学教育,劳动力人口受教育年限在 16

年以上。实现充分就业,完善社会保障体系。

（2）资源战略:建立资源节约型经济体系,研发推广节能节水节地技术,提高资源利用率和回收率,降低能耗物耗,开发短缺资源替代品,利用新资源。

（3）环境战略:治理环境污染,保护生态环境,按照主体功能区布局产业和人口。实现"天蓝、地绿、水清"的美丽中国建设目标。

（4）经济战略:建立现代化高质量经济体系,大力发展智力密集型的高新技术产业和文化创意产业,加快推进劳动密集型的现代服务业、人力资源培育和生态环境治理产业。

1. 可持续发展战略的实施

1994 年,中国政府参考全球《21 世纪议程》,结合中国国情制定了全球第一个国家级 21 世纪议程,即《中国 21 世纪议程:中国 21 世纪人口、环境与发展白皮书》,并将《中国 21 世纪议程》纳入了国民经济与社会发展计划。

《中国 21 世纪议程》共 20 章,78 个方案领域,主要分为四大部分。第一部分,可持续发展总体战略与政策,提出中国可持续发展战略的背景和必要性、战略目标、战略重点和重大行动,可持续发展的立法和实施,制定促进可持续发展的经济政策,参与国际环境与发展领域合作的原则立场和主要行动领域。第二部分,社会可持续发展,包括人口、居民消费与社会服务,消除贫困,卫生与健康、人类住区和防灾减灾等。第三部分,经济可持续发展,把促进经济快速增长作为消除贫困、提高人民生活水平、增强综合国力的必要条件。第四部分,资源的合理利用与环境保护,包括水、土等自然资源保护与可持续利用,还包括生物多样性保护,防治土地荒漠化,防灾减灾等。

《中国 21 世纪议程》制定了我国可持续发展战略的近期、中期和远期目标,从经济、社会、资源、环境等领域,提出具体的行动目标和政策措施,是一个将可持续发展思想由理念落实到行动的行动方针,协调中国经济社会、科技和人口、资源、环境的关系,实现可持续发展。

1996 年 3 月,第八届全国人民代表大会第四次会议批准的《国民经济和社会发展"九五"计划和 2010 年远景目标纲要》,把可持续发展作为一条重要的指导方针和战略目标,并明确做出了中国今后在经济和社会发展中实施可持续发展战略的重大决策。

2001 年 3 月,"十五"计划纲要将实施可持续发展战略置于重要地位,全面推进可持续发展战略。

2003 年 1 月,国务院印发《中国 21 世纪初可持续发展行动纲要》(以下简称《纲要》),它在全面推动可持续发展战略的实施,保证国民经济和社会发展第三步战略目标的顺利实现背景下产生的,是在总结以往成就和经验的基础上,根据新的形势和可持续发展的新要求而制定的。《纲要》明确 21 世纪初我国实施可持续发展战略的目标、基本原则、重点领域及保障措施。

2012 年党的十八大以来,我国秉持"绿水青山就是金山银山"的理念,将生态文明建设纳入"五位一体"总体布局,密集出台了一系列生态文明建设举措,可持续发展进入了强力推进的快车道。

2015 年,十八届五中全会提出"创新、协调、绿色、开放和共享"五大发展理念,以绿色发展理念为主基调的可持续发展进入新时代。

2017 年,十九大报告指出要坚定实施包含可持续发展战略在内的七大战略,坚持"绿色发展理念""坚持人与自然和谐共生""加快生态文明体制建设""建设美丽中国"等一系列指导思想,为我国未来中长期坚定不移地践行绿色发展理念确定了方向和目标。

2. 可持续发展战略取得的成就

中国高度重视经济、社会、资源环境可持续发展,几十年来取得了举世瞩目的成就。目前,我国已经制定了一系列环境法、资源管理法、行政规章和上千个环境标准,同时还制定了更多的相关性教育、健康、文化和社会保障法律。立足国情,在下列一些重点领域取得了重要的进展。

(1) 经济保持平稳较快增长。

从2000年到2014年的15年间,中国经济保持平稳较快发展。GDP从2000年的10.0万亿元增加到2014年的63.6万亿元,仅次于美国,跃升至世界第二位,人均GDP接近9000美元,成为上中等收入国家。

(2) 贫困人口大幅度减少,人口素质普遍提高。

按照联合国的标准,1990年到2011年间,中国贫困人口减少了4.39亿,2013年贫困人口降至6800万人,减少了1650万,2014年又减少了1232万人,为全球减贫事业做出了巨大贡献;在消除饥饿方面,2004年以后,粮食产量不断增长,用占世界不足10%的耕地,养活了占世界近20%的人口;在教育方面,学龄儿童净入学率维持在99%以上,基本消除了教育中的性别不平等问题。

(3) 环境污染防治工作全面开展,一些重点地区和领域成效显著。

根据可持续发展的要求,我国逐步转变生态保护和污染防治的思路和传统做法,治理环境污染工作力度加大,部分城市和重点地区的环境质量得以改善,生态环境保护得到加强。

我国水资源污染问题也得到了较大的改善。与2001年比较,2017年长江、黄河、珠江、松花江、淮河、海河、辽河等主要水系的1617个水质断面中,水质为一类至三类的由占比不到30%上升到2017年的71.8%。2000年以来累计解决了4.67亿农村居民的饮水安全问题。

由于20年"禁牧移民还草"的系统治理,出现了"沙退草进"的新局面,由21世纪初的年均扩大3000多平方千米,逆转到目前年均缩减近2000平方千米。我国林地面积为37.9亿亩,森林覆盖率由1976年的12.7%上升到2017年底的21.7%,初步逆转了水土流失的趋势。

(4) 国土资源开发和管理工作得到加强,一些重要资源利用率有所提高。

建立起资源节约型经济体系,将水、土地、矿产、森林、草原、生物、海洋等各种资源的管理纳入国民经济和社会发展计划,建立自然资源核算体系,运用市场机制和政府宏观调控,促进资源合理分配,充分运用经济、法律、行政手段实行资源的保护与增值。进入21世纪,我国能源结构得到了较大改善,煤炭消费量占能源消费总量的比重已由2001年的75%降至2017年的60.4%,天然气、水电、风电、光电和核电等清洁能源消费量占能源消费总量的20.8%。

3. 新时代中国实施可持续发展战略展望

新时代中国实施可持续发展战略面临人口老龄化、资源短缺与环境污染等多重挑战,也拥有诸多机遇。可持续发展的目标是"发展",核心是"可持续",必须坚持近期与远期相结合、标本兼顾。可持续发展的重点任务包括:加强环境污染防治,开发利用新资源和可再生资源,积极应对人口问题,推进产业结构优化升级和提升经济发展质量。新时代实施可持续发展战略,应以科学规划引领可持续发展,以生态文明制度确保可持续发展。以市场机制推进可持续发展,以智慧中国建设助力可持续发展,以陆海统筹保障可持续发展,以国际合作促进可持续发展。新时代实施可持续发展战略要树立全局观、系统观和动态观,既要清醒认识、整体谋划,又要精准施策、常抓不懈,以确保我国步入资源合理利用、生态环境优美、经济社会永续发展的新境界。

2.6　清洁生产与循环经济

2.6.1　清洁生产的概念及发展历程

一、清洁生产概念的提出及在全球的发展历程

1. 清洁生产概念的提出及国际清洁生产的发展历程

工业革命以来,特别是 20 世纪以来,随着科技的迅猛发展,人类征服自然和改造自然的能力大大增强,人类创造了前所未有的物质财富,人们的生活发生了空前的巨大变化,极大地推进了人类文明的进程。但另一方面,人类在充分利用自然资源和自然环境创造物质财富的同时,过度地消耗资源,造成严重的资源短缺和环境污染问题。

20 世纪 60 年代发生了一系列震惊世界的环境公害,威胁着人类的健康和经济的进一步发展,西方工业国家开始关注环境问题,并进行大规模的环境治理。这种“先污染,后治理”的“末端治理”模式虽然取得了一定的环境效果,但并没有从根本上解决经济高速发展对资源和环境造成的巨大压力,资源短缺、环境污染和生态破坏日益加剧。“末端治理”的环境战略的弊端日益显现:治理代价高,企业缺乏治理污染的主动性和积极性;治理难度大,并存在污染转移的风险;无助于减少生产过程中资源的浪费。

20 世纪 70 年代中后期,西方工业国家开始探索在生产工艺过程中减少污染的产生,并逐步形成了废物最小量化、源头削减、无废和少废工艺、污染预防等新的污染防治战略。在这样的背景下,清洁生产应运而生。清洁生产概念的出现,最早可追溯到 1976 年。同年 11、12 月间欧洲共同体在巴黎举行了“无废工艺和无废生产的国际研讨会”。1979 年 4 月欧共体理事会宣布推行清洁生产的政策。同年 11 月,在日内瓦举行的“在环境领域内进行国际合作的全欧高级会议”上,通过了《关于少废无废工艺和废料利用的宣言》,指出无废工艺是使社会和自然取得和谐关系的战略方向和主要手段。此后举行了不少地区性的、国家的和国际性的研讨会。1989 年,联合国环境规划署(UNEP)为促进工业可持续发展,在总结工业污染防治经验教训的基础上,首次提出清洁生产的概念,并制定了推行清洁生产的行动计划。联合国工业发展组织(UNIDO)和联合国环境规划署通过在部分国家启动清洁生产试点示范项目,将“清洁生产”引入这些国家并加以实践验证,开始在全球范围内推行清洁生产。1990 年在第一次国际清洁生产高级研讨会上,正式提出清洁生产的定义。1992 年,联合国环境与发展大会通过了《里约宣言》和《21 世纪议程》,会议号召世界各国在促进经济发展的进程中,不仅要关注发展的数量和速度,而且要重视发展的质量和持久性。大会呼吁各国调整生产和消费结构,广泛应用环境无害技术和清洁生产方式,节约资源和能源,减少废物排放,实施可持续发展战略。清洁生产正式写入《21 世纪议程》,并成为通过预防来实现工业可持续发展的专用术语。1995 年,在瑞士、奥地利政府以及其他双边和多边资助方的支持下,联合国工业发展组织与联合国环境规划署联合启动了世界上首个全球范围清洁生产项目——“建立发展中国家清洁生产中心”的项目,共帮助近 50 个发展中国家建立了国家或地区级清洁生产中心,培训了大批清洁生产专家,完成了大量企业清洁生产审核,并对清洁生产审核成果和经验进行宣传和推广。

1998 年在第五次国际清洁生产研讨会上,清洁生产的定义得到进一步的完善。联合国环境规划署关于清洁生产的定义:清洁生产是将综合性预防的环境战略持续地应用于生产过程、产品和服务中,以提高效率,降低对人类和环境的危害。对生产过程来说,清洁生产是指通过

节约能源和资源,淘汰有害原料,减少废物和有害物质的产生和排放;对产品来说,清洁生产是指降低产品全生命周期,即从原材料开采到生命终结的处置的整个过程对人类和环境的影响;对服务来说,清洁生产是指将预防性的环境战略结合到服务的设计和提供服务的活动中。

我国于 2003 年 1 月颁布实施了《清洁生产促进法》,并于 2012 年 2 月 29 日对其进行了修订,该法中关于清洁生产的定义为:清洁生产是指不断采取改进设计、使用清洁的能源和原料、采用先进的工艺技术与设备、改善管理、综合利用等措施,从源头削减污染,提高资源利用效率,减少或者避免生产、服务和产品使用过程中污染物的产生和排放,以减轻或者消除对人类健康和环境的危害。

这两个定义虽然表述不同,但内涵是一致的。《清洁生产促进法》关于清洁生产的定义,借鉴了联合国环境规划署的定义,结合我国实际情况,表述更加具体、更加明确,便于理解。

清洁生产在不同的地区和国家有许多不同的相近提法,例如欧洲国家有时又称"少废无废工艺",日本多称"无公害工艺",美国则名之为"废料最少化""减废技术""污染预防"。此外,个别学者还有"绿色工艺""生态工艺""环境完美工艺"与"环境相容(友善)工艺"等称法。

2010 年 11 月,联合国工业发展组织和联合国环境规划署第二次联手启动了"全球资源高效利用与清洁生产项目",共同资助并支持成立了"全球资源高效利用与清洁生产网络"(The Global Network for Resource Efficient and Cleaner Production, RECP-Net)。这是全球第一个非营利性的发展中国家清洁生产专业网络,是以发展中国家清洁生产中心和部分发达国家清洁生产专业咨询机构为主要成员单位的全球规模最大的清洁生产专业网络,有成员国 40 多个。我国原环境保护部清洁生产中心作为首批成员单位,于 2010 年 11 月正式加入该网络。目前全世界已经有 70 多个国家全面或部分开展清洁生产工作,包括美国、加拿大、日本、澳大利亚、新西兰以及欧盟各国(法国、荷兰、丹麦、瑞典、瑞士、英国、奥地利等国)在内的发达国家以及中国、巴西、捷克、南非等近 50 个发展中国家。

2. 我国清洁生产的发展历程

我国清洁生产经过 30 年的发展,总体上经历了清洁生产理念引入(1983—1992 年),清洁生产试点、示范及立法(1993—2003 年),清洁生产循序推进制度化(2003 年至今)三个阶段。

(1) 清洁生产理念引入阶段。1992 年 8 月国务院制定了《环境与发展十大对策》,发布了"中国清洁生产行动计划(草案)",清洁生产成为解决我国环境与发展问题的对策之一。

(2) 清洁生产试点、示范及立法阶段。明确提出了工业污染预防必须从单纯的末端治理向生产全过程转变、实行清洁生产的要求,明确了清洁生产在我国工业污染预防中的地位。1996 年 8 月,原国家环保局制定并发布了《关于推行清洁生产的若干意见》,要求地方环境保护主管部门将清洁生产纳入已有的环境管理政策中。1999 年 5 月,原国家经贸委发布了《关于实施清洁生产示范试点的通知》,选择北京、上海、天津、重庆、兰州、沈阳、济南、太原、昆明、阜阳等 10 个试点城市和冶金、化工、石化、轻工、纺织等 5 个试点行业开展清洁生产示范和试点。2002 年 6 月 29 日,第九届全国人大常委会第 28 次会议审议通过了《中华人民共和国清洁生产促进法》,该法于 2003 年 1 月 1 日起正式施行。该法是我国第一部以污染预防为主要内容的专门法律,是我国全面推行清洁生产新的里程碑,标志着我国清洁生产进入了法制化的轨道。

(3) 清洁生产循序推进制度化阶段。2003 年开始我国清洁生产工作进入"有法可依、有章可循"阶段。国务院各部门根据《清洁生产促进法》中的要求与职能分工,出台和制定了较为详细的清洁生产政策、法规、标准、技术规范、评价指标体系等一系列政策和技术支撑文件。

2004 年 8 月颁布实施的《清洁生产审核暂行办法》促使清洁生产审核成为我国推进清洁生产的最有效的手段和方法,确定了自愿审核和强制审核协同推进的模式,建立了清洁生产审核一系列配套制度,清洁生产工作也取得了明显进展与成就。2012 年 2 月 29 日,第十一届全国人大常委会第二十五次会议通过了《关于修改〈中华人民共和国清洁生产促进法〉的决定》,对《清洁生产促进法》进行了修订,并于 2012 年 7 月 1 日起施行。修订后的《清洁生产促进法》对我国清洁生产工作提出了新的要求,明确建立了强制性清洁生产审核制度。

综合而言,清洁生产是一种在生产过程、产品和服务中既满足人类的需要,又合理高效地利用自然资源,追求经济效益最大化和对人类与环境危害最小化的生产方式,主要包括以下三个方面内容。

(1) 自然资源的合理与高效利用:要求投入的原材料和能源以最合理和有效的方式,生产出在数量上或价值上尽可能高的产品,提供尽可能多的服务。

(2) 经济效益最大化:通过节约资源、降低损耗、提高生产效率和产品质量,达到降低生产成本、提升企业的竞争力的目的。

(3) 对人类健康和环境的危害与风险最小化:通过最大限度地减少有毒有害物质的使用、采用无废或者少废的清洁生产技术和工艺、减少生产过程中的各种危险因素、回收和循环利用各类废物、采用可降解材料生产产品和包装、合理包装以及改善产品功能等,实现对人类健康和环境的危害与风险最小化。

清洁生产的英文名词为"cleaner production",意为"更清洁的生产",是一个相对的概念,所谓清洁原料、清洁生产技术和工艺、清洁能源、清洁产品等都是指相对于当前所采用的原料、生产技术工艺、能源和生产的产品而言的,其所产生的污染更少、对环境危害更小。因此,清洁生产是一个持续进步的过程,而不是一个用某一个特定标准衡量的目标。

二、清洁生产的特点和实施途径

清洁生产具有如下特点。

(1) 战略性　清洁生产是污染预防战略,是实现可持续发展的环境战略。作为战略,它有理论基础、技术内涵、实施工具、实施目标和行动计划。

(2) 预防性　传统的末端治理与生产过程相脱节,即"先污染,后治理";清洁生产从源头抓起,实行生产全过程控制,尽最大可能减少乃至消除污染物的产生,其实质是预防污染。

(3) 综合性　实施清洁生产的措施是综合性的预防措施,包括结构调整、技术进步和完善管理。

(4) 统一性　传统的末端治理投入多、治理难度大、运行成本高,经济效益与环境效益不能有机结合;清洁生产最大限度地利用资源,将污染物消除在生产过程之中,不仅环境状况从根本上得到改善,而且能源、原材料和生产成本降低,经济效益提高,竞争力增强,能够实现经济效益与环境效益相统一

(5) 持续性　清洁生产是一个相对的概念,是持续不断的过程,没有终极目标。随着技术和管理水平的不断创新,清洁生产应当有更高的目标。

清洁生产是一项系统工程,是对生产全过程以及产品的整个生命周期采取污染预防的综合措施。因此,应该从企业的特点出发,在产品设计、原料选择、工艺流程、工艺参数、生产设备、操作规程等方面,全面分析减少污染物产生的可能性,寻找清洁生产的机会和潜力,推进清洁生产的实施。具体来说,实施清洁生产的途径主要包括五个方面:一是改进设计,在工艺和产品设计时,要充分考虑资源的有效利用和环境保护,生产的产品不危害人体健康,不对环境

造成危害,能够回收的产品要易于回收;二是使用清洁的能源,并尽可能采用无毒、无害或低毒、低害原料替代毒性大、危害严重的原料;三是采用资源利用率高、污染物排放量少的工艺技术与设备;四是综合利用,包括废渣综合利用、余热余能回收利用、水循环利用、废物回收利用;五是改善管理,包括原料管理、设备管理、生产过程管理、产品质量管理、现场环境管理等。清洁生产的基本要求是"从我做起,从现在做起",进行清洁生产审核是推行企业清洁生产的关键和核心。

2.6.2　清洁生产审核

一、清洁生产审核的提出及其概念

目前在我国的清洁生产推进过程中,清洁生产审核是一项重要工作。无论是哪一家企业或各种不同的行业,在生产经营中都存在这样的一些问题,如生产中的原材料浪费极大,有的原材料还有一定的毒性,废旧的物质和含有毒性的废物较多;还有在产品和服务上同样存在着不足,有的十分严重,然而这些问题,企业的管理者和生产者往往认识不到,其结果是导致市场的"疲软",直接或间接地影响企业的经济增长,同时造成企业对环境的污染和生态的破坏。由此带来的一系列问题都是扼制企业发展、影响企业形象、增加企业成本、破坏生态环境的大问题。要解决这些问题,就必须开展审计工作,把企业的能源和产品的原材料节减下来,降低成本,使排放的污染物从生产过程的开始即得到控制,这样就能达到增加企业效益的目的,实现双赢。而清洁生产审核工作,即是解决上述问题的一个有力工具。根据联合国环境规划署给出的定义:清洁生产审核是一种从对环境及工业生产过程的影响角度出发,分析识别出资源能源利用效率低、废物管理水平差的环节的方法。这一方法是对企业及其生产过程进行全面评估,从而找出可以降低资源能源消耗、有毒有害物质的使用以及废物产生的环节和部位。2004年10月1日我国开始实施的《清洁生产审核暂行办法》对清洁生产审核给出了如下定义:所谓清洁生产审核,就是按照一定程序,对生产和服务过程进行调查和诊断,找出能耗高、物耗高、污染重的原因,提出减少有毒有害物料的使用、产生,降低能耗、物耗以及废物产生的方案,进而选定技术经济及环境可行的清洁生产方案的过程。具体来说,清洁生产审核是借助物质流分析和能量流分析等技术手段,通过建立物料平衡、水平衡、能量平衡或污染因子分析,摸清物质流、能量流、废物流等流动方向、方式和数量,对企业从原辅材料、能源、产品、技术工艺、设备、过程控制、管理、员工八个方面进行系统的分析,深入分析物料损耗、能量损失、废物产生的原因,结合国内外先进水平,系统、全面又突出重点地进行分析,找出存在的差距和问题,制订解决存在问题的清洁生产方案,通过实施可行的清洁生产方案,最终达到节能、降耗、减污、增效的目的。

二、清洁生产审核的过程

清洁生产审核的思路主要包括三个大的方面,分别是:企业生产过程中的各种废物在哪里产生(列出污染源清单)? 这些废物为什么会产生(对污染物产生过程进行原因分析)? 如何减少或消除这些废物(制定减少污染物产生和排放的方案并开始实施)等。目前我国的清洁生产审核方式主要有三种,分别是企业自我审核,指在没有或有很少外部帮助的前提下,主要依靠企业内部技术力量完成整个清洁生产审核过程;外部专家指导审核,指在聘任的外部清洁生产专家和行业专家的指导下,依靠企业内部技术力量完成整个清洁生产审核过程(重点企业审核时不推荐);清洁生产审核咨询机构审核,指企业委托清洁生产审核咨询机构,完成整个清洁生

产审核过程。目前我国的清洁生产审核分为自愿性审核和强制性审核,审核程序原则上包括审核准备,预审核,审核,实施方案的产生、筛选和确定,编写清洁生产审核报告等。

(1) 审核准备。开展培训和宣传,成立由企业管理人员和技术人员组成的清洁生产审核工作小组,制定工作计划。

(2) 预审核。在对企业基本情况进行全面调查的基础上,通过定性分析和定量分析,确定清洁生产审核重点和清洁生产目标。

(3) 审核。通过对生产和服务过程的投入产出进行分析,建立物料平衡、水平衡、资源平衡以及污染因子平衡,找出物料流失、资源浪费环节和污染物产生的原因。

(4) 实施方案的产生和筛选。对物料流失、资源浪费、污染物产生和排放进行分析,提出清洁生产实施方案,并进行方案的初步筛选。

(5) 实施方案的确定。对初步筛选的清洁生产方案进行技术、经济和环境可行性分析,确定企业拟实施的清洁生产方案。

(6) 编写清洁生产审核报告。清洁生产审核报告应当包括企业基本情况、清洁生产审核过程和结果、清洁生产方案汇总和效益预测分析、清洁生产方案实施计划等。

2.6.3　我国清洁生产的前景

我国推行清洁生产虽然取得了积极的成果,但从总体上看进展还比较缓慢。目前,推行清洁生产存在的主要问题:一是各级领导特别是企业领导对清洁生产在走新型工业化道路、实施可持续发展战略和增强企业竞争力中的重要作用方面缺乏足够的认识,重外延、轻内涵,重治标、轻治本,还没有转到从源头控制,减少污染物产生的清洁生产上来;二是缺乏必要的政策环境和保障措施,特别是融资问题是企业实施清洁生产的重要障碍。从开展清洁生产试点的企业看,由于缺乏资金,绝大多数企业尤其是中小企业型,还停留在清洁生产审核阶段,重点放在无费和低费方案;三是现行环境管理制度和措施在某些方面往往侧重于"末端治理",在一定程度上影响了清洁生产战略的实施;四是缺少先进适用的技术,特别是那些对行业有重大影响和带动作用的共性、关键和配套的清洁生产技术,研究开发和示范不够。五是缺乏对企业实施清洁生产的指导,如企业如何实施清洁生产,方法是什么,有哪些实施工具,应采用什么样的技术,管理方面做哪些改进等。六是信息不畅,企业缺乏寻找清洁生产技术与管理信息的渠道;七是基于市场的激励机制还没有建立起来,企业缺乏自觉开展清洁生产的动力和自觉性。

清洁生产是对传统发展模式的根本变革,是工业污染防治的最佳模式;是走新型工业化道路,实现可持续发展战略的必然选择;是适应加入世界贸易组织的新形势,增强企业竞争力的重要措施。

加快推行清洁生产必须从我国的国情出发,以企业为主体,政府指导推动,充分发挥市场配置资源的基础性作用,逐步形成企业自觉实施清洁生产的机制。坚持推行清洁生产与结构调整相结合,与企业技术进步相结合,与加强企业管理相结合,与强化环境监督和环境管理相结合,不断提高资源利用效率,减少污染物的产生和排放,增强企业竞争力,促进经济社会可持续发展。

2.6.4　循环经济

一、循环经济概念的提出

循环经济的思想萌芽可以追溯到环境保护兴起的 20 世纪 60 年代。1962 年美国生态学家蕾切尔·卡逊发表了《寂静的春天》,指出生物界以及人类所面临的危险。"循环经济"一词,首先由美国经济学家 K·波尔丁提出,主要指在人、自然资源和科学技术的大系统内,在资源投入、企业生产、产品消费及其废弃的全过程中,把传统的依赖资源消耗的线性增长经济,转变为依靠生态型资源循环来发展的经济。其"宇宙飞船经济理论"可以作为循环经济的早期代表。大致内容是:地球就像在太空中飞行的宇宙飞船,要靠不断消耗自身有限的资源而生存,如果不合理开发资源、破坏环境,就会像宇宙飞船那样走向毁灭。因此,宇宙飞船经济要求一种新的发展观:第一,必须改变过去那种"增长型"经济为"储备型"经济;第二,要改变传统的"消耗型经济",而代之以休养生息的经济;第三,实行福利量的经济,摒弃只重视生产量的经济;第四,建立既不会使资源枯竭,又不会造成环境污染和生态破坏、能循环使用各种物资的"循环式"经济,以代替过去的"单程式"经济。

20 世纪 90 年代之后,发展知识经济和循环经济成为国际社会的两大趋势。我国在 20 世纪 90 年代引入循环经济的思想。此后对于循环经济的理论研究和实践不断深入:1998 年引入德国循环经济概念,确立"3R"原理的中心地位;1999 年从可持续生产的角度对循环经济发展模式进行整合;2002 年从新兴工业化的角度认识循环经济的发展意义;2003 将循环经济纳入科学发展观,确立物质减量化的发展战略;2004 年,提出从不同的空间规模,即城市、区域、国家层面大力发展循环经济。

"循环经济"这一术语在中国出现于 20 世纪 90 年代,学术界在研究过程中已从资源综合利用的角度、环境保护的角度、技术范式的角度、经济形态和增长方式的角度、广义和狭义的角度等不同角度对其做了多种界定。当前,社会上普遍推行的是国家发展和改革委员会对循环经济的定义:"循环经济是一种以资源的高效利用和循环利用为核心,以'减量化、再利用、资源化'为原则,以低消耗、低排放、高效率为基本特征,符合可持续发展理念的经济增长模式,是对'大量生产、大量消费、大量废弃'的传统增长模式的根本变革。"这一定义不仅指出了循环经济的核心、原则、特征,同时也指出了循环经济是符合可持续发展理念的经济增长模式,抓住了当前中国资源相对短缺而又大量消耗的症结,对解决中国资源对经济发展的制约具有迫切的现实意义。2008 年 8 月 29 日,《中华人民共和国循环经济促进法》由中华人民共和国第十一届全国人民代表大会常务委员会第四次会议正式通过,自 2009 年 1 月 1 日起施行。在该法中,循环经济被定义为在生产、流通和消费等过程中进行的减量化、再利用、资源化活动的总称。

二、循环经济的几个层面

循环经济始于人类对环境污染的关注,源于对人与自然关系的处理。它是人类社会发展到一定阶段的必然选择,是重新审视人与自然关系的必然结果。

由于国情不同、发展阶段不同、科技文化发展水平和传统不同,制度、体制、机制不同,所以各国在循环经济的认识与实践方面有较大差异。如发达国家是在逐步解决了工业污染和部分生活型污染后,由后工业化或消费型社会结构引起的大量废物逐渐成为其环境保护和可持续发展的重要问题。在这一背景下,产生了以提高生产效率和废物的减量化、再利用及再循环为核心的循环经济理念与实践。我国循环经济的发展要注重从不同层面协调发展。即小循环、中循环、大循环加上资源再生产业(也可称为第四产业或静脉产业)。

(1)小循环　在企业层面,选择典型企业和大型企业,根据生态效率理念,通过产品生态设计、清洁生产等措施进行单个企业的生态工业试点,减少产品和服务中物料和能源的使用量,实现污染物排放的最小化。

（2）中循环　在区域层面，按照工业生态学原理，通过企业间的物质集成、能量集成和信息集成，在企业间形成共生关系，建立工业生态园区。

（3）大循环　在社会层面，重点进行循环型城市和省区的建立，最终建成循环经济型社会。

（4）资源再生产业　建立废物和废旧资源的处理、处置和再生产业，从根本上解决废物和废旧资源在全社会的循环利用问题。

三、循环经济与传统经济的区别

传统经济是一种由"资源—产品—污染排放"所构成的物质单向流动的经济。在这种经济中，人们以越来越高的强度把地球上的物质和能源开发出来，在生产加工和消费过程中又把污染和废物大量地排放到环境中去，对资源的利用常常是粗放的和一次性的，通过把资源持续不断地变成废物来实现经济的数量型增长，导致了许多自然资源的短缺与枯竭，并酿成了灾难性环境污染后果。与此不同，循环经济倡导的是一种建立在物质不断循环利用基础上的经济发展模式，它要求把经济活动按照自然生态系统的模式，组织成一个"资源—产品—再生资源"的物质反复循环流动的过程，使得整个经济系统以及生产和消费的过程基本上不产生或者只产生很少的废物，只有放错了地方的资源，而没有真正的废物，其特征是自然资源的低投入、高利用和废物的低排放，从而根本上消解长期以来环境与发展之间的尖锐冲突。

四、循环经济的实践与展望

1. 各国循环经济的发展和实践

"循环经济"一词并不是国际通用的术语，在学术界尚有争议。从"循环经济"概念的外延和内涵的演变进程看，它是国际社会在追求从工业可持续发展到社会经济可持续发展过程中出现的一种关于发展模式的理念，它是针对传统线性经济发展模式的创新，不是主流经济学中关于"经济行为"问题的理论与实践。由于所处的社会经济发展阶段不同，面临的环境与可持续发展问题不一，所以我国与德国和日本等国在循环经济的认识与实践方面，有较大差异，形成了中国特色的循环经济概念及实践。

总体上，中国特色的循环经济的认识特征主要表现在两个方面。

第一，产生的背景方面。发达国家在逐步解决了工业污染和部分生活型污染后，由后工业化或消费型社会结构引起的大量废物逐渐成为其环境保护和可持续发展的重要问题。在这一背景下，产生了以提高生态效率和废物的减量化、再利用及再循环（"3R"原则，即：减量化原则（Reduce），要求用较少的原料和能源投入达到既定的生产目的或消费目的，进而从经济活动的源头就注意节约资源和减少污染；再使用原则（Reuse），要求制造产品和包装容器能够以初始的形式被反复使用；再循环原则（Recycle），要求生产出来的物品在完成其使用功能后能重新变成可以利用的资源，而不是不可以恢复的垃圾）为核心的循环经济理念与实践。我国是在压缩型工业化和城市化过程中，在较低发展阶段，为寻求综合性和根本性的战略措施来解决复合型生态环境问题的情况下，借鉴国际经验，发展了自己的循环经济理念与实践。

第二，内涵方面。发达国家的循环经济首先是从解决消费领域的废物问题入手，向生产领域延伸，最终旨在改变"大量生产、大量消费、大量废弃"的社会经济发展模式。从我国目前对循环经济的理解和探索实践看，发展循环经济的直接目的是改变高消耗、高污染、低效益的传统经济增长模式，走出新型工业化道路，解决复合型环境污染问题，保障全面建设小康社会目标的顺利实现。所以，我国循环经济实践最先从工业领域开始，其外延逐渐拓展到包括清洁生产(小循环)、生态工业园区(中循环)和循环型社会(大循环)等三个层面。

从目前的实践看,中国特色循环经济的内涵可以概括为是对生产和消费活动中物质能量流动方式的管理经济。具体讲,是通过"3R"原则,依靠技术和政策手段调控生产和消费过程中的资源能源流程,将传统经济发展中的"资源—产品—废物排放"这一线性物质流模式改造为"资源—产品—再生资源"的物质循环模式,提高资源能源效率,拉长资源能源利用链条,减少废物排放,同时获得经济、环境和社会效益,实现"三赢"发展。

德国的循环经济起源于"垃圾经济",并向生产领域的资源循环利用延伸。德国在工业型和部分生活型污染问题基本得到解决后,由消费带来的日益增加的垃圾(包括工业和消费领域的废物)成为德国面临的最大国内环境问题之一。20世纪70年代末,德国有5万个垃圾堆放场,由于管理不善,大部分堆放场引起二次污染。在这一情况下,1972年德国颁布了《废弃物管理法》,要求关闭垃圾堆放场,建立垃圾中心处理站(焚烧和填埋)。石油危机后,德国开始从垃圾焚烧中获取电能和热能。到20世纪中后期,德国意识到,简单的垃圾末端处理,并不能从根本上解决问题。为此,德国在1986年颁布了新的废弃物管理法,试图解决垃圾的减量和再利用问题,但实际效果不大。在这一情况下,德国在1996年制定了《循环经济和废弃物管理法》。该法的目的是彻底改造垃圾处理体系,建立产品责任(延伸)制度,要求在产品的生产和使用过程中尽量减少垃圾的产生,在使用后要安全处置或重新被利用。目前,德国生活垃圾的再利用率达到50%。因此,德国的循环经济是由垃圾问题而起,重点是"垃圾经济"("3R"和最终安全处置),并向生产体系(企业)中的资源循环利用延伸。

日本的"循环型社会"起源于废物问题,旨在改变社会经济发展模式。与德国相似,由生产和消费产生的废物成为日本当前面临的主要国内环境问题之一。目前,日本由消费引起的一般废物(消费领域废物)年产量约为5000万吨,产业废物4亿吨,人均垃圾日产量在1千克以上。在废物的处理上,日本一直采用焚烧和最终填埋的方法,但由于受到可用土地的限制,目前面临填埋场严重不足的挑战。从2000年的情况看,全国一般废物填埋场的可利用年限为12.2年,东京圈为11.2年;全国产业废物填埋场的可利用年限只有3.9年,东京圈1.2年。

为此,日本在1996年的《环境基本法》之下,于2000年颁布了《循环型社会形成推进基本法》。与德国的《循环经济和废弃物管理法》相比,日本的《推进基本法》在目标和内容上更为深入和丰富,其宗旨是改变传统社会经济发展模式,建立"循环型社会"。循环型社会是指通过抑制废物等的产生、资源的循环利用和合理处置等措施,控制自然资源的消费,建立最大限度减少环境负荷的社会。具体目标是,与2000年相比,2010年的资源生产率和资源循环利用率分别提高40%,废物最终处理量减少一半,人均每天垃圾产量减少20%,相关产业的市场需求和就业规模扩大一倍。在《推进基本法》下,3年时间,日本相继颁布实施了废物处理、资源有效利用、政府绿色采购,以及涉及容器包装、家电、建筑材料、食品和汽车再生利用8部专门法。

所以,日本的循环经济(循环型社会)也是以解决废物问题为起点,旨在改变整个社会经济的传统发展模式。

其他发达国家虽没有循环经济的说法,但废物减量化、再利用及再循环都是其目前环境保护和可持续发展实践的一个重点。

美国早在1976年就颁布实施了《资源保护回收法》,目前,有半数以上的州制定了不同形式的再生循环法规。法国、英国、比利时和澳大利亚等发达国家在20世纪90年代相继颁布和实施了有关废物减量化、再利用和安全处置的法律。丹麦通过实施《废弃物处理和回收法》(1990年),2002年的废物再利用率提高到65%。

　　发展清洁生产和建设生态工业园是发达国家促进工业可持续发展的重要做法。

　　在 20 世纪 90 年代中国开始推进清洁生产之前,清洁生产在发达国家已有 10 多年的实践。西方发达国家和一些中等收入国家在 20 世纪 70—80 年代进入了后工业化社会,产业结构和生产技术达到现代工业水平,随后,开始了以信息化和知识经济为特征的产业革命。在这一过程中,工业企业实现清洁生产的步伐普遍较快。可以认为,在当前的技术经济水平下,发达国家工业企业环境保护的源头与过程控制措施基本到位。

　　与清洁生产同步发展的另一个趋势是建设生态工业园区。自 20 世纪 70 年代丹麦卡伦堡"工业共生体"进入自发形成过程后,美国、日本、加拿大和西欧等发达国家和地区先后建成或正在建设的生态工业园区有数十个。

　　我国是工业化后进国家,新中国成立 70 年来特别是改革开放 40 多年来,在工业化、城镇化等现代化建设道路上,付出了艰辛的努力和代价,取得了显著成效,用几十年的时间完成了西方国家两三百年走过的工业化路程。但我们的发展呈现出明显的不同,即发达国家在两百多年时间里分阶段出现的资源环境问题,在我国却是在一个阶段集中显现出来,呈现出压缩性、复合性、紧迫性的特点。因此,探索经济增长与资源节约和环境保护相协调的发展道路,在我国显得尤为重要和迫切。

　　新中国成立到改革开放的前 30 年,我国工业化处在打基础、建框架的初级阶段,环境污染问题不严重,直到 1973 年 8 月,国务院才召开第一次全国环境保护会议,开始启动环保工作。改革开放后,工业化进入快车道,国外有关可持续发展的理念和经验也逐渐被吸收和借鉴。1983 年我国宣布把保护环境上升为基本国策。20 世纪 90 年代以后,我国认识到粗放型的增长方式造成了经济发展的资源环境代价过高,1994 年中共十四届三中全会提出增长模式要实现从粗放型向集约型的根本转变,国家开始在企业中推动节能降耗、资源综合利用行动。

　　21 世纪初,我国经济发展速度进一步加快,经济发展和资源环境约束矛盾进一步加剧,转变经济发展方式成为时代发展的迫切要求。循环经济是以资源的高效和循环利用为核心,以减量化、再利用、资源化为原则,以低消耗、低排放、高效率为特征,符合可持续发展理念的经济发展模式。党中央国务院把发展循环经济作为探索经济增长与资源环境相协调发展道路的一项重大举措。2005 年,国务院出台《关于加快发展循环经济的若干意见》,提出要大力发展循环经济,实现经济、环境和社会效益相统一,建设资源节约型和环境友好型社会。在煤炭、电力、钢铁、有色、化工、建材、再生资源回收等重点行业,从企业、产业园区、区域三个层面开展循环经济试点示范。

　　2008 年我国颁布了世界上第三个有关循环经济的国家法律——《循环经济促进法》,使循环经济发展步入法制化轨道。从"十一五"到"十三五"的国民经济和社会发展规划纲要一直都列专章或专节把发展循环经济作为战略任务进行规划部署。"十二五"时期国务院颁布了《循环经济发展战略及近期行动计划》,这也是世界上第一个有关循环经济的国家专项规划。随着循环经济实践的丰富,党中央国务院对发展循环经济的认识不断深化,战略定位不断提高。党的十七大报告提出"循环经济要形成较大规模",十八大报告将"更多依靠节约资源和循环经济推动"作为加快转变经济发展方式的五个"主要依靠"之一,并要求"着力推进绿色发展、循环发展、低碳发展,形成节约资源和保护环境的空间格局、产业结构、生产方式、生活方式"。十九大报告进一步提出"建立健全绿色低碳循环发展的经济体系"的目标,推动我国经济走向绿色高质量发展的道路,建设生态文明。

　　经过十几年的推动发展,我国循环经济成效显著,国际影响力不断扩大。绿色循环低碳发展理念逐步树立,促进循环经济发展的法规政策体系不断完善,重要行业和领域的循环经济发展模式基本形成,循环型生产方式得以推行,循环型产业体系、再生资源回收利用体系逐渐形成,资源循环利用产业不断壮大,绿色消费模式逐步形成。需要特别指出的是,我国在重点行业探索形成的具有中国特色循环经济模式,以及制定国家规划推动循环经济发展的做法,在国际上产生了良好的影响,欧盟正是借鉴了我国的经验和做法,制定了面向 2030 年的《循环经济一揽子计划》。

通过十几年的实践,发展循环经济在推动经济发展方式转变、提高资源利用效率、构筑资源战略保障体系、从源头减少污染排放等方面的作用越来越明显。以再生资源回收利用为例,2017 年,我国十大类再生资源回收总量达到 2.82 亿吨,相当于节约原生资源 11.6 亿吨,节约 2.4 亿吨标煤,减少二氧化碳排放 5.9 亿吨,减少废水排放 101.6 亿吨,减少二氧化硫排放 668 万吨。由此可见,循环利用再生资源所产生的资源环境效益十分明显,如果再加上生产领域各行业综合利用尾矿、伴生矿、工业固废、余热余压、农林废物、建筑废物、餐厨垃圾、废旧纺织品等各类废物,其资源环境效益更加明显。

党的十九大开启了全面建设社会主义现代化国家的新征程,绿色高质量发展将成为新时代经济发展的主旋律,发展循环经济是促进经济绿色高质量发展的必然选择,是推动生态文明建设的基本途径,在未来的经济社会发展中大有可为。

2. 循环经济的前景展望

1992 年在里约召开的联合国环境与发展会议对可持续发展战略的提出和倡议,标志着人类社会对发展史的彻底醒悟和可持续发展时代的到来。这是一次革命性的变革,具有重要的里程碑的意义。显而易见,可持续发展理论要取代传统的经济增长理论。然而,可持续发展是一种思想理论,也是人类发展的总战略、大战略,还是人类未来的奋斗目标。传统的经济增长理论指导下的是线性经济模式,它给人类创造了前所未有的财富,带来了现代文明,同时也把人类的发展逼到了绝境。那么又有什么样的一种经济发展模式能够支撑可持续发展理论,并取代线性经济模式,从而使可持续发展战略能够得以成功实施呢?循环经济应运而生。因此,可以认为,循环经济是可持续发展理论指导下的、在可持续发展时代初期取代线性经济的最佳经济模式,是实施可持续发展战略的必然选择。国内外的实践也表明,有了循环经济这种先进的经济模式,可持续发展战略就可顺利地实施,变为现实。

思 考 题

1. 什么是可持续发展?
2. 可持续发展的基本内容有哪些?
3. 实现可持续发展的基本原则有哪些?
4. 结合自己的理解及见闻,谈谈我国应该如何实现可持续发展。
5. 什么是清洁生产?有何特点?
6. 什么是清洁生产审核?包括哪些过程?
7. 什么是循环经济?循环经济包含哪几个层面?

第 3 章　环境科学的生态学基础

3.1　生物生存环境

　　地球上的一切生物都生活在特定的自然空间之中,这个空间就是生物的生存环境。如果把地球上的所有生物和它们所处的生存环境看作一个整体,那么这个整体在生态学上就称为生物圈,一个最大的生态系统——全球生态系统。由此可见,环境是相对于生物主体而言的,环境决定生物的生存状况,但生物又反过来影响环境,环境和生物之间的相互作用与影响既是环境科学又是生态学所关注的议题。因此,在研究环境问题时,必须了解和掌握生态学的基本原理。

3.1.1　生态环境与生态因子

　　习惯上,将生物赖以生存的自然空间称为环境。在学科的定义上,环境是指一特定生物或生物群体以外的空间及影响该生物或生物群体生存发展的一切事物的集合。可见,环境并不只是一个承载生物体的物理空间,而是由决定生物体命运的一系列因子(环境要素)所构成的生命支撑系统。因此,又将“环境”称为“生态环境”,而把决定(或影响)生物体生存的各种要素称为“生态因子”。生态因子包括温、光、水、气等非生物因子和动物、植物、微生物等生物因子。生态因子构成环境的整体,对特定生物体的生长、发育、生殖、行为和分布产生直接或间接影响。特定生物体栖息地的生态环境则称为生境。

3.1.2　生物与环境的相互作用

　　生物与环境的关系是相互的和辩证的。环境作用于生物,生物反作用于环境,二者相辅相成。

1. 环境对生物的作用

　　环境的非生物因子对生物的影响一般称为作用。环境对生物的作用是多方面的,可影响生物的生长、发育、繁殖和行为;影响生物生育力和死亡率,导致生物种群数量变化;一些生态因子还能限制生物的分布区域。

　　生物并不是消极被动地对待环境的作用,它也可以从自身的形态、生理、行为等方面不断进行调整,适应环境生态因子的变化,生物的这些变化称为适应性变化。

2. 生物对环境的反作用

　　生物对环境的影响一般称为反作用。生物对环境的反作用表现为对生态因子的改变。如植物通过根系穿插、分泌生化物质、养分吸收与物质回馈(凋落物)行为,改变其生长土壤的生物和物理化学特性,促进土壤发育与演变。

　　生物(主体)与生物(环境)之间的相互关系更为密切。既有捕食与被捕食、寄生与被寄生的关系,也有相互作用、相互适应的关系。这种复杂的相互作用与相互适应特性,是通过自然选择、适者生存法则形成的协同进化表现。

3.1.3　环境学与生态学的交融

生态学是环境科学的重要理论基础之一。环境科学在研究人类的生产、生活与环境的相互关系时，经常应用生态学的基础理论和基本规律。以生态学的基础理论为指导建立的生物监测、生物评价是环境监测与环境评价的重要组成部分，以生态学基础理论为指导建立的生物工程是环境污染治理的重要手段。目前，人类社会的生产力发展水平已经足以影响全球生态平衡，环境污染引起生态平衡的失调所导致的破坏性连锁反应是非常突出的，人类正通过自身的活动向所有生物的生活环境施加全球性的影响。当今世界面临的五大问题：人口、粮食、能源、自然资源和环境。要解决这些重大问题，都必须按照生态规律办事，维护生态系统的健康，创造人类美好的生存环境。

3.2　生态系统

3.2.1　生态系统的概念

生态系统的概念最早于 1935 年由英国生物学家坦斯利提出，用来概括生物群落和环境共同组成的复合体。目前，对于生态系统的一般定义是：自然界一定空间内，生物与环境之间经过相互作用、相互制约、不断演变达到的动态平衡和相对稳定的统一整体，是具有一定结构和功能的地理单元。生态系统的概念强调一定地域内各种生物相互之间及生物与环境之间功能上的统一性。

3.2.2　生态系统的组成

生态系统都是由生物组分和非生物环境两部分组成的，其构成要素多种多样。但是，为了分析的方便，常常把这两大部分区分为四个基本组成成分，即无机环境、生产者、消费者和分解者，其中生产者、消费者和分解者是生物群落的三大功能类群。

一、生物组分

1. 生产者

绿色植物（包括藻类和高等植物）是自然界有机物的主要生产者。绿色植物通过光合作用把 CO_2 和 H_2O 合成为糖类，并把太阳能转化成化学能固定在糖类中，糖类可进一步参与合成脂肪和蛋白质等有机物，这些有机物便成为地球上包括人类在内的一切生物的食物来源。绿色植物也是生命活动所需氧气的主要供给者。

$$绿色植物：6CO_2 + 12H_2O \xrightarrow[叶绿素]{光} C_6H_{12}O_6 + 6H_2O + 6O_2 \tag{3-1}$$

除了绿色植物的光合作用外，光合细菌和化能合成细菌也可以生产有机物。在低等植物藻类中，多数只需要简单的无机物就可以合成有机物，因此是完全自养者。还有某些藻类除吸收无机营养物质进行自养外，还需要一些复杂的有机生长物质，因此它们是部分异养者。

$$光合细菌：CO_2 + 2H_2S \xrightarrow[光合色素]{光} [CH_2O] + 2S + H_2O \tag{3-2}$$

$$化能合成细菌：CO_2 + 2H_2O \xrightarrow{化学能} [CH_2O] + H_2O + O_2 \tag{3-3}$$

2. 消费者

消费者主要指各类动物,它们不能制造有机物,而是直接或间接地依赖于生产者所制造的有机物。从理论上讲,仅有生产者和分解者,而无消费者的生态系统是可能存在的。但对于大多数生态系统来说,消费者是极其重要的组分。消费者不仅对初级生产物起着转化、加工、再生产的作用,而且许多消费者对其他生物种群数量起着调控的作用。

按食性差别,可将消费者细分为以草为食物的一级消费者、以草食动物为食物的二级消费者和以二级消费者为食物的三级消费者等。

(1)草食动物:也称素食者,它们直接以绿色植物为食。

(2)肉食动物:也称肉食者,它们以草食动物或其他弱小动物为食。肉食动物包括二级消费者和三级消费者等。

(3)寄生动物:寄生于其他动植物体,靠吸取宿主营养为生。

(4)腐食动物:以腐烂的动植物残体为食,如蝇蛆等。

(5)杂食动物:食物多种多样,既吃植物,也吃动物。

3. 分解者

有机物的分解,虽然包括非生物的和生物的过程,但总的来说,起决定作用的是生物。分解者分解有机物的过程可分两大类,即有氧呼吸和厌氧呼吸。高等动物、多数原核生物进行有氧呼吸。在腐食生物中,进行厌氧呼吸者也只是少部分。分解有机物的腐食者包括真菌、细菌等,它们具有各种酶系统,酶被分泌到有机物中,使有机物分解。分解产物一部分被微生物吸收,一部分保留在环境中,但没有一种腐食者能将有机残体彻底分解。分解者的分解作用一般分为三个阶段:第一阶段是物理或生物物理作用阶段,分解者把动植物残体分解成碎屑,蚯蚓、蜈蚣、马陆等小型动物及土壤线虫等在这一阶段起着非常重要的作用;第二阶段为腐生生物作用阶段,分解者将碎屑进一步分解成腐殖酸或其他可溶性有机酸;第三阶段是腐殖酸矿化作用阶段,有机物被完全分解为 CO_2 和无机盐。

自然生态系统纷繁复杂,生态系统中生物成员的划分也不是绝对的,有时甚至很难区分。如植物可吃动物,捕蝇草专吃昆虫;有些鞭毛虫既是自养生物,又是异养生物。以上生物成员的划分主要是根据生物利用能源的营养方式来确定的,是生态学上的功能类群,而不是生物学上的物种分类单元。

二、非生物组分

非生物组分是生态系统中生物赖以生存的物质、能量的源泉和活动场所,包括温度、阳光、水、土壤、空气等。

1. 温度

温度直接影响有机体的体温,体温高低又决定动植物新陈代谢过程的强度和特点、有机体的生长和发育速度、繁殖、行为、数量和分布等。温度还通过影响气流和降水等间接影响动植物的生存条件。

2. 光和辐射

光和辐射的主要生态作用有四个方面:生物生活所必需的全部能量都直接或间接地来源于太阳光;植物利用太阳光进行光合作用,制造有机物;动物直接或间接从植物中获取营养;生命活动的昼夜节律、季节节律都与光周期有着直接联系。

3. 水

水是一切生命活动和生化过程的基本物质,是光合作用的底物之一,是植物营养运输和动物消化等生理活动的介质。在一个区域内,水是决定植被群落和生产力的关键因素之一,还决定着动物群落的类型和动物行为等。水与大气之间的循环运动,形成支持生物的气候,并帮助调节全球能量平衡。水的流动开创和推动着土地景观的形成,也是重要的成土因素,在岩石风化中起重要作用。

4. 空气

大气组成中,氮气、氧气、惰性气体及臭氧等为恒定组分,对生态作用影响大的主要是二氧化碳、水蒸气等可变组分,以及由于人为因素造成的如尘埃、硫氧化物、氮氧化物等不定组分。CO_2是植物光合作用的原料,O_2是大多数动物呼吸的基本物质,大气中水和CO_2对调节生物系统物质运动和大气温度起着重要作用,O_2和CO_2的平衡是决定生态系统能否进行正常运转的主要因素。大气流动产生的风对花粉、种子和果实的传播,以及活动力差的动物的移动起着推动作用;但风对动植物的生长发育、繁殖、行为、数量、分布及体内水分平衡也有不良影响,如强风可使植物倒伏、折断等。

5. 土壤

土壤是陆地植物生长的基地,植物主要从土壤中获取生命必需的营养物质和水分;土壤是多种生物栖息和活动的场所;生态系统中的许多基本过程是在土壤中进行的,如固氮作用、分解作用、脱氮作用等都是物质在生物圈中良性循环所不可缺少的过程。土壤中生活着各种各样的微生物和土壤动物,能对外来的各种物质进行分解、转化和改造,故土壤被看成是一个自然净化系统。

生态系统中各种环境因子都不是孤立存在的,它们彼此联系、相互制约。任何单一环境因子的变化,都会引起其他因子不同程度的变化。环境因子的作用虽然有直接和间接、主要和次要之分,但这些都是相对的,生物群落的生存、发展和变化都是各种环境因子共同作用的结果。由于生物生长发育不同阶段对环境因子的需求不同,因此环境因子对生物的作用也具有阶段性。如光照长短,在一些植物的春化阶段并不起作用,但在光周期阶段则是至关重要的。

3.2.3 生态系统的结构

生态系统结构主要指构成生态系统的诸要素及其量比关系,各组分在时间、空间上的分布,以及各组分间能量、物质、信息流的途径与传递关系。生态系统结构包括组分结构、时空结构和营养结构三个方面。

一、生态系统的组分结构

组分结构是指生态系统中由不同生物类型或品种及它们之间不同的数量组合关系所构成的系统结构。组分结构中主要讨论的是生物群落的物种构成及量比关系。生态系统的核心组成部分是生物群落,正是通过其中生产者、消费者和分解者的相互作用构成了食物链、食物网等网络结构,才使得由绿色植物固定的来自非生物环境的物质和能量能不断地从一种生物转移到另一种生物,最终又回到环境中,形成物质循环及能量流动,同时还存在系统关系网络上一系列的信息交换。任何生态系统都在生物与环境的相互作用下完成能量流动、物质循环和信息传递的过程,以维持系统的稳定和繁荣。

二、生态系统的时空结构

时空结构也称形态结构,是指各种生物成分或群落在空间上和时间上的不同配置和形态变化特征。例如,一个森林生态系统,其中植、动物和微生物的种类与数量基本上是稳定的。

它们在空间分布上具有明显的成层现象,即明显的垂直分布。时空的另一种表现是时间变化。同一个生态系统,在不同的时期或不同季节,存在着规律的时间变化。无论是自然生态系统还是人工生态系统,都具有或简单或复杂的水平空间上的镶嵌性、垂直空间上的成层性和时间分布上的发展演替特征,即水平结构、垂直结构和时间结构。

1. 水平结构特征

生态系统的水平结构是指在一定生态区域内生物类群在水平空间上的组合与分布。在不同的地理环境条件下,受地形、水文、土壤、气候等环境因子的综合影响,植物在地面上的分布并非均匀。有的地段种类多些,有的地段种类少些,有的地段则很稀疏。植物分布的变化必然引起动物的变化,在植物种类多、植被覆盖度大的地段动物种类也相应多,反之则少。这种生物成分的区域分布差异性直接体现在景观类型的变化上,形成了所谓的带状分布、同心圆分布或块状镶嵌分布等景观格局。

2. 垂直结构特征

生态系统的垂直结构包括不同类型的生态系统在海拔高度不同的生境上的垂直分布,以及生态系统内部不同类型物种及个体间的垂直分层两个方面。

随着海拔高度的变化,生物类型出现有规律的垂直分层分布现象,这是由于生物赖以生存的生态环境因素发生变化的缘故。

作物群体在垂直空间上的组合与分布,分为地上结构与地下结构两部分。地上部分主要研究复合群体茎枝叶在空间的合理分布,以求得群体最大限度地利用光、热、水和大气资源;地下部分主要研究复合群体根系在土壤中的合理分布,以求得土壤水分和养分的合理利用,达到"种间互利,用养结合"的目的。

3. 时间结构特征

生态系统的时间结构是指在一定时间尺度内,生态系统构成要素的动态变化,包括大时间尺度上,生态系统生物及环境要素的更替演化;小时间尺度上,生物要素组成及组成比例的动态变化。在生态系统各组分随时间变化时,与之密切相关的结构与功能也会随之变化。在自然生态系统中,随着演替的进行,结构将越来越复杂,处于成熟阶段的系统与前期相比,各种功能将会越来越完善,各成分之间更加协调,在系统中生存的各物种也在自然选择中发展和进化,从而使生态系统更加稳定。

三、生态系统的营养结构

营养结构是指生态系统中生物与生物之间,生产者、消费者和分解者之间以食物营养为纽带所形成的食物链和食物网,是生态系统中物质循环和能量流动的基础。各生态系统的生产者、消费者、分解者一般模式可用图 3-1 表示。

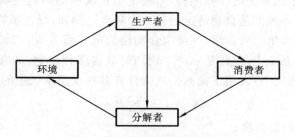

图 3-1　生态系统的营养结构模式

生物在长期演化和适应的过程中,不仅建立了食物链类型的联系,而且形成了生活习性的明确分工,分级利用自然界所提供的各类物质。正是这种原因,才使有限的空间内能养育众多的生物种类,并保持着相对稳定状态。

1. 食物链和食物网

食物链的概念是 1942 年美国生态学家林德曼首先提出来的,它是指生态系统中生物之间基于取食和被取食关系而形成的链状结构。自养生物将无机物同化为有机物(如蛋白质、碳水化合物等)。这些有机物又是异养生物,即消费者的食物来源,而每一消费者又依次成为另一消费者的食物来源。消费者摄取食物也是获取能量的过程,因此生物之间存在着能量和食物的依存关系。这种生物之间通过吃与被吃的关系联系起来的连锁结构就是食物链。根据能量流发端、生物成员取食方式及食性的不同,可将生态系统中的食物链分为以下几种类型。

(1)捕食食物链:也称草牧食物链或活食食物链,是指由植物开始,到草食动物,再到肉食动物这样一条以活的有机体为营养源的食物链。

(2)腐食食物链:也称为残渣食物链、碎屑食物链或分解链。该食物链以死亡的有机体(植物和动物)及其排泄物为营养源,通过腐烂、分解,将有机物还原为无机物。

(3)寄生食物链:是以活的动、植物有机体为营养源,以寄生方式生存的食物链。寄生食物链往往是由较大生物开始,再到较小生物,个体数量也有由少到多的趋势。

(4)混合食物链:在构成食物链的各链节中,既有活食性生物成员,又有腐食性生物成员。

(5)特殊食物链:世界上约有 500 种能捕食动物的植物,如瓶子草、猪笼草、捕蛇草等。它们能捕捉小甲虫、蛾、蜂等,甚至青蛙。被诱捕的动物被植物分泌物分解,产生氨基酸供植物吸收,这是一种特殊的食物链。

在不同生态系统中,各类食物链占有比例不同。如在森林生态系统中,约有 90% 的能量流经过腐食食物链,而只有约 10% 的能量流经过捕食食物链。在海洋生态系统中,经过捕食食物链的能量流比经过腐食食物链的能量流要大些,其比值约为 3:1。

生态系统内生物之间的食物关系十分复杂,食物链只是描述其关系的一种简化形式,因为每一种植物可作为多种草食动物的食料。大多数草食动物又以多种植物为食,一种草食动物又可作为多种肉食动物的食料。因此,在自然界中生物之间的取食与被食关系并非简单的一条链,而是很多条食物链彼此交错连接,形成食物网。食物网中的生物种类多、成分复杂,食物网的组成和结构往往具有多样性和复杂性,是生态系统稳定性和持续性的重要基础。一般食物网越复杂,越有利于生态系统的稳定,即当受到外力(如天敌、逆境等)影响时,其自我修复能力越强。

2. 营养级与生态金字塔

为了进一步描述生态系统的营养结构,可将生态系统中的不同生物种类按其营养关系归类于不同的营养级,营养级即是食物链上的每一个环节。例如,绿色植物和其他自养生物构成第一营养级,草食动物为第二营养级,一级肉食动物为第三营养级,二级肉食动物为第四营养级,以此类推。在生态系统中,往往是一种生物同时取食多种食物,如杂食性消费者。当一种生物有不同的食物来源时,可以用下面的公式来计算其在生态系统中的营养级:

$$N = 1 + \sum P \cdot F \tag{3-4}$$

式中:N——生物所处的营养级;

P——该种食物源占全部食物的百分比;

F——食物源的营养级。

一般来说,食物链中的营养级不会多于 5 个,这是因为能量沿着食物链的营养级逐级流动时是不断减少的。根据热力学第二定律,当能量流经 4～5 个营养级之后,所剩下的能量已不足以维持一个营养级的生命了。

如果将生态系统中的每个营养级生物的个体数量、生物量或能量,按营养级的顺序由低到高排列起来,绘成结构图,就会成为一个金字塔形,称为生态金字塔。生态金字塔又可分为数量金字塔、生物量金字塔和能量金字塔。

数量金字塔是由英国生态学家埃顿发现的,所以也称埃顿金字塔。但数量金字塔有两个明显不足之处:一是在某些生态系统中,有时会出现草食动物比生产者数量还多的现象,如森林中昆虫的数量常常大于树木的数量;二是生物种群间的个体差异很大。因此,数量金字塔有时并不规则,甚至可能出现"倒金字塔"现象。

生物量金字塔描述的是某一时刻生态系统中各营养级生物的质量关系。这种描述方法克服了数量金字塔中因个体大小的差异而造成的塔形颠倒影响。但是,当下一营养级比上一营养级的生物个体小,寿命短,代谢旺盛时,则也会出现下一个营养级的生物量少于上一营养级的生物量,生态金字塔倒置的现象。如生态学家奥德姆 1959 年所做的海洋生态金字塔,由于生产者层次的生物体较小,它们以快速的代谢率和较高的周转率达到较大的输出,但现存生物量较少,因而出现了生物量金字塔的颠倒。

能量金字塔比前两种金字塔更直观地表明了营养级之间的依赖关系,比前两种金字塔具有更重要的意义。这是因为它不受个体大小、组成成分和代谢速率的影响,可以较准确地说明能量传递的效率和生态系统的功能特点。

3.2.4　生态系统的基本功能

地球上一切生命活动的存在完全依赖于生态系统的能量流动和物质循环,二者不可分割,缺一不可,紧密结合成一个整体,成为生态系统的动力核心。与生态系统物质流和能量流同时存在的是有机体之间的信息传递。信息的传递对生态系统进行即时的控制和调节,把各个组成部分联成一个有机整体。能量的单向流动、物质周而复始的循环、信息的传导与控制是一切生命活动的"齿轮"。生态系统的生物生产则是能量流动、物质循环和信息传递三大功能过程的直接体现。

一、能量流动

能量是衡量物质存在和运动变化的量度,是物理学中一个重要的基本概念。生态系统中各组分的存在、变化及其发展,都与能量息息相关,遵循一定的能量变化规律。不同的生态系统,组分、结构不同,其能量特征不同;同一生态系统在不同的发展演替阶段,能量特征也不同,如生态系统演替达到顶级阶段后,净化产量(固定于系统内的能量)减少,通过呼吸散发的热能增加。所以,每一个生态系统都有其独特的能量特征。通过对生态系统能量变化规律的研究,能从本质上认识生态系统,并对其进行合理的调控。

1. 生态系统的能量

能量的形式多种多样。自然界中最基本的能量形式有辐射能、化学能、机械能、电能、热能等。生态系统中不同形式、不同状态的能量可以储存和相互转化。能量变化有两种量度:一种是功,即做功的多少;另一种是热,即热交换的数量。进入生态系统的能量,根据其来源途径不同,可以分为太阳辐射能和辅助能两大类型。

1) 太阳辐射能

地球上所有生态系统的最初能量来源于太阳。从世界范围看,到达绿色有氧层的太阳辐射量,大部分地区平均为 $420\sim3340$ J/(cm^2·d),其中温带多为 $1250\sim1670$ J/(cm^2·d),相当于每年每平方米 $4.6\times10^9\sim6.3\times10^9$ J。太阳辐射能既是能源,又是重要的环境因子。因此太阳辐射能的数量和分布,对任何地区生态系统的结构和功能,都是基本的决定因素。

2) 辅助能

除太阳辐射能以外,其他进入系统的任何形式的能量都称为辅助能。辅助能不能直接被生态系统中的生物转化为化学潜能,但能促进辐射能的转化,对生态系统中生物的生存、光合产物的形成、物质循环等起着很大的辅助作用。

辅助能根据来源的不同,可分为自然辅助能和人工辅助能两种类型。自然辅助能指在自然过程中产生的除太阳辐射能以外的其他形式的能量,如沿海和河口湾的潮汐作用、风能、水势能、降水及蒸发作用等。人工辅助能指人们在从事生产活动过程中有意识地投入各种形式的能量,主要为了改善生产条件、加快产品流通、提高生产力,如农田耕作、灌溉、施肥、防治病虫害、农业生物育种及产品收获、储藏、运输、加工等。

根据人工辅助能的来源和性质,还可将人工辅助能分为两类:一是生物辅助能,即来自生物有机体的能量,如人力、畜力、种苗和有机肥料中的化学潜能;二是工业辅助能,指来自工业生产中的各种形式的能量,包括以石油、煤、天然气、电等形式投入的直接工业辅助能和以化肥、农药、农业机械、农用塑料等形式投入的间接工业辅助能。

2. 生态系统中的能量流动

生态系统的能量流动是指能量通过食物网络在系统内的传递和耗散过程。它始于生产者的初级生产,止于还原者功能的完成,整个过程包括能量形式的转变、能量的转移、利用和耗散(见图 3-2)。生态系统中能量流动和转化,严格遵守热力学第一定律和热力学第二定律。

热力学第一定律即能量守恒定律,其含义是:能量既不会消失,也不会凭空产生,它只能以严格的当量比例,由一种形式转化为另一种形式。如果用 ΔU 表示系统内能的变化,Q 表示系统吸热或放热,W 表示系统对外界做功,则热力学第一定律可表示为

$$\Delta U=Q+W \tag{3-5}$$

即一个系统的任何状态变化,都伴随着吸热、放热或做功的能量转化,但系统的总能量保持不变。

根据热力学第一定律,能量进入生态系统后,在系统的各组成部分之间循序地传递流动,并发生多次的形态变化,这些变化都是以一部分热能的产生及耗散为代价而实现的,但是包括热能在内的总能量并没有增加或减少。如太阳能进入生态系统后,大部分因地面、水面和植物表面的反射、散射而离开系统,另一部分在蒸发、蒸腾过程中转化为热能,只有一小部分在叶绿素的作用下被转化为光合产物中的化学能,这部分能量扣除植物自养呼吸消耗后的剩余部分,才是储藏于植物有机物中的化学潜能。动物通过消耗体内储藏的化学潜能变为爬、跑、飞、游的动能,并呼吸消耗放出热能。

热力学第二定律又称为能量衰变定律或能量逸散定律。它是指生态系统中的能量在转化、流动过程中总存在衰变、逸散的现象,即总有一部分能量要从浓缩的有效形态变为可稀释的不能利用的形态。伴随着过程的进行,系统中有潜在做功能力的能会分解为两个部分:有用能和热能。前者可继续做功,为自由能,通常占一小部分;后者无法再利用,而以低温热能形式逸散于外围空间,往往占一大部分。热力学第二定律用公式表示,可以写成

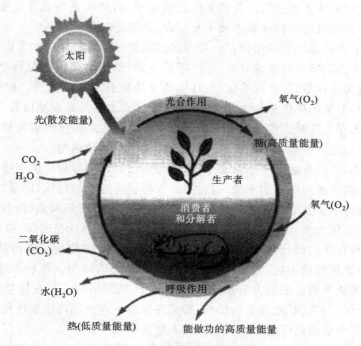

图 3-2　生态系统中的能量交换

$$\Delta G = \Delta H - T \Delta S \qquad\qquad (3-6)$$

式中：G——自由能，即可对系统做功的有用能；

　　　H——系统热焓，即系统含有的潜能；

　　　S——系统的熵；

　　　T——过程进行时的热力学温度。

热力学第二定律告诉我们：①任何系统的能量转换过程，其效率不可能是 100%，因为能量在转换过程中，常常伴随着热能的散失，因此可以说，没有任何能量能够完全地自动转变为另一种能量；②任何生产过程中生产的优质能（自由能）均少于其输入能，优质能的产生是以大部分能量衰变为低效的劣质能（低温热能）为代价的，由此可见，能量在生态系统中的流动是单向衰变的，不能返回。

与热力学定律和系统能量流密切相关的概念还有序、熵与耗散结构。

序是事物排列状态的描述。有序是指事物有规律的状态；无序则是指事物无规律的状态，或称混乱状态。热力学第二定律告诉我们，世界上一切有序的结构、格局、安排都会自然地趋向于无序。要维持有序状态，只有使系统获得更多的自由能，清除不断产生的无序，重新建造有序。

熵是系统无序程度或混乱程度的度量。一个系统熵值变化就是热量的变化与热力学温度之比，在温度处于绝对零度时（约为 $-273\ ℃$），任何一种物体的熵都等于零。其表达式为

$$\Delta S = Q_{可逆} / T \qquad\qquad (3-7)$$

式中：ΔS——熵值的变化；

　　　$Q_{可逆}$——系统中的热量变化；

　　　T——系统所处的热力学温度。

熵值变化的大小反映了一个不可逆变化的程度。一个系统总是自发地从有序状态向无序

状态发展,即向熵增加的方向进行。若体系的正熵值增加,则体系的无序程度增大,当熵值达到最大状态时,体系的有序结构或状态便不复存在,系统走向崩溃。

热力学第二定律可表述为熵定律:"一切自发过程总是沿着熵增加的方向进行。"普利高津在热力学第二定律的基础上将系统分为三类:①孤立系统,与环境无能量和物质的交换;②封闭系统,只与环境交换能量;③开放系统,与环境既交换能量又交换物质。根据热力学第二定律,在孤立系统中,系统的熵值总是由小变大,系统的状态永远是自发地由有序趋向无序,直到系统熵值最大或无序程度最大的热力学平衡状态为止。而生态系统的熵变规律如何呢?普利高津认为,生态系统是一个远离平衡态的开放系统,是一种耗散结构。

所谓耗散结构,是指在远离平衡状态下,系统可能出现的一种稳定的有序结构。普利高津研究表明:一个远离平衡态的开放系统,通过与外界环境所进行的物质、能量的不断交换,就能克服混乱状态,维持稳定状态。当外界条件的变化达到一定限度的阈值时,开放系统通过涨落而发生突变,即非平衡相变,由原来的无序的混乱状态转变为一种在时间、空间或功能上的有序的新状态。这种有序的新状态需要不断地与外界交换物质和能量才能维持,并保持一定的稳定性,不因外界条件的微小扰动而消失,这种状态就是耗散结构。普利高津认为:生态系统就是一种开放的远离平衡态的热力学系统,具有发达的耗散结构。它在能量和物质不断输入的条件下,可以通过"有组织"地建立新结构,造成并保持一种内部高度有序的低熵状态;同时,生态系统又通过整个群落的呼吸作用(做功)而不断排除无序。

生态系统中的能量流动,总是借助于食物链和食物网来实现的。因此食物链和食物网便是生态系统中能量流的渠道。生态系统能量流动具有以下三个特点。

其一,能量流动是单向的。太阳辐射能以光能的形式输入生态系统后,通过光合作用被植物固定,此后不能再以光能的形式返回;自养生物被异养生物摄食后,能量就由自养生物流到异养生物体内,也不能再返回给自养生物;从总的能量流途径而言,能量只是一次性流经生态系统,是不可逆的。

其二,能量在流动中不断递减。从太阳辐射能到生产者被固定,再经草食动物,到肉食动物,再到大型肉食动物,能量是逐级递减的过程。这是因为各营养级消费者不可能百分之百地利用前一营养级的生物量,各营养级的同化作用也不是百分之百的,总有一部分不能被同化。生物在维持生命过程中进行新陈代谢,总是消耗一部分能量。能量的逐级递减基本上按照"十分之一定律"进行,即一个营养级到另一个营养级的能量转化率为 10%,而 90% 的能量在传递过程中被损耗掉,这也是生态系统中营养级一般不能超过 5 级的原因。

其三,能量在流动中,质量逐渐提高。能量在生态系统中流动,一部分以热能耗散,另一部分将由低质量能转化成高质量能。在太阳辐射能输入生态系统后的能量流动过程中,能的质量是逐步提高的。

二、物质循环

生态系统中,物质和能量都是生物所必需的。物质是建造生物体的材料,也是能量的载体,物质分子中含有化学能,生态系统可利用的化学能储存在高能有机物中。物质循环中,同时伴随着能量流动。生态系统的物质循环与能量流动之间有着密切的相互关系。

1. 物质循环的基本特征

生物从大气圈、水圈和土壤圈中获得营养元素,通过食物链在生物之间流动,最后由于分解者的作用复归于环境,部分元素又可重新被植物吸收利用,再次进入食物链,如此反复的过程即为生态系统的营养物质循环,简称物质循环。物质循环从层次上可以分为生物个体层次的物质循环、生态系统层次的物质循环和生物圈层次的物质循环。

生物个体层次的物质循环是指营养元素在生物体内的再分配,由于发生在植物体内,范围小、周期短。如养分从植物的根系或叶片向生长点的迁移再分配等。

生态系统层次的物质循环是指环境中的元素经生物体吸收,在生态系统中被相继利用,然后经分解者利用,再为生产者吸收、利用。这种循环的范围只限于某一个生态系统内部,是生物主体与环境之间的循环,其流速相对较快,周期较短。

生物圈层次的物质循环是环境中的元素经生物体的吸收作用进入生物有机体内,然后生物有机体以死体、残体或排泄物形式将物质或元素返回环境,经过大气圈、水圈、岩石圈、土壤圈和生物圈循环后,再被生物利用的过程。可见,生物圈层次的物质循环是不同生态系统之间的循环,一般循环周期长、范围大。

从循环途径或储存库特性方面,又可分为气相型循环和沉积型循环两大类。

气相型循环的储存库主要是大气圈和水圈。氧、二氧化碳、水、氮等都属于气相循环类型。气相循环把大气和水密切地联结起来,具有明显的全球性循环特点,因此是一种比较完善的循环类型,它们在循环系统中的分布比较均衡,局部短缺现象相对较少,局部短缺发生后,也会依靠完善的循环功能而得到补充。

沉积型循环的储存库主要是岩石圈和土壤圈。磷、钾、钙、镁、铁、锰、铜等都属于沉积型循环。沉积型循环主要是经过岩石的风化作用和沉积物的分解作用,将储存库中的物质转变成生态系统生物成分可以利用的营养物质,这种转变过程是相当缓慢的,可能在较长时间内不参与各库之间的循环。因此,它具有非全球性的循环特点,是一个不完善的循环类型,局部短缺现象时有发生,一旦发生短缺就难以在短期内得到补充。

此外,在研究生态系统物质循环时,常常会涉及以下几个概念。

1) 库

物质在循环过程中被暂时固定、储存的场所称为库。其中,容积较大、物质交换活动缓慢的库又称储存库,一般为非生物成分,如大气库、土壤库、岩石库、水体库等环境库;容积较小、与外界物质交换活跃的库称为交换库,一般为生物成分,如植物库、动物库、微生物库等生物库。例如,在一个淡水生态系统中,水体中含有磷,水体就是磷的储存库;淡水鱼体内有磷,鱼体就是磷的交换库。

2) 流

物质在库与库之间的转移运动状态称为流。在生态系统中,物质以一定数量由一个库转移到另一个库中,由此构成生态系统内的物质流。没有库,环境资源不能被吸收、固定、转化为各种产物;没有流,库与库之间不能联系、沟通,则物质循环断路,生命无以维持,生态系统必将瓦解。物质流、能量流和信息流使生态系统各组分之间及系统与外界之间密切联系起来,保证了生态系统的稳定与发展。

3) 周转率与周转期

周转率和周转期是反映物质循环效率的两个重要指标。周转率(R)是指系统达到稳定状态后某一组分(库)中的物质在单位时间内所流出的量(FO)或流入的量(FI)占总库存(S)的分数值。周转期(T)是库中物质全部更换平均需要的时间,也是周转率的倒数。

$$R = FO/S = FI/S \tag{3-8}$$

$$T = 1/R \tag{3-9}$$

循环元素的性质不同,周转率和周转期也不同。如大气圈中 CO_2 的周转时间大约是一年

(光合作用从大气圈中移走 CO_2),大气圈中分子氮的周转期则需 100 万年(主要是生物固氮作用将分子氮转化为氨氮为生物所利用),而大气圈中水的周转时间为 10.5 天,即大气圈中的水分一年更新大约 34 次。

周转率还与生物体活动有密切关系。如草地生态系统的物质周转率与放牧程度成正相关。随着放牧程度提高,营养物质的循环速率加快,如果没有大型草食动物,仅靠小型草食动物和分解者的分解,营养物质的循环速率会非常慢。

2. 水循环

水循环是稳定状态的完全循环。在太阳能和重力的驱动下,水从一种形式转变为另一种形式,并在气流(风)和海流的推动下在生物圈内循环运动。海洋、湖泊、河流和地表水不断蒸发,形成水蒸气进入大气;植物吸收到体内的水分通过叶表面的蒸腾作用进入大气。大气中的水汽遇冷,形成雨、雪、雹等降水重返地球表面,一部分直接落入海洋、湖泊、河流等水域中,另一部分落到地上,在地表形成径流,流入海洋、湖泊、河流或渗入地下,供植物根系等吸收,周而复始,构成循环。

一个区域的水分平衡除受降水量、蒸发量和自然蓄水量的影响外,主要受植被的蒸腾和截留量的影响。植物在水循环中起着重要作用。植物从环境中摄取的物质中,数量最大的是水分。地球上的森林植被在全球的水循环中起着极其重要的作用。

人类对水循环的影响是多方面的,主要表现在以下几个方面。①改变地面及植被状况而影响大气降水到达地面后的分配。如修筑水库、塘堰可扩大自然蓄水量;围湖造田又使自然蓄水容积减小,尤其是大量季节性降水因保蓄力削弱而流走,造成短期洪涝灾害,并同时降低了地下水库的补给,也引起严重的土壤和养分流失。②过度开发局部地区的地表水和地下水用于工、农业及城市发展,不但使地表、地下水储量下降,出现地下漏斗及地上断流,造成次生盐渍化,也使下游水源减少,水位下降,加重干旱化和盐渍化威胁。③在干旱、半干旱地区大面积的植被被破坏,导致地区性气候向干旱化方向发展,直至形成荒漠。④环境污染恶化水质,影响水循环的蒸散过程。

3. 碳循环

碳是构成有机分子的基本材料,它构成生物体质量(干重)的 40%~50%,所形成的化学键是能量的储存库,因此,碳是一切生物的物质基础。碳的循环是通过 CO_2 进行的,为典型的气相循环。

碳循环的途径有三条。一是陆地生物与大气之间的碳素交换。绿色植物通过光合作用吸收大气中的 CO_2 ,与水合成各种有机化合物,构成自身,植物固定的碳经食物链转入动物体及微生物内,动物和微生物又通过呼吸作用及残体分解释放出 CO_2 ,返回大气中参加再循环。二是海洋生物与大气之间碳素交换。海洋中的浮游植物同化溶解于水中的 CO_2 而放出氧,浮游动物和鱼类消耗浮游植物所固定的碳,并利用溶解氧进行呼吸,最后通过有机物的分解,补充浮游植物所同化的 CO_2 。三是化石燃料燃烧参与的碳循环。煤、石油、天然气等化石燃料是地质年代生物残体埋藏在地层中,经过长期的地质作用形成的含碳物质,人类把这些化石燃料开采出来作为能源燃烧时放出大量的 CO_2 ,这些 CO_2 被植物再利用,重新加入生态系统的碳循环。

地球上碳的总量约为 1×10^8 Pg(1 Pg $= 10^{15}$ g),主要分布于岩石圈、海洋、大气圈和生物圈 4 大碳库中。岩石圈是地球上最大的碳库,其中的碳主要为有机碳和碳酸盐两种形态。据估算,整个岩石圈有机碳的储量为 2.0×10^7 Pg,其中化石燃料为 5000~10000 Pg。沉积岩中碳酸盐碳库的储量约为 7.0×10^7 Pg，约占地壳中碳素总量的 75%。虽然岩石圈中碳储量十分丰富，但其碳素周转十分缓慢。地球上最大的活跃碳库是海洋。海洋中的碳有 4 种主要形式：溶解的无机碳、溶解的有机碳、有机碳颗粒和海洋生物量。海洋生物量是一个相对较小的碳库，其固定的碳素仅为 3 Pg；溶解的有机碳约为 1000 Pg；颗粒状的有机碳约为 30 Pg；溶解的无机碳素主要以 HCO_3^-、CO_3^{2-} 的形式存在，总量约为 38000 Pg。大气圈中碳素主要以 CO_2 的形式存在，此外有少量的 CH_4、CO 和其他含碳气体。大气中 CO_2 的浓度因植被状况和纬度位置而异。陆地生物圈碳库可分为几个亚库：陆地生物量，估计碳素总量为 560 Pg；凋落物库，储量估计为 60 Pg；泥炭中碳素总量估计为 $150 \sim 160$ Pg；陆地土壤是地球表面上最大的碳库，总储量为 $1400 \sim 1500$ Pg。

陆地和大气之间的碳循环原来基本上是平衡的，但人类的生产活动在不断地破坏这种平衡。目前碳循环出现的主要问题是两个方面：一方面是人为活动（化石燃料燃烧、土地开垦等）向大气中输送的 CO_2 大大增加；另一方面是人们的砍伐破坏使森林面积不断缩小，大气中被植物吸收利用的 CO_2 越来越少，结果使大气中 CO_2 的浓度显著增加，即在碳循环过程中，CO_2 在大气中停滞和聚集。CO_2 是最主要的温室气体，对温室效应的贡献率达 61%，其"温室效应"的加强将导致全球气候变暖，这已成为全世界所忧虑的环境问题之一。

4. 氮循环

氮是形成蛋白质、核酸的主要元素，主要存在于生物体、大气和矿物质中。大气中氮占 79%，是一种惰性气体，不能直接被大多数生物利用。大气中氮进入生物体主要是通过固氮作用将氮气转变为无机态氮化物 NH_3，包括生物固氮（根瘤菌和固氮蓝藻可以固定大气中的氮气，使氮气进入有机体）和工业固氮（通过工业手段，将大气中的氮气合成为氨或铵盐，供植物利用）；另外，岩浆和雷电都可使氮转化为植物可利用的形态。土壤中的氨经硝化细菌的硝化作用可转变为亚硝酸盐或硝酸盐，被植物吸收，合成蛋白质、核酸等有机氮化物；动物直接或间接以植物为食，从中摄取蛋白质等作为自己的氮素来源。动物在新陈代谢过程中将一部分蛋白质分解，以尿素、尿酸、氨的形式排入土壤；植物和动物的尸体在土壤微生物作用下分解成氨、二氧化碳和水。土壤中的氨形成硝酸盐，这些硝酸盐一部分为植物所吸收，一部分通过反硝化细菌的反硝化作用形成氮气进入大气，完成氮的循环。可见，氮循环也是典型的气相型循环。

最近几十年来，人类已经在很大程度上改变了氮循环。人类通过合成化肥和燃烧化石燃料，将更多的氮气转化成了氨和硝酸盐，这一过度输入氮素的过程带来了一系列的环境问题。有统计表明，在 20 世纪 70 年代，全世界工业固氮总量已与全部陆生生态系统的固氮量基本相等。由于这种人为干扰，氮循环的平衡被破坏，每年被固定的氮超过了返回大气的氮。大量的氮进入江河、湖泊和海洋，使水体出现富营养化和水质酸化，地下水污染。另外，大气中被固定的氮不能以相应数量的分子氮返回大气，却形成一部分氮氧化物进入大气，是造成现在大气污染的主要原因之一。此外，农作物生产中偏施氮肥引起了土壤营养元素，如钙、钾等的严重流失，使土壤养分失衡，并引起硝酸盐污染问题。硝酸盐是强致癌物质亚硝胺的前体物，对人体非常有害，蔬菜是一种易于富集硝酸盐的植物性食品，这种富集作用虽然无害于蔬菜本身，但严重危害人体健康。

5. 磷循环

磷是生物有机体不可缺少的重要元素。首先，磷参与光合作用过程，没有磷也就不可能形成糖。磷是生物体内能量转化必需的元素，高能磷酸键是细胞内一切生化作用的普遍能源，如果光合作用产生的糖不随后进行磷酸化，那么，光合作用中碳的固定将是无效的。磷也是生物体遗传物质 DNA 的重要组成成分。另外，磷还是动物骨骼和牙齿的主要成分。所以，没有磷就没有生命，也不会有生态系统中的能量流动。

　　磷的来源主要是磷酸盐矿、鸟粪层和动物化石。磷酸盐矿通过天然侵蚀或人工开采进入水或土壤，为植物所用，当植物及其摄食者死亡后，磷又回到土壤，当其呈现溶解状态时，可被淋洗、冲刷带入海洋，被海洋生物利用并最终形成磷酸盐沉入海底，除非地质活动或深海水上升将沉淀物带回到表面，这些磷将被海洋沉积物埋藏。另一部分磷经海洋食物链中吃鱼的鸟类带回陆地，鸟粪被作为肥料施于土壤中。由此可见，磷的循环是一种典型的沉积型循环（固相循环），是不完全的循环，其实质是一个单向流失过程，磷元素经过整个循环的过程需要很长时间。海洋中的深层沉积物是磷元素重要的长期储存库。目前对磷酸盐的利用使它通过河流，最终进入海洋，加速了磷从源到汇的转移。水生生态系统常常因此受到严重的影响，因为过量的磷会刺激藻类和光合细菌的爆发性生长，干扰生态系统的稳定性。

6. 硫循环

　　硫是植物和动物生存所必需的元素。硫大量储存于岩石圈、水圈及土壤中，还有少量以气态及气溶胶形态存在于大气圈，并与陆地及水体交换频繁。通常把硫循环看成是一种沉积型循环，但由于活跃的大气库的存在及人类活动的影响，许多人更倾向于将其列为介于气相型与沉积型之间的中间类型循环。

　　硫的来源除了沉积岩风化外，还有化石燃料（煤、石油等）的燃烧，火山喷发和有机物的分解。在生物圈内，硫主要以 H_2S、SO_2 及 SO_4^{2-} 等形态参与流通，在化学作用或生物作用下，氧化态的硫可转变为还原态，反之亦然。土壤生态系统中硫的循环主要由以下几个过程构成：一是有机态硫被分解矿化成 SO_2 或 SO_4^{2-}，如在渍水、缺氧土壤中的还原；二是还原态硫被氧化，其最终产物为 SO_2。这些反应大都有微生物参与，但同时受环境条件的制约。硫酸盐在土壤中主要以石膏的形式存在，石膏的溶解度足以使硫酸盐离子能满足植物生长的需要。土壤硫通过植物吸收和雨水淋失被消耗。植物体中硫酸盐中的硫大部分被重新还原成 S，以植物残体或有机肥的形式重新进入土壤。

　　人类活动对硫平衡最突出的影响在于 SO_x 的大量排放。造成硫排放的主要途径有燃煤、燃油和矿冶，以及农业生产活动导致的硫的挥发等。由工业燃烧产生的大量 SO_2 等气体造成的大气污染，是当代危及世界许多陆地及水域生态系统的酸雨日益严重的主要原因。

三、信息传递

　　生态系统的信息传递又称信息流，是指生态系统中各生命成分之间及生命成分与非生命环境之间的信息流动与反馈过程。这些信息把生态系统各部分联系、协调成为一个统一整体。生态系统信息传递过程中同时伴随着一定的物质和能量的消耗，但信息传递不像物质流那样是循环的，也不像能量流那样是单向的，而往往是双向的，有从输入到输出的信息传递，也有从输出向输入的信息反馈。可以认为，整个生态系统中的能量流和物质流行为都是由信息决定的，而信息又寓于物质和能量的流动之中，物质流和能量流是信息流的载体。正是由于信息流的存在，自然生态系统的自动调节机制才得以实现。

1. 信息类型

　　生态系统中生物的种类成千上万，它们所包含的信息量非常庞杂。信息来自植物、动物、微生物和人等不同类群的生物，也有非生物信息。从生态学角度来分类，这些信息可分为营养信息、物理信息、化学信息和行为信息等四大类型。

1）营养信息

在生态系统中，环境中的食物及营养状况会引起生物的生理、生化及行为变化，如食物短缺会引起生物迁徙，植物叶色是草食动物取食的信息，被捕食者的体重、肥瘦、数量是捕食者取食的依据。通过营养传递的形式，把信息从一个种群传递给另一个种群，或从一个个体传递给另一个个体，即为营养信息。实际上，食物链就是一个生物的营养信息系统，各种生物通过营养信息关系联系成一个互相依存和相互制约的整体。

2）物理信息

生态系统中以物理过程为传递形式的信息称为物理信息，如光、色、声、热、电、磁等都是物理信息。这些信息对于生物而言，有的表示吸引，有的表示排斥，有的表示友好，有的表示恐吓。

太阳是光信息的主要初级信源，它通过折射、储存、再释放等过程，构成大量初级信源。动物有专门的光信息接收器官（视觉器官），因此动物对光信息的传递称为视觉通信。

声信息对于动物非常重要，因为动物更多地使用声信息，并主要靠声信息来确定食物的位置或发现敌方的存在。

自然界中有许多放电现象，生物也有放电现象。动物对电很敏感，特别是鱼类、两栖类，皮肤有很强的导电力，其中组织内部的电感器灵敏度更高。植物同动物一样，其组织与细胞存在着电现象，因为活细胞的膜都存在着静电位。

生物对磁有不同的感受能力，常称之为生物的第六感觉。在浩瀚的大海里，很多鱼能遨游几千海里，来回迁徙于河海之间。在广阔的天空中，候鸟成群结队，南北长途往返飞行都能准确到达目的地。在这些行为中，动物主要是凭着自己身上带的电磁场，与地球磁场相互作用确定方向和方位。植物对磁场也有反应。据研究，蒲公英即使在很弱的磁场中，开花也要晚得多，在磁场中长期生长会死亡。

3）化学信息

生态系统的各个层次都有生物次生代谢产物参与的化学信息传递，协调各种功能，这种传递信息的化学物质通称为信息素。信息素一般都是相对分子质量不大、挥发性很强的化学物质，容易释放和传播。信息素过去称为外激素，但与激素的概念在来源和功能上都明显不同。激素是由内分泌器官分泌，在体内起调控作用的微量化学物质；信息素要分泌到体外，通过介质传播到环境中，影响同种其他个体的行为。生物释放的化学物质虽然量不多，但制约着生态系统内各种生物的相互关系。在个体内，通过激素或神经体液系统协调各器官的活动。在种群内部，通过种内信息素（又称外激素）协调个体之间的活动，以调节动物的发育、繁殖、行为，并可提供某些情报储存在记忆中。在群落内部，通过种间信息素（化感物质，又称异种外激素）调节种群之间的活动。种间信息素种类繁多，从结构上划分，主要有苯丙烷、多聚乙酰、类萜类、甾类和生物碱等 5 类。从生物效应上，则可分为 4 种类型。①利己素，对释放者有利，对接受者不利。大多数植物的次生物质的原始功能就是阻止植食者取食，一般有毒。②利他素，对释放者不利，对接受者有利。如植物产生的可以吸引和刺激植食者取食和产卵的物质。③互利素，对释放者和接受者都有利。如植物吸引昆虫授粉的挥发性化学物质。④同抗素，一种生物（释放者）产生或获得的化学物质，当另一种生物（接受者）的个体接触到后，产生对释放或接受者都不利的行为或生理反应。这在寄主与病原菌的关系中最为普遍，微生物产生的成分使寄主受害，对微生物本身也不利。

4）行为信息

许多植物的异常表现和动物异常行动传递了某种信息，可通称为行为信息。这些信息有的表示识别，有的表示威胁、挑战，有的向对方炫耀自己的优势，有的则表示从属。

2. 信息传递

生态系统中的生物以不同方式进行信息传递：有的从外形相貌上显示其引诱或驱避作用；有的在内部生理上蕴涵其抑制、毒杀作用；有的从行为方面进行通信联系等。生态系统中的信息流不仅是各基本组分间的流动，而且包括个体、种群、群落等不同水平的信息流动；生态系统所有层次、生物的各分类单元及其各部分都有特殊的信息联系。正是这种信息流，使生态系统产生了自动调节机制，赋予了生态系统以新的特点。

生态系统信息流动是一个复杂的过程：一方面信息流动过程总是包含着生产者、消费者和分解者这些亚系统，每个亚系统又包含着更多的系统；另一方面，信息在流动过程中不断地发生着复杂的信息转换。归纳起来，信息流动有 6 个基本的过程环节，包括信息的产生、获取、传递、处理、再生和施效。下面简要介绍生态系统中的几种信息传递形式。

1）阳光与植物间的信息传递

阳光是生态系统重要的生态因素之一，它发出的信息对各类生物都产生深远的影响。植物的形态建成就受到阳光信息的控制。例如，在黑暗中生长的马铃薯或豌豆幼苗，在生长过程中，每昼夜只需曝光 5～10 min，便可使幼苗的形态转为正常。光信息对不同植物种子的作用各异。例如，烟草和莴苣的种子在萌发时必须有光信息，这些种子常称为"需光种子"；另一类植物，如瓜类、茄子、番茄种子的萌发，见光则受到抑制，这类种子称为"嫌光种子"。光对开花反应和某些生物生长过程的控制也有同样的特点。在一些短日照植物中，红光在暗期阶段中的作用可被随后的短暂的远红光光波信号所抵消。这种作用可反复逆转多次。

2）植物间的化学信息传递

德国科学家 Molisch 提出植物化学他感作用的概念（简称化感作用，我国俗称为相生相克作用），意思是指一种植物（包括微生物）产生的化学物质释放到环境中，对另一种植物（包括微生物）的直接的（或间接的）、有害的（或有利的）影响。化感作用现象涉及从微生物到高等植物所有广义的植物类群，是生态系统中的普遍规律。植物之间对营养和空间的竞争，常通过化学方式来完成：植物产生的各种抗生物质、毒素、生长抑制剂或促进剂，都是为了竞争的需要。植物和微生物利用次生物质（被土壤吸收后或通过空气而直接作用）来对付同伴、竞争者或者调节生态系统。

植物通过挥发、根分泌、雨水淋溶和残体分解等途径释放化感作用物质，对其周围植物的生长产生抑制效应。大量事实表明，植物的化感作用在自然和人工生态系统中起着重要的作用。一般来说，竞争造成了植被分布的模式，但是，化感作用在其中也起着重要的作用。实验证明，所有植物都通过化感作用对植被的样式（尤其是周围植物的样式）造成影响。植物毒素在植被演替上起着非常重要的作用。科学家们相继发现 100 多种杂草对作物有化感作用，如蟛蜞菊、紫茎泽兰、豚草、油蒿等杂草均被证实有化感作用。香桃木属、桉树属和臭椿属等由叶片释放的酚类化合物进入土壤后，表现出对亚麻的抑制效应。烟草、曼陀罗根部分泌的生物碱直接进入土壤产生化感作用。蕨类植物枯死枝叶中释放出的酚类物质对草本植物有很强的化感作用。蒿、桉和鼠尾属产生的萜类物质对周围植物生长产生抑制作用。有些农作物对杂草也有化感作用，如荞麦能强烈抑制看麦娘植物的生长，种植芝麻后能显著减少后作的杂草生长。

　　植物的化学分泌物除对其他植物产生抑制作用外,有的也产生促进作用。如皂角和白蜡树,槭树和苹果树、梨树,洋葱和甜菜,马铃薯和菜豆,豌豆和小麦,玉米和大豆,葡萄和紫罗兰,它们之间都可通过化学分泌物相互促进。

　　3) 植物与微生物间的信息传递

　　高等植物的化感物质主要通过水淋溶、根分泌、残体分解和气体挥发 4 种途径释放到周围环境中,影响邻近植物的生长发育,而前面三种途径都必须接触土壤,土壤中大量的微生物必然对植物分泌的化感物质产生影响,这些影响包括降解、转化等。微生物的作用可能使植物原来分泌的物质降解为没有化感活性的物质,也有可能将原本没有活性的物质转化为有活性的化感物质。土壤微生物本身产生很多对植物有害的物质,这些物质包括抗生素、酚酸、脂肪酸、氨基酸等。一些作物的土壤病和连作障碍与土壤微生物产生的有毒代谢产物有关。

　　4) 植物与动物间的信息传递

　　植物生活在固定的场所,面对来自其他动物、植物和微生物的袭击,它仅仅通过形态上的一些防御是远远不够的。植物的次生代谢物至今已鉴定化学结构的就有 5 万种以上,还有大量未知的次生代谢物,这么多数量的物质绝大多数还未发现其生物学功能,但可以推断,植物每一种次生物质都可能产生特定的信号,成为植物与昆虫间相互作用的纽带。例如金雀花中信号物质是有毒的生物碱——鹰爪豆碱,金雀花蚜就以它为潜在的信息标志。鹰爪豆碱的含量随植物生活周期而变动,因此,蚜虫在春季时以嫩枝汁液为食,夏季就转移到花芽和果荚上去。

　　植物的花是植物与授粉动物间联系的极为重要的信息媒介。一朵花生成某种颜色,往往与感觉到这种颜色信号的昆虫有关。很多被子植物依赖动物为其授粉,很多动物依靠花的信息而取得食物,这是长期协同进化的结果。被子植物产生鲜艳花色是给授粉者一个醒目的标志,促使授粉者发展了辨别能力和采集手段。长期信息频繁的往返,使得花的开花、花粉的成熟、花蜜的分泌、花香的外溢等与授粉者的活动配合得十分巧妙,促使二者形成紧密的相互依存的关系。

四、生物量生产

　　生态系统的生产是植物将太阳辐射能转变为化学能,再经过动物的生命活动转化为动物能的过程。生物量生产是生态系统物质循环和能量流动的具体表现,是生态系统的基本特征之一。生物生产常分为个体、种群和群落等不同层次,也可分为植物性生产和动物性生产两大类。描述生态系统生物生产特性的参数包括以下几类。

1. 生产量、生产率与生产力

　　生物同化环境中的物质和能量,形成有机物的积累,这种由生物生产所积累的有机物的数量常称为生产量(production),这些有机物是生物生命活动的基础。生态系统中一定空间内的生物在一定时间内所生产的有机物积累的速率称为生产率或生产力(productivity)。一般谈到生产量也含有时间概念,因此,生态学中认为生产率、生产力和生产量三个名词是同义的。

2. 初级生产

　　初级生产(primary production)是指绿色植物通过光合作用将太阳辐射能以有机物的形式储存起来的过程。初级生产力是表达生态系统生产力的一个重要指标。一切生态系统的能量流动都是以初级生产为前提和基础的。初级生产也常常被称为第一性生产或植物性生产。初级生产中,CO_2 和 H_2O 是原料,糖类($C_6H_{12}O_6$)$_n$ 是光合作用形成的主要产物,如蔗糖、淀粉和纤维素等。

　　由于植物体干物质的 90％以上是通过光合作用形成的,所以植物的生产过程实质上是生态系统从环境中不断获得物质和能量的过程。

　　初级生产过程还常常受到阳光、水、营养物质、污染物等理化因素的影响。如外界环境条件适宜,植物的初级生产潜力可以充分发挥出来;反之,初级生产潜力的发挥就会受到限制。

　　地球上初级生产力的大小是决定地球人口(及动物)承载能力的重要依据。据 R. H. Whittaker(1975)计算(见表 3-1),地球的初级生产力为 1.7×10^{11} t 有机质。从单位面积的年净生产量来看,荒漠、苔原和海洋的生产力不到 200 g/(m² · a),温带谷物与许多天然草地、北部森林、湖泊、河流为 $200 \sim 800$ g/(m² · a),杂交玉米及其他集约栽培的农作物可超过 1000 g/(m² · a),沼泽和热带作物可超过 3000 g/(m² · a)。

表 3-1　生物圈的净初级生产力

生态系统类型	面积 /(10⁶ km²)	单位面积净初级生产力 /(g/m² · a)		总　计 /(10⁹ t/a)	单位面积生产力 /(kg/m²)		总计 /(10⁹ t)
		范　围	平均值		范　围	平均值	
热带雨林	17.0	1000～3500	2200	37.4	6～80	45	765
热带季雨林	7.5	1000～2500	1600	12.0	6～60	35	260
亚热带常绿林	5.0	600～2500	1300	6.5	6～200	35	175
温带落叶阔叶林	7.0	600～2500	1200	8.4	6～60	30	210
北方针叶林	12.0	400～2000	800	9.6	6～40	20	240
疏林及灌丛	8.5	250～1200	700	6.0	2～20	6	50
热带稀树草原	15.0	200～2000	900	13.5	0.2～15	4	60
温带禾草草原	9.0	200～2000	600	5.4	0.2～5	1.6	14
苔原及高山植被	8.0	10～400	140	1.1	0.1～3	0.6	5
荒漠与半荒漠	18.0	10～250	90	1.6	0.1～4	0.7	13
石块地与冰雪地	24.0	0～10	3	0.0	0.02	0.02	0.5
耕地	14.0	100～4000	650	9.1	0.4～12	1	14
沼泽与湿地	2.0	800～3500	2000	4.0	3～50	15	30
湖泊与河流	2.0	100～1500	250	0.5	0～0.1	0.02	0.05
陆地总计	149	—	773	115	—	12.3	1837
外海	332	2～400	125	41.5	0～0.05	0.003	1.0
潮汐海潮区	0.4	400～1000	500	0.2	0.005～0.1	0.02	0.008
大陆架	26.6	200～600	360	9.6	0.01～0.04	0.001	0.27
珊瑚礁及藻类养殖场	0.6	500～4000	2500	1.6	0.04～4	2	1.2
河口	1.4	200～3500	2100	2.1	0.01～6	1	1.4
海洋总计	361	—	1522	55.0	—	0.01	3.9
地球总计	510	—	333	170	—	3.6	1841

　　资料来源:曹凑贵的《生态学概论》,高等教育出版社 2006 年出版。

3. 次级生产

　　次级生产(secondary production)是指生态系统中消费者和分解者利用初级生产所制造

的物质和储存的能量进行新陈代谢,经过同化作用转化形成自身物质和能量的过程。

从理论上讲,绿色植物的净初级生产量都可以成为草食动物利用的初级生产量,但实际上草食动物只能利用净初级生产量中的一部分。造成这一情况的原因很多:或因不可食用,或因种群密度过低而不易采食;即使已摄食的,还有一些不被消化的部分;还要再除去呼吸代谢消耗的一大部分能量。因此,各级消费者所利用的能量仅仅是被食者生产量中的一小部分。

3.2.5　生态系统的类型与特征

一、生态系统的类型

对生态系统进行分类,完全是人类为了某种目的的需要。目前,主要从以下四个方面进行分类。

根据空间环境性质,划分为水生生态系统和陆地生态系统,其中水生生态系统又可细分为淡水水体(塘堰、湖泊、河流等)生态系统和海洋生态系统,陆地生态系统又可按生物群落特性进一步细分,具体如下。

根据地理位置,水、热条件,以及植被状况或应用价值,划分为森林、草原、荒漠、高山、苔原、湿地、农田、聚落或城市等生态系统类型。

根据人类施加影响的大小,划分为自然生态系统、人工生态系统、受干扰生态系统和污染生态系统等。

根据经济地理区域范围,划分为全球生态系统、流域生态系统、景观生态系统、群落生态系统、种群生态系统等。

二、生态系统的基本特征

生物群落是生态系统的核心,这就赋予了生态系统的生命特征,使生态系统成为一般系统的特殊形态,其组成、结构、功能等都具有不同于一般系统的特性。

1. 整体性

生态系统是一个有层次的结构整体,从个体、种群、群落到生态系统,随着层次升高,不断赋予系统新的内涵,但是各个层次都始终相互联系着,构成一种有层次的结构整体。自然生态系统中的生物与其环境因子经过长期的进化适应,逐渐建立了相互协调的关系,包括同种生物的种群密度调控、异种生物种群之间的数量调控,以及生物与环境之间的相互适应调控。这些调控又能通过反馈调节机制使生物与生物、生物与环境之间达到功能协调和动态平衡。

2. 开放性

任何生态系统都是开放性的系统,与周围环境有着千丝万缕的联系。一个生态系统的变化往往会影响到其他生态系统。生态系统的开放性具有两个方面的意义:一是使生态系统可为人类服务;二是人类可以对生态系统的物质和能量输入进行调控,改善系统的结构,增强其社会服务功能。

3. 区域分异性

生态系统都与特定的空间相联系,是包含一定地区和范围的空间概念,具有明显的区域分异性。海洋和陆地是两大类完全不同的生态系统;森林、草地、荒漠生态系统具有明显的区域分布特征;山地、草原、河湖、沼泽等不同的生态系统不仅其结构不同,而且同一类生态系统在不同的区域其结构和运行特点也不相同,造成了多种多样的生态系统。这种特点既为资源的多样性提供了基础,也为合理开发利用和保护增加了难度。

4. 动态变化性

任何一个生态系统总是处于不断发展、进化和演变之中。生态系统中,不仅生物随着时间变化具有产生、发展、死亡的变化过程,环境也处于发展变化和不断更替之中,从而使得生态系统与自然界的许多事物一样,具有发生、形成和发展的过程,具有发育、繁殖、生长和衰亡的特征,表现出鲜明的历史性特点和特有的整体演化规律。能引起生态系统变化的因素很多,有自然的,也有人为的。一般来说,自然因素对生态系统的影响多是缓慢的、渐进的,而人为的影响则多为突发的和毁灭性的。

3.3 生态系统种群间的相互作用

不同生物种群经常聚集在同一空间,结果使生物个体之间的空间距离缩小,使个体之间的联系更为密切,从而出现了对自然环境的竞争,对食物要求的矛盾,以及排泄物的相互影响等,并形成相互依存或相互制约的复杂关系。生物种群之间的关系,可以根据双方的利害得失,分为三种类型:正相互作用(一方得利或双方得利)、负相互作用(至少一方受害)、中性作用(对双方均无明显影响)。如果以"＋"代表正相互作用,"－"代表负相互作用,"0"代表无影响,则两个种群之间的相互关系可以用表 3-2 来表述。

表 3-2　种群之间的相互作用关系

种间关系类型	物　种		关系的主要特点
	A	B	
中性（neutralism）	0	0	彼此互不影响
竞争（competition）	－	－	彼此相互抑制
偏害（amensalism）	－	0	对种群 A 有害,对种群 B 无影响
捕食（predation）	＋	－	种群 A 杀死或吃掉种群 B 中一些个体
寄生（parasitism）	＋	－	种群 A 寄生于种群 B 并有害于后者
偏利（commensalism）	＋	0	对种群 A 有利,对种群 B 无影响
共生（mutualism）	＋	＋	彼此互相有利,分开后不能生活(专性)
合作（cooperation）	＋	＋	彼此互相有利,分开后也能生活(兼性)

资料来源:尚玉昌的《普通生态学》,北京大学出版社 2002 年出版。

3.3.1　中性作用

两个或两个以上物种经常一起出现,但彼此间不发生任何关系,即相互无利也无害,这种特殊的种间关系称为中性作用。当群落中的一种资源高度集中在某一地点时,常同时吸引很多种动物前来利用,在这些动物之间常表现为中性现象。如一个水源总是同时吸引某些种动物前来饮水,这些动物虽然经常一起出现,但彼此无利也无害。

3.3.2　竞争作用

竞争是两个或多个种群争夺同一对象的相互作用。种间竞争的实质是几种生物为利用同一种有限资源所产生的相互抑制作用。竞争的对象可能是食物、空间、光、矿质营养等。竞争的结果可能是两个种群形成协调的平衡状态；或者一个种群取代另一个种群；或者一个种群将另一个种群赶到别的空间中去，从而改变原生态系统的生物种群结构。

不同生物种群之间的竞争强度因亲缘关系的远近、生长习性的不同而有差别。植物中同一生活型之间竞争激烈，动物中食性相同的竞争激烈，生态位部分相重叠的生物种群之间竞争激烈，同种个体之间或近亲种的个体之间竞争激烈。一般可把竞争区分为干扰竞争和利用竞争两种类型。干扰竞争（interference competition）是指一种生物借助行为排斥另一种生物，使其得不到资源，这一现象在生态学上称为竞争排除（competitive exclusion）。竞争排除可导致亲缘种的生态分离。大多数生态系统具有许多不同生态位的物种，可避免相互之间激烈的干扰竞争，因而更广泛的竞争是利用竞争（exploitive competition），即两种生物同时竞争利用同一种资源。但是，在许多动物中，存在着生态位重叠因而具有部分干扰竞争的现象。

生态位（niche）是生态学的一个重要概念，用以表示划分环境的空间单位。格瑞内尔是最早使用生态位这一术语的学者。格瑞内尔认为，在同一空间中，没有两个种能够长久地占有同一个生态位。生态位在这里实际上是指空间生态位（spatial niche）。马世骏等人于 1990 年提出扩展生态位理论，将生态位划分为存在生态位（包括实际生态位和潜在生态位）和非存在生态位。根据该理论，生态位不仅包括生物所占据的物理空间，还包括它在生物群落中的功能作用，以及它们在温度、湿度、pH 值、土壤和其他生存条件的环境变化梯度中的位置。

3.3.3　偏害作用

偏害作用是指两个物种相处时，一个物种对另一个物种产生危害但其自身并不因此而获利或受到伤害。抗生现象（antibiosis）即属于偏害的范畴。抗生是一个物种通过分泌化学物质抑制另一个物种的生长和生存的现象，主要发生在细菌和真菌，但在某些高等植物和动物中也有发生。如三芒草，当它侵入一个新群落后便分泌酚酸，抑制土壤中的固氮菌和蓝绿藻的发育，使土壤中可利用的氮素减少，从而阻止其他需要硝酸盐且具有竞争能力的植物侵入。抗生现象也是许多农作物具有抗虫抗病性的基础。

3.3.4　捕食作用

捕食是指某种生物消耗另一种生物的全部或部分身体，直接获得营养以维持自己生命的现象。广义的捕食是指所有高一营养级的生物取食和伤害低一营养级的生物的种间关系。前者称为捕食者（predator），后者称为猎物（prey）。根据捕食者的食物类型可将其分为：①以动物组织为食物的肉食动物；②以植物为食物的草食动物；③以动物和植物为食物的杂食动物。

在一个生态系统中，捕食者与被捕食者一般保持着平衡，否则生态系统就不能存在。自然界的动物捕食作用对调节猎物种群具有重要的生态学意义。从长远的观点来看，捕食者与猎物的关系对双方都是"有利"的，即捕食者获得食物而猎物也避免了过度增长，从而避免猎物种群数量增至或超过环境容纳量，导致资源短缺。捕食是进化过程中的一个重要因素。捕食者的捕食对象通常都是目标群中行动最迟缓、体质最弱、适应性最差的成员，从而减少了竞争，避免了数量过剩，使得成功基因可以统治被捕食者种群，使之更加强大健康。

作为被捕食者的物种也进化了许多保护和防御手段以避免被捕食。例如，植物通常采用厚树皮、刺、荆棘等形式或化学防御。同时，植物还发展了各种补偿机制，如植物的一些枝叶受损害后其自然落叶会减少，以提高单位叶面积和整株的光合效率。动物则更倾向于采取躲藏、逃跑或是抵抗等策略。反之，捕食者也会进化其机制以克服猎物的防御。物种对彼此施加选择性压力的过程称为协同进化。

3.3.5　寄生作用

寄生物从宿主的体液、组织或已消化物质中获取营养,通常对宿主有一定的危害,这种关系称为寄生。寄生物与宿主之间的相互作用复杂多样。因此,全面分析寄生物与宿主种群的相互动态必须考虑:①各种寄生物对宿主的影响是不同的,寄生物对一些生物来说是致命性的,而对另一些生物无危害,其程度取决于寄生物的致病力和宿主的抵抗力;②寄生物致病力和宿主抵抗力随着环境条件改变而变化;③同一宿主同时会被若干种寄生物所危害,同一寄生物也危害不同宿主;④宿主和寄生物的相互关系与其他生物与非生物因素有关。

从种群生态学出发,可将寄生物分成微型和大型两类。微寄生物直接在宿主体内增殖,多数生活于细胞内,如动植物病毒等;大型寄生物在宿主体内生长发育,但其增殖要通过感染期,从一个宿主机体到另一个,多数在寄生的细胞间隙(植物)或体腔、消化道中生活,例如蛔虫。营寄生的有花植物则可分为全寄生和半寄生两类。全寄生有花植物缺乏叶绿素,无光合作用能力,因此营养全来源于宿主植物,如大花草。半寄生有花植物能够营光合作用,但根系发育不良或完全没有根,在没有宿主时停止生长,如小米花。

寄生物和宿主之间也存在协同进化,常常使有害的"负作用"减弱,甚至演变成互利共生关系。

3.3.6　偏利作用

偏利作用也称偏利共生,指共生的两种生物,一方得利,而对另一方无害。偏利共生可以分长期性的和暂时性的。如某些植物以大树为附着物,借以得到适宜的阳光和其他生活条件,但并不从附着的树上吸取营养(即附生现象)。在一般情况下,附生植物对被附着的植物不会造成伤害,它们之间构成了长期性的偏利共生关系。但若附生植物太多,也会妨碍被附生植物的生长,可见,生物种间相互关系类型的划分并不是绝对的。暂时性的偏利共生是一种生物暂时附着在另一种生物体上以获得好处,但并不使对方受害。如林间的一些动物和鸟类,在植物上筑巢或以植物为掩蔽所等。

3.3.7　互利共生

互利共生是指两个生物种群生活在一起,相互依赖,互相得益。共生的结果使得两个种群都发展得更好,互利共生常出现在生活需要极不相同的生物之间。如豆科植物与根瘤菌共生,豆科植物提供光合作用产物,供给根瘤菌以物质和能量,而根瘤菌可以固定空气中游离的氮素,改善豆科植物的氮素营养。

互利有两种基本形式,一种是专性互利(obligate mutualism),是指互利双方的合作是永远的,离开合作对方将使一方或双方不能生存。如地衣是由藻类和真菌组成的互利共生体,菌根是由真菌丝与高等植物根系组成的互利共生体等。

另一种形式属于兼性互利(facultative mutualism)。兼性互利并不是两个物种的固定配对,合作往往是分散的,即合作一方是多物种的混合,如豆科植物和根瘤菌,在缺氮的土壤中,豆科植物从根瘤菌活动中受益,但是,在含氮水平较高的土壤中,豆科植物在没有根瘤菌的情况下也能很好地生存。

共生互利现象在动物消化道和细胞中也是常见的,如反刍动物的多室胃中具有细菌和原生动物,它们从反刍动物多室胃中获取养料,同时,能够发酵分解纤维素等动物不能直接消化的物质,并合成一些维生素,帮助反刍动物获取食物营养。

3.3.8　原始协作

原始协作又称原始合作,是指两个生物种群生活在一起,彼此都有所得,但二者之间不存在依赖关系。例如,蟹与腔肠动物的结合,腔肠动物覆盖在蟹背上,蟹利用腔肠动物的刺细胞作为自己的武器和掩蔽的伪装,腔肠动物利用蟹为运载工具,借以到处活动,得到更多的食物。

3.4　生态平衡与生态失衡

3.4.1　生态平衡

一、生态平衡的概念

生态平衡(ecological balance)是指某个生物主体与其环境之间的综合协调性。从这一意义上说,生命系统的各个层次都涉及生态平衡问题。如种群和群落的稳定不只是受自身调节机制的制约,也与其他种群和群落及许多其他因素有关,这是对生态平衡的广义理解。狭义的生态平衡就是指生态系统的平衡,即在一定的时间和相对稳定的条件下,生态系统内各部分的结构和功能均处于相互适应与协调的状态。

生态平衡是动态的,因为能量流动、物质循环和信息传递总在不间断地进行,生物个体也在不断地进行更新。在自然条件下,生态系统总是朝向种类多样化、结构复杂化和功能完善化的方向发展,直到生态系统达到成熟的最稳定状态为止。

衡量一个生态系统是否处于生态平衡状态,可以从三个方面进行考察。①时空结构上的有序性。表现在空间有序性上是结构有规则地排列组合,表现在时间有序性上是生命过程和生态系统演替发展的阶段性、功能的延续性和节奏性。②能量流、物质流的收支平衡。系统既不是入不敷出,造成亏空;又没有入多出少,导致污染和浪费。③系统自我修复、自我调节功能强。

二、生态平衡的基础

生态系统之所以能够维持相对稳定或动态平衡,是由于生态学的基本规律决定的。

1. 相互依存与相互制约规律

相互依存与相互制约,反映了生物间的协调关系,是构成生物群落的基础。生物间的这种协调关系主要分为两类。

(1) 普遍的依存与制约,也称"物物相关"规律。有相同生理、生态特性的生物,占据与之相适宜的小生境,构成生物群落或生态系统。系统中不仅同种生物相互依存、相互制约,异种生物(系统各部分)间也存在相互依存与制约的关系;不同群落或系统之间,也同样存在相互依存与制约关系,即彼此影响。这种影响有些是直接的,有些是间接的,有些是立即表现出来的,有些需滞后一段时间才显现出来。总之,生物间的相互依存与制约关系,无论在动物、植物和微生物中;或在它们之间,都是普遍存在的。

(2) 通过"食物"而相互联系与制约的协调关系,也称"相生相克"规律。具体形式就是食物链与食物网。每一种生物在食物链或食物网中都占据一定的位置,并具有特定的作用。各生物种之间相互依赖、彼此制约、协同进化。生物体间的这种相生相克作用,使生物保持数量上的相对稳定,这是生态平衡的一个重要方面。

2. 物质循环转化与再生规律

生态系统中,植物、动物、微生物和非生物成分,借助能量的不停流动,一方面不断地从自然界摄取物质并合成新的物质,另一方面又随时分解为原来的简单物质,即所谓"再生",重新被植物所吸收,进行着不停顿的物质循环。

3. 物质输入输出的动态平衡规律

物质的输入输出平衡涉及生物、环境和生态系统三个方面。当一个自然生态系统不受人类活动干扰时,生物与环境之间的输入与输出是相互对立的关系,生物体进行输入时,环境必然进行输出,反之亦然。生物体一方面从周围环境摄取物质,另一方面又向环境排放物质,以补偿环境的损失。也就是说,对于一个稳定的生态系统,无论对生物、对环境,还是对整个生态系统,物质的输入与输出总是相对平衡的。当生物体的输入不足时,生长就会受到影响,生物量下降。如果输入过量,生物体就会出现奢侈吸收或富集现象,如果摄入的是有害物质(如农药、重金属、难降解有机物等),就会对生物体造成毒害或对食物链造成污染危害。另外,对环境系统而言,如果营养物质输入过多,超出了环境容纳量,也会打破原有平衡,导致生态系统退化和异化(如水体富营养化现象)。

4. 生物与环境的协同进化规律

生物与环境之间,存在着作用与反作用的过程。或者说,生物给环境以影响,反过来环境也会影响生物。如植物从土壤环境中吸收水分和养分的过程受环境特性的影响,植物的生命活动也会反过来影响土壤环境性质。生物体之间(如捕食者和猎物)的相互影响和相互制约更为突出。生态系统内各因子之间的这种相互作用将最后获得协同进化的结果。

5. 环境资源的有效极限规律

作为生物赖以生存的各种环境资源,在质量、数量、空间和时间等方面,在一定条件下都是有限的,不可能无限制地供给,因而任何生态系统的生物生产力通常都有一个大致的上限。当外界干扰超过生态系统的忍耐极限时,生态系统就会被损伤、破坏,以致瓦解。

三、生态系统平衡的调节机制

当生态系统中某一部分发生改变而引起不平衡,可依靠生态系统的自我调节能力,使其进入新的平衡状态。生态系统平衡的调节主要通过系统的反馈机制、抵抗力和恢复力来实现。

1. 反馈机制

反馈分正反馈和负反馈。正反馈可使系统更加偏离平衡位置,不能维持系统的稳态。生物的生长、种群数量的增加等都属于正反馈。要使系统维持稳态,只有通过负反馈机制。就是系统的输出变成了决定系统未来功能的输入。种群数量调节中,密度制约作用是负反馈机制的体现。负反馈的意义就在于通过自身的功能减缓系统内的压力,以维持系统的稳态。

2. 抵抗力

抵抗力是自然生态系统具有抵抗外来干扰并维持系统结构和功能原状的能力,是维持生态平衡的重要途径之一。抵抗力和自我调节能力与系统发育阶段状况有关,那些生物种类复杂、物质流及能量流复杂的生态系统,比那些简单生态系统,其抵抗干扰和自我调节的能力要强得多,因而更稳定。环境容量、自净作用等都是系统抵抗力的表现形式。

生态系统抵抗干扰和自我调节能力是有限度的,当干扰超过某一临界值时,系统的平衡就遭到破坏,甚至会产生不可逆转的解体或崩溃。这一临界值在生态学中被称为生态阈值

（ecological equilibrium threshold limit），在环境科学上称作环境容量，其值大小与生态系统的类型有关，还与外来干扰因素的性质、作用方式及作用持续时间等因素密切相关。

3. 恢复力

恢复力是生态系统遭受外界干扰破坏后，系统恢复到原状的能力。一般来说，恢复力强的生态系统，生物的生活世代短，结构比较简单。如杂草生态系统遭受到破坏后恢复速度要比森林生态系统快得多。生物成分生活世代长、结构复杂的生态系统，一旦遭到破坏就长期难以恢复。

抵抗力和恢复力是生态系统稳定性的两个方面，两者正好相反，抵抗力强的生态系统其恢复力一般较弱，反之亦然。

四、生态平衡的意义

生态平衡反映出生物主体与其环境之间具有良好的综合协调性，具有较强的抗逆性、稳定性、自我修复性和调节能力。这是维持自然生态系统正常功能的基础。当将人类自身作为生态系统（生物圈）的一个部分考虑时，生态平衡则意味着人与自然的和谐统一，社会-经济-生态-环境大系统的协调与可持续发展。然而，如果将生态系统概念限定于自然界，则需要指出的是，生态平衡对人类来说并不总是有利的。例如，自然界的顶级群落是很稳定的生态系统，处于生态平衡状态，但它的净生产量很低，而人类不能从中获取"净产量"。而与自然系统相比较，农业生态系统是很不稳定的，但它能给人类提供大量的农畜产品，它的平衡与稳定需靠人类的外部投入来维持。

3.4.2　生态失衡

一、生态失衡的概念

任何生态系统的自我调节机能都是有一定限度的，在不超过系统的生态阈值和容量的前提下，它可以忍受一定的外界压力，当压力解除后，它能逐步恢复到原有的水平。相反，如果外界压力无节制地超过该生态系统的生态阈值和容量，它的自我调节能力便会降低，甚至消失，最后导致生态系统衰退或崩溃，这就是人们常说的"生态平衡失调"或"生态平衡破坏"。

二、生态平衡失调的特征

作用于生态系统的外部压力可以从两方面来干扰破坏生态平衡：一是损坏生态系统的结构，导致系统的功能降低；二是引起生态系统的功能衰退，导致系统的结构解体。

1. 生态平衡失调的结构标志

生态平衡失调从结构上讲就是生态系统出现了缺损或变异。当外部干扰巨大时，可造成生态系统一个或几个组分的缺损而出现组分结构的不完整。如大面积森林被砍伐，不仅使原来森林生态系统的主要生产者消失，而且各级消费者也将因栖息地被破坏和食物短缺而被迫逃离或消失。当外界干扰不甚严重时，如择伐、轻度污染的水体等，虽然不会引起组分结构缺损，但可以引起组分结构中物种组成比例、种群数量和群落垂直分层结构等的变化，从而引起营养结构的改变或破坏，导致生态系统功能的改变或受阻。

2. 生态平衡失调的功能性标志

能量流动在系统内的某一个营养层次上受阻或物质循环正常途径的中断是生态平衡失调的功能性标志。能量流受阻表现为初级生产者第一性生产力下降和能量转化效率降低或"无效能"增加。营养物质循环则表现为库与库之间的输入与输出的比例失调。如水中悬浮物的增加,可以影响水体藻类的光合作用,重金属污染可抑制藻类的某些功能等。有时虽然不会影响初级生产,但影响次级生产,如受热污染的水体,常因升温使蓝绿藻数量增加,但因鱼类对高温的回避作用或饵料质量下降,鱼类产量不增反降。

三、引起生态平衡失调的因素

任何自然或人为因素的变化都会引起生态系统发生反应,因而影响生态系统的平衡。由自然因素引起的生态平衡破坏,称为第一环境问题;由人为因素引起的生态平衡破坏,称为第二环境问题。当前,人类的影响已遍及全球,自然和人为这两种因素往往相互结合,互为因果,以致在实际中有时难以区分。

1. 自然因素

自然因素主要是指自然界发生的异常变化或自然界本来就存在的对人类和生物有害的因素,如地壳运动、海陆变迁、冰川活动、火山爆发、山崩、海啸、水旱灾害、地震、台风、雷电火灾及流行病等。自然因素对生态系统的破坏是严重的,甚至可能是毁灭性的,并具有突发性的特点。如果自然灾害是偶发性的,或者是短暂的,尤其是在自然条件比较优越的地区,灾变后靠生态系统的自我恢复、发展,即使是从最低级的生态演替阶段开始,经过相当长时期的繁衍生息,还是可以恢复到破坏前的状态。如果自然灾害持续时间较长,而自然环境又比较恶劣,则可能造成自然生态系统彻底毁灭,甚至不可逆转(如沙漠和荒漠的形成)。然而综观全局,自然因素所造成的生态平衡破坏,多数是局部的、短暂的、偶发的,常常是可以恢复的。

2. 人为因素

(1) 人与自然策略的不一致导致生态平衡破坏。长期以来,人类对于自然,一个共同的目标就是"最大限度地获取",因而造成了一系列的生态失调。自然生态系统在长期发展进化中,是不断积累能量以消除增加的熵,来维持系统自身的平衡和稳定,这种最大限度的保护策略,与人类"最大限度地获取"策略形成尖锐矛盾,人类给予各种生态系统的影响超越了它们的生态阈限,最终导致系统的崩溃。

(2) 滥用资源导致生态平衡破坏。资源是人类生存的基础,也是自然生态平衡的物质基础。应该说,地球上蕴藏的资源是丰富的,但并不是无限的。大部分资源被人类利用是有条件的,即使是可更新的资源也有更新的条件。人类"最大限度地生产"策略导致了对资源的掠夺性开发和经营,使各种资源加速耗竭,森林、草原面积的减少,不但使许多生物物种灭绝,而且直接影响到气候环境和水土流失。矿产的不当开采不仅浪费了宝贵的资源,而且严重干扰了自然的物质循环过程,污染了环境。对资源的滥用使得地球各类生态系统潜伏着危机。

(3) 经济与生态分离。在传统的经济学和经济体系中,自然界的服务不表现价值,因而许多破坏珍贵自然资源的行为直至今日仍屡禁不止。人类不仅把大自然作为自己的宝库利用,也将其作为垃圾场,众多工厂排放污染物,使自然界成为容纳污染物的免费车间,以获取最高的经济利益。这种经济与生态的分离使得生态系统遭受着越来越严重的破坏。

3.5 生物污染

生物污染是指环境中有毒有害物质的含量超过一定阈值之后,对生物个体、种群、群落或生态系统产生的负面效应,包括系统结构改变、稳定性降低、生态服务功能退化等。

3.5.1　污染物种类及其生物毒性

一、污染物的种类

污染物的分类具有多样性。按污染物的来源,可分为自然污染物和人为污染物;按污染物影响的环境要素,可分为大气污染物、水体污染物和土壤污染物;按污染物形态,可分为气态污染物、固态污染物和液态污染物;按污染物性质,可分为化学污染物、物理污染物和生物污染物;按污染物在环境中的变化,可分为一次污染物和二次污染物。此外,还可分为金属污染物和有机污染物、可降解污染物和永久性污染物等。

二、污染物的毒性参数

毒性是污染物对生物体产生生理毒害效应程度的评价参数。污染物的生物毒性一般可分为以下几种类型。

(1)急性毒性:污染物一次大剂量或 24 h 内多次作用于机体所引起的毒性作用。

(2)亚急性毒性:污染物在生物生命的 1/10 左右时间内,每日或反复多次作用于机体所引起的损害作用。

(3)慢性毒性:低剂量污染物在生物体生命周期内长时间反复多次作用于生物体所引起的毒性伤害作用。

(4)蓄积性毒性:低于中毒阈剂量的污染物反复地与生物接触,一定时间后致使其出现的中毒作用。

(5)"三致"作用:污染物的致癌、致畸、致突变作用。致癌作用是污染物及其代谢产物诱发机体组织癌变形成肿瘤的过程;致畸作用是污染物通过人或动物妊娠母体引起胚胎畸形的过程;致突变作用是污染物引起生物体细胞遗传信息发生突然改变的作用,这种变化的遗传信息在细胞分裂繁殖过程中能够遗传给子代细胞,使其具有新的遗传特性。

下面一些参数常常被用来评价污染物的生物毒性。

(1)半致死浓度:一定观测时间内,使得实验生物死亡率为 50% 的毒物浓度或剂量,通常用于表示急性毒性。

(2)半数效应浓度:一定观测时间内,使实验生物半数产生某一(非死亡)效应的毒物浓度或剂量。

(3)阈剂量:引起群体中极少数个体出现最轻毒效应的最小剂量或浓度。

(4)最大无作用剂量:污染物在一定时间内,以一定方式与生物机体接触,不能观测到任何损害作用的最高剂量。

(5)最低观测效应浓度:慢性毒性实验中能观测到受试生物的有任何损害作用的最低浓度。

3.5.2　污染物在生态系统中的迁移转化

一、污染物在环境中的迁移转化

污染物在环境中发生空间位置的移动及其所引起的富集、分散和消失的过程称为污染物的迁移。污染物的迁移往往伴随着形态的转化。污染物不仅可以在生态系统各个要素圈中迁移和转化,还能跨越圈层进行多介质的迁移、转化而形成循环。

污染物在环境中的迁移过程主要有机械迁移、物理-化学迁移和生物迁移三种方式。机械迁移主要指污染物通过大气、水的扩散和搬运作用,以及重力作用的迁移。物理-化学迁移对于无机污染物主要是通过溶解-沉淀、氧化-还原、水解、配位等物化反应来实现;有机污染物则可通过光化学分解和生物化学分解进行迁移。污染物还可以通过生物吸收、代谢、生长、死亡实现生物迁移。污染物在环境中迁移的同时,通过物理的、化学的或生物的作用改变形态或转变成另外一种物质。污染物的迁移转化受到两方面因素的影响:一是污染物自身的物理化学性质,二是外界环境条件。污染物在环境中的迁移转化直接影响污染物对环境的作用。有些污染物进入环境后经过物理、化学和生化作用后逐步分解而失去毒性和污染性,其中有的被生物利用,有的在循环中被逐步降解,如易氧化有机物、酚类和氰化物等。有些污染物在环境中进行物质循环,如某些重金属和类金属等。有些污染物在环境中甚至可能转化为毒性更强的形态,加重其污染,如汞甲基化。有的则通过食物链进行生物富集,对动物和人类产生慢性积累性污染危害,如有机氯化合物、重金属污染物等。

二、污染物的生物吸收

1. 植物对污染物的吸收

大多数的环境污染物是经过根系吸收进入植物体的,根系吸收的主要部位是根毛区,吸收方式有主动吸收和被动吸收。植物叶片也具有一定的吸收能力,能够直接吸收大气环境中的气态或液态污染物,或农事活动喷洒到叶片上的农药和除莠剂。叶片吸收主要通过气孔来进行。

从根表面吸收的污染物能横穿根的中柱,被送入导管。进入导管后随蒸腾拉力向地上部分移动。一般认为,穿过根表面的无机离子到达内皮层可能有两种通路:第一条为非共质体通道,即无机离子和水在根内横向迁移,到达内皮层是通过细胞壁和细胞间隙等质外空间;第二条是共质体通道,即通过细胞内原生质流动和通过细胞之间相连接的细胞质通道。

污染物可以从根部向地上部分运输,通过叶片吸收的污染物也可以从地上部分向根部运输。不同的污染物在植物体内的迁移、分布规律存在差异。由于污染物具有易变性,可通过不同的形态和结合方式在植物体内运输和储存。

2. 动物对污染物的吸收

空气中的污染物进入动物呼吸道后通过气管进入肺部。其中,直径小于 5 nm 的粉尘颗粒能穿过肺泡被吞噬细胞所吞食;部分污染物能在肺部长期停留,导致肺部致敏纤维化或致癌;部分污染物运输至支气管时刺激气管壁产生反射性咳嗽而吐出或被咽入消化管。

消化管是动物吸收污染物的主要途径,肠道黏膜是吸收污染物的主要部位之一。整个消化管对污染物都有吸收能力,但主要吸收部位是在胃和小肠,一般情况下主要由小肠吸收。

污染物也能够被动物的皮肤所吸收。经皮肤吸收一般有两个阶段:第一阶段是污染物以扩散的方式通过表皮,表皮的角质层是重要的屏障;第二阶段是污染物以扩散的方式通过真皮。

污染物通过动物细胞的方式有两大类:被动转运与特殊转运。被动转运是指生物膜不起主动作用,不消耗细胞的代谢能量。这种转运形式包括简单扩散和滤过两种方式。特殊转运是指污染物与生物膜组成成分形成可逆性复合物进行转运,又可分为载体转运、主动转运、吞噬和胞饮作用。载体转运又称易化扩散,是指非脂溶性或亲水性的污染物与生物膜的载体结合,由生物膜高浓度一侧向低浓度一侧转运。这种转运不能逆浓度梯度,也不消耗细胞代谢能。主动运转是污染物由生物膜低浓度一侧向高浓度一侧转运,并消耗细胞代谢能量的过程,是水溶性大分子化合物的主要转运形式。吞噬作用是指某些固态污染物与细胞膜上某些蛋白质有特殊的亲和力，当其与细胞膜接触后，可改变这部分膜的表面张力，引起细胞膜外包或内凹，将固态物质包围进入细胞。胞饮作用则是指固态污染物被吞噬细胞外液的微滴和胶体物质（如液态蛋白质）包围吞食的过程。吞噬和胞饮通称为内吞作用，其中吞噬作用内吞的是固体，而胞饮作用内吞的是液体。

污染物进入动物体液后或经代谢转化后，通过循环系统、输导组织和其他途径分散到机体各组织细胞。一些进入机体的污染物及其代谢产物可通过排泄向体外转运。

三、污染物的生物积累和生物放大

各种环境污染物一旦进入生态系统，便立即进入食物链，参与物质循环。有些污染物在生物体内易于降解，在生物体内存在的时间不长，因而不易积累。而另一些污染物，如重金属和某些人工合成的难降解的大分子有机化合物进入生物体之后，可与某些内源性物质结合，长期残留在生物体内。随着摄入量增加，其在体内不断积累，使这些物质在体内的浓度超过在环境中的浓度，出现生物富集现象。生态学上常用富集系数来评价生物富集效应。富集系数即生物机体内某种物质的浓度与环境中该物质浓度的比值。如果在同一食物链上，生物富集系数从低位营养级到高位营养级逐级增大，则称为生物放大。

生物富集主要取决于生物本身的特性，特别是生物体内存在的、能与污染物相结合的活性物质的活性强弱和数量多寡。生物体内有很多组分都能和污染物特别是重金属相结合形成稳定的化合物，从而消除或缓解污染物的毒害作用。这些物质包括糖类物质中的葡萄糖和果糖等、蛋白质、游离氨基酸、酯类、核酸等。生物的不同器官对污染物的富集量有很大差异，这是因为各类器官的结构和功能不同，与污染物接触时间的长短、接触面积的大小等也都存在很大差异。

污染物的性质，包括价态、形态、结构形式、相对分子质量、溶解度或溶解性质、稳定性、在溶液中的扩散能力和在生物体内的迁移能力等，也都能影响生物富集。化学稳定性和高脂溶性是生物富集的重要条件。例如，脂溶性有机氯化合物 DDT，在水中溶解度很低，仅 0.02 mg/L，但能大量溶解在脂类化合物中，其浓度可达 1.0×10^5 mg/kg，比在水中的溶解度大 500 万倍。因此，这类污染物与生物接触时，能迅速地被吸收，并储存在脂肪中，很难被分解，也不易排出体外。

重金属作为一类特殊的污染物，具有明显不同于其他污染物的特点。首先，重金属在环境中不会被降解，只会发生形态和价态变化，同时，重金属在土壤环境中的迁移能力相对较差，因此，重金属可以在环境中长期存在。其次，有些重金属是生物生长发育所必需的营养元素，如铜、锌、铬等。这些重金属具有很强的生物富集效应，只有在超过一定浓度时，才可以被称为污染物。另有一些重金属不是生物生长发育所必需的元素，如汞、镉、铅等，它们具有与许多矿质营养元素相同或相近的外层电子层结构，能通过扩散和细胞膜渗透而进入生物体内，发生生物积累。这类重金属在环境中只要微量存在，即可产生毒性效应。第三，环境中的某些重金属可在微生物的作用下转化为毒性更强的金属化合物，如汞的甲基化作用。第四，重金属在进入生物体内后，不易被排出，在食物链中的生物放大作用十分明显，在较高营养级的生物体内可成千上万倍地富集起来，然后通过食物链进入人体，在人体的某些器官中蓄积起来造成慢性中毒，影响人体健康。

3.5.3　污染物的生物毒害效应与致毒机理

一、污染对生物种群和生态系统的影响

污染物对生物个体产生的影响可以反映在生物种群和生态系统上。污染物进入生物环境之后,与其中的生物及其生境发生相互作用,可使生物种群结构、种群增长和种群进化发生变化,进入生物体内的污染物随食物链流动,产生各种各样的生态效应,包括对生态系统组成成分、结构及物质循环、能量流动、信息传递等过程的不利影响。污染物还可以通过食物链污染人类的食物,并通过对生物环境的损害影响人类生存发展的基础。

1. 污染在种群水平上的影响

(1)种群密度:对有毒污染物敏感的种群个体死亡率增加,繁殖率下降,种群密度下降。

(2)年龄结构:一般而言,生物个体随着发育进程,机体对外来有毒物质抵抗力逐渐增强,因此,生命早期阶段比成年阶段对污染敏感。其结果是处于污染生境中的生物种群中幼年个体减少,老年个体比例增大,种群年龄结构趋于老龄化。

(3)性别比例:一些环境激素物质具有动物和人体激素的活性,能干扰和破坏生物的内分泌功能,导致生物繁殖障碍。

(4)种间关系:污染物干扰生物正常的生理、行为反应,从而影响到捕食、竞争、寄生和共生等种间关系。

(5)种群进化:污染物对生物的影响如同自然进化中的选择压力,使得种群内具有抗性的个体的等位基因上升,敏感个体的等位基因丧失。

2. 污染在生态系统水平上的影响

(1)生态系统多样性散失:环境污染往往导致生境的单一化,从而可导致生态系统多样性散失。不仅如此,污染往往引起建群种或群落物种消亡或更替,从而使原有的生态系统发生严重的逆向演替。

(2)生态系统复杂性降低:污染导致生态系统复杂性降低主要表现为生态系统的结构趋于简单化,食物链不完整,食物网简化,生态系统的物质循环路径减少或不畅通,能量供给渠道减少,信息传递受阻等。导致复杂性降低的原因主要有两点:一是污染物通过破坏生境和直接伤害生物个体而影响物种的生存与发展,从根本上影响生态系统的结构和功能基础;二是污染降低了初级生产,从而使依托强大初级生产量才能建立起来的各级消费类群没有足够的物质和能量支持,导致生态系统的结构和功能趋于简单化。

二、污染物的致毒效应机理

致毒效应机理是指污染物或代谢产物与靶器官受体的相互作用,以及这种作用所引发的一系列生物化学和生物物理过程,最终导致在效应器官产生致毒作用的原因。污染物的致毒机理非常复杂,有些至今仍不十分清楚。这里仅就其中一些作简单介绍。

1. 酶的抑制

酶是生物体内生物化学反应的催化剂,没有酶,许多体内的生化反应便不能发生。毒物进入机体后,一方面在酶的催化下进行生化转化,另一方面毒物直接对体内的酶起抑制作用,产生一系列毒性效应。例如,重金属镉可以抑制植物根系脱氢酶、淀粉酶、核糖核酸酶、多酚氧化酶、硝酸还原酶、抗坏血酸过氧化酶和乳酸脱氢酶等多种酶的活性,从而对植物 N 代谢、呼吸作用、碳水化合物代谢和核酸代谢等产生阻碍作用。有机磷可以抑制乙酰胆酯酶,导致乙酰胆

酯积累,从而阻断兴奋传入感受器,使动物呼吸麻痹而死亡。

2. 细胞膜的损害

细胞膜的正常结构和通透性对保障细胞的生命活动具有重要意义。许多污染物的毒性都与细胞膜的损伤有关。如当植物受到重金属污染胁迫时,体内活性氧产生和消除的平衡机制就会遭到破坏,各种活性氧,如超氧阴离子自由基($O_2^- \cdot$)、过氧化氢(H_2O_2)、羟自由基($\cdot OH$)、氧烷基($RO \cdot$)、过氧烷基($ROO \cdot$)、氧化氮等将大量积累。当这些活性氧自由基浓度超过一定阈值时,膜脂中的不饱和脂肪酸就会发生过氧化作用,脂肪酸降解并产生脂质过氧化物,其中最重要的产物为丙二醛(MDA)。MDA 具有交联脂类、核酸、糖类及蛋白质的作用,能引起蛋白质和核酸等生物活性物质变性,破坏细胞膜的结构,使电解质及某些小分子有机物渗漏严重,细胞物质交换平衡破坏,引起一系列生理生化变化,最后导致植物生长异常。

3. 对生物大分子活性点位的竞争

生物活性点位是生物大分子中具有生物活性的基团和物质。生物大分子的活性点位有羧肽酶、碱性磷酸酶、碳酸酐酶、细胞色素 C、血红蛋白及铁氧还原蛋白等。许多生物过程都需要金属离子参与,生物大分子是该过程的主角,这些金属离子通常结合在生物大分子的活性点位上。外来的重金属进入生物体后,可以和生物大分子上活性点位结合,取代活性点位上原有的金属,也可以结合在该分子的其他非活性点位上,进而改变生物大分子正常的生理和代谢功能,使生物体表现中毒现象甚至死亡。

4. 致突变

突变分为基因突变和染色体畸变。基因突变是指染色体某一部分的改变,在细胞学上观察不到,但在表现型上有遗传的变异,包括 DNA 中碱基对的转换、颠换、插入和缺失。如果整个染色体都发生突变,在细胞学上可以观察到染色体结构或数目发生改变,称为染色体畸变。致突变物作用于动物的体细胞可导致肿瘤发生,作用于生殖细胞可导致不孕和胚胎早期死亡等。

3.5.4 影响污染物生物毒性的因素

污染物的生物毒性受众多因素的影响,这些因素包括污染物本身的结构和性质,污染物的作用剂量,机体暴露于污染物的时间、频率、部位和途径,生物类型及其健康状况等,其中最关键的因素之一是污染物的剂量。此外,多种污染物的联合作用也不同于单一污染物的影响,可能改变污染的危害程度。下面分别进行简要介绍。

一、剂量-效应关系

剂量-效应关系是指在一定剂量(或浓度)的污染物作用下,生物体发生效应(或反应)的个体在群体中所占的比例,用百分数表示。这里的效应是指引起的个体生物学变化,如条件反射、非条件反射、心电、脑电、血象、免疫性、酶活性变化,以及各种中毒症状和死亡的出现等;反应是指群体的变化。大多数剂量-效应关系曲线呈 S 形,剂量开始增加时,反应变化不明显,随着剂量继续增加,反应趋于明显,到一定程度后,反应变化又不明显。

二、复合污染的联合效应

在实际环境中,往往有多种污染物同时存在,生物暴露于复杂、混合的污染物环境中,此时产生的毒性作用可能与单一污染物分别作用产生的毒性效果不同。把两种或两种以上污染物同时或先后与机体接触、共同作用所产生的综合生物学效应称为联合作用。联合作用的机理不同,主要有协同作用、相加作用、独立作用和拮抗作用等四种。

协同作用(synergism):多种污染物共同作用所产生的毒性大于它们分别单独与机体接触所产生的毒性总和。即某一污染物能促进机体对其他污染物的吸收加强、降解受阻、排泄延缓、蓄积增加和产生高毒的代谢产物等。

相加作用(addition):多种污染物共同作用所产生的毒性等于它们分别产生的毒性的总和。当污染物化学结构相近、性质相似、靶器官相同或毒性作用机理相同时,其联合毒性往往呈相加作用。

独立作用(independent joint action):多种污染物共同作用时所产生的毒性与多种污染物分别作用时的毒性大小相等。即多种污染物各自对机体产生毒性作用的侵入途径、作用机理和作用部位各不相同,互不影响。

拮抗作用(antagonism):多种污染物共同作用所产生的毒性小于各种污染物单独作用产生的毒性的总和。如其中某一污染物促使机体对另一污染物的降解加速、排泄加快、吸收减少或产生低毒代谢产物等,使混合物毒性降低。

3.6　生态系统退化与恢复

3.6.1　生态系统退化

一、生态系统退化的概念

生态系统退化又称生态退化,是指在自然和人为干扰的作用下,生态系统结构和功能发生变化,原有平衡被打破,生态功能遭受破坏或丧失的过程。生态退化使得生态系统从一个相对稳定的状态演替为脆弱的不稳定状态,其系统组成、结构、能量和物质循环总量与效率、生物多样性等方面均发生了量或质的改变。

二、退化生态系统的特征

与正常演替的生态系统相比,退化生态系统表现出以下主要特征。

(1)在系统结构方面,退化生态系统的物种多样性、遗传多样性、结构多样性和空间异质性降低,系统组成不稳定,一些物种丧失或优势种、建群种的优势度降低。

(2)在能量方面,退化生态系统的能量生产量低,系统储存的能量低,能量转化水平下降,食物链缩短,多呈直线状而不同于正常的环形循环。

(3)在物质循环方面,退化生态系统中总有机质存储少,生产者亚系统的物质积累降低,无机营养物质多储存于环境库中而较少地储存于生物库中。

(4)在稳定性方面,由于退化生态系统的组成和结构单一,生态联系和生态学过程简化,因而对外界的干扰显得较为敏感,系统的抗逆能力和自我恢复能力较低,系统变得脆弱。

三、生态系统退化的原因与机理

1. 生境破坏和生境破碎

生境破坏和破碎是威胁生物多样性的主要因素之一。生境破坏主要是指生境条件的异化和丧失,生境丧失将对生态系统以毁灭性破坏。生境破碎是指由于人类活动,一个大面积连续的生境变成很多面积较小的斑块,斑块之间通常被人工改造或退化的区域所隔离。生境破碎主要通过降低生物多样性、改变生态系统的生物组成与营养结构而导致自然生态系统退化。

生境破碎对生物多样性的主要影响机制包括以下几点。

（1）限制斑块内的物种扩散和活动范围，促进生境岛屿的形成。斑块面积如果小于物种所需的最小巢区或领域面积，就会影响生物的生存。

（2）生境破碎导致生物小种群的产生，小种群间的隔离可使物种的迁移和散布能力降低，一些不同生活周期依靠不同生境的生物的移动将受到阻碍。当种群密度低于某一阈值时，交配的成功率降低（阿利氏效应），促使种群灭绝。同时，小种群内遗传变异性缺乏，近亲繁殖，遗传漂变（基因在属间或属内交换导致的遗传变异）等也会影响种群的生存活力。此外，小种群还容易受到捕食、竞争、疾病和食物供应等环境变化的影响而走向灭绝。

（3）生境破碎导致系统边际增加，显著增加了边缘与内部生境的相关性，边缘生态因子（如光、温、湿、风等）巨大的波动性可使一些对环境敏感的生物灭绝。

（4）生境破碎加速外来物种入侵，干扰原有的生物种群结构。

（5）生境破碎通过扰乱种群内重要的生态过程和相互关系导致物种次生灭绝，包括捕食、寄生和互惠共生等关系的破坏。

2. 生物入侵

生物入侵是指外来物种进入新的环境中，不仅能够适应新的环境，而且没有天敌制衡其发展，在与本地物种竞争养分、水分和生存空间时处于绝对优势，导致其种群密度迅速增大并蔓延成灾；或外来物种捕食当地物种，致使当地物种灭绝；或外来物种强烈改变原有生境，致使当地许多物种不能生存；或外来物种作为病原体使当地物种染病，且疾病能在当地种群中传播和流行，最后导致被染物种灭绝；或外来物种严重威胁本地生态系统的结构和功能，导致生物多样性和生境的散失等现象。具有入侵潜能的外来物种通常表现出具有生态适应的广谱性、生长发育迅速、繁殖力强、持久性高、较高的协同进化潜力、破坏生态系统原有的物种共生关系等特性。

外来物种入侵是多方面综合作用的结果，但人类干扰是造成外来物种入侵的一个直接驱动力。外来物种的入侵过程可以简单地划分为传播过程中的淘汰阶段、到达新环境后的环境选择阶段及定居后的增长阶段。绝大多数外来物种在第一、二阶段被淘汰掉，只有极少部分幸存者能够进入第三阶段，并逐渐与新环境的自然条件融合，成为成功的入侵者。因此，一个外来物种到达新的地区后，会有多少个体生存下来，与其最初的入侵数量没有多大关系，而关键是物种与环境的耦合。外来物种入侵造成的影响已涉及各个层面上，包括遗传多样性、物种多样性、生态系统的结构与功能，以及农业经济的持续发展、人类健康等不同方面。在世界自然保护同盟公布的全球 100 种最具威胁性的外来生物中，有 50 余种已传入中国。

3. 物种灭绝

物种灭绝，然后被其他物种取代，这是进化演变的一部分。在不被干扰的生态系统中，灭绝的速率大约为每 10 年灭绝 1 个物种。大规模的灭绝曾经周期性地消灭大量物种。最显著的事件发生在白垩纪末期恐龙消失时代。更大的灾难发生在二叠纪末期，大约 2.5 亿年前，2/3 的海洋物种和几乎 1/2 动植物的科在 10000 年间全部消失。现在的理论表明，这些大毁灭是气候变化导致的，也许是大行星撞击地球引发的。

最近 150 年间，物种消失的速率又在显著增长。据统计，我们现在正以自然灭绝的 1000 倍的速度失去物种。科学家们相信，目前灭绝事件增加的最大原因就是栖息地的失去，包括生境破碎和破坏。栖息地的破碎化将种群分成相互隔绝的群体，这样对灾害性事件十分脆弱。太小的种群即使在正常情况下也缺乏足够数量的有生育能力的成体进行繁殖。人类导致的大规模灭绝可与地质历史时期的大规模灭绝相匹敌。全球范围内对森林、湿地和其他含有大量生物的生态系统的破坏可能会消灭几千，甚至几百万种物种。

另外一些物种大幅减少，甚至被彻底根除，是因为它们被视为对人类或家畜有威胁，或是因为它们和人类竞争资源的使用。还有越来越多的物种，由于受到各种各样的环境污染物日益严重的毒害作用而逐渐丧失繁殖能力，最终走向灭绝。

4. 生物多样性散失

生物多样性可以分为遗传多样性、物种多样性、生态系统多样性和景观多样性等几个层次。遗传多样性是指地球上所有生物所携带的遗传基因的综合。物种多样性是指地球表面动物、植物、微生物的物种数量。生态系统多样性是指生物圈内生境、生物群落和生态过程的多样化以及生态系统内生境差异、生态变化的多样性。景观多样性是一种重复出现的，具有相互影响的生态系统组成的异质性陆地区域，或只有不同类型的景观要素或生态系统构成的景观在空间结构、功能机制和时间动态方面的多样化或变异性。生物多样性最重要的是物种多样性，它是其他多样性的基础或载体。

生物多样性是人类社会赖以生存和发展的基础，是生态系统中生命支持系统的核心组成部分。目前世界上的生物物种正在以前所未有的高速度消失，消失的物种不仅会使人类失去一种自然资源，还会引起其他物种的消失。

3.6.2　退化生态系统的恢复

一、生态恢复的概念

生态恢复是一个概括性的术语，包含生态改建（rehabilitation）、生态重建（reconstruction）、生态改造（reclamation）和生态再植（revegetation）等含义，一般泛指改良和重建退化的自然生态系统，使其重新有益于利用，并恢复其生物学潜力。

生态恢复最关键的是系统功能的恢复和合理结构的构建。由于生态演替的作用，生态系统可以从退化或受害状态中得到恢复，使生态系统的结构和功能得以逐步协调。在人类的参与下，一些生态系统不仅可以加速恢复，而且可得以改建和重建。生态恢复是生态退化的逆转过程，但在这个过程中不是靠纯粹的自然恢复，还需要加入一定的人为手段，因而最终恢复的不应仅仅是自然生态系统，还有许多是人工建立的新的生态系统。

二、生态系统恢复的理论基础

恢复生态学是研究退化生态系统恢复与重建的技术和方法及其生态学过程与机制的生态学分支学科。它所遵循的是生态学的基本原理，尤其是生态系统演替理论。通过对生态系统演替规律的认识，来研究如何恢复和创造出高生产力的、在一定时间和空间尺度内具有稳定性的，并且有可持续利用性能的自然、人工及人工-自然复合生态系统。

恢复生态学自身产生的理论主要是自我设计与人为设计两大理论。自我设计理论认为，只要有足够的时间，退化生态系统将根据环境条件合理实现自我组织并最终改变其成分；人为设计理论认为，通过工程方法和植物重建，可以直接恢复退化生态系统，恢复的类型可能是多样的。

三、生态恢复途径与技术

就目前而言，生态恢复主要有两种途径。

（1）重新建造真正的过去的生态系统，尤其是那些曾遭到人类改变或滥用而毁灭或变样的生态系统。生态重建的重要价值在于维持当地重要的基因库,或者说,重建的主要目标之一是生物多样性保护。

(2) 对于那些由于人类活动已全然毁灭的、复合系统的、多样性的生境,代之以次生的系统。此时生态恢复的目的是要建立一个符合于人类经济需要的系统。恢复所采用的种类可以是,也可以不是原来的种类,所采用的植物或动物种类也不一定很适合于环境,但具有较高的经济价值。还可以采用各种先进的工程措施以加速生态系统的建立,如各种农业生态工程。

3.7　生态系统在环境保护中的作用

3.7.1　环境污染的生物监测与评价

生物监测是利用生物对环境中污染物的反应,即利用生物在各种污染环境下所发出的各种信息,来判断环境污染状况的一种手段。生物对环境污染物的生物放大作用是生物监测的重要依据。长期生长在污染环境中的抗性生物,能够忠实地"记录"污染的全过程,能够反映污染物的历史变迁,提供环境变迁的证据。对污染物敏感的生物,其生理学和生态学的反应能够及时、灵敏地反映较低水平的环境污染,提供环境质量的现时信息。

生物监测方法从生物学层次来分,主要包括生态监测(群落生态和个体生态)、生物测试(急性毒性测定、亚急性毒性测定和慢性毒性测定),以及分子、生理、生化指标和污染物在体内的行为等几个方面。从生物的分类法来分,主要包括动物监测、植物监测和微生物监测。

在生物监测的基本概念中,"指示生物"和"监测生物"是两个不同的概念。指示生物对环境中的污染物能产生各种定性反应,指示环境污染物的存在;监测生物不仅能够反映污染物的存在,而且能够反映污染物的量。监测生物必然是指示生物,同时它还要回答环境中污染物多少的问题。目前,生物和生态监测的对象主要是大气和水体。

大气环境受到污染时,生物会有不同程度的反应,如某些动物生病、死亡或成群迁移,植物叶片变色、脱落或枯死,微生物种类和数量变化等。因此,可以利用生物对大气污染的这些异常反应来监测大气中有害物质的成分和含量,了解大气质量状况。大气中污染物多种多样,有 SO_2、HF、O_3、NO_x、粉尘、重金属等。不同生物对它们的敏感性不同,反应也不一样,因此不同的大气污染物有不同的监测生物。例如紫花苜蓿在 SO_2 浓度达 0.3 mg/L 时就有明显反应;香石竹、番茄在 0.1~0.5 mg/L 浓度的乙烯影响下几小时,花蕾就会发生异常变化。植物还能够将污染物或其代谢产物富集在体内,分析植物体(一般为叶片或茎表皮)的化学成分可确定其含量。另外,大气污染除了对生物个体产生影响外,还在种群、群落层次上影响生物的组成和分布。因此,生物的种类区系变化也可以用于监测环境。

水体污染的生物学监测方法比较多,水生生物群落的变化、物种类型与个体数量的变化、动态特征、受害程度、水生生物体内毒物的积累、遗传突变等生态学各不同层次,均可作为监测手段。

有关土壤污染的生物监测方法相对还不成熟,主要探讨利用动、植物的变异性特征和耐性特征来进行监测,如土壤动物种类和数量的变化,以及生长在受污染土壤上的植物形态特征的变化等。

生物评价是指利用生物学方法,按一定标准对一定范围内的环境质量进行评价和预测。

通常采用的方法有指示生物法、生物指数法和种类多样性指数法等。目前,利用细胞学、生物化学、生理学和毒理学等进行评价的方法也逐渐得到推广并日益完善。

3.7.2　污染环境的生物净化

生物净化是指利用生态系统的自净功能,消除大气、水体和土壤环境中污染物危害的技术。

大气污染的生物净化包括利用植物吸收大气中的污染物、滞尘、消减噪声和杀菌等几个方面。一些植物对大气污染物具有很强的吸收能力,利用这些植物的高吸收特性,达到空气净化的目的。有研究表明,垂柳、加拿大杨、山楂、洋槐、云杉、桃树、柳杉等树种对 SO_2 具有较强吸收能力,美人蕉、向日葵、泡桐、加拿大杨等对 HF 的吸收能力强,洋槐能够吸收 Cl_2。这些植物可用来净化大气污染。绿色植物对降尘和飘尘有滞留和过滤作用,滞尘量的大小与树种、林带、草皮面积、种植情况及气象条件等都有关系。据报道,北京地区测定绿化树地带对飘尘减尘率为 21%～39%,南京地区测得结果为 37%～60%。

水体污染的生物净化,是利用水生生物对污染物的吸收、同化和降解功能,使水体环境得以净化。如利用水生植物和藻类共生的氧化塘处理生活污水和工业废水,可取得较好的效果。水生植物可通过吸附、吸收、积累和降解,净化水体中的有机污染物和重金属。许多水生植物能吸收水中有害物质。如 100 g 鲜芦苇在 24 h 内能将 8 mg 酚代谢为 CO_2。凤眼莲、绿萍、菱角等能吸收水中的汞、镉等重金属。另外,利用水生生物吸收利用氮、磷元素进行代谢活动可去除水中营养物质。利用氧化塘净化污水,实际上就是建立一个人工生态系统。在好氧塘中,好氧微生物可以把污水中的有机物分解成 CO_2、H_2O、NH_4^+ 和 PO_4^{3-} 等,藻类以此作为营养物质大量繁殖,其光合作用释放出的 O_2 提供了好氧微生物生存的必要条件,而其残体又被好氧微生物分解利用。

土壤污染的生物净化主要通过植物根系的吸收、转化、降解和合成,以及土壤中细菌、真菌和放线菌等微生物区系对污染物的降解、转化和生物固定作用来净化。实际上,污染物进入土壤后,土壤的自净作用使其数量和形态发生变化,而使毒性降低甚至消除。土壤自净能力的高低既与土壤的理化性质,如土壤黏粒、有机质含量、土壤温湿度、pH 值、阴阳离子的种类和含量等有关,又受土壤微生物种类和数量的限制。对于一部分种类的污染物,如重金属、某些大分子有机化合物等,其毒害很难被土壤的自净能力所消除。可以通过筛选和培育对污染物有超强吸收能力的超积累植物(hyperaccumulator),或强降解能力的工程微生物来实现污染净化的目标。

3.7.3　为制定环境容量和环境标准提供依据

要切实有效地加强环境保护工作,对已经污染的环境进行治理,对尚未污染的环境加强保护,就必须制定国家和地区的环境标准。环境标准的制定,又必须以环境容量为主要依据之一。所谓环境容量,是指环境对污染物的最大允许量,也就是环境在生态和人体健康阈限值以下所能容纳的污染物的总量。从这个意义出发,环境容量的制定是以污染物对生物、生态系统或人体健康阈限值作为依据的。只有通过对生态学的研究,提供污染物对生物、生态系统或人体健康的阈限值,才能制定出特定污染物的环境容量,进而制定出该种污染物的环境标准。

3.7.4　利用人工生态系统开展环境污染防治研究

这里所指的人工生态系统是试验用的一种手段。它是根据自然生态系统的结构和功能设计的、在人工控制条件下的人为生态系统,有时称为模拟生态系统、实验生态系统、微型生态系统或微宇宙等。

人工生态系统的特点是把生态系统复杂的结构和功能加以简化,如只选择某一食物链,或食物链上的某种或某几种代表性环节,构成试验性的生态系统,以便进行科学研究。它一般比所模拟的真实生态系统规模较小,时间较短,以突出环境污染因素的作用。当前,人工生态系统已用于野外观测对比研究、污染对生物群落的影响研究、受干扰环境质量变化的预测预报研究、环境污染物生态毒理研究,以及污染防控理论与技术研究等方面。

思 考 题

1. 什么是生态系统? 它有哪些基本组成?
2. 什么是生态系统的结构? 包括哪些?
3. 简述生态系统的基本功能。
4. 生态系统的基本类型有哪些? 各有什么特征?
5. 就你所知道的例子,谈谈什么是生态平衡与生态失衡。
6. 什么是生物污染? 生物污染对于环境和人类有哪些影响?
7. 什么是生态系统的退化? 应该如何恢复?

第4章 人口、资源与环境

4.1 全球性的人口难题

世界人口正处在剧烈的数量和结构的变迁之中,诚如日本著名人口学家黑田俊夫所言,1950—2050 年这一百年为"人口世纪",是人类人口史上的分水岭。这一百年的人口变迁将打破自人类诞生以来,世界人口在绝大多数时间里所处的相对"平静"的局面。前 50 年,世界人口经历了人口史上前所未有的高增长;后 50 年,世界人口将经历人口史上最为迅速的老龄化。如果说,前 50 年由于世界人口规模迅速膨胀而吸引世人的目光,如"人口爆炸",那么后 50 年将由于世界人口年龄结构迅速老化而引起广泛的关注,如"银发浪潮"。作为世界人口一部分的中国人口也是如此,而且显示出更加鲜明的中国"特色"。由于人口是一切社会经济活动的基础,人口变量的剧烈变动必然引起一系列的人口问题,这正是我们持续关注当代中国人口问题的背景。

4.1.1 世界人口的增长

世界各国都认识到人口问题的严重性并采取措施控制人口,因此大多数国家妇女的平均生育率不断下降。然而由于生育率超过死亡率,世界人口仍不能达到稳定。按照联合国人口委员会的预测,1990—2025 年期间,世界人口将增加 32 亿,其中 30 亿将发生在非洲、亚洲和拉丁美洲的发展中国家;而现在的发达国家,将只增加 1.66 亿人口。发展中国家近年来人口迅速增长,已形成了年轻人占主导地位的人口结构。随着这些年轻人达到其生育年龄,人口无疑还将进一步增加。这一人口统计分布的势头使得全球人口更难稳定,这也意味着在今后几十年内自然资源和粮食供给的压力将会继续增加。

世界人口发展的另一个主要趋势是城市人口迅速增长。据估计,未来增加人口中的 90% 将是城市人口,这是大多数发展中国家必然要经历的城市化的结果。这一发展趋势必将加剧城市地区供需矛盾及提供基本服务设施和基础设施的困难。

由此看来,人口危机似乎主要是发展中国家的事,"挣扎在生存边缘上的人们,必然把凡能找到的耕地、牧场和燃料都利用起来,而不顾对世界资源的影响"。实际上发达国家虽然人口增长率较低,但其每增加一个人所耗费的自然资源,远比第三世界每增加一个人所耗费的多。有人估计,若全世界人口都享有美国人的生活水平,那么在当前的生产力和技术水平下,地球所能供养的人口最多仅为 10 亿。因此,人口对世界自然资源的压力,并非仅仅是发展中国家的问题。

一、世界人口增加概况

世界人口数量的发展,不同阶段有很大差异,人口发展大致经历了三个阶段。

1. 高出生率、高死亡率、低增长率阶段

自从人类诞生 300 万年以来,世界人口的发展绝大部分处于这个阶段。在漫长的原始社会,世界人口总数很少,有人估算,当时地球上每 200 km² 最多只有一个人,平均每 1000 年增长 2%,只有现在增长速度的 1‰。这个阶段中,生产力水平低下,医疗卫生条件差,因此人口发展具有高出生率、高死亡率、低增长率的特点。

2. 高出生率、低死亡率、高增长率阶段

工业革命后,人类社会生产力水平迅速提高,医疗卫生也有明显改善,世界人口发展进入高出生率、低死亡率、高增长率阶段。公元 0—1500 年间,世界人口经历 1500 年才由 2.5 亿增加到 4.5 亿。而欧洲工业革命后,人口增加 1 倍的时间只需 150 年。公元 1500 年,世界人口首次达到 10 亿,1930 年达到 20 亿。第二次世界大战后,人口增长更加迅速,1950—1980 年世界人口年平均增长率达到 19‰。这一时期世界人口增长速度达到了人类历史的最高峰,从而形成所谓"人口爆炸"的局面。

3. 低出生率、低死亡率、低增长率阶段

目前由于种种原因,欧美国家中人口发展出现了低出生率、低死亡率、低增长率的现象,其中一些国家出现了人口零增长的现象,还有一些国家出现了人口负增长的现象。20 世纪 70 年代以后,自然增长率开始下降,陆续降为 1.9%、1.8%、1.7%,世界人口增长速度开始减缓,但全世界每年仍能增加近 1 亿人。

二、世界人口发展

1. 世界人口增长的特点

1) 发达国家人口出生率下降

近几十年以来世界人口猛增,主要发生在发展中国家,而发达国家早在 20 世纪 60 年代就已出现人口增长率下降的趋势。1980—1985 年,西欧人口增长率基本保持不变,为 0.1%;澳大利亚和新西兰人口增长率下降最快,由 1950—1955 年的 2.3% 下降到 1.3%。

2) 年龄结构两极分化

总的来说,世界人口正在老化,年龄中值从 1950 年的 22.9 岁提高到 1985 年的 23.3 岁。到 2025 年年龄中值将超过 30 岁。

发展中国家年轻型人口多,如 1987 年印度 14 岁以下儿童占其总人口的 37.2%,1986 年约旦 14 岁以下儿童占总人口的 51%。与此相反,发达国家少年儿童系数较低,1986 年英国为 19%,法国为 20.8%。这都表明,发达国家正在出现人口老化趋势。

3) 城市人口膨胀

城市是经济和技术集中的地方,无论发达国家还是发展中国家,城市人口增长速度都远远高于其他地区的速度。1800 年全世界只有伦敦一座城市达到 100 万人口规模,1850 年有 3 座 100 万人口的城市,1900 年 100 万人口城市增加到 16 座,1950 年达到 115 座,1980 年达到 234 座。目前,世界上超过 500 万人口的城市有近 30 座,超过 1000 万人的有近 10 座,全世界平均每 8 人中有一个住在大城市。我国在鸦片战争时,没有一座城市人口超过百万,1949 年只有上海、天津、北京、沈阳、广州五座城市超过百万人,1989 年百万人口城市达到 30 座。

城市人口膨胀在发展中国家尤甚。处于经济发展高峰的城市,经济效益高,就业机会多,从而吸引大批农民转向城市,造成发展中国家的城市人口在 50 年内,由不足发达国家城市人口的一半,一跃成为发达国家城市人口的一倍。如墨西哥城,在 20 世纪初只有 30 万人,到 1960 年增加到 480 万人,1970 年增加到 800 万人,1985 年达到 1800 万人,约占全国人口的 1/4。

2. 世界人口预测

目前世界人口总数已经超过 61 亿,据《2001 年世界人口状况》报告,2050 年,世界人口将增加至 93 亿。世界各地的人口增长率有很大差别,各地区人口出生率下降到更替水平的时间也不一样。世界部分地区人口达到简单更替水平的时间见表 4-1。

表 4-1　世界各地区人口达到更替水平的时间

地　区	时间/a	地　区	时间/a
北美	2000—2005	拉丁美洲	2035—2040
欧洲	2005—2010	南亚	2060—2065
东亚	2010—2015	非洲	2070—2075
大洋洲	2020—2025		

在目前年龄结构和当前的增长率情况下,预计到 2025 年,世界人口将达到 80 亿;到 2070—2075 年,当非洲人口达到简单更替水平后,世界人口数量仍将缓慢增长,直到 22 世纪初,世界人口才达到稳定值。联合国和世界银行都对此稳定值进行了预测,到 2100 年,预测人口低值为 72 亿,高值为 149 亿。世界部分主要地区的人口也将有巨大的变化,非洲人口将继续急剧增长,成为世界上人口第二多的地区;南亚 1990 年人口为 17.34 亿,2100 年将增加 1 倍;东亚到 2030 年前后人口将持平;拉丁美洲的人口预计将继续增长,但速度将下降;欧洲、北美地区,人口将趋于低增长模式。到 22 世纪中期,当人口稳定在 100 多亿时,每 10 个人中,有 9 个人将生活在发展中国家,印度次大陆人口稳定在 20 多亿,尼日利亚可达 6 亿,相当于非洲大陆当前的人口数。

4.1.2　地球究竟能供养多少人

地球是人类居住的场所,地球究竟能容纳多少人口,是全人类共同关心的问题,也是人们正在研究的重大问题。但有一点是毫无疑问的,即地球上的陆地是有限的,地球上的生物产量也是有限的,因此地球上居住和生存的人口数量不可能是无限的。

据研究,人类维持正常生存每天需要能量 2400 kcal,这样一年需要 8.76×10^5 kcal。而地球植物的生物生产量为 6.4×10^{17} kcal,由此计算地球可以养活 8000 亿人。但实际情况不然,由于以植物为食的不仅是人类,其他各种动物也都直接或间接地以植物为食,再加上还有许多植物和动物是不能供人类食用的,因此,据估计人类只能获得植物总产量的 1‰,即只能养活 80 亿人。根据食物供应有限的原理,近年来提出了人口容量的概念。

人口容量,又称人口承载量,一般理解为在一定的生态环境条件下,全球或地区生态系统所能维持的最高人口数。所以有时又称之为人口最大抚养能力或最大负荷能力。通常人口容量并不是生物学上的最高人口数,而是指一定生活水平下能供养的最高人口数,它随着所规定的生活水平的标准而异。如果把生活水平定在很低的标准上,甚至仅能维持生存水平,人口容量在一定意义上就是经济适度人口。国际人口生态学界曾提出了世界人口容量的定义,即在不损害生物圈或不耗尽可合理利用的不可更新资源的条件下,世界资源在长期稳定状态基础上能供应的人口数量的大小。这个人口容量定义强调指出人口的容量是以不破坏生态环境的平衡与稳定,保证资源的永续利用为前提的。上述所指的一定生态环境条件下、一定区域资源所能养活的最大人口数量,是人口容量的极限状态,这个极限状态受到多种条件的制约,所以在正常情况下是难实现的。因此应把适度人口数量作为容量的基本内涵。

制约人口容量的因素是多样的，但许多研究者认为自然资源和环境状态是人口容量的基本限制因素。近年来，虽然我国的环境污染防治和自然生态保护取得了显著成效，但是我国的环境形势仍然不容乐观，对环境状况的基本估计是：局部有所改善，总体还在恶化，前景令人担忧。从环境保护角度判断，我国目前人口数量已经远远超过可以承载的适度人口数量，人口与环境的关系已经相当紧张。

4.1.3 当今世界增加粮食生产的困难

自从猎人和采集者用长矛交换种子起，农民就一直在与病虫害进行着不断的抗争，且通常都能控制住病原物。然而，现今的成本正在无限地增加。在同一块土地上种植不同的蔬菜、水果和谷物的古老耕作模式的生产效率虽不是很高，但作物类型的多样化却能帮助减少病害造成的巨大损失。为养活世界几十亿人口，多样性已做出了巨大的牺牲。目前，农业是一项具有工业规模的产业，在大面积的土地上种植单一的作物就称为单一农业。

现今，越来越少的农民采用精耕细作的方式来大量生产粮食作物。集约灌溉与化肥的使用大幅度提高了作物产量。但是，化肥、农药的大量使用也为病虫害的发生提供了温床，农民为防治它们又必须进一步施用过量的杀虫剂和除草剂。保护绿色革命成果最有效的新方法即种植转基因作物在许多国家已被禁止，这又给农民设置了巨大的障碍。许多科学家说，如果找不到解决办法，食品危机将变得更为频繁和更具破坏性，最后我们会发现，我们认为理所当然的食物供给将会变得十分困难。明尼苏达大学的生态学家、单一农业的资深学者大卫·狄尔曼说："在发生生态灾难之前还会有多长时间呢？在农业中发生'非典'我们可担当不起。"

现在单一种植局面依旧，但其收益早已危机四伏。从美国堪萨斯州的小麦田到中国南部的水稻田，农民们几乎每天都在同各种"微型"敌人作斗争：枯萎病、腥黑穗病、稻瘟病和各种把田里的庄稼吃得像火烧过一样的害虫。在美国，病虫害每年要损毁价值 900 亿美元的粮食作物。更糟糕的是，这些病虫害通过飞机、汽车、轮船，黏附在鞋上或仅仅只靠风力就能向全世界传播蔓延。消费保护者和健康监察员力图把病虫害隔离在小范围内，但是他们的努力显得有些可笑。美国科学院的一项报道表明，美国港口的官员每年仅仅检查了 2% 的入港船只就能截获大约 13000 种植物病害。

单一种植的缺陷越来越明显。20 世纪 70 年代，美国南部爆发的玉米小斑病毁灭了众多种植单一玉米品种的农场，使农民们遭受了 10 亿美元的损失。现在，马铃薯晚疫病菌（一种曾席卷爱尔兰造成当地大饥荒的真菌）比两个世纪以前更难对付，全世界的马铃薯种植业每年因防治该病就需投入 27 亿美元的高额成本。

对小型农场主来说，病害的冲击甚至更具有毁灭性。在印度幅员辽阔而人口稠密的北方邦、比哈尔邦、北孟加拉邦及阿萨姆邦，水稻种植者除了麻哈苏瑞这个品种外，几乎不种其他品种，而这又为病害的入侵打开了大门。中国农民每年因稻瘟病而损失 10%、因小麦锈病而损失 20% 的谷物；北美马铃薯种植大户抱怨他们因晚疫病而遭受损失。在过去几十年中，在印度海德拉巴邦，本来就负债累累而濒临破产的小型农场主们，面对螟蛉虫的侵袭，已有 1 万人因绝望而自杀。全球保护组织的主任杰弗里·霍顿直言不讳地说："对这些农民来说，耕作的失败就意味着要挨饿。"

在丰收时，生产者们没有意识到防治病虫害的重要性。然而，十多年来亚洲的水稻产量已停滞不前。在过去 25 年里，随着水资源的持续短缺，农业灌溉量平均减少了 10%。随着绿色革命增产潜力的衰减，农民需要用更多的收成来弥补损失。康奈尔大学的农业生态学家大卫·皮曼托说:"我们正在努力提高这种生产模式的限度。"人口统计学家们估计,由于收入的增加,到 2050 年世界人口将会膨胀到 93 亿,而对粮食的需求也将剧增 2.5 倍。

4.2　增长的因素

4.2.1　人口增长的一些观点

即便我们用世界上 8% 的耕地养活了 22% 的人口,即便我们凭借占世界 1/4 的劳动力成就了最大的"世界工厂",但在众多的中国人心中,"人口第一"仍然是难以散去的阴影。

国家人口和计划生育委员会原主任张维庆表示,实行计划生育以来,中国累计少生了 4 亿多人,"我们只用了 30 年的时间,就几乎达到了发达国家需要一百多年的时间才能完成的人口控制目标"。

而实行计划生育 30 年后,一些令人口学家始料未及的事发生了,中国计划生育协会原副秘书长顾宝昌说:"我研究了一辈子如何降低人口,现在头发白了,生育率降下来了,却发现好多矛盾没解决,更可怕的是,不知道以后要出什么事。"反思国人看待人口问题的态度,他说:"我们往往感情用事,而忘了人口问题是一门有凭有据的科学。"

提到人口,不能不提马尔萨斯。许多中国人听到马尔萨斯的名字,就会想起马寅初先生。20 世纪 50 年代马寅初提出的计划生育建议也被称为"新马尔萨斯人口论"。

在我们的中学教科书里今天是这样写的:"我们国家人口基数大,增长快,给资源环境带来巨大的压力""新增的 GDP 大多被新增的人口所消耗"。可以说,这与马尔萨斯的理论一脉相承。

今天,我们可以重新检视马尔萨斯当初的预言。

马尔萨斯曾用一个令人沮丧的预言迎接 19 世纪:人口总量几何级别的增长将导致大饥荒和人类的不幸。

认同马氏理论的中国学者,如导弹控制论专家宋健,早在 1981 年就从食品和淡水角度估算了百年后中国适度人口数量,他的研究结果表明,中国理想人口数量应在 6.8 亿以下。

4.2.2　人口增长的原因

有些人认为,由于科学技术的进步和生产力的发展,生活条件改善了,医疗卫生水平提高了,人均寿命延长了,人口死亡率降低了,这就是人口急剧增长的原因。然而,实践证明,人均寿命即使从 60 岁延长到 80 岁乃至 100 岁,都不会造成人口的持久急剧增长。真正影响人口增长的因素是儿女的数目和他们存活到育龄的数目,而这是由社会经济因素决定的。发展中国家人口增长较快的主要原因有以下方面。

1) 经济因素

工业化程度低,农业生产落后,需要大量劳动力。在这种状况下,人口就是财富,男丁尤其重要。与经济落后相关的是婴幼儿死亡率高,每 10 个甚至 5 个婴儿中就有 1 个在周岁内夭折,而且 5 岁以下幼儿死亡率也很高,必须有足够多的孩子才能到达"养儿防老"的目的。

2) 文化因素

教育水平低,文盲率高,容易接受"重男轻女、多子多福"的旧观念,不容易接受避孕和节育的科学知识。文化落后的地区往往盛行早婚、早育、多育,缩短了世代差距,呈现高出生率。

3）社会因素

妇女地位低，在生育问题上没有决定权。有些宗教奉行多妻多育，反对人工流产和绝育手术。这也是一些发展中国家妇女生育率高的原因。

世界人口突破 60 亿大关，这个数字本身意味着一种迫切性，控制人口对于人类已经迫在眉睫。人口问题的严重性不仅是由于当前世界人口的持续增长，而且还由于人口运动的惯性和周期性。所谓人口运动惯性，是指人口的增加或减少的趋势，都要经过一代人甚至几代人的时间才能改变，也就是有很强的滞后性；所谓周期性，是指有出生高峰，就会相继出现上学高峰、就业高峰、婚育高峰和老龄人高峰，像浪潮一样一个接着一个。根据人口问题所出现的周期性和惯性，今天 60 亿的世界人口，将不可避免地要继续增长下去，达到 80 亿乃至 100 亿，至于世界人口何时才会稳定，最终会稳定在何等规模上，则取决于人类近期内控制生育的能力。

4.2.3　影响出生率的因素

从中国的实践来看，影响人口出生率的主要因素有如下几点。

1）物质生产方式及其发展水平

在任何时代，人口再生产都取决于物质生产方式对人口的经济需求。旧中国生育水平一向很高，从根本上说是由落后劳动条件下的小农经济决定的，在这种生产方式下，物质资料的扩大再生产与人口的扩大再生产几乎可以画等号，它要求劳动力不断增加，从而导致高出生率。新中国成立后，特别是近 20 年来，生产力发展很快，但迄今仍处在工业化和改造经济结构的过程中，还需要几十年才能实现国家的现代化。在中国各地区之间，生产力水平和经济结构差异很大，目前，东部沿海地区已达到或接近于中等发达水平，中西部则仍有很大的距离，这种差距已成为影响不同地区人口出生率的很重要的因素。

2）人口政策

中国人口政策经历了一个根据不同时期的实际情况逐步修改完善的过程。早在 1964 年，国家就成立了计划生育办公室，当时提出的号召是"一个不少，两个正好，三个多了"。1973 年国务院成立了计划生育领导小组，提出了"晚、稀、少"的号召。1978 年中国共产党十一届三中全会上提出了"最好一个""晚婚、晚育、少生、优生"的口号。1980 年中共中央发出《关于控制中国人口增长问题致全体共产党员、共青团员的公开信》，要求全体党团员和干部带头响应"一对夫妻只生一个孩子"的号召。1984 年中央又提出了人口政策要合情合理，使群众易于接受，干部好做工作，为此实行了"堵大口"（杜绝三胎）、"开小口"（放宽二胎）的做法。

3）婚姻家庭状况

家庭与婚姻有很密切的关系。近二三十年来，随着生育率的下降，中国的家庭已越来越趋于小型化和核心化，1982 年全国每户平均有 4.41 人，2000 年已大幅度降至 3.44 人（其中城镇为 3.1 人，农村为 3.65 人），而这反过来又成为影响人们生育意愿和生育行为的一个重要因素。生育率的下降和家庭的小型化，不仅是中国，也是世界范围内的普遍现象，1998 年联合国人口机构曾对此给予了高度的评价，认为这是人类历史最重要的发展之一，其意义可以与 1 万年前农业的出现和 6000 年前文字的发明相提并论。

4）医疗卫生事业和计划生育投入水平

近三四十年来控制生育率，避孕和绝育起主要作用，否则光靠政策号召是不够的。但也应看到，受制于经济发展水平，这类医疗技术在全国各地的普及程度还有不小的差异，农村生育率高，部分原因就在于医疗卫生事业不如城镇发达，尤其是一些偏僻的山区，要做一次绝育手术，往返都要长途奔波，误工误时，有些人不免为之却步。

4.3　中国人口发展的历史与现状

4.3.1　中国人口发展历史的简单回顾

中国是当今世界上人口最多的国家。在新中国成立之初的1949年,我国人口数量约为5.4亿,占当时世界人口总数的1/4。可见,新中国人口的发展是在一个相当庞大的基数上开始的。由于长时间的社会稳定,加之激励人们多生多育的社会经济基础依然存在,因此,中国的人口总量处于一种迅速增长的状况。据第四次人口普查结果,1990年7月1日全国总人口为116002万。据人口学家采用灰色模型预测,到2014年,全国总人口数将达到137849.2万,接近14亿。

为了更好地了解人口和环境的关系,有必要对我国人口的发展历史进行简单回顾。与世界各国相比,中国人口的增长历史有两个显著的特点。

(1)中国人口的增长在几千年来有周期性的大起大落,呈现出若干次循环。在历代封建王朝初期,新当政的统治者重新划分土地,薄赋轻敛,经济繁荣,人口激增。到了中期,人口增长达到循环曲线的顶点,人均耕地面积降到最低点。到了末期,人口规模超过社会的经济负荷能力,加之土地兼并剧烈,赋役苛重,农民濒于破产,饥饿、瘟疫、自然灾害、战争等使人口锐减。例如,在先秦的东周时期,我国的人口大约在1300万。公元前221年,秦始皇统一六国,建立了我国历史上第一个封建专制的集权国家。但秦的统一并没有给本朝代的人口发展带来福音。由于秦朝战乱频繁和徭役沉重,且统治时间较短,人口的增长不快,因而人口的因素没有对土地和生态环境形成多大的压力。真正带来人口昌盛并对土地造成巨大压力的是西汉。西汉王朝采取休养生息的发展政策,得以保持长时间的社会稳定、经济繁荣,同时又实行鼓励生育的政策,所以人口得到迅速增长,达到5000多万,成为此后数百年无法超越的记录。东汉至隋朝的近600年内,是中国历史上最混乱、动荡最频繁、百姓灾难最深重的时期。此时期内人口锐减,到东汉末期的人口数仅有1000多万,比西汉时的人口峰值减少了近四分之三。封建社会到唐代进入了历史上的鼎盛时期,尤其是唐朝初期几十年的励精图治,使得经济繁荣、文化开明、技术进步、生活富足。贞观之治的结果使得人口很快得以恢复,到公元755年,人口便达到5300多万。此后,经过宋、元、明朝的多次起落,到明末清初,人口已增加到6000万左右。每个起伏涨落的周期与各个封建王朝统治年代大体相当。或许可以说,中国人口的兴衰反映出朝代与时代的兴衰。

(2)中国人口增长在经历较长的停滞期后,都呈现出倍数增长。由资料可知,历史上发生过3次人口倍增的大台阶:第一个台阶是由先秦的1000万陡增到西汉时期的6000万;第二个台阶发生在清代,总人口由明末清初的不足1亿骤然增长到鸦片战争时的4亿;第三个台阶则发生在新中国成立以后,这是中国历史上总人口数量最多、台阶最高、增长最快的时期。资料显示,1949年以前的中国仍保留着传统的"高高低"(高出生率、高死亡率、低自然增长率)的人口再生产类型。新中国的成立使中国社会发生了根本性的变化,人民的生活条件有了基本保证,加之城乡医疗卫生事业的不断发展,再由于人口政策上的重大失误,促使人口再生产从"高高低"类型迅速转变为"高低高"(高出生率、低死亡率、高自然增长率)类型,使我国的人口出现了历史上从未有过的快速膨胀。

4.3.2　新中国成立后的人口发展与马寅初的新人口论

1949 年新中国成立以后,我国的人口发展过程相对曲折,大致可以划分为以下四个阶段。

1. 1949—1962 年

这一阶段,我国人口基本处于自然增长状态,人口数量的剧增已经开始引起关注和大讨论,但有关的人口控制政策最终并未真正实施。

1949 年,中国人口约为 5.42 亿,新中国成立后人民生活稳定,医疗卫生条件的改善降低了死亡率,人口数量增加很快。人口数量的增加,也引起了当时领导人和社会有关人士的关注。1956 年国家在《关于发展国民经济第二个五年计划的建议的报告》中强调"在第二个五年计划期间,必须继续发展卫生医疗事业,进一步开展体育运动,并且适当地提倡节制生育",当时节育问题由卫生部门负责,并引起国外学者关注,如艾琳·B.图勃在《人口索引》上发表的《共产党中国的人口政策》。第一代领导人也开始注意人口数量问题。毛泽东早在 50 年代在一次最高国务会议上说:"我们这个国家有这么多人,这是世界上各国都没有的。要提供节育,要有计划地生育。"周恩来认为:"中国人口问题应首先从生存权、发展权来考虑,衣食住行,首先是食,我国人口现在平均每年增长 2%,每年增加 1000 多万人,这是一个可观的数目,而我们的粮食平均每年增长 3%左右,增长量并不大。1957 年 7 月 5 日,《人民日报》全文刊登了马寅初的《新人口论》,提出"经济是计划经济,生育也要有计划"。这是计划生育后来成为中国基本国策的主要理论根据之一。甚至有人提出"将食用棉油来节制生育的刍议"(刘宝善,1957)。但是,《新人口论》受到批判,这一时间没有真正的人口政策。

2. 1962—1978 年

这一阶段,逐步提出了计划生育政策,成立了计划生育机构,人口增长开始受到一定程度的抑制。

第一次人口普查时,我国总人口超过 6 亿。三年自然灾害以后,人口恢复补偿性增长,形成出生高峰,1964 年全国第二次人口普查时总人口接近 7 亿。1962 年,中共中央、国务院发出《关于认真提倡计划生育的指示》(中发[62]698 号),文件强调"在城市和人口稠密的农村提供节制生育,适当控制人口自然增长率,使生育问题由毫无计划的状态逐步走向有计划的状态,这是我国社会主义建设中既定的政策",提出"首先必须向群众讲清楚人工流产是有害妇女健康的,节制生育有效的办法是实行避孕",开始实施计划生育政策。1964 年,国务院计划生育委员会成立,部分地区成立了计划生育工作机构,开始有组织地开展计划生育工作。1973 年,国务院计划生育领导小组办公室召开全国第一次计划生育工作汇报会并提出"晚、稀、少"的生育政策。总和生育率从 1973 年开始下降。1975 年《关于一九七五年国民经济计划的报告》提出"计划生育是毛主席提倡的,人口非控制不行",中国政府因此制定了以控制人口增长为基调的人口发展战略,这一阶段的生育政策主要是通过控制人口出生来控制人口规模。

3. 1978—2000 年

这一阶段,计划生育逐渐走上依法行政的轨道,先是载入宪法,继而成为国策。人口数量增加得到有效控制。

改革开放后,历代国家领导人对人口问题的看法逐渐深化。1978 年 3 月,第五届全国人民代表大会第一次会议通过的《中华人民共和国宪法》第五十三条规定"国家提倡和推行计划生育",计划生育首次载入宪法。1982 年 12 月,第五届人大五次会议通过的《中华人民共和国宪法》第二十五条规定,"国家推行计划生育,使人口的增长同经济和社会发展计划相适应"。

第四十九条又规定，"夫妻双方有实行计划生育的义务"。进一步确立了计划生育的法律地位。1982 年 9 月党的十二大确定"实行计划生育，是我国的一项基本国策"，计划生育成为"国策"。

4. 2001 年至今

这一阶段主要是"稳定低生育水平，统筹解决人口问题"。由于政府严格执行了计划生育政策，我国人口数量增加得到进一步控制。同时由于社会经济发展水平的提升，普通民众对于生育观念也发生了重大转变，我国群众的总体生育状况已经开始稳定维持在一个较低的水平。2000 年的第 5 次人口普查结果表明中国的低生育水平已成为现实。

2005 年 1 月 6 日，中国迎来 13 亿人口日。作为世界第一人口大国，虽然每年人口仍然要净增 800 多万，但我国已经过渡到低出生率、低死亡率、低自然增长率时代。这是我国政府和人民几十年坚持不懈努力的结果，有效减轻了我国和世界的人口压力，使地球 60 亿人口日至少推迟 4 年。

1957 年春，以马寅初为代表的一批经济学家，向新政府提出了影响深远的"新人口论"，他们重新活跃在经济论坛上，提出了许多真知灼见。1953 年 6 月，中国完成了全国第一次人口普查，普查结果为总人数 6 亿零 100 多万，人口增殖率达 2%，这一数据，引起了马寅初等人的深思。马寅初通过计算发现，50 年后，中国人口将是惊人的 26 亿。因此，新中国的人口问题受到了马寅初的高度关注，1955 年，他就在全国人民代表大会浙江小组的讨论会上提出了人口问题，1957 年 3 月 2 日，又在最高国务会议上提出了控制人口问题。《文汇报》在 1957 年 4 月 27 日刊登了马寅初谈人口问题的访谈文章，公布了马寅初计划生育论的主要观点，文章说："马老认为：'我们总的情况是劳力多，资金少。资金少，投资就少，就不能很快地机械化、自动化，所以现在安插人是第一，大型工业不要多，可以因地制宜，多搞一些中小型工业，这是解决人口问题的一个办法'，马老再次提出来必须计划生育和控制生育，我们既然认识教育是国家的事情，那么生育同样是国家的事情。我国的经济是由小农经济转变为集体经济，私有制转变为全民所有制和集体所有制。我们的社会是集体的社会，集体的社会要有集体的生活，因此不能够认为结婚生孩子，仅仅是私人的事情，它牵涉到我们的集体利益。"

马寅初论点的核心是：人口多是中国贫困的重要原因，国家有干涉生育之权，计划经济必须同时计划生育，一个家庭只能生两个。后来，马寅初发表的"新人口论"实际上是这些观点的具体化。所谓"新人口论"的"新"，马寅初本意是指他的理论不同于马尔萨斯的旧人口论，即立场不同。如果将马寅初的人口理论同民国时期的经济学者的言论，特别是和当时的代表陈长蘅的理论比较，发展创新主要体现在政策主张上，即由陈长蘅在统制经济时代主张的统制生育论，变为马寅初在计划经济时代主张的计划生育论，即马寅初主张增加国家干涉人民生育的权力。

1957 年 7 月 3 日，马寅初在第一届全国人民代表大会第四次会议上做了人口问题的书面发言，7 月 5 日，《人民日报》以《新人口论》全文刊登了马寅初的此次发言。马寅初在这篇文章中系统地阐明了他的"新人口论"。由于马寅初较大的国际国内影响，以及《人民日报》的宣传，马寅初从此成为"新人口论"的代表。后来，在 1958 年到 1960 年间，在特殊的政治背景下，马寅初受到了大批判。1979 年夏，马寅初和他的"新人口论"被平反。1979 年 8 月 5 日，《光明日报》登载了《错批一人，误增三亿》的读者来信，马寅初和他的"新人口论"得到历史和人民的极高评价。

综上所述，以马寅初为代表的一批经济学家及陈长蘅、叶元龙、陈达、吴景超等人，在 50 年代中后期又因讨论人口问题重新活跃起来，提出了许多真知灼见，并产生了深远的历史影响，这是马寅初这一代经济学者向中国社会做出的最大贡献。实践证明,改革开放二十多年计划生育政策的实行取得了举世瞩目的伟大成就。它强有力地减缓了人口增长的速度,极大地促进了经济的飞速发展,使中国人的生活提高到前所未有的水平。

4.3.3　中国的人口政策及人口展望

我们必须在研究世界人口变化规律的基础上制定和调整我国的人口政策。世界人口变化的特征:发展中国家生育率远远超过发达国家。也就是说,随着经济发展和社会化程度提高,生育率是呈下降趋势的。所以,全球总人口发展趋势会经历缓慢增长、加速增长,最终进入缓慢下降阶段。对人类而言,生育孩子的数量主要由养育孩子的成本与收益决定。在落后经济中,对孩子的需求主要是数量型的,由于孩子很小就干农活,养育孩子的净成本很低。随着经济发展,数量考虑让位于质量考虑,高质量的孩子要求进行高额的人力资本投资,生孩子的机会成本也随妇女劳动参与率和工资率上升而提高。随着经济发展,生孩子的收益下降、成本上升,生育率呈下降趋势。目前世界上许多发展中国家面临的问题是如何控制快速增长的人口,而许多发达国家则出现了人口负增长,从而产生人口过度老龄化、劳动力短缺等一系列问题。在我国实际上这两种情况同时存在:一方面,在落后的农村地区,为了控制人口的增长,维持稳定的低生育率,我们仍需进行不懈的努力;另一方面,在大城市及沿海发达地区出现了人口负增长的趋势,许多发达国家所面临的人口过度老龄化也将威胁我国。我国人口老龄化形势严峻,具有基数大、速度快、底子薄、负担重、“未富先老”等特点,被称为“跑步进入老龄化”。发达国家的经验已表明,随着经济的发展,人类的生殖行为也越来越受到社会的、经济的因素影响,提高生殖率的政策效果甚微。我国的人口变化情况大致会经历缓慢增长、加速增长,最终进入缓慢下降这三个阶段。基于以上判断,借鉴发达国家的经验教训,结合我国实际,我们认为我国应重新评估人口数量政策,逐步平稳适当地放宽现行生育政策。

4.4　资源问题与资源分类

资源概念的内涵广泛。在经济学中,所有为商品生产而投入的要素都是资源,如资本、劳动力、技术、管理等。而在环境科学领域,资源的概念是特定的,一般指自然资源。

自然资源是指人类可以直接从自然界获得并用于生产和生活的物质,一般是天然存在的物质,不包括人类加工制造的原材料。自然界的任何部分,包括土壤、水、森林、草原、野生动植物、矿藏等,凡是人们可以利用来改善自己的生产和生活状况的物质都可称为自然资源。1972年,联合国环境规划署对自然资源的定义为,在一定时间条件下,能够产生经济价值以提高人类当前和未来福利的自然环境因素的总称。自然状态下的资源可被输入一定的生产过程变成有价值的物质,或者进入消费过程给人类生存以适用而产生价值。

4.4.1　资源问题

资源问题,通俗来讲,就是指自然资源短缺和生态破坏的问题。在一定意义上讲,人类社会的发展进化史就是人类开发利用自然资源、培育自然资源并生产出为人类所用财富的发展史。但是,由于在人类社会的历史发展过程中无时无刻不面临着自然资源的供求矛盾关系,因此不断引发出自然资源问题。只不过这种问题在不同的社会发展阶段和不同的地域范围内所表现出来的尖锐程度或紧张程度有所不同而已。自近代社会以来,在人与资源之间基本矛盾关系的作用之下,人口的急剧增长、科学技术的持续进步和经济的高速发展对自然资源系统造成了巨大压力,资源消耗不断增加,自然资源迅速耗减,人类对于自然资源的开发利用正在逼近和超过我们赖以生存的自然资源系统所能承载的极限,人与自然之间的紧张关系被逐步推向极端,全球性的自然资源问题由此而日渐凸显。

1. 不可再生资源的枯竭是一个非常严重的问题

首先是矿物能源濒临枯竭,供需矛盾严重失衡,能源紧缺日渐成为制约或影响一个国家经济社会发展的首要因素。回顾世界能源消费状况,自 19 世纪 70 年代的产业革命以来,化石燃料的消费就一直呈螺旋式上升趋势。特别是第二次世界大战以来,除煤炭以外,石油及天然气的开采与消费量开始大幅度地增加,虽然此期间经历石油危机和其他因素影响,但石油的消费量不见丝毫减少的趋势。按照 20 世纪 90 年代探明的储量和产量,石油、天然气可保证供应的年限分别约为 45 年和 52 年,煤炭可保证供应约 209 年,但由于其分布不均和燃烧所带来的巨大运输和大气污染问题仍难以解决,世界各国所面临的能源问题将十分严峻。其次是一些重要的矿产资源严重短缺,直接危及或影响着世界各国国民经济尤其是工业经济持续发展的基础。根据对 43 种重要非能源矿产的统计,其中探明储量在 50 年内即告枯竭的就有铜、铅、锡、锌、汞等 16 种之多。

2. 可再生资源的形势异常严峻

随着城市用地的不断扩大,荒漠化、盐碱化、涝渍和土壤侵蚀不断毁损土地,土地变得越来越少,预计到 2025 年,全球人均耕地面积将从目前的 $0.37 \ hm^2$ 下降到 $0.17 \ hm^2$。水资源分布不均,贫水区和城市水荒日益严重,虽然在全球范围内,水基本上是一种可更新的资源,但一些流域中被引走的淡水量已接近可更新供应的数量,而从某些地下含水层抽取的水量超过了天然补给量。随着人口的增加,农业、工业和城市用水的数量也要增加,预计今后取水量的年增长率为 $2\% \sim 3\%$。目前人类每年从自然界取走的 $3500 \ km^3$ 淡水中,约 $2100 \ km^3$ 用于消耗(例如灌溉系统和工业冷却塔的蒸发),余下的 $1400 \ km^3$ 变成废水又回归到河流和其他水体中,并常常处于被污染的状况。森林资源锐减,草地破坏,据国际环境与发展研究所(1987 年)的资料,在人类活动干扰以前,全世界有森林和林地 $6 \times 10^9 \ hm^2$,到 1954 年世界森林和林地面积减少为 $4 \times 10^9 \ hm^2$,其中温带森林减少了 $32\% \sim 33\%$,热带森林减少了 $15\% \sim 20\%$。世界森林的不断减少直接导致生物多样性的消失和物种灭绝。据估计,地球上曾经有 5 亿个物种,目前尚有 500 万~1000 万个物种。在 1990 年,约 12% 的哺乳动物物种和 11% 的鸟类物种被划入受威胁之列。海洋生态损害严重,未来资源宝库面临浩劫。自 1950 年以来,世界海洋和淡水鱼类的总捕获量增加了近 4 倍,由 $1.98 \times 10^7 \ t$ 增加到 1988 年的 $9.74 \times 10^7 \ t$,其中海洋鱼捕获量由 $1.76 \times 10^7 \ t$ 上升到 $8.4 \times 10^7 \ t$,世界捕鱼量的绝大部分是在海洋中获得的。世界海洋和淡水渔场的捕获量正在接近可持续产量的极限,联合国粮农组织曾估计这个极限为每年 $1 \times 10^8 \ t$。当渔场接近这个极限时,诸如富营养化作用、化学制品污染和养育场所的破坏等环境压力,将对其资源的生产能力产生越来越大的影响。巨大的捕鱼压力和污染相交织的恶果已经在某些海域出现。一些处于重捕区和污染区的渔场,其捕捞量正在不断下降。四分之一的海洋渔场捕捞量已超过可维持再生产的资源量。可再生资源的日益恶化,将导致整个地球生态系统的破坏与失衡,直接严重影响着人类的生存与发展。

3. 全球资源消费在不同国家和地区之间严重不平衡

全世界能源的 2/3 被不到 20% 的发达国家的人口所消费,发展中国家人均能耗不足发达国家的 1/6,不到美国的 1/10。国际贸易中的南北分带实质是一种贸易不平等,发展中国家出口廉价资源,造成资源枯竭、环境恶化;发达国家进口廉价资源,出口高价产品,赚取超额利润,造成全球贫富差距拉大,全球资源不断减少,全球环境不断恶化的局面。目前,发展中国家正在走向工业化,对资源的需求增长日益加快,全球资源的分配和消费格局将会出现重大变动,资源供需矛盾深化发展,中长期资源供需形势日趋严峻。

由此可以看出,严峻的自然资源形势已经成为一个再容不得我们去怀疑和讨论的压倒性的严峻事实,为我们探寻缓解和平衡人类发展需要与自然资源有效供给之间的尖锐冲突,有效化解自然资源安全问题的理性选择提出了紧迫的要求与挑战。

4.4.2　资源的分类

由于资源内容广泛、丰富,为了研究及开发利用上的方便,一般依据资源的一些共同特征将资源进行统一分类,见图 4-1。

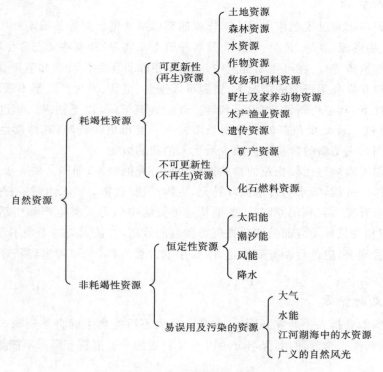

图 4-1　自然资源的分类

按照资源的地理学性质可将资源分为水利资源(含淡水资源)、土地资源、气候资源、生物资源、矿产资源和海洋资源。这是较为常见的一种分类方法,基本上包括了主要的自然资源类型。但仍有些资源还没有包括在内,如旅游景观资源、风能及与新型能源有关的资源等。

传统的自然资源分类方法,按照自然资源在不同产业部门中所占的主导地位笼统地将其划分为农业资源、工业资源、能源、旅游景观资源、医药卫生资源、水产资源等。在某一种资源下又可进一步细分。联合国粮农组织通常在农业资源之下,按土地资源、水资源、牧地及饲料资源、森林资源、野生动物资源及遗传种质资源等进行分类和研究有关问题。

按自然资源的可更新特征,将资源分为可更新资源和不可更新资源。可更新资源包括水资源、耕地资源、生物资源等,而不可更新资源主要是矿物资源,特别是矿物为主的能源。严格说来,这种分类存在着许多问题,有些资源还很难按此原则来划分。当今世界面临日益紧张的资源短缺问题。这种分类方法就时刻提醒人们注意那些不可更新的资源，不可更新就意味着用一点少一点，用完了也就没有了，从而将阻碍经济的可持续发展。需要另外特别指出的是，这里所指的可更新资源也并不是无条件的、绝对的，任何资源的可更新都是有条件的、相对的。如森林资源，大面积的砍伐将造成森林所构成的植物群落的逆演替，从而使得森林面积锐减，生物多样性丧失，生物种质资源减少，林地退化成草地或沙漠。这方面的例子不胜枚举。还有，耕地资源是可更新的，其含义是指耕地是可以重复利用进行农业生产的。但一旦耕地被占用，它将成为不可更新的资源了。对于我国这样一个人口众多，耕地相对不足的国家，珍惜耕地，保证耕地面积不出现较大的减少是十分重要的事情。

将资源按照它们中的某些共同性质分类，目的是更好地理解和把握不同资源间的相互关系及同类资源的共同特征，以便更好地、更合理地利用资源。

一、可更新资源

可更新资源是指通过天然作用或人工作业能够以某一增长率保持或不断增加流量的各种自然资源，如生物资源（森林、鱼类、农作物及各种野生动物等）和某些动态非生物资源（土地资源、水资源、空气资源等）。在可更新资源中，一类可更新资源的持续性和流量受人类利用方式的影响。在合理开发利用资源的情况下，资源可以恢复、更新、再生产以至不断增长；在不合理的开发利用条件下，其可更新性就会受到影响，存量逐渐下降，以至枯竭。如过度捕鱼将减少鱼的存量，并且进一步减少鱼群的自然增长率。另一类可更新资源，其持续性不受人类的影响，如太阳能，当代人消费的数量不会减少后代人消费的数量。

可更新资源可以通过比较快速的自然循环得到补充的资源，如图 4-2 所示。例如，空气中的氧通过光合作用补偿，淡水通过水循环补充，生物产物（食物、纤维、木材）通过自然生长和繁殖的自然循环来补充。其利用原则是，既要从这类资源中取得人类生产和生活需要的种种物质，又要在保护和美化环境方面发挥这类资源各自的效用，并使人类的干预不至于超过它们的负载能力。在管理上，应进行调查和鉴定，既要注重自然规律，又要考虑经济条件及人类社会因素的影响。

二、不可更新资源

不可更新资源是指人类开发利用后，在现阶段尚不可能再生的自然资源。地球上的不可更新资源，根据其能否重复使用，又可分为可重复利用的不可更新资源和不能重复利用的不可更新资源。

能重复利用的不可更新资源，主要指这些资源是亿万年的地质作用形成的，更新能力极弱，但可回收重新利用，如铜、铁等金属矿产资源和石棉、云母、矿物肥料等。例如汽车报废后，汽车上的废铁可以回收利用。可回收的不可更新资源尽管可以回收，但不可能百分之百地回收利用。因为根据热力学第二定律，在一个封闭的系统内，无限的内循环是不可能的，甚至从系统外界不断投入能量时（例如太阳能），无限的内循环也是不可能的。因此，每次循环利用，都会使资源产生某种损失，从而导致资源最终耗竭。

不能重复利用的不可更新资源，是指经过地质作用形成的，但由于物质转化而完全不能重复利用的自然资源，它主要包括煤、石油、天然气和铀等能源资源。这类资源一旦被使用，就会被消耗掉，不可能再使用。例如，煤一旦燃烧转变为热能，热量就会消散到大气中，变得不可恢复，如图 4-3 所示。

图 4-2 可更新资源是通过自然循环来补充的资源

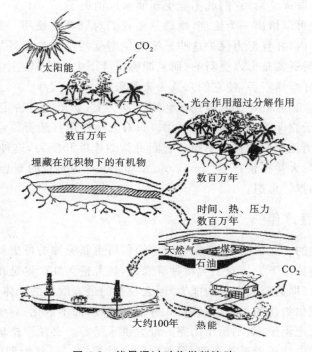

图 4-3 能量通过矿物燃料流动

4.5　可更新资源的利用与管理

4.5.1　可更新资源的破坏与保护

20世纪以来,科技进步和社会生产力有了极大提高,人类创造了前所未有的物质财富,加速推进世界文明发展的进程。但是,资源消费过度已成为一种全球性危机,它严重地阻碍了人类生活水平的提高,甚至威胁着人类的未来。

从理论上说,可更新资源能持续不断。遗憾的是,可更新资源的含义通常被理解为用不完的资源。事实并非如此。我们现在失去可更新资源的危险比失去不可更新资源的危险更大。这是因为所有可更新资源的更新都明显地受自然系统的限制。例如,地下水是以水不断渗入地下土壤而更新的,在有些地区如果抽取地下水的速度比水恢复渗入地下的速度更快,或打乱了它们的渗入系统,那地下水也会干涸。而且,可更新系统本身可能被破坏,更新的能力会丧失。例如,土壤只有不裸露、不受侵蚀而且不断加入适量的有机物,采用良好的保护措施,它才是可更新的;水循环系统不遭受破坏,淡水资源才是可更新的;只有维持生物种群的繁殖,生物资源及其产物才是可更新的资源。可更新资源除了被直接利用以外,还可能受其他种种因素的不利影响,减弱更新能力,或者完全毁坏。空气和水这种资源,都可能由于自然或人的原因受到污染,变为完全不能使用;野生动植物由于生存环境或繁殖地遭受破坏、污染或改变,可能由此而灭绝;水生生物包括鱼类等,可能因为疏浚或淤塞产卵区,或者由于江河湖海受污染,从而灭绝。许多生物种群灭绝后,它们就不能更新而永远消失了。

从上面的论述中可以悟出一个道理,就是只要我们对资源的使用一直维持在这个系统本身能够更新的能力以内,并且努力保护这些系统避免遭受污染或生态环境的破坏及其他因素的不正当干扰,可更新资源是可以更新的,而且能够持续下去。按照这个道理去管理和利用可更新资源,才能保护好自然资源,使它们永远为人类服务。

保护资源,并不意味着否定资源的任何利用。事实上,如果完全否定资源的利用,也就等于没有资源,或者等于立即毁掉它而不再利用。只有人类使用自然资源,它们才是真正意义上的资源,只要使用和消耗它们的速度不超过它们更新的速度和能力,这种使用就算是合理的。由此可以提出一个"最大持久性产量"(maximum sustained yield)的概念,将它作为保护可更新资源的中心内容和指导思想。

4.5.2　最大持久性产量

最大持久性产量的含义说明,在不损害或不消弱可更新资源的可更新性的情况下,可更新资源的最大利用才能持续下去。对于生物种群来说,最大持久性产量是在持久性的基础上,不减少种群再生的能力(即繁殖和生长的能力)而去收获的最大数目的个体;对于土壤来说,最大持久性产量是指已经集约化的土地,能够长久种植和放牧,而不退化;对于水来说,最大持久性产量是指地下水长久地供给,而不至于用完的最大供水量等。必须严格地遵守这些规则,在最大持久性产量的限度内使用可更新资源,妥善保护自然资源。虽然短期内超出最大持久性产量也有可能做到,可是一旦继续下去,就不可避免地会损害整个更新系统,产量必然减少,从而导致长期消失。

最大持久性产量概念比较容易被人接受,维持可更新资源的重要性和对人类的好处都十分明显,但现实中人们为什么常常超过最大持久性产量呢?

4.5.3　超过最大持久量的原因

一、贪婪

可更新资源的消耗超过它的最大持久性产量最明显的原因也许是贪婪。在许多情况下,贪婪是只顾眼前最大利益而不考虑未来对该资源的需求。如果错误地认为某种资源的范围或可更新性没有限值,则情况尤其严重。例如,17 世纪至 19 世纪是北美向西部开发的年代,树林、土地、野生生物等资源实际上被认为是无穷无尽的,人们认为如果一个地区或物种遭受毁坏,总是可以转向另一地区或物种。人类的一般行为规律似乎是只顾目前资源潜在的利益,而不考虑将来资源的情况,忽视最大持久性产量的原则。

二、"公有资源的灾难"

一些人或一群人(例如渔民)认识到他们开发的资源(鱼)对他们本身的长远利益不利时,由于一种称为"公有资源的灾难"的现象,他们不可能停止这种开发。1968 年 Garrett Hardin 在一篇以此为题的现代经典性的文章中叙述过这种现象(图 4-4)。

图 4-4　公有资源的灾难

"公有资源"一词原先是指在英格兰的一些牧区,当地政府免费向要放牧的任何人提供公地。虽然这种主意有益于社会,但是这种规定有利于放牧最多的农民,他们从公地中得到最大的利益。如果一个农民不去利用公地,那么另一个人也会去利用它。结果是农民在公地上放牧过量的牲畜,直到公地由于过度放牧而遭破坏。因此,公地成为一种灾难。

通常,公有资源及灾难的概念可应用于两个或两个以上的人或集团在开发资源时竞争的情况。在新英格兰,对龙虾的捕捞是一个典型的例子。产龙虾的海区作为公有财产,允许任何人自由捕捞。虽然捕龙虾的人意识到龙虾已经过度捕捞,但是只要他的竞争者仍继续在捕捞,而且抓走他们能够捕获的所有龙虾的话,任何一个自愿削减捕获量的人就会减少自己的收入,他的损失只会变成其他捕虾人的收入。结果谁也不会停止捕捞,龙虾最后都会被捞光。因此,流行着这么一句话:"如果我不拿,他们也会拿。只要他们继续下去,我拿的就要比他们多。"尽管捕获量已经下降,但人们仍不断地争相捕捞。

贪婪和公有资源的灾难显然有一定的共同因素。它们的主要区别是:一个人或一伙人贪婪,对资源不承担义务或不注意长期的保护,资源可能被毁掉;而对于公有资源的灾难,则可能会注意甚至依靠最大持久性产量来维持资源,但是两个或两个以上集团之间的竞争使它难以实现。

三、供与求的经济学原因

贪婪或公有资源的灾难使资源恶化,反映了价格和供应之间的一般经济关系:如果供应减少,价格就上涨。换言之,随着价格的上涨,短期内可能增加利润,进一步提高对已经是过度开采的资源的开采欲望,使资源开采完而无法恢复。

四、生存的需要

开发资源超过最大持久性产量的人可能为了满足基本需要而使产量超出更新限度。从理论上说很容易理解,最好是限制资源的利用和保持它的持久性产量,但在实际上,世界仍有亿万人民吃不饱。举个例子来说,一个依靠在已过度放牧的土地上放牧动物才能勉强活下来的贫苦牧民,怎能相信自己为了保存下一年的草地,在今年最好让他的家属和他本人挨饿呢? 这种情况并不是极度低估资源保护的重要性,而是说明对那些依靠资源生活的人来说,必须有切实可行的可供选择的办法。从真正依靠资源生活的人、从根据需求应开发多少和从贪婪等不同角度出发,见解可能是不同的。

五、无知和缺乏对整个生态系统的了解

过度收获的产生可能部分是由于实际上不知道什么是最大持久性产量。在能够严格地掌握牲畜的情况下,一个牧场主来确定最大持久性产量是一回事,而在渔民不能直接看到鱼的资源的情况下来确定鱼的最大持久性产量则完全是另一回事。最大持久性产量也受许多微妙因素的影响,要确定它比预想的要困难得多。

最后,干扰生产可更新资源的生态系统的因素,会降低最大持久性产量。例如,酸雨通过增加淋溶而降低土壤的肥力;土壤越贫瘠,每年生产的草、木材或其他作物就越少;化学的或生物的废物可以污染湖泊,使鱼的捕获量下降;农作物同样也受农药、土壤侵蚀、湿润的土壤变干等的影响。在各种情况下,人类活动的结果逐渐损害或破坏生态系统的一个或几个方面,从而减少可更新资源的产量。可更新资源的最大持久性产量取决于对生产资源的整个生态系统的认识和保持。

4.5.4　可更新资源的管理和可持续利用

在关于可更新资源可持续利用的经济学分析中,财产权是最重要的影响因素。财产权明确的可更新资源称为可更新商品性资源,例如,私人土地上的农作物、森林。财产权不明确或不可能确定财产权的可更新资源称为可更新公共物品资源,例如,公海渔场和生物物种。

可更新商品性资源的管理类似一般生产过程的管理,这类资源的可持续利用问题主要是确定资源的最佳收获期和最大可持续收获量。

可更新性公共物品资源的可持续利用,主要是通过控制使用率和收获率实现最大可持续收获量。公共物品资源不可能确定专有财产权,因此不可能像一般生产过程那样进行管理。

私人林场可以自行决定林木数量和采伐时间；在公海渔场，因为私人不能拥有财产权，对资源利用的控制必须通过实施国家政策来实现。

4.6　不可更新资源的极限

不可更新资源包括各种金属矿石（如铁、铜、铝和其他金属等）、其他物质（如石棉、云母和黏土等）及各种矿物燃料（如煤、石油和天然气）。关于这些资源是否有极限，存在着很大的争议。一种意见认为，地球作为一个有限的球体，不能连续不断地开采，否则资源迟早会用完。而另一种意见认为，地球含有所有矿物，人们不可能将资源"用光"，甚至废物也可以重新利用以供连续使用。这两种观点既有合理之处，也有不正确的地方，但正确认识地球上不可更新资源的极限，仍然是重要的。

4.6.1　总量和实际可用量

地球是由多种化学元素组成的，但是组成地球的元素并不是同样丰富的。根据许多分析表明，约地壳的 97% 仅由 7 种元素组成，其成分分别为氧 46.6%、硅 27.7%、铝 8.3%、铁 5.8%、钙 3.6%、钾 2.6%、镁 2.1%。而一些有价值的元素，例如汞、金、银等所占的百分率都只在 0.00001% 以下。可见，这些不可更新资源，其总量是有限的，可利用的量很小。

地壳如此之大，如果将各种元素都能分离出来，尽管它们的平均地壳丰度极小，甚至是最稀少的元素，其总量仍可以供应较长时间。但是，理论上计算出来的丰度与实际可用性有着极大的不同。地球早期发生的地球化学过程导致某些元素或矿物在某一地区富集、沉积或结晶，而在其他地区的矿物所含元素的量则很少。对那些稀有元素，更是如此。而且，由于矿石的品位不同，开采、提取所花的成本是很不相同的。利用矿物，还要受经济因素和科技水平的限制，在生产过程中要消耗大量能源和物质，生产出来的如果不能多于消耗掉的，那这种利用对人类就没有太大意义。资源开发，还要受环境影响，开采不可更新资源必然同时影响大气、土地和水，这迫使我们远在使用不可更新资源达到极限之前，就要在增加资源开采和保护环境之间进行抉择。因此，几种因素或所有因素综合起来，可实际开采的任何元素的量，远远小于按地壳平均丰度计算出来的总量。

4.6.2　资源的有限性与发展的持续性

资源的开发利用在促进经济和社会的发展、改善人类生活质量的同时，也带来了一些严重问题，主要表现在资源的不断耗竭和生态环境的日趋恶化。《中国环境保护 21 世纪议程》指出："长期以来，中国主要沿用以大量消耗资源和粗放经营为特征的传统发展战略，重发展速度和数量，轻发展效益和质量；重外延扩大再生产，轻内涵扩大再生产；对自然资源重开发轻保护。这种发展战略违背经济和自然规律，造成环境污染和生态破坏，成为制约经济、社会发展的重要因素。""从现实和国情出发，中国必须坚持环境和经济协调发展，走可持续发展的道路。"

可持续发展的目标是发展，关键是可持续性。可持续性经济和社会发展目标确定为满足人的基本需要，尤其是先考虑摆脱贫困。但是，发展要以生物圈的承受能力为限度，通过技术进步和管理对发展进行协调和制约，以求得与生态环境保护相适应。可持续发展的基础是资源与环境。可持续发展的实质，就是协调好人口、资源、环境与发展的关系，为子孙后代开创一个能够持续发展的基础。

　　资源的可持续利用、人口的可持续发展和保持良好的生态环境是实现经济和社会可持续发展的基本保证。保证资源的可持续利用,首先需要有效地控制人口增长,提高人口质量。对可耗竭资源,在不同时期应合理配置有限的资源,并尽可能地使用再生性资源替代耗竭性资源。对再生性资源,要确定资源的最佳收获期和最大可持续收获量,或通过控制使用率和收获率,实现最大可持续收获量。对各种污染源,通过科学与技术进步、资源的高效利用、推广清洁生产和进行环境监测等进行有效的污染控制,保证生态环境安全。

　　实行可持续发展战略,要求资源与环境科学在研究资源的发生、演化规律及时空规律性,人类社会发展与资源和环境的关系和发展规律,人类活动对资源与环境的影响基础上,探讨资源的优化配置和合理使用,保持良好生态环境的途径,以实现资源的可持续利用及经济和社会的可持续发展。

4.6.3　资源的可持续发展之路

　　对于自然资源的可持续利用,应该理解为在人类现有认识水平可预知的时期内,在保证经济发展对自然资源需求的满足的基础上,能够保持或延长自然资源生产使用性和自然资源基础完整性的利用方式。从深层次来讲,自然资源可持续利用的基本内涵,主要包括以下几个方面。

　　(1) 自然资源的可持续利用必须以满足经济发展对自然资源的需求为前提。人类只有通过自然资源利用方式的变革,实现自然资源的可持续利用,来协调经济发展与自然资源、环境保护相互之间的矛盾,从而保证经济发展对自然资源的需求。

　　(2) 自然资源可持续利用的"利用"是指自然资源的开发、利用、保护、治理全过程,而不单是指自然资源的利用。合理的开发、使用就是寻求和选择自然资源的最佳利用目标和途径,以发挥自然资源的优势和最大结构功能;所谓"治理"是要采取综合性措施,以改造那些不利的自然资源条件,使之由不利条件变为有利条件;所谓"保护"是要保护自然资源及其环境中原先有利于生产和生活的状态。

　　(3) 自然资源生态质量的保持和提高是自然资源可持续利用的重要体现。自然资源的可持续利用意味着维护、合理提高自然资源基础,意味着在自然资源开发利用计划和政策中加入对生态和环境质量的关注和考虑。

　　(4) 在一定的社会、经济、技术条件下,自然资源的可持续利用意味着对一定自然资源数量的要求。自然资源的可持续利用必须在可预期的经济、社会和技术水平上保证一定自然资源数量,以满足后代人生产和生活的需要。

　　(5) 自然资源的可持续利用是一个综合的概念。为了实现自然资源的可持续利用,必须对经济、社会、文化、技术等诸因素综合分析评价,保持其中有利于自然资源可持续利用的部分,对不利的部分则通过变革来使其有利于自然资源的可持续利用。

　　此外,自然资源的可持续利用还是一个动态的概念。随着不同的社会历史条件的变化,自然资源的可持续利用的内涵及其方式也呈现在一个动态变化的过程中。将自然资源的开发利用放在整个社会经济发展的宏观背景下,就会发现自然资源的开发利用所产生的利益是多方面的,因此研究"利益"问题是研究自然资源可持续利用的重要内容之一。从深层次上来看,自然资源可持续利用所追求的目标主要表现为经济利益与生态利益、目前利益和长远利益、局部利益和全局利益的辩证统一。

4.7 资源利用与环境保护的关系

环境统指以人为中心的周围一切物质的总和,环境所涵盖的物质大多数为人类所需资源。从自然特性看,资源与环境的关系是十分密切的,而资源和环境问题是当前世界各国普遍关心的问题。资源与环境密不可分,可以说环境是资源的故乡,资源寓居于环境之中。因此,改善和保护环境与有效地开发利用资源常常具有同样的意义。如何以最低的环境代价确保经济持续增长,同时还能使自然资源可持续利用,已成为当代所有国家在经济、社会发展过程中所面临的一大难题。我国进入经济迅速发展的历史阶段后,由于人口众多、底子薄、资源相对不足和人均国民生产总值仍居世界后列,以资源高消耗来发展生产和单纯追求经济数量增长的传统发展模式,正在严重地威胁着自然资源的可持续利用。正确地处理资源开发利用与经济发展的关系,实现资源合理配置,求得社会经济和生态环境的可持续发展,已成为我国改革和经济建设的关键问题。

自然环境是人类赖以生存、生活和生产所必需的而又无须经过任何形式的摄取就可以利用的外界客观条件的总和,也即直接或间接影响人类的一切自然形成的物质及能量的总和。而自然资源是人类从自然环境因素中,经过特定形式摄取,应用于生存、生活和生产所必需的各种自然成分。因此自然资源是自然环境的组成部分,它在组成环境整体结构和功能中,具有特定的作用即生态效能。如森林资源,既能完成森林生态系统中能量和物质的代谢功能,提供一定的生物产出,还具有涵养水源、保持水土、净化空气、消除噪音、调节气候、保护农田草原、改善环境质量等生态效能。

资源与环境均是以人类为主体的、客观存在于周围的圈层物质世界的组成部分。两者的主要联系及区别如下。第一,从构成要素来说,空气、水、土地和生物是构成资源与环境的基础要素,也是人类生活的首要条件,两者存在内在的联系性。第二,从功能上看,客观存在的各种不同自然要素的集结,构成了地形、地貌、气候、水文、植被和生态系统等要素。人类利用这些要素于生产或生活之中,从中获取所需的物质和能量,即是资源。环境则除包括由这些要素组成的自然环境外,还包括社会环境。第三,资源有可再生和非再生之分,而环境,就自然环境的整体和长远来说,则是不可再生的,即其演化是不可逆转的,但"人化"的局部环境,则是可恢复(再生)的。第四,资源和环境都具有"有限性",资源的有限性表现在它的量的方面,环境的有限性则表现在它的负载力和容量上。第五,资源的形成取决于一定的地质和地理的历史演化,非再生性资源无法人为地制造,而再生性资源则部分地可以"人化"。自然环境的形成主要是取决于地球表层的地理分布,"人化"的环境则是由人的作用形成的。第六,资源和环境都具有一定的价值,有它的可交易性。某些资源不足的国家和地区,可以向资源相对富裕的国家和地区购买,它的可交易性表现在物的空间转移上。环境的价值表现在"质"和空间位置上,环境的可交易性表现在物质存在空间所有权和支配权的"易"主上,如领土、领空和领海等"环境"都是可交易的。

可见,自然资源和自然环境是自然物质条件的两种属性、两个侧面。人类赖以生存、生活和生产所必需的土地、水、森林、动植物等自然资源,是在特定条件下人类所需的基本的自然物质条件,也就是自然环境。由于现代文明的出现和人类对自然认识的短浅性和渐进性,环境污染和生态破坏日趋严重。现在,人们已经逐步认识到合理地利用资源、保护资源就是保护自然环境,就是保护人类生存、生活和生产的条件,人们正在逐渐摒弃传统的对环境要素中各种自然因子放任自流地任意使用的做法,而是将环境因素作为资源加以开发、保护和利用。

4.7.1　资源利用过程中对环境的影响

20 世纪以前世界人口较少,对可再生资源的需求尚未超过其再生能力,对非再生资源的开发也未造成过大的压力。20 世纪以来,由于世界人口的激增与生活水平的提高,人类对自然资源的需求急剧增加,无论是可再生资源和非再生资源的过度开发,都引发了一系列环境问题。

在可再生资源方面,20 世纪末世界森林已损失了 1/3,草地也大面积退化。对于森林,尤其是热带森林的过度开发,最直接的损失是遗传资源的丧失;其次是加速了水土流失和减弱了对当地气候的调节作用,减弱了当地环境对自然灾害的抵御能力,加剧了洪水、飓风等自然灾害。

非再生资源的开发,首先是矿产的开发,常常造成一些环境问题。采矿对环境的影响取决于开采技术、当地水文与气候状况、岩石类型、矿山规模及地形等因素,其影响大小也因资源开发的阶段而异,勘探阶段影响较小,而开采与冶炼阶段则影响较大。

现代勘探技术包括航空与卫星遥感、地面填图、钻探和物探等方面,只要进行得当,即使对干旱区、沼泽以至冻土地区等敏感环境也无显著影响。采掘与冶炼过程则一般会对土地、水、空气与生物资源产生或大或小的影响,对社会也会造成一定影响,因为矿冶活动经常伴随着移民、矿区住房与服务设施等方面的问题。

无论是地下采掘还是露天开采,都会给当地环境带来一些不利的影响。地面塌陷是煤矿和其他地下开采矿山存在的较为严重的地质灾害。据统计,每开采万吨原煤造成地面塌陷 2000 m^2。塌陷区面积为采煤区面积的 1.2 倍。我国国有矿山塌陷区面积超过 8.4×10^8 m^2。如唐山开滦煤矿造成塌陷 1.5×10^7 m^2,减少耕地 9.3×10^7 m^2;山东肥城、徐州煤矿等均有大面积的塌陷区,山东省煤矿采空区塌陷面积约 330 km^2,并且以每年约 20 km^2 的速度在增加。美国在总共大约 2.8×10^4 km^2 的范围内进行地下采掘,其中 3000 km^2 发生地面下沉,约占采掘面积的 11%,其中以煤矿所造成的下沉最为严重。如果采掘区位于城镇之下,则造成的危害与经济损失更大。宾夕法尼亚州斯克兰顿地区因地面下沉造成严重问题,为了改善面积为 0.33 km^2 的环境,到 1964 年为止共花费了 4×10^8 多美元。代价之大使得该州不得不于 1966 年通过一项专门的法令《烟煤矿区下沉与土地保护法》。该项法令规定了严格的矿井支护措施,使开采成本大为增高,迫使上亿吨煤只得弃而不采。

矿物资源的开发与利用还不可避免地带来一个严重的环境地球化学问题。人类和其他生物一样,是在地表的硅酸盐和铝硅酸盐环境中产生和发育的,亿万年来他们适应了这样的环境。然而,许多本来深埋在地层中的物质被人为地迁移到地表上来,其中许多重金属元素及其化合物对人类和其他生物是有毒的,例如汞、镉、铬等,因而发生了一系列的"公害"病,如众所周知的水俣病和骨痛病等。

4.7.2　资源利用过程中的环境保护

人类的生存与发展离不开自然资源,在实行以经济建设为中心和提倡科学发展观的今天,在资源开发与利用时必须做到资源的可持续利用。

自然资源既然有可再生与非再生之分,二者可持续利用的含义就会有所区别。对非再生资源而言,其可持续利用实际上是减缓其耗竭和寻找替代资源的问题;对可再生资源而言,则是合理控制其使用率,把使用率控制在其再生周期之内,以达到永续利用的目的。后者是真正意义上的可持续利用。要做到自然资源的可持续利用,一方面要有完善的法律保障,另一方面还要有观念的革新。

在法律保障方面,近年来我国对土地资源、矿产资源、水资源、森林资源、草地资源、渔业资源、生物多样性、水土保持、荒漠化防治、自然保护区、风景名胜区和文化遗迹地等进行了一系列的立法。一些有识之士进一步提出,自然资源是一个由大气圈(气候资源)、水圈(水资源)、生物圈(生物资源)、土壤圈(土地资源)、岩石圈(矿产资源)组成的大系统,各圈层之间和圈层内部都存在着不停的物质、能量交换和信息传递,相互影响、相互依存、互为存在条件、互为运动因果。自然资源的这种整体性和系统性,各类资源之间的相关性及资源与环境之间联系的紧密性,要求有一部关于自然资源的综合性法规,例如制定一部《中华人民共和国资源法》,它相当于一部资源“宪法”,一切单项资源法均应以它为准。这样可以避免单项资源法规的片面性,避免资源与环境的割裂,使各类资源之间、资源与环境之间逐步达到协调与和谐。

以下介绍我国与自然资源保护有关的一些法律制度。

(1) 土地资源保护:土地管理法及其实施条例、基本农田保护条例、外商投资开发经营成片土地管理办法、水土保持法及其实施条例等。

(2) 矿产资源保护:矿产资源法及其实施细则,石油天然气勘查、开采登记管理暂行办法,矿产资源补偿费征收管理规定,煤炭法,煤炭许可证管理办法,乡镇煤矿管理办法等。

(3) 水资源保护:水法、取水许可证制度实施办法、城镇供水条例、河道管理规定等。

(4) 森林资源保护:森林法及其实施细则、第五届全国人民代表大会第四次会议关于开展全民义务植树活动的决议、国务院关于开展全民义务植树活动的实施办法、森林和野生动物类型自然保护区管理办法、森林防火条例、城市绿化条例、森林病虫害防治条例、森林采伐更新管理办法等。

(5) 草地资源保护:草原法、草原防火条例等。

(6) 渔业资源保护:渔业法及其实施细则、水产资源繁殖保护条例、水生野生动物资源保护实施条例等。

(7) 生物多样性保护:野生动物保护法、陆生野生动物保护实施条例、水生野生动物保护实施条例、水产资源繁殖保护条例、野生植物保护条例、野生药材资源保护管理条例、进出境动物检疫法、植物检疫条例等。

(8) 水土保持和荒漠化防治:水土保持法及其实施条例,其他法律法规如环境保护法、土地管理法、水法、农业法、森林法、草原法等中相应的规定。

(9) 自然保护区:自然保护区条例、森林和野生动物类型自然保护区管理办法、自然保护区土地管理办法等。

(10) 风景名胜区和文化遗迹地保护:文物保护法及其实施细则、风景名胜区管理暂行条例及其实施办法、地质遗迹保护管理规定等,以及环境保护法、城市规划法、矿产资源法中相关的规定。

观念更新的关键是要树立正确的自然观,要从征服论的自然观转变为和谐论的自然观,不要为了眼前的和局部的利益再去“征服自然”和“向自然索取”。人类要和自然界恢复一种平等的关系,人类再也不能以大自然的主人自居,而要真正成为自然界中平等的一员,而且这种平等关系还要应用到人类本身,在资源开发利用的时候,不仅要提倡发达国家与发展中国家之间的平等,而且还要顾及世代之间的平等。持这种平等观的人士认为,我们今天所享用的资源与环境,不是从我们的祖先那里继承下来的,而是向我们的子孙后代那里借用的,我们必须完好无损地交还给他们。

思 考 题

1. 当前世界人口增长呈现什么特点?
2. 过度的人口增长对于环境和资源有哪些影响?
3. 我国的人口问题有哪些? 你认为应该如何解决人口问题?
4. 什么是自然资源? 自然资源有哪些种类?
5. 应该如何对可更新自然资源加以保护?
6. 不可更新自然资源有哪些? 你了解我国这些资源的储量及开发利用现状吗?
7. 如何实现资源的可持续发展?
8. 资源利用与环境保护有何关系? 如何在资源利用过程中有效地实行环境保护?

第5章　能源与环境

5.1　能源与现代文明进步

能源是人类社会赖以生存和发展的重要物质基础。纵观人类社会发展的历史,人类文明的每一次重大进步都伴随着能源的改革和更替。可以说,人类的发展史也就是能源利用的发展史,人类因为改变了能源的利用方式而使得社会不断进步。然而,人类在开发利用能源推动现代社会文明进步的同时,也给自身所处的环境造成了严重的负面影响,甚至是毁灭性破坏。在过去 100 年里,发达国家先后完成了工业化,消耗了地球上大量的自然资源,特别是能源。当前,一些发展中国家正在步入工业化阶段,能源消费增加是经济社会发展的客观必然。如何协调经济发展与环境保护的关系,已经成为当今社会不能回避的重大课题。

5.1.1　能源的概念与类型

一、能源的概念

能源(energy resources)是指可以为人类利用的含有高品位能量的物质,如太阳能、风力、水力、蒸汽、化石燃料及核能、潮汐能等。能源是实现经济现代化和提高人民生活水平的物质基础。据测算,由于能源不足所引起的国民经济损失可达能源本身价值的 20~60 倍。因此,以便于利用的形式提供数量充足而价格合理的能源,是维持现代社会发展的必要条件。

二、能源的分类

有关能源的分类主要从实用的角度来考虑。从能源物质来源和属性方面,一般将其分为矿质能源和非矿质能源;从能源利用形式上,分为一次能源和二次能源;从能源利用的永续性方面,分为可再生性能源和不可再生性能源;从能源利用技术的新颖性和复杂性上,分为常规能源和新能源;从能源利用对环境的影响方面,分为污染型能源和清洁型能源;等等。下面对各分类系统的定义做简要介绍。

(1)矿质能源:又称化石能源,是指在地质成矿过程中形成的能源物质,主要有煤、石油和天然气。

(2)非矿质能源:指矿质能源之外的其他能源物质,包括核能、生物质能、水能、太阳能、风能、地热能等。

(3)一次能源:指存在于自然界的可以提供现成形式能量的能源物质,也即直接来自自然界的未经加工转换的能源形式,主要有矿质能源、水能、太阳能、风能、地热能等。

(4)二次能源:指由一次能源加工转换而来的能源,其中主要有电能、热能和机械能。电、蒸汽、煤气、汽油、焦炭等则是二次能源产品。

(5)可再生性能源:指具有自然恢复能力,其质量不会随自身的转化或人类的利用而日益减少的能源,如水能、风能、太阳能和生物质能源等。

(6)不可再生性能源:指在短期内不能自然再生,其质量将随人类的开发利用而不断减少,直至枯竭的能源,如煤、石油、天然气、核燃料等。

(7) 常规能源:指开发利用的历史较长,利用技术较成熟,使用较普遍的能源,如原煤、石油、天然气。

(8) 新能源:指开发利用的历史较短,技术要求高,使用条件苛刻,或者仍在研发之中的能源,如核能、氢能、太阳能、风能、地热能等。新能源和常规能源都只是一个相对的概念,随着利用技术的日趋成熟和时代变迁,新能源将会逐渐成为常规能源,并取代现有的常规能源。

(9) 污染型能源:指在消费后可造成明显的环境污染,尤其是对大气环境造成严重污染的能源,如煤和石油类能源。

(10) 清洁型能源:指在消费过程中不会对自然环境造成污染,或污染影响程度较小的能源,前者如水力、电力、地热、生物质能和太阳能等,后者如天然气和核能等。清洁型能源和污染型能源也都只是一个相对性概念,清洁能源使用不当也可能造成严重污染,如核能;反之,如果采用先进的能源利用和污染控制技术,污染型能源对环境的污染影响也可控制在一个可以接受的程度之内。

此外,根据能量的储存形式,还可将能源分为含能体能源和过程性能源。含能体能源的能量直接储存在物质体内,如矿质燃料、核燃料、地热、高位水库等;过程性能源则不能大量地直接储存能量,如电能、风能、潮汐能等都属于过程性能源。

三、主要能源的特性

1. 矿质能源

(1) 煤:煤是远古的植物被埋在地下以后,由于压力和地热的作用,经历炭化过程形成的可燃性碳氢化合物。随着成煤年龄增加,其挥发物、氧和氢含量会逐渐减少,含碳量逐渐增加。按照炭化程度和煤中挥发物含量高低,可分成无烟煤、沥青煤、亚沥青煤、褐煤和泥煤等类型。其中,无烟煤和沥青煤为高品质煤,即狭义上的煤炭;亚沥青煤和褐煤等为低品质煤。在褐煤中常常可以看到因炭化率低而残留的木质形态。需要指出的是,即使同一种煤,由于产地不同,其成分、发热值、含硫量、灰分含量和含水率等也都会存在较大差异。大多数的煤是在2.86亿～3.6亿年前的石炭纪形成的。由于煤的形成需要很长时间,因此基本上是不可再生的资源。世界煤的储量很大,总量估计达 1×10^{19} t,若所有这些煤矿均能被开采,煤的使用能持续几千年。以现在的消耗速率,那些已探明储地且经济上可行的煤可以维持开采 200 年左右。

(2) 石油:又称原油,主要由 C、H、O、S、N 5 种元素组成,其中 C、H 分别占 84%～87%和 12%～14%。一般认为,石油是海洋生物被埋在海底以后,通过微生物分解,在地热和压力的作用下形成的。根据其密度,可以分成超重质原油、重质原油、中质原油、轻质原油和超轻质原油。按烃类组成比例,又可分为石蜡基原油、环烃基原油和混合基原油。石蜡基原油含石蜡系烃类较多,适于制造固体石蜡和优质润滑油。环烃基原油含环烃系烃类较多,蒸馏时有大量沥青产生,故又称沥青基原油,适宜生产燃料重油。混合基原油含有以上两种石油的混合成分,适宜于制造润滑油、燃料重油。原油通过蒸馏、精炼,可生产出液化石油气、挥发油、汽油、航空汽油、煤油、柴油、重油和润滑油等石油制品。石油制品的产率(yield)是确定各种原油商品价值的重要指标。世界石油总储量估计为 4×10^{12} 桶(1 m³=6.29 桶),约 6×10^{11} t,其中一半可以被开采。

(3) 天然气:组分以甲烷为主,还含有乙烷、丙烷、丁烷和其他气态烃类。常常把以甲烷为主要成分的天然气称为干性天然气,而将戊烷以上重质碳氢化合物含有率较高的天然气称为湿性天然气。2006 年世界天然气剩余探明可采储量为 1.7508×10^{14} m³,相当于 2.3286×10^{14} t

标准煤。至于天然气的最终可采资源，一般看法是大约 3×10^{14} m^3（折合原油 1.9×10^{12} 桶）。天然气燃烧产生的 CO_2 仅是等量煤燃烧所产生 CO_2 量的一半，属于清洁型能源，用它取代煤可以减缓全球气候变暖。

2. 水力

水力资源是由河流落差和流量大小决定的，在可再生能源中，水力发电是用作商业能源最多的。全球水力发电的潜力估计在 3×10^{12} W 左右，如果这个生产能力能满负荷运转的话，可以提供 $8 \times 10^9 \sim 1 \times 10^{10}$ 度电能。水力发电不用燃烧燃料，在运行过程中没有烟气排放，对环境的污染小，是一种清洁的能源形式。

3. 核能

核能是原子核发生变化时释放出来的能量。从现有科学技术水平看，可以从两个方面来开发利用核能：一是通过重元素裂变，如铀；二是利用轻元素聚变，如氘和氚。目前商用核电站采样的是铀裂变（nuclear fission）技术，即热中子核反应堆技术。自然界中有两种铀（U）的同位素，一种是不能发生裂变反应的铀-238（^{238}U），另一种是可裂变的铀-235（^{235}U），^{238}U 丰度为 99.283%，^{235}U 仅为 0.711%，核电站用作核燃料的主要是 ^{235}U。与化学反应中的原子间电子转移不同，原子核反应是原子核中的核子转移。由于原子核内核子间的作用力要比原子内原子核与电子间的作用力大得多，所以核反应能量也比化学能高得多。从理论上讲，1 g ^{235}U 发生核裂变反应可以得到 82×10^9 J 热量，相当于燃烧 3.3 t 标准煤的能量。据估计，全世界铀的可采储量约 3.95×10^6 t，可采年限为 66 年。但是，海水中溶解铀的数量可达 4.5×10^9 t，如果能够全部收集起来，可保证人类几万年的能源需要。不过，海水铀浓度很低，1000 t 海水只含有 3 g 铀。目前正在研究多种从海水中提取铀的办法，包括吸附法、共沉法、气泡分离法和藻类生物浓缩法等。

通常用来进行核反应的装置称为反应堆，它是控制核裂变反应，把所产生的能量以热能形式安全取出的系统，包括核燃料、中子减速材料和控制棒、为了取出热能的冷却材料。按照使用的减速和冷却材料分类，反应堆可以分成石墨堆、轻水堆、重水堆、液体金属冷却堆、气体堆等，目前世界上建成最多的是轻水堆，包括压水堆（PWR）和沸水堆（BWR）两种类型。在压水堆中，反应堆内压力高达 150 atm（1 atm $= 101.325$ kPa）左右，冷却水在高温下并不沸腾，冷却水加热到 320 ℃ 左右之后，被送入蒸汽发生器，变成蒸汽进到汽轮机。在沸水堆中，流过反应堆的冷却水在约 70 atm 的活性区内沸腾，然后蒸汽被送进汽轮机，驱动汽轮机发电。不论在哪种反应堆中，都用 ^{235}U 含量为 $3\% \sim 5\%$ 的低浓缩铀做燃料。

阅读材料：

快中子增殖堆技术

利用 ^{235}U 裂变反应发电的技术，会因原料相对贫乏等因素的影响而受到限制。不过，铀-238（^{238}U）也可接收一个中子而变成钚-239（^{239}Pu）。^{239}Pu 和 ^{235}U 一样具有易裂变性，可以作为核燃料利用。

利用中子轰击产生裂变同位素的反应式如下：

$$^{238}_{92}U + ^1_0n \longrightarrow ^{239}_{92}U \longrightarrow ^{239}_{93}Np \longrightarrow ^{239}_{94}Pu \tag{5-1}$$

在反应式中，铀-238 吸收一个中子，转变为铀-239，随后又自发地转变为镎-239，最后镎-239 再转变为钚-239。钚-239 虽然在自然界中不存在，但它比较稳定，半衰期为 24390 年，它也能吸收一个中子而裂变并放出能量。这样，用一个中子使铀-238 转变为钚-239，再用一个中子使钚-239 裂变，一次共需要两个中子。如果这次裂变又释放出两个中子，那就会使另一个铀-238 原子又转为钚-239，并接着进行裂变。这样，就产生了连锁反应，使核裂变连续进行下去，这就是目前正在研究利用的快中子增殖堆（FBR）技术的工作原理。采用增殖堆技术，可将自然界大量存在的铀-238 作为核能资源来利用，有效解决铀资源稀缺的限制。

资料来源：滨川圭弘等编，郭成言译的《能源环境学》，科学出版社 2003 年出版。

4. 生物质能

植物的叶绿体在阳光的作用下，把水、二氧化碳、无机盐等转化为简单的小分子物质，再合成糖类、蛋白质、脂肪等较复杂的大分子，以 ATP（三磷酸腺苷）的形式把能量储存起来，每摩尔 ATP 储存的能量约为 $5×10^4$ J。农作物、树木及其残体、畜禽粪便等有机废物都是生物质能源的原材料。据估计，生长在地球上的生物总量每年高达 $2×10^{11}$ t，含能量 $4×10^{21}$ J，是世界能量消耗总量的 10 倍。生物质能燃料燃烧所释放的 CO_2 大体相当于其生长时通过光合作用所吸收的 CO_2，几乎没有 SO_2 产生。生物质能源的有效利用方法有直接燃烧或气化、通过干馏生成木炭、通过化学方法转变成乙醇或柴油等。

5. 其他能源

（1）风能：风能直接来自太阳能，由于地球表面各处情况不同，接受太阳辐射不同，各地区的温差或气压也不同，结果形成了风。历史上，主要将风能转化为机械能利用，如利用风作动力行船、抽水灌溉等。20 世纪初期人类发明风力发电机之后，赋予了风能现代新能源的意义。据估计，太阳传给地球的辐射能约有 2% 被转化成风能，在整个大气中，总的风能为 $3×10^{14}$ kW，相当于 10^{12} t 标准煤的储能量。风能属洁净的、取之不尽的能源。不过，风能具有分散、间歇、能源密度不高、风力不均匀等弱点，因此，要发展风能利用，需解决储能技术，将风力高峰期发的电能储存起来用于弥补无风时期使用。风力发电的理论效率为 60% 以上，在现场条件下的转换效率为 15%～30%。

（2）地热：指由于地壳或地幔上部的放射性元素裂变而产生的热量。有人估计，在地壳表面 3 km 以内，可利用地热能约为 $8.4×10^{20}$ J，接近全世界煤储量的含热量。地热来源有干蒸汽、湿蒸汽和热水三种形式。其中干蒸汽最好，温度在 150 ℃以上，属于高温地热田，可直接用来发电。湿蒸汽温度在 90～150 ℃，属于中温地热田，用前必须脱水，技术上较困难一些。热水储量最大，温度在 90 ℃以下，属于低温地热田，只能直接用于取暖或供热，不能用来发电。由于地热与太阳能无关，能够保证输出功率的稳定。国外对地热发电的大量开发应用始于 20 世纪 60 年代。截至 2008 上半年，全世界总安装地热发电能力为 $1×10^4$ MW，分布在 20 多个国家，其中美国占 40%。

（3）海洋能：指来自海洋的波浪能、潮汐能等，它们均属间接太阳能。波浪能是一种在风的作用下产生的，并以位能和动能形式由短周期波储存的机械能。潮汐能是地球旋转所产生的能量通过太阳和月亮的引力作用而传递给海洋的，并由长周期波储存的能量。潮汐包括水平面的上升与下降的垂直运动和涨潮与退潮的潮汐浪水平运动。利用波浪能发电不消耗燃料资源和土地资源，对于沿海地区，尤其是对那些难以架设输电线路的小岛来说，很有开发前途。

5.1.2　能源消费与需求

一、世界能源消费情况

19 世纪 70 年代的产业革命以来，化石燃料的消费急剧增大。初期主要以煤炭为主，进入 20 世纪以后，特别是第二次世界大战以来，石油和天然气的开采与消费开始大幅度增加，并以每年 2 亿吨的速度持续增长。在经历了 20 世纪 70 年代两次石油危机之后，即使石油价格高涨，石油消费量也没有减少的趋势，但世界能源消费结构发生了相应变化，核能、水力、地热等其他形式的能源逐渐被开发和利用。特别是在第二次世界大战以后，核能发电不断得到发展，很多国家现已进入了原子能时代。如在日本，发电的 40% 靠核能来解决。但是，从整体来看，目前世界上消耗最多的能源仍然是石油。根据中国行业研究报告网资料,在 2017 年世界能源消费结构比例中,石油占 34%,煤炭占 28%,天然气占 23%,核能、水力和其他可再生资源占15%。

二、我国能源消费特点

我国能源生产和消费具有以下主要特点。

一是能源资源总量丰富,人均拥有量较低。我国能源资源总量约 4 万亿吨标准煤,居世界第三位。煤炭占我国已探明化石能源资源总量的 97% 左右,是最丰富的能源。煤炭保有储量为 1.0 万亿吨,但精查可采储量只有 893 亿吨。石油和天然气的资源量分别为 930 亿吨和3800 亿立方米,已探明的石油和天然气储量约占资源量的 20% 和 6%。煤层气资源量为 35万亿立方米,相当于 450 亿吨标准煤,排世界第三位,但尚未成规模开发利用。人均能源资源占有量不到世界平均水平的一半,人均石油资源占有量仅为世界的十分之一。

二是能源资源储存分布不均衡。煤炭资源 90% 以上分布在秦岭—大别山以北,大兴安岭—雪峰山以西地区。煤炭储量中,山西占 25.9%,内蒙古占 22.4%,陕西占 16.1%,新疆占9.4%,贵州占 5.2%,宁夏占 3.1%,安徽占 2.4%。这 7 个省(区)合计占总储量的 84.5%。水力资源 70% 以上在西南,四川、重庆、云南、贵州四省(市),水力资源占全国一半以上。石油、天然气资源主要储存在东、中、西部地区和海域。而工业和人口集中的南方八省一市(占全国人口 36.5%)能源相当缺乏(煤炭仅占全国 2%,水力占 10%)。我国的主要能源消费地区集中在东南沿海经济发达地区,资源储存与能源消费地域存在明显差别。

三是能源生产和消费增长速度快。1949 年全国一次能源的生产总量只有 2.4×10^7 t 标准煤,到 1980 年,一次能源生产和消费分别达到了 6.37×10^8 t 和 6.03×10^8 t 标准煤。改革开放以后,我国能源工业无论从数量上还是质量上都取得了空前进步,我国进入了世界能源大国行列。

四是能源资源利用效率低,GDP 能源消费强度大。近年来我国能效水平持续提升,但仍明显低于世界先进水平。1990—2017 年,我国 GDP 总量增长了约 70 倍,能源消费总量增长了约 5 倍。2016 年 GDP 能耗为 0.68 吨标准煤/万元,同比下降 5.0%;2017 年万元 GDP 能耗同比进一步下降 3.7%。2017 年,我国 39 项重点耗能工业企业单位产品生产综合能耗指标中绝大部分比 2016 年下降。其中,合成氨生产能耗下降 1.5%,吨钢综合能耗下降 0.9%,粗铜生产单耗下降 4.9%,火力发电煤耗下降 0.8%。但从世界范围看,我国能耗强度与世界平均水平及发达国家相比仍然偏高。如 2016 年我国单位 GDP 能耗是世界平均水平的 1.4 倍,是发达国家平均水平的 2.1 倍。中国"富煤、贫油、少气"的资源现状决定了能源消费的"高碳"特性,2015 年我国仅二氧化碳排放量就高达 91.5 亿吨,约占全球排放总量的 27%,位居全球首位。碳排放强度为 1.3 吨/万元,是美国的近 3 倍。单位 GDP 排放的二氧化硫和氮氧化物也远高于发达国家。

三、社会发展对能源的依赖

任何国家的经济发展都需要消耗能源,世界各国的能源消费量与其经济发展水平之间有着密切的关系。凡是人均 GDP 较高的国家,人均能耗也比较高。同样是消耗能源发展经济,不同国家对于能源的利用效率和对能源的依赖程度却有着显著的差别。据专家应用灰色关联方法分析,我国经济增长(GDP)与能源消费总量和物质资本之间存在着明显的双向因果关系,但是经济增长对能源消费的依赖程度大大超出物质资本。这是因为我国尚处于工业化中期阶段,还没有完全实现工业化。工业化和城市化进程加快,拉动了能源消费和需求以前所未有的速度增长,而工业部门的能源消费占我国能源消费总量的 78.4%。为此,我国必须进一步提高能源供给能力,优化能源结构,注重能源资源节约,强化能源资源的综合利用和循环利用。

5.1.3　能源安全

　　能源安全是指一个国家满足能源需求和抵御可能出现的不测事件时的能源保障能力。能源安全取决于能源生产与消费能力,与国家经济发展水平及外贸状况密切相关。能源需求保障可以从三个层面进行定义,即生存消费需求、生活消费需求和发展消费需求。生存消费需求是最基本的能源需求。据研究,维持人类生存的年人均能源消费量为 0.4 t 标准煤;当人均年能源消费量达到 1.2~1.4 t 标准煤时,可以满足基本的生活需要;在一个现代化的社会里,要满足衣食住行和其他需要,每人每年的能源消耗量不能低于 1.6 t 标准煤。目前,在进行社会发展能源消费需求预测时,常采用能源消费弹性系数来作为衡量指标。所谓能源消费弹性系数,是指能源消费的年均增长率与 GDP 的年均增长率之比值。一般来说,在工业化初期,能源消费弹性系数大于 1;随着经济结构改善和管理水平提高,这个系数会逐步下降到小于 1。

　　我国是世界第二大经济体和第一大人口大国,经济和人口都决定着中国能源的刚需,而我国先天能源储量不足,"富煤、贫油、少气"的资源现状制约着我国能源自给能力,同时产业结构、城乡差异加剧国内能源市场的供需不合理、不平衡、不协调,石油和天然气的对外依存度逐年攀升,加大了我国能源安全受国际政治经济形势的影响。能源安全问题是国际关系、国际格局的重要变量。能源作为一种重要的战略资源,"获得能源成为 21 世纪压倒一切的任务"(保罗·罗伯茨,2005)。能源安全是大国的生命线,既是国内事务,也是全球议题,关乎一国的安全,也关乎全球的稳定,这是单个国家无法闭门解决的难题。

　　目前,我国能源安全形势总体上处于"基本安全"的状态,远未达到"安全"和"非常安全"的等级。我国的能源安全形势与国际环境、我国国情以及经济技术发展现状密切相关。我国能源消费随着经济发展呈持续增长态势,而国内供给的有限性造成对外依存度不断攀升。如 2006—2015 年 10 年间,我国人均能源生产总量增加 865.1 kg 标准煤,而人均能源消费量从 2006 年的 1973.1 kg 标准煤增到了 2015 年的 3135 kg 标准煤,能源人均生产量与人均消费量之间呈现巨大差异。国内供给的有限性造成能源对外依存度的不断攀升。2017 年我国原煤进口 2.7 亿吨,同比增长 6.1%;原油进口 4.2 亿吨,同比增长 10.1%,对外依存度 67.4%,较上年度上升 3%;天然气进口 6857 万吨,同比增长 26.9%,对外依存度 39%。

　　国际能源市场变化对我国能源供应的影响较大。我国原油进口中,58% 集中在沙特、俄罗斯、安哥拉等 5 个石油大国,远远超出国际警戒线;石油运输高度依赖长途远洋运输,并且有 80% 以上要通过马六甲海峡,石油命脉易受他国牵制,加剧了能源进口风险。

5.2　能源利用对环境的影响

　　环境污染与生态破坏问题与能源生产和消费活动有着密切联系。一方面,能源大量开采对地区生态环境造成严重污染和破坏;另一方面,在能源生产、供应和消费等环节,都会产生大量有害气体、废水和固体废物,严重影响生态环境和人体健康。

5.2.1　能源开发利用中的环境问题

一、矿质能源开发利用中的环境问题

最典型的是采煤过程中的环境影响。它包括两方面的内容：一是开采工人的事故与职业性伤亡；二是地表环境和生态系统破坏。前者以井下采煤最为严重，后者则以露天采矿最为明显。

煤矿瓦斯是煤形成过程中生成的气体，主要成分是甲烷（占 94% 以上）。它储存于煤层及其邻近岩层中，以自生自储式为主，吸附在煤的表面并存储在煤层中。在煤矿采煤时，卸压作用使煤层气解吸并泄出到采煤工作表面及巷道中，当空气中甲烷浓度超过 4% 时，就有爆炸的危险，并可使人窒息死亡，严重威胁煤矿的安全生产。此外，排放出的甲烷是除 CO_2 以外目前最为主要的温室气体，其全球增温潜势（GWP）约为 CO_2 的 21 倍。

井下开采破坏了地壳内部原有的力学平衡状态，容易引起地表沉陷，从而导致地面工程设施破坏和农田毁坏。在我国东部平原煤矿区，塌陷土地大面积积水受淹，或出现次生盐碱化，不仅使区内耕地面积减少，而且加剧了人口与土地、煤炭与农业的矛盾；在西部矿区，由于地面塌陷，水土流失和土地荒漠化加速。同时采煤引起的地表塌陷还可能诱发山体滑坡、崩塌和泥石流等自然灾害，严重破坏矿区的土地资源和生态环境。

能源生产加工过程中的固体废物排放主要来源于煤炭行业。目前我国平均每生产 1 t 煤要产生约 0.13 t 煤矸石。煤矸石中的黄铁矿在空气中易氧化，放出热量聚集，使煤矸石中含碳物质自燃，释放出大量含 SO_2、CO 等的有毒有害气体，严重污染大气环境。

在煤炭开采过程中，会产生大量矿井水，这些矿井水中含有很多污染物（悬浮物（SS）、化学需氧量（COD）、硫化物和生化需氧量（BOD_5）等），如果直接外排，将对矿区周围水环境造成严重污染。此外，抽排矿井水使矿区地下水位不断下降，在煤炭资源集中的干旱和半干旱地区，会直接影响矿区生态系统的景观结构与生态功能，以及工农业生产与居民生活用水的获得。

煤矿水污染的另一个主要来源就是洗煤水。目前炼焦煤每洗选 1 t 原煤平均消耗 0.2~0.4 m^3 水，动力煤每洗选 1 t 原煤平均消耗 0.02~0.05 m^3 水。这些洗煤水含有大量煤泥和泥沙等悬浮物，以及石油类药剂、酚、甲醇和有害重金属离子（如 As、Cr、Pb、Hg 和 Mn 等）。

在原油开采过程中，一般要向钻井泥浆内加入烧碱、铁铬盐和盐酸等化学试剂，这些都会对井场周围水域和农田造成一定的不良影响。原油开采过程中的井喷事故还可能造成人员伤亡，并污染农田和海域，破坏生态平衡。在天然气开采过程中，易产生污染大气的硫化氢和污染河流的伴生盐水。如果发生井喷事故，则会造成严重人员伤亡。

二、水电开发利用中的环境问题

水电是一种经济、清洁、可再生的能源，不会产生环境污染问题。但是，一般需要建设水库才能获得电能。水库建造过程中与建成之后，对环境的影响主要反映在以下四个方面。

一是自然方面的影响。大型水库可能引起地面沉降和地表活动，甚至诱发地震。如意大利的法恩特大坝于 1963 年坍塌，导致 2000 多人死亡，在大坝坍塌的前几年中，常常出现小的地震。此外，建造大坝还会引起流域水文环境改变，如坝体下游水位降低甚至断流，从而造成土壤碱化（basification）；或来自上游的泥沙减少，补偿不了海浪对河口一带的冲刷作用，使三

角洲受到侵蚀。水库建成之后,由于蒸发量加大,库区气候将变得较为凉爽和稳定,降雨量减少,小气候得到改观。

二是地球化学方面的影响。主要是流入和流出水库的水会在物理化学性质方面发生改变。水库中各层次水的密度、温度甚至溶解氧等也都会有所不同,深层水的水温低,沉积库底的有机物不能充分氧化而处于厌氧状态,水体的 CO_2 含量可显著增加。

三是生物方面的影响。这种影响与水库的地理位置和季节有关。水库建成之后,大量野生动、植物将被淹没死亡,甚至全部灭绝,而且腐烂的动、植物尸体会大量消耗水中的溶解氧,进一步造成水库内鱼类的死亡。与此同时,其他一些生物可能应运而大量繁殖,使原有生态平衡被打破。最为明显的是,上游原来是陆地生态系统,建设水库后则变成水域生态系统,而下游则正好发生相反的变化。同时,上游水域面积扩大会使某些病原生物的栖息地点增多,并为一些地区性疾病的蔓延创造条件。

四是社会经济方面的影响。修建大型水库需要搬迁大量居民并使之重新定居,会对社会结构产生影响。如果计划不周,安排不当,还会引起一系列社会经济问题。修建大型水库还可能淹没、破坏文物古迹,造成文化和经济上的损失。

三、核能开发利用中的环境问题

核能开发利用中的环境问题主要表现在以下三个方面。

一是慢性辐射影响问题。核电站对周围 8 km 以内居民的辐射剂量相当于宇宙辐射剂量的 $1/6\sim1/5$,而每天看 1 h 电视,半年时间所受到的辐射剂量就会超过核电站一年内的辐射剂量。因此,核电站对人的体外慢性辐射影响可以忽略不计。

二是放射性废物的环境问题。由于需要换装燃料和清除放射性废物,反应堆大约每年应停车一次。因此,反应堆会定期排放出大量放射性物质。这些放射性主要来自两方面:裂变碎片产物和反应堆中的其他材料受堆芯强中子场作用产生的中子活化产物。在换装燃料时,从反应堆取出的、具有强放射性的废燃料组件,在堆址要暂存一段时期,让大量短寿命的放射性核素衰变掉后,再用屏蔽运输车送去进行后处理。后处理时,废燃料组件被切碎并溶于硝酸中,回收未反应的铀,并从中提取钚,其余一些核素仍留在浓缩液或固体中,等待最终处置。因此,在正常情况下,核电的主要问题是核废料的处置问题。

三是反应堆的安全问题。核电站发生事故的概率很低,加上人们的高度重视,采取一切措施加以预防,一般反应堆对环境的污染与危害比一些工业企业要少得多。不过,一旦核电站发生重大事故,放射性伤害则非常大。1986 年发生在苏联的切尔诺贝利核电站事故,可以说是原子能发展史上最严重的核失控事故。

5.2.2　能源消费过程中的环境问题

目前化石能源除极少数用作化工原料外,基本上都用作燃料,其中石油制品主要用于交通运输,煤炭主要用于取暖和发电。可以说,化石能源在消费过程中的环境影响,主要是由燃烧时的各种气体与固体废物和发电时的余热所造成的污染。其中燃煤的环境污染影响最大,燃油次之,燃烧天然气造成的环境污染最小(表 5-1)。下面分别对矿物燃料燃烧过程中的大气污染和热污染问题进行简要介绍。

表 5-1　各种发电方法的大气污染物发生率　　　　　　　单位:$g/(kW \cdot h)$

发 电 方 法	CO_2	NO_x	SO_x
煤炭发电	322.8	1.8	3.400
石油发电	258.5	0.88	1.700
天然气发电	178.0	0.9	0.001
原子能发电	7.8	0.003	0.030
水力发电	5.9	—	—
太阳能发电	5.3	0.007	0.020
地热发电	21.5	—	—
风力发电	6.7	—	—

资料来源:滨川圭弘等编、郭成言译的《能源环境学》,科学出版社 2003 年出版。

1) 矿物燃料燃烧造成的大气环境污染问题

化石能源燃烧的基本反应是

$$C + O_2 \longrightarrow CO_2 + 热量 \qquad (5-2)$$

即燃料中的碳转变为 CO_2 而进入大气,同时产生热能供人们使用。

根据荷兰环境评估局(MNP)公布的数据,2007 年全球能源活动产生的 CO_2 排放量约为 2.76×10^{10} t,比 1990 年的 2.07×10^{10} t 增加 33.3%,年均增长 1.9%。CO_2 是主要的温室气体,其浓度增加无疑会加剧大气温室效应,改变全球气候,危害生态系统。

我国煤炭平均硫分为 1.10%,硫分小于 1% 的煤占 63.5%,硫分大于 2% 的煤占 24%。由于原煤入洗比例不足 40%,因此,SO_2 排放主要来源于燃煤过程。山东、河北、山西、江苏等煤炭消费大省及西南的贵州、四川、重庆等高硫煤省(市)SO_2 排放量处于前列。

我国氮氧化物(NO_x)的主要排放源是以天然气、煤炭和重油为燃料的发电锅炉、工业锅炉和窑炉,以及硝酸、氮肥、炸药等化工生产工艺过程和机动车尾气。

此外,我国燃煤排放的粉尘和烟尘约占粉尘总排量的 70%。排放量大小按行业排序分别是:电力蒸汽及热水生产和供应业、非金属矿物制品业、金属冶炼及压延工业和化学原料及化学制品制造业。

受上述污染物排放的影响,我国酸雨分布非常普遍,酸雨危害严重。从酸雨出现城市比例和降水酸度来看,“十五”期间,以重庆、贵阳为代表的西南酸雨区酸雨污染有所减轻;华中酸雨区(湖南、江西等省)、华东酸雨区(特别是浙江省)和华南酸雨区的珠江三角洲地区的酸雨污染均有所加重。据估计,我国酸雨造成的污染损失在各地区有所不同,每吨 SO_2 造成的污染损失在 1300～8000 元之间。

2) 热电的热污染问题

一般火电站借助于燃烧化石燃料得到热量,产生高温高压蒸汽,推动发电机组以获得电能。但是,根据热力学第二定律,工作在两个热源间的任何热机都不可能使燃料中的全部潜能完全转化为有用功,其最大效率 ε 可由下式计算:

$$\varepsilon = (1 - T_c/T_h) \times 100\% \qquad (5-3)$$

式中:T_c——低温热源(即冷源)温度;

T_h——高温热源温度。

显然,该效率因 T_h 的上升和 T_c 的下降而增大。但是,升高热源温度,要受到材料耐热性能的限制,而降低冷源温度,又受到环境的制约。因此,既不可能把热源的温度提得很高,也不可能把冷源的温度降得很低,结果火电站的效率就不可能很高。再加上能量在转换和传递过程中的损耗,目前运转的各类火电站中热能利用的平均效率约为 33%,就是说,燃料潜能的 2/3 没有得到利用,而成为余热排放掉。如果作为热水,供工厂或居民使用,或供暖房生产和育种,发展温、热水养殖等,就可以降低这部分能源的消耗。尽管如此,由火电站排入环境的余热在多数情况下会引起热污染(calefaction)。这种废热水进入水域时,其温度比水域的温度平均要高出 7~8 ℃,以致明显改变原有的生态环境。

首先,废热水进入环境水体使水温上升,将促进含氮有机物的矿化,水中溶解性铵盐浓度增加,水体化学性质随之发生改变。同时,水温升高可促进某些藻类的繁殖和代谢,增加固氮藻的固氮速率,改变藻类种群结构。以淡水浮游藻类为例,在水温 10~15 ℃时硅藻占优势,27~32 ℃时绿藻占优势,高于 35 ℃则蓝藻占绝对优势。藻类种群的改变直接影响鱼类饵料的质量。硅藻和绿藻是鱼类良好的饵料,而蓝藻难被鱼类消化吸收。再者,水体温度增加也影响浮游生物(如原生生物、轮虫、棱角类和桡足生物)的生存。当水温升至 27~28 ℃时,浮游动物数量减少;当水温升至 30 ℃以上,又是强增温水域($\Delta T > 3$ ℃)时,则大多数浮游动物将停止繁殖,甚至死亡,但是,如果是弱增温水域($\Delta T < 3$ ℃),浮游动物的数量则会显著增加,如桡足类可增加 7.5 倍之多。在强增温水域内,底栖生物也会显著增加,一些腹足类(螺)的增加量可高达 70 倍,双壳类(蚌)可增加约 10 倍。在热水排放区,由于水体周围气温较高,栖息在该区域的昆虫将会提前苏醒,而远离该区域的昆虫可能仍处于冬眠状态。昆虫苏醒次序的更迭,会造成有关生态系统中食物链的中断,破坏生态平衡,使提前苏醒的昆虫大批死亡,甚至灭绝。

5.3 解决能源环境问题的途径

5.3.1 推广清洁煤利用技术,降低源头污染

目前我国能源消费结构中煤炭占 60.4%,石油占 18.8%,清洁能源占 20.8%。能源资源条件决定了我国以煤为主的能源消费结构在短期内难以转变,未来煤炭仍将在整个能源结构中发挥不可替代的作用。煤炭消费带来的高污染问题在很大程度上与燃烧技术落后有关,因此必须抓住这一关键环节,有效解决我国的能源污染问题。

采用煤炭气化技术,将原煤转变为煤气(主要由一氧化碳和氢气组成)。通过气化过程,原煤中的灰分和二氧化硫等杂质被除去,这样不仅可显著提高热效率,还能降低环境污染,减轻运输负担。据测算,1 t 商品煤变为煤气供居民使用,可顶 1.9 t 煤直接燃烧,热效率可提高近 1 倍。

清洁煤技术的另一关键步骤是捕获煤燃烧后释放的 CO_2,阻止温室气体的排放。将煤气化技术与煤气发电技术相结合,构成集成煤气化联合循环发电系统(IGCC),有望实现这一愿望。IGCC 发电站是目前世界先进的电力生产系统,该技术在天然气发电厂已得到普遍采用。IGCC 除了能够显著提高煤炭的热转化效率之外,更为重要的是,它有助于削减 CO_2 的排放,因为相比之下,人们从气流中捕获 CO_2 比从传统发电厂的烟囱中捕获 CO_2 要容易得多。

5.3.2　提高能源利用效率,降低能源消耗

自 20 世纪 80 年代开始,我国通过贯彻"开发与节约并举,把节约放在首位"的方针,到 20世纪末实现了经济增长翻两番、能源消费增长翻一番的目标。但是,与先进国家相比,我国能源利用效率仍相对较低,而单位产值能耗偏高。为此,可采取以下技术措施提高热能和电能的利用效率。

(1) 集中供暖和联片供热。实行集中供暖和联片供热,以取代大批小锅炉分散采暖采热方式,既可节能,又能减轻污染,更有利于充分利用工业炉烟道的高温排气。石油、冶金等工业中大量的高温余压气体及电厂的中、低压蒸汽和热水,均可用作民用取暖加热及某些工艺过程所需的中、低压蒸汽压的来源,从而大大提高能源的利用率。

(2) 加速研究热机新技术和发展高效率的电热并供装置。如发展大功率的蒸汽轮机,可以提高发电动力装置的效率。

同时,应该逐步采用节能高效的新型设备,以取代耗能多效率低的陈旧设备,特别是各种老式的动力设备。这类设备既费能,效率又低,而且污染严重,提高这些设备的效率或逐步代以节能高效的新设备,是节约能源和改善环境的重要途径。

5.3.3　积极发展核电,降低高污染能源消费比重

核能的燃料是铀或钍,相比于煤或石油发电,它既不排放硫氧化物、氮氧化物、煤尘等化学污染物,也不排放引起地球温室效应的二氧化碳气体,而且没有漏油、露天矿坑、酸性矿坑水影响等问题,从地域环境污染和地球温室效应方面,可以说核能是一种清洁的能源。发展核能在一定程度上能够缓解未来能源利用的压力,降低环境污染水平。

据专家估计,核电站的基建投资为同等功率火电站的 1.5~2 倍,但如果包括燃料开采、加工和运输的投资在内,则二者的总投资是相接近的,发电成本要比火电低 20%~50%。从综合效果看,核电站在经济上是合算的,特别是我国煤炭和水力资源分布极不均匀,煤与石油运输量大,而核电具有燃料运输量小、地区适应性强的优点。

世界对核能的利用都非常重视,1979 年以来,核电在世界能源结构中的比重得到稳步提高(表 5-2)。2007 年 11 月,国务院正式批准《国家核电发展专题规划(2005—2020 年)》,标志着我国核电发展进入了新的阶段。按照规划要求,到 2020 年,我国核电站的总装机容量将达到 $4 \times 10^7 \text{kW}$,核电占全部电力装机容量的比重将从现在的不到 2% 提高到 4%。

表 5-2　核能在世界能源结构中所占的比重　　　　　　　　　　　　单位:%

年　份	石　油	煤	天然气	核　能	其　他	总　计
1979	43	28	20	2	7	100
2000	29	28	23	10	10	100
2020	11	26	13	31	19	100

资料来源:何强、井文涌、王翊亭编著的《环境学导论》(第 3 版),清华大学出版社 2004 年出版。

5.3.4　加快可再生清洁能源的开发利用

我国可再生能源的利用率一直较低,从维护能源安全和控制环境污染双重目标考虑,必须

加大可再生清洁能源开发利用的力度。按照国家制定的可再生能源长期发展战略,我国将重点发展水能、风能、生物质能和太阳能等可再生能源,计划到 2020 年,可再生能源利用占能源消费总量的比重达到 18%,2030 年达到 30%。下面仅简要介绍生物质能和太阳能的开发利用问题。

一、生物质能的开发利用

从能源消费变化来看,人类最终将要过渡到可再生能源的持久利用上,生物质被认为是目前最容易进行商业开发的可再生能源资源。欧盟委员会在其发布的《欧盟能源发展战略白皮书》中指出,到 2015 年,生物质能的消费将达到总能源消费量的 15%;到 2020 年,生物质燃料将替代 20% 的化石燃料。美国计划到 2020 年使生物质能的消费量达到能源总消费量的 25%,2050 年达到 50%。

生物质转换技术可以分成三种基本类型:直接燃烧过程、热化学过程和生物化学过程。

1. 生物质的直接燃烧

直接燃烧是目前把生物质转换成热能所通用的基本过程。采用传统的炉灶直接燃烧生物质,资源利用率低,对环境污染较大。现在已设计出各种适合烧木质废物和其他生物质的燃烧炉和锅炉。但由于生物质的含水量较高、组分复杂,生物质燃烧炉和锅炉的热效率仍不及常规锅炉。

2. 生物质的热化学转化

热化学过程即高温分解过程,分解后通常形成混合气体(气化)、油状液体(液化)和纯焦炭(炭化)。这些产品的比例取决于原料、反应温度和压力、在反应区停留的时间和加热速度等。

气化是在高温状态下(如 1000 ℃)发生的热解过程。根据普林斯顿大学的研究结果,不管是在工业化国家还是在发展中国家,由集成式生物质气化器和蒸汽-喷射式燃气轮机构成的组合装置,都有希望与常规的煤炭发电、核能发电和水力发电竞争。

生物质炭化可以提高单位质量的能量密度,从而有效降低运输费用。由于木炭燃烧时不冒烟,因此成为一种适合家庭使用的燃料。在工业方面,可用于需要含碳量高和含硫量低的部门。

3. 生物质的生物化学转化

生物质的生物化学转化是利用生物化学方法,将生物质进行发酵或水解获取甲烷和乙醇的过程。

(1) 沼气发酵。沼气是利用城市垃圾、人畜粪便、作物秸秆和杂草等有机废物,经过好氧分解和厌氧分解两个阶段而得到的混合气体。其中含 55%~65% 的甲烷(CH_4)、35%~45% 的 CO_2、0~3% 的 N,以及 H、O 和 H_2S(各 0~1%)等气体。沼气的热值视其中的甲烷(CH_4)含量而定,一般为 $2 \times 10^7 \sim 2.6 \times 10^7$ J/m³。

沼气的形成过程需要 4~30 天。其中好氧分解在产酸菌的作用下,把复杂的大分子有机物变成较简单的小分子物质,进而在甲烷菌的作用下经厌氧分解产生沼气。因此,要使沼气的产量高,就必须适时地从好氧分解转入厌氧分解,控制好产酸菌与甲烷菌的比例。实验测定,发酵系统的氧化还原电位低于 200~400 mV 时最有利于甲烷菌进行厌氧分解。

此外,沼气的产量还受其原材料的影响。表 5-3 列出了几种生物质的沼气产率。理论上,每吨湿纤维素可生产沼气量 400 m³,但实际中一般只能达到理论产气率的 1/4 左右。

表 5-3　几种生物质的沼气产率比较

生　物　质	沼气产量/(m³/ kg(干粪))	温度/℃	甲烷含量/(%)
牛粪	0.85	34.6	58
鸡粪	0.31	37.3	60
家禽粪	0.46～0.54	32.6	58
猪粪	0.69～0.76	32.6	58～60
羊粪	0.37～0.61	—	64

资料来源:何强、井文涌、王翊亭编著的《环境学导论》(第 3 版),清华大学出版社 2004 年出版。

我国沼气产业开始于 1980 年,其开发利用在国际上处于领先地位。目前我国沼气的利用不局限在点灯做饭,已经发展到乡村集中供气和沼气发电,形成了以沼气为纽带的生态家园富民工程。

(2)燃料乙醇。水解发酵制取乙醇的原料有三大类:一是富含糖类的生物质,如甘蔗、甜菜、菊芋、甜高粱等;二是富含纤维素类的生物质,如农作物秸秆、木材加工剩余物、速生纤维能源植物(如桉树、桤木、柳树、杨树、含羞草、乳草属植物、莎草、沼泽草等);三是富含淀粉类的生物质,如禾谷类、甘薯、木薯、马铃薯等。利用上述生物质,通过水解发酵得到乙醇溶液,然后经过简单的精馏即可得到 95％的乙醇,或者利用共沸精馏方法获得无水乙醇(燃料乙醇)。燃料乙醇可以代替交通运输业所需要的液体燃料汽油,尽管它的热值(2.4×10^{10} J/m³)低于汽油(3.9×10^{10} J/m³),但它在燃烧方面的其他优越性能足以弥补其热值较低的不足。

巴西是利用能源甘蔗生产乙醇作为汽车燃料最为成功的国家,2006 年巴西生产的燃料乙醇已经取代了该国 40％以上的汽油消费,成为世界上唯一不供应纯汽油的国家,其乙醇在交通燃料中的使用量位居世界第一。

我国的燃料乙醇研发工作始于 20 世纪末期。"十五"期间,在河南、安徽、吉林三省建设了四套年产 3×10^5 t 的燃料乙醇生产装置,主要利用陈化粮等为原料生产乙醇。我国是一个人口众多、人均耕地资源不足的国家,因此,燃料乙醇未来的发展必须坚持"不与人争粮,不与粮争地"的原则,充分利用非粮农林产品和废物资源,如富含纤维素的农作物秸秆(每年的资源量约 7×10^8 t)。还可通过引进栽植速生能源植物,如柳枝稷、束状草、象草、芒草、杨树等,将能源植物种植计划与生态工程林网建设和荒山荒地绿化相结合,扩大生物质来源,为我国能源乙醇的可持续健康发展提供物质保障。

4. 生物柴油的开发利用

生物柴油的生产是一个化学精炼过程,而不是纯粹的生物技术产物。生物柴油最大的优点是可以直接使用,不需要改造发动机,并且可以同传统柴油以任何比例混合。研究表明,生物柴油燃烧时排放的有害物质少,特别是它所含的多环芳香化合物和亚硝酸多环芳香化合物很低。

制取得到的生物柴油的原料有油菜、大豆、棕榈等油料植物及其他油脂物质。目前生物柴油的大型生产厂家主要集中在欧洲,利用的主要原料是油菜籽。美国生物柴油的商业应用始于 20 世纪 90 年代,生产原料主要是大豆。日本 1995 年开始研究生物柴油,主要以煎炸废油为原料。巴西以蓖麻、大豆、向日葵、油棕榈等油脂类作物为主要原料生产生物柴油。我国主要以废食用油和工业废油为原料。

自然界中另有一类富含类石油成分(烃类)的植物,这些植物油脂很容易被改造为生物柴油,是极具开发前景的能源植物。如大戟科植物膏桐(俗称麻风树),其种子含油量高达33％～64％,种子油经改性制取得到的生物柴油的 16 烷值为 44.81,与矿物柴油十分接近,可适用于各种柴油发动机,在关键技术指标上甚至优于国内零号柴油。类似的植物还有蓖麻、油楠、续随子、绿玉树、古巴香胶树等。发展和培育高产能源树种,对解决我国石油替代能源问题具有重要的战略意义。目前,科研人员正在积极研发利用小桐子、黄连木、光皮树、油楠等木本油料植物制取生物柴油的技术。我国规划到 2020 年生物柴油产量达到 1.9×10^7 t。

二、太阳能的开发利用

我国太阳能总辐射量在 0.6 MJ/cm² 以上的地区占幅员的 2/3,沿海、华北、东北地区能量密度相对较低,而内陆高原地区能量密度相对较高。西藏地区的太阳能资源最为丰富,能量密度在 $6.3 \times 10^5 \sim 1 \times 10^6$ J/(cm²·a)范围内,其余地区为 $4.6 \times 10^5 \sim 5.9 \times 10^5$ J/(cm²·a)。

直接利用太阳能的主要设备有太阳能集热器、蓄热水箱、太阳灶、太阳屋、太阳能热电转换系统和光电转换系统等。太阳炉、太阳灶、太阳房等已在我国能源短缺的某些地区获得较广泛应用。太阳能低温热水系统也在全国许多地方的食堂、住宅等场所应用。最简便的家用太阳能热水装置,使用更为普遍。未来太阳能的开发重点将是太阳能发电技术的规模化应用。

(1) 太阳能热电系统:它是将太阳能通过热转换生成电能的系统,核心部件是太阳能集热器。太阳能集热器一般由涂上黑色的金属板和金属管,加上玻璃盖,底层由绝热材料保温而组成。固定式集热器能收集到的热能,最高可达 150 ℃,若再采用选择性表面涂层或用聚光装置,可以获得更高的温度。其中线性聚光集热器经聚焦后温度可达 300 ℃,而点聚焦集热器温度能达 600 ℃以上。将多个点聚焦集热器组合在一起,即可组成太阳能热电系统。一座典型的 10 万千瓦太阳能热电发电系统,大约由 12500 个定日镜组成,每个反射镜的面积为 40 m²。在最佳条件下,50 hm² 的反射镜组可以产生 100 MW 电力。据专家测算,太阳能热电系统的运行成本低于核电厂或以石油为燃料的火电站。

(2) 太阳能光电系统:它是将太阳能直接转换成电能的系统,核心部件是光电池。太阳能光电系统的理论基础是光电效应。光电池俘获太阳能,通过将电子与其母体原子分离并使其加速通过由两种不同类型半导体材料连接形成的静电屏蔽通道,从而将太阳能直接转化为电流。光电池具有设备简单,维修成本小,不会产生污染,与传统化石燃料或核电厂的寿命相当等优点。目前光电池在野外俘获太阳能的效率在 10％以上,实验室条件下则可达到 75％以上。

太阳能光电发电系统相对于其他发电系统而言,具有以下主要优点。①没有动力机械,是安静的清洁能源。由于从光能到电能的转换应用的是半导体特有的能量效应,不用火力发电和原子能发电时必须具有的汽轮机、发电机等动力机械,因此,不存在噪声、放射性污染或爆炸的危险。②维修方便,容易自动化。因为没有动力机械和高温高压部分,也就不存在摩擦损耗,不需要润滑油。③不论规模大小,均按一定的效率发电。太阳能电池的转换效率,不论所用系统的规模大小,几乎是一定的。④由于采用模块结构,容易实现大批量生产,规模效益大。随着需求的扩大,可以通过连续自动化生产线降低生产成本。

5.3.5　新能源利用技术研发

一、核聚变能

核聚变(nuclear fusion)的主要原料是浩渺的海水中所蕴藏的用之不竭的氘(^{2}H),其产物是惰性气体氦（He），因此，核聚变既无原料短缺问题亦无核废料或核泄漏等污染问题，有望成为未来的重要能源。

氘和氚都是氢的同位素。在一定条件下，它们的原子核可以互相碰撞而聚合成一种较重的原子核——氦核，同时把核中储存的巨大能量（核能）释放出来。一个碳原子完全燃烧生成二氧化碳时，只放出 4 eV 的能量，而氘-氚反应时能放出 1.78×10^7 eV 的能量。据计算，1 kg 氘燃料至少可以抵得上 4 kg 铀燃料或 1×10^4 t 优质煤燃料。1 L 海水中含有 0.03 g 氘，这 0.03 g 氘聚变时释放出来的能量等于 300 L 汽油燃烧的能量。人们已经知道，海水的总体积为 1.37×10^9 km³，所以海水中总共含有几亿亿千克的氘。这些氘的聚变能量，足以保证人类上百亿年的能源消费。

氘-氚的核聚变反应，需要在几千万度，以至上亿度的高温条件下进行。目前，这样的反应，已经在氢弹爆炸过程中得以实现。用于生产目的的受控热核聚变在技术上还有许多难题。但是，随着科学技术的进步，这些难题都是能够解决的。1991 年 11 月 9 日，由 14 个欧洲国家合资，在欧洲联合环型核裂变装置上，成功地进行了首次氘-氚受控核聚变试验，反应时发出了 1.8 MW 电力的聚变能量，持续时间为 2 s，温度高达 3 亿摄氏度，比太阳内部的温度还高 20 倍。核聚变比核裂变产生的能量效率要高 600 倍，比煤高 1000 万倍。因此，科学家们认为，氘-氚受控核聚变的试验成功，是人类开发新能源历程中的一个里程碑。科学家预计，50 年后受控核聚变将为人类提供新型商业能源。

二、氢能

随着生态环境保护的呼声日益高涨，以及常规能源存储量减少，氢燃料的开发应用已被放在一个重要的战略地位上。目前在制取氢的工艺技术方面已取得新进展，并在航空（天）器、汽车、燃料电池等很多领域得到了成功应用。

氢之所以会引起人们的重视，是由于它具有以下四个方面的特性。①热值高。每千克氢的热值高达 12.1×10^7 J，是汽油热值的 3 倍。②"爆发力"强。易于燃烧，燃烧速度非常快。③来源广。除空气中含有氢气外，主要是以化合物的形式储存于水中。④无污染。氢本身很纯净，燃烧后只生成水和少量的氮化氢，不会产生对人体有害的污染物。而且它燃烧后生成的水，还可继续制氢，循环使用。

目前制氢的原料主要是天然气，利用太阳能从水中获取氢应是今后的发展方向。当前研发的太阳能制氢新技术主要有五种。

（1）太阳能热化学分解水制氢。在水中加入催化剂，利用太阳能将水加热到 $900 \sim 1200$ K 的温度，使水反应生成氢和氧。

（2）太阳能电解水制氢。与常规的用直流电电解水制氢的原理相似，电能由太阳能转换而成（光伏发电或热发电）。

（3）太阳能光化学分解水制氢。在水中加入光敏物质如碘，用其帮助水吸收阳光中的长波光能，以保证高效连续利用太阳能制氢。

（4）太阳能光电化学电池分解水制氢。构造一种光电化学电池，阳极在太阳光照射下处于激发状态，激发出电子-空穴对，空穴扩散到阳极表面，和水相互作用生成氧气，电子则转移到阴极（如铂极），在阴极表面和氢离子相互作用生成氢气。

（5）光合微生物制氢。利用光合微生物，如小球藻、固氮蓝藻、柱孢鱼腥藻及其共生植物红萍等的光合作用过程，将水分解成氢气。

思　考　题

1. 什么是能源？它包括哪些种类？
2. 我国能源消费有哪些特点？
3. 能源利用对环境有哪些影响？
4. 应当如何解决当前的能源问题？
5. 什么是清洁能源？你了解的清洁能源有哪些？

第6章 大气污染及其防治

6.1 大气圈结构与大气组成

6.1.1 大气圈结构

在自然地理学上,把随地球引力而旋转的大气称为大气圈。大气圈的厚度为 1000~1400 km,超过 1400 km 就是宇宙空间了。大气圈中的空气密度分布不均匀,以海平面上的大气最稠密。近地层大气密度随高度的上升而迅速减小,在 400~1400 km 的大气层里,空气渐渐变稀。大气层的总质量(5.1×10^{18} kg)相当于地球质量(6×10^{24} kg)的百万分之一。

大气圈在垂直方向上,按物理性质的显著差异,同时考虑大气的垂直运动规律分为五层:对流层、平流层、中间层、热成层、散逸层(图 6-1)。

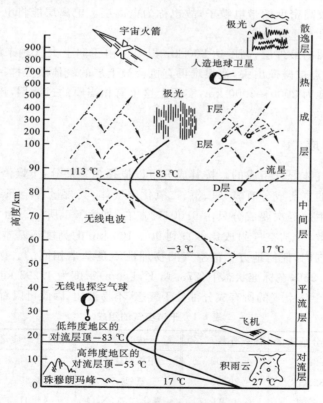

图 6-1　大气垂直方向的分层

对流层是大气层中最低的一层,底界是地面,对流层与地面接触并从地面上获得能量,因而气温随着高度的增加而降低,每升高 100 m,温度约降低 0.65 ℃。对流层的特点是:该层具有相当强的对流作用,其强度与纬度有关,低纬度地区对流强度较强,高纬度地区对流强度较弱;对流层的厚度因纬度而不同,低纬度地区为 $17\sim18$ km,中纬度地区为 $10\sim12$ km,高纬度地区为 $8\sim9$ km,其平均厚度为 12 km。

对整个大气圈来讲,对流层是比较薄的,但质量却占整个大气圈的 3/4,云、雾、雨、雪等天气现象都发生在这一层里,特别是在近地面 $1\sim2$ km 范围内与人类的关系更为密切。人类活动排放的污染物主要是在对流层聚集,大气污染主要也是在这一层发生。因而对流层对人类生活影响最大,与人类关系最密切,是我们研究的主要对象。

平流层是在对流层之上非常平稳的一层,其范围从对流层顶到高空 50 km。平流层的下部有一很明显的稳定层,温度不随高度变化或变化很小,近似等温,然后随高度增加而温度上升,其原因是在该层中有一臭氧层,能吸收太阳紫外线而放热。平流层的特点是以平流运动为主,垂直方向流动很小,空气干燥,对流层中的云和气流通常不易穿入,也无对流层中的那种云、雨等现象,尘埃少,透明度高,是超音速飞机的理想场所。

中间层是从平流层上到 85 km 处,该层温度变化特征是:中间层底部温度较高,几乎与地面温度差不多,随着高度的升高,温度迅速下降,可以降达 -83 ℃,其原因是底部的 O_3 层强烈吸收太阳紫外线引起的。该层具有强烈的对流运动,又称高空对流层。

中间层之上为热成层,上界达 800 km。由于原子氧吸收太阳紫外光的能量,该层之温度随高度升高而迅速升高。由于太阳和其他星球射来各种射线的作用,该层大部分空气分子发生电离而产生具有较高密度的带电粒子,故也称为电离层。电离层能将电磁波反射回地球,对全球的无线电通信具有重要意义。

逸散层是大气圈的最外层,高度达 800 km 以上。由于向上大气越来越稀薄,地心引力减弱,以致一个气体质点被碰撞出去,就很难再有机会被上层的气体质点撞回来而进入宇宙空间去了。逸散层的高度为 $2000\sim3000$ km,实际上这里有相当厚的过渡层,该层气温也是随高度增加而升高。

6.1.2　大气的组成

大气是由多种气体混合组成的。按其成分可以概括为三部分:干燥清洁的空气、水汽和悬浮微粒。干洁空气的主要成分有氮、氧、氩、二氧化碳气体,其含量占全部干洁空气的 99.99%(体积),氖、氦、氪、甲烷等次要成分只占 0.004% 左右,如表 6-1 所示。由于空气的垂直运动、水平运动及分子扩散,干洁空气组成比例直到 $90\sim100$ km 的高度还基本不变。也就是说,在人类经常活动的范围内,任何地方干洁空气的物理性质是基本相同的。例如干洁空气的平均相对分子质量为 28.966,在标准状态下(273.15 K,1 atm)密度为 1.293 kg/m³。在自然界大气温度和压力条件下,干洁空气的所有成分都处于气态,不易液化,因此可以看成是理想气体。

表 6-1　干洁空气的组成

成　分	相对分子质量	体积分数/(%)	成　分	相对分子质量	体积分数/(%)
氮(N_2)	28.01	78.09	甲烷(CH_4)	16.04	1.5×10^{-4}
氧(O_2)	32.00	20.95	氪(Kr)	83.80	1.0×10^{-4}
氩(Ar)	39.94	0.93	一氧化二氮(N_2O)	44.01	0.5×10^{-4}
二氧化碳(CO_2)	44.01	0.03	氢(H_2)	2.016	0.5×10^{-4}
氖(Ne)	20.18	18×10^{-4}	氙(Xe)	131.30	0.08×10^{-4}
氦(He)	4.003	5.3×10^{-4}	臭氧(O_3)	48.00	$(0.01\sim0.04)\times10^{-4}$

(陈英旭等,2001)

大气中的水汽含量随着时间、地点、气象条件等不同而有较大的变化。其变化范围可达 0.02%～6%。大气中的水汽含量虽然很少,却导致了各种复杂的天气现象:云、雾、雨、雪、霜、露等。这些现象不仅引起大气湿度的变化,而且引起热量的转化。同时,水汽又具有很强的吸收长波辐射的能力,对地面的保温起着重要的作用。

大气中的悬浮微粒,除由水汽变成的水滴、冰晶外(云、雾即是由微小的水滴或冰晶组成的),主要是大气尘埃和悬浮在空气中的其他杂质。它们有的来自流星在大气中的燃烧后产生的宇宙灰尘,有的是地面上燃烧产生的烟尘或被风卷起的尘土,有的是海洋中浪花溅起在空气中蒸发留下的盐粒,有的是火山喷发后留在空中的火山灰,有的是由细菌、动物呼出的病毒、植物花粉等组成的有机灰尘。悬浮微粒对大气中的各种物理现象和过程也有重要影响。

地球的其他圈层,尤其是生物圈与大气圈进行着活跃的物质和能量交换,使大气各组分之间保持着极其精细的平衡。但大气中的一些微量组分的浓度已经发生了实质性的变化,如 CO_2 和 O_3 等气体浓度的变化。20 亿～30 亿年以前,大气圈中 CO_2 的浓度是现在的 10 倍,随着大气圈中氧的浓度的增加,CO_2 的浓度在 16 亿年前就已逐渐下降到今天的水平。CO_2 和某些气体能吸收地表长波辐射,而让太阳的短波辐射通过,从而使地表增温,即产生"温室效应",此类气体也因此称为"温室气体"。

大气圈各组分之间的精细平衡是地质历史过程的结果,破坏这种平衡也就是破坏了人类和各种生物赖以生存的基础。工业化以来,人类利用和改造自然的活动日益加剧,对这种平衡的破坏作用也越来越大,各种污染物排放至大气,改变了大气的化学组成,同时人类为了生产和交通的需要,填海造田、兴建水库,也对气候产生了不良影响,从而使人类面临着重大的环境问题,如温室效应、热污染等。

6.2　大气污染及其类别

6.2.1　大气污染的定义

大气污染是指由于人类活动或自然过程引起某些物质介入大气中,呈现足够的浓度,积累至足够的时间,并因此危害了人体的舒适、健康和福利,或污染了环境。

人类活动不仅包括生产活动,也包括生活活动,如做饭、取暖、交通等。自然过程包括火山活动、森林火灾、海啸、土壤和岩石的风化及大气圈中空气运动等。一般说来,自然环境所具有的物理、化学和生物机能,会使自然过程造成的大气污染经过一定时间自动消除(即使生态平衡自动恢复)。因此可以说大气污染主要是由于人类活动造成的。

大气污染对人体舒适、健康的危害主要包括对人体正常的生活环境和生理机能的影响,以及引起急性病、慢性病以至死亡等。

6.2.2　大气污染物

大气中污染物种类多、成分复杂、影响范围广,其中对大气环境影响较大的主要有颗粒物、氧化硫、氮氧化物、一氧化碳、碳氢化合物、硫氢化物、光化学烟雾、氟化物、挥发性有机物、臭氧等。

一、大气污染物的种类

排入大气中的污染物,在与正常的空气成分混合的过程中,发生各种物理、化学变化。按其存在状态,大气污染物可分为两大类:气溶胶污染物和气态污染物。

1. 气溶胶污染物

气溶胶污染物是指固体粒子、液体粒子或它们在气体介质中的悬浮体。从大气污染控制的角度,按照不同的来源和物理性质,可将其分为如下几种。

1)粉尘(dust)

粉尘是指悬浮于气体介质中的小固体粒子,能因重力作用发生沉降,但在某一段时间内能保持悬浮状态。它通常是由于固体物质的破碎、研磨、分级、输送等机械过程,或土壤、岩石的风化等自然过程形成的,粒子的形状往往是不规则的。在气体除尘技术中,粒子的尺寸范围一般为 $1\sim200~\mu m$。属于粉尘类的大气污染物的种类很多,如黏土粉尘、石英粉尘、煤尘、水泥粉尘、各种金属粉尘等。

在大气污染控制中,还根据大气中粉尘(或烟尘)颗粒的大小将其分为飘尘、降尘。

(1)细颗粒物(PM2.5,又称细粒、细颗粒):指环境空气中空气动力学当量直径不大于 2.5 μm 的颗粒物。它能较长时间悬浮于空气中,其在空气中含量浓度越高,则代表空气污染越严重。PM2.5 粒径小,面积大,活性强,易附带有毒、有害物质(如重金属、微生物等),且在大气中的停留时间长、输送距离远,对人体健康和大气环境质量的影响更大。

(2)飘尘(PM10):指大气中粒径小于 10 μm 的固体颗粒。它能较长期地在大气中飘浮,有时也称浮游粉尘。

(3)降尘:指大气中粒径大于 10 μm 的固体颗粒。在重力作用下它可在较短时间内沉降到地面。

(4)总悬浮颗粒物(TSP):指大气中粒径小于 100 μm 的所有固体颗粒。

2)烟(fume)

烟一般是指由冶金过程形成的固体粒子的气溶胶。它是熔融物质挥发后生成的气态物质的冷凝物,在生成过程中总是伴有诸如氧化之类的化学反应。烟的粒子尺寸很小,一般为 $0.01\sim1~\mu m$。产生烟是一种较为普遍的现象,如有色金属冶炼过程中产生的氧化铅烟、氧化锌烟,在核燃料处理厂中的氧化钙烟等。

3)飞灰(flash)

飞灰是指随燃料燃烧产生的烟气飞出的、分散得较细的灰分。

4)黑烟(smoke)

黑烟一般是指由燃料燃烧产生的能见气溶胶。

在某些情况下,粉尘、烟、飞灰、黑烟等小固体粒子的气溶胶的界限很难明显区分开,在各种文献,特别是工程中使用得较混乱,根据我国的习惯,一般可将冶金过程或化学过程形成的固体粒子气溶胶称为烟尘;将燃料燃烧过程产生的飞灰和黑烟,在不需要仔细区分时也称烟尘,在其他情况或泛指小固体粒子的气溶胶时则通称粉尘。

2. 气体状态污染物

气体状态污染物是以分子状态存在的污染物,简称气态污染物。气态污染物的种类很多,大部分为无机气体。常见的有五大类:以二氧化硫为主的含硫化合物、以一氧化氮和二氧化氮为主的含氮化合物、碳氧化物、碳氢化合物及卤素化合物等。

对于气态污染物又可分为一次污染物和二次污染物。

1)一次污染物

一次污染物是指在人类活动中直接从排放源排入大气中的各种气体、蒸汽和颗粒物。最主要的一次污染物有二氧化硫、一氧化碳、氮氧化物、颗粒物（包括金属毒物在内的微粒）、碳氢化合物等。一次污染物又分为反应物和非反应物，前者不稳定，在大气中与某些其他污染物或与大气成分发生化学反应；后者不发生反应或者反应速度迟缓，属较稳定的物质。由一次污染物引起的大气污染称为一次污染。

2）二次污染物

二次污染物是指进入大气中的一次污染物在大气中相互作用或与大气中正常组分发生化学反应，以及在太阳辐射的参与下发生光化学反应而产生的与一次污染物的物理、化学性质完全不同的新的大气污染物。这种物质颗粒较小，毒性比一次污染物强。常见的二次污染物有硫酸及硫酸盐气溶胶、硝酸及硝酸盐气溶胶、臭氧、过氧乙酰硝酸酯（PAN），以及不同寿命的中间物（又称自由基），如 $HO_2 \cdot$、$HO \cdot$、$NO \cdot$ 和氧原子等。表 6-2 列出了常见的一次污染物和二次污染物的种类。

表 6-2　气体状态污染物的种类

污　染　物	一次污染物	二次污染物
含硫化合物	SO_2、H_2S	SO_3、H_2SO_4、硫酸盐
含氮化合物	NO、NH_3	NO_2、HNO_3、硝酸盐
碳的氧化物	CO、CO_2	无
碳氢化合物	HC	醛、酮、过氧乙酰基硝酸酯、O_3
卤素化合物	HF、HCl	无

（郝吉明等，2002）

3）主要气态污染物

（1）硫酸烟雾。

硫酸烟雾是大气中的 SO_2 等硫氧化物，在有水雾、含有重金属的飘尘或氮氧化物存在时，发生一系列化学或光化学反应而生成的硫酸雾或硫酸盐气溶胶。硫酸烟雾引起的刺激作用和生理反应等危害要比 SO_2 气体强烈得多。

① 硫氧化物（SO_x）　硫氧化物（SO_x）主要是二氧化硫（SO_2）和三氧化硫（SO_3）。大气中的硫化氢（H_2S）是不稳定的硫化物，在有颗粒物存在下可迅速氧化成 SO_2。大气中 SO_x 近一半是由于人为污染所致，主要由燃烧含硫煤和石油等燃料产生的。此外，有色金属的冶炼、硫酸生产等也排放出相当数量的硫氧化物。燃料中的硫不完全是以单体硫存在，多以有机和无机硫化物的形式存在。有机硫化物和黄铁矿经燃烧分解、氧化可生成 SO_x，该种硫化物又称可燃性硫化物；以硫酸盐形式存在的无机硫化物在燃烧时是不分解的，多残存于灰烬之中，此种硫化物为非可燃性硫化物。

可燃性硫在燃烧时，主要生成 SO_2，只有 $1\% \sim 4\%$ 氧化生成 SO_3，其主要反应式为

$$S + O_2 \Longrightarrow SO_2$$

$$2SO_2 + O_2 \Longrightarrow 2SO_3$$

SO_2 在洁净干燥的大气中氧化生成 SO_3 的过程比较缓慢，但是在相对湿度比较大且有颗粒物存在时，可发生催化氧化反应；在太阳紫外光照射下，并有 NO_x 存在时可发生光化学反应，生成 SO_3 和硫酸雾。

据统计，全世界人为污染源每年排放 SO_x 约 1.5×10^8 t。表 6-3 给出了不同发生源 SO_x 的排放量。

表 6-3　地球上全年 SO_x 的发生量　　　　　　　　　　单位:10^6 t

发　生　源	发　生　量
煤燃烧	102
石油燃烧	—
汽油、柴油燃烧	2
重油燃烧	20
石油炼制	6
有色金属冶炼	16
从工厂发生的 H_2S(换算成 SO_2)	3
从人为污染源排放的 SO_2 总量	149
从海洋发生的 H_2S(换算成 SO_2)	32
陆地上发生的 H_2S(换算成 SO_2)	72
从海盐粒子形成的 SO_4^{2-} 中的硫(换算成 SO_2)	44

(Robinson 等,1969)

　　我国当前和今后一段时期的能源仍以煤为主,随着经济的发展,能源的消耗将大为增加。因此积极开展煤炭的脱硫和从烟气中回收 SO_2,特别是回收低浓度 SO_2 的科学研究,降低成本,减轻大气硫氧化物的污染是解决我国大气污染的根本途径。目前我国加强对大气二氧化硫的污染治理,批准了二氧化硫控制区和酸雨控制区;推行超低排放、限制高硫煤、燃煤改天然气等措施,控制二氧化硫的产生和排放。

　　超低排放是指火电厂燃煤锅炉在发电运行、末端治理等过程中,采用多种污染物高效协同脱除集成系统技术,使其大气污染物排放浓度基本符合燃气机组排放限值,即烟尘、二氧化硫、氮氧化物排放浓度(基准含氧量 6%)分别不超过 5 mg/m³、35 mg/m³、50 mg/m³,比《火电厂大气污染物排放标准》(GB 13223—2011)中规定的燃煤锅炉重点地区特别排放限值分别下降了 75%、30% 和 50%,是燃煤发电机组清洁生产水平的新标杆。

　　② 氮氧化物(NO_x)　　氮氧化物(NO_x)主要指 NO_2 和 NO,大气中氮在高温下能氧化成 NO,NO 进一步氧化成 NO_2。因而自然界中雷电、森林火灾等都可能产生 NO_x。另外,大气中 NH_3 氧化也生成 NO_x。人工源主要是指在燃料燃烧过程中产生 NO_x,在燃烧的高温下,大气中氮与氧化合生成氮氧化物。据研究,在 2100 ℃空气中 N_2 有 1% 氧化成 NO。另外炼油厂、硝酸厂、染料厂及硝基苯生产、炸药制造、合成纤维生产过程中也产生许多 NO_x。交通工具已成为 NO_x 污染的主要来源。大气中 50% 以上 NO_x 是由于人为污染造成的。全世界每年向大气中排放的 NO_x 达 $52.1×10^6$ t(1968 年),见表 6-4。

表 6-4　全世界人为污染一年间向大气排放 NO_x 量　　　　单位:10^6 t

发　生　源	发　生　量
煤	
火力发电厂	12.2
工业	13.7
居民、商业	1.0

续表

发 生 源	发 生 量
石油	
石油炼制	0.7
汽油燃烧	7.5
灯油燃烧	1.3
轻油燃烧	3.6
重油燃烧	9.2
天然气	
发电厂	0.6
工业	1.1
居民、商业	0.4
垃圾焚烧	0.5
木材燃烧	0.3
总计	52.1

（郝吉明等，2002）

NO_x 中 NO 与血红蛋白的亲和力较强，NO 最高允许浓度（折合为二氧化氮）在居住区为 0.15 mg/m^3，工作场所为 5 mg/m^3。NO_2 亲和性比 NO 大，对心、肝、肾造血组织等有影响，对人体健康危害严重，且在光照下发生光化学反应，生成比本身毒性更大的污染物，著名的洛杉矶光化学烟雾事件就是一例。

（2）碳氢化合物（C_nH_m）。

C_nH_m 包括脂肪烃、脂环烃、芳香烃。脂肪烃包括烷烃、烯烃、炔烃，在常温下随碳原子数的多少呈气、液和固态。

气态烃部分来自自然界动植物遗体被细菌分解产生的 CH_4 等。多环芳烃种类很多，如苯并（a）芘、二苯并芘、苯并蒽、芘、蒽、菲等。其中以苯并[a]芘最受关注。

目前污染大气的 C_nH_m 主要是由于广泛应用石油、天然气作为燃料和工业原料造成的，因此，炼油厂、石化厂、以油（气）为燃料的电厂或工业锅炉、汽车、柴油机车等是 C_nH_m 的重要污染源。世界每年排放 0.88 亿吨 C_nH_m。美国 1970 年排放 3470 万吨，其中 1950 万吨为交通车辆排放的。

C_nH_m 对于光化学烟雾的形成具有重要影响，其中一些多环芳烃化合物（如 3,4-苯并芘）具有明显致癌作用，这些已引起人们的关注。

（3）光化学烟雾。

光化学烟雾是在一定的条件下（如强日光、低风速和低湿度等），氮氧化物和碳氢化合物发生化学转化形成的高氧化性的混合气团。光化学烟雾造成危害的主要原因是其中的 O_3 和其他氧化剂直接与人体和动植物相接触，其极高的氧化性能刺激人体的黏膜系统，人体短期暴露其中能引起咳嗽、喉部干燥、胸痛、黏膜分泌增加、疲乏、恶心等症状，长期暴露其中则会明显损伤肺功能。另外，光化学烟雾中的高浓度 O_3 还会对植物系统造成损害。此外，光化学烟雾对材料（主要是高分子材料，如塑料和涂料等）也产生破坏作用，并且严重影响大气能见度，造成城市的大气质量恶化。

光化学烟雾是 1940 年在美国的洛杉矶地区首先发现的,此后,日本、英国、德国、澳大利亚和中国先后出现过光化学烟雾污染。

二、常见的大气污染物的产生及其迁移转化

1. 颗粒物

据联合国环境规划署统计,20 世纪 80 年代全世界每年大约有 23 亿吨颗粒物质排入大气,其中 20 亿吨是自然排放的,3 亿吨是人为排放的。因此,颗粒物质主要来自自然污染源,如海水蒸发的盐分、土壤侵蚀吹扬、火山爆发等。人为排放主要来自燃料的燃烧过程。

颗粒物质自污染源排出后,常因空气动力条件的不同、气象条件的差异而发生不同程度的迁移。降尘受重力作用可以很快降落到地面,而飘尘则可在大气中保存很久。颗粒物质还可以作为水汽等的凝结核参与降水的形成过程。

2. 含硫化合物

硫常以 SO_2 和 H_2S 的形态进入大气,也有一部分以亚硫酸及硫酸(盐)微粒形式进入大气。大气中的硫约 2/3 来自天然源,其中以细菌活动产生的硫化氢最为重要。人为源产生的硫排放的主要形式是 SO_2,主要来自含硫煤和石油的燃烧、石油炼制及有色金属冶炼和硫酸制造等。在 20 世纪 80 年代,每年约有 $1.5×10^8$ t SO_2 被人为排入大气中,其中 2/3 来自煤的燃烧,而电厂的排放量约占所有 SO_2 排放量的一半。由天然源排入大气的硫化氢会被氧化为 SO_2,这是大气中 SO_2 的另一主要来源。SO_2 和飘尘具有协同效应,两者结合起来对人体危害更大。SO_2 在大气中极不稳定,最多只能存在 2 天。在相对湿度比较大及有催化剂存在时,可发生催化氧化反应,进而生成 H_2SO_4 或硫酸盐,所以,SO_2 是形成酸雨的主要物质。硫酸盐在大气中可存留 1 周以上,能飘移至 1000 km 以外,造成远距离的区域性污染。SO_2 也可以在太阳紫外光的照射下,发生光化学反应,生成硫酸雾。

3. 碳氧化物

碳氧化物主要有两种物质,即 CO 和 CO_2。CO 主要是由含碳物质不完全燃烧产生的,而天然源较少,1970 年全世界排入大气中的 CO 约为 $3.59×10^8$ t,而由汽车等移动源产生的 CO 占总排放量的 70%。可见,CO 主要是由汽车等交通车辆造成的。CO 化学性质稳定,在大气中不易与其他物质发生化学反应,可以在大气中停留较长时间。CO 在一定条件下,可以转变为 CO_2,然而其转变速率很低。CO_2 是大气中一种"正常"成分,它主要来源于生物的呼吸作用和化石燃料等的燃烧。CO_2 在参与地球上的碳平衡方面有重大的意义。然而,由于当今世界上人口急剧增加,化石燃料大量使用,使大气中的 CO_2 浓度逐渐增高,这将对整个地-气系统中的长波辐射收支平衡产生影响,并可能导致温室效应,从而造成全球性的气候变化。

4. 氮氧化物

氮氧化物(NO_x)种类很多,包括一氧化二氮(N_2O)、一氧化氮(NO)、二氧化氮(NO_2)、三氧化二氮(N_2O_3)、四氧化二氮(N_2O_4)和五氧化二氮(N_2O_5)等多种化合物,但主要是 NO 和 NO_2,它们是常见的大气污染物。天然排放的 NO_x 主要来自土壤和海洋中有机物的分解,属于自然界的氮循环过程。人为活动排放的 NO_x 大部分来自化石燃料的燃烧过程,如汽车、飞机、内燃机及工业窑炉的燃烧过程;也有来自生产、使用硝酸的过程,如氮肥厂、有机中间体厂、有色及黑色金属冶炼厂等。

在高温燃烧条件下,NO_x 主要以 NO 的形式存在,最初排放的 NO_x 中 NO 约占 95%。但

是，NO 在大气中极易与空气中的氧发生反应，生成 NO_2，故大气中 NO_x 普遍以 NO_2 的形式存在。空气中的 NO 和 NO_2 通过光化学反应，相互转化而达到平衡。在温度较高或有云雾存在时，NO_2 进一步与水分子作用形成酸雨中的第二重要酸分——硝酸（HNO_3）。在有催化剂存在时，如加上合适的气象条件，NO_2 转变成硝酸的速度加快。特别是当 NO_2 与 SO_2 同时存在时，可以相互催化，形成硝酸的速度更快。

5. 碳氢化合物

大气中大部分的碳氢化合物来源于植物的分解，人类排放的量虽然小，却非常重要。碳氢化合物的人为来源主要是石油燃料的不充分燃烧和石油类的蒸发过程，在石油炼制、石油化工生产中也产生多种碳氢化合物，燃油的机动车亦是主要的碳氢化合物污染源。

碳氢化合物是光化学烟雾的主要成分。在活泼的氧化物如 O_2、O_3 等的作用下，碳氢化合物将发生一系列链式反应，生成一系列的化合物，如醛、酮、烷、烯及重要的中间产物——自由基。自由基进一步促进 NO 向 NO_2 转化，造成光化学烟雾的重要二次污染物——O_3、醛和 PAN。

6. 挥发性有机物

挥发性有机物（VOC，volatile organic compound），是指常温下饱和蒸气压大于 70.91 Pa、标准大气压 101.3 kPa 下沸点在 50～260 ℃ 且初馏点为 250 ℃ 的有机化合物，或在常温常压下任何能挥发的有机固体或液体。WHO 定义挥发性有机化合物（VOC）为在常压下，沸点为 50～260 ℃ 的各种有机化合物。VOC 按其化学结构，可以进一步分为烷烃类、芳烃类、酯类、醛类和其他等。目前已鉴定出的有 300 多种。最常见的有苯、甲苯、二甲苯、苯乙烯、三氯乙烯、三氯甲烷、三氯乙烷、二异氰酸酯（TDI）、二异氰甲苯酯等。

室内空气中挥发性有机化合物浓度过高时很容易引起急性中毒，轻者会出现头痛、头晕、咳嗽、恶心、呕吐等症状；重者会出现肝中毒甚至很快昏迷，有的还可能有生命危险。长期居住在挥发性有机化合物污染的室内，可引起慢性中毒，损害肝脏和神经系统、引起全身无力、瞌睡、皮肤瘙痒等。有的还可能引起内分泌失调、影响性功能；苯和二甲苯还能损害造血系统，以至引发白血病。挥发性有机化合物对儿童健康的影响经国外医学研究证实，生活在挥发性有机化合物污染环境中的孕妇，造成胎儿畸形的概率远远高于常人，并且有可能对孩子今后的智力发育造成影响。同时，室内空气中的挥发性有机化合物是造成儿童神经系统、血液系统、儿童后天疾患的重要原因。

7. 其他大气污染物

其他大气污染物来源于发电厂、工厂等的废气及有机物腐败所散发的气体，对生物环境与人体都是有害的。农药、化肥（氨）及合成化学药品等，即使浓度低也多数有毒。随着工业的发展，不少有毒的重金属（铅、汞、镉、铬等）烟尘或蒸气也混入大气内，其危害性可能超过 SO_2 等污染物。自然界有毒花粉也是一种重要的污染物，而有些毒性植物则是发生源。

6.2.3　大气污染的类型

一、大气污染的分类

根据大气污染的影响范围，污染物的种类、性质，污染区域的气象条件，大气污染有不同分类方式。

（1）根据大气污染的影响范围，通常可将其划分为四种类型。

① 局部性大气污染：由某个污染源如工厂烟囱排放造成的较小范围的污染。

② 地区性污染：一些工业区及附近地区或整个城市的大气污染。

③ 广域性污染：超过行政区域的广大地域的大气污染，例如比一个城市更大区域范围的酸雨侵害。

④ 全球性大气污染：某些超越国界乃至涉及整个地球大气层，具有全球性影响的大气污染，如温室效应、臭氧层破坏等。

(2) 常规能源利用中排放的废气是引起大气污染的主要原因。若按能源性质和污染物的种类也可将大气污染划分为四种类型。

① 煤烟型：主要是煤炭燃烧时排放的硫氧化物、烟尘、粉尘等造成的污染，以及这些污染物发生化学反应而生成的硫酸及其盐类所构成的气溶胶而形成的二次污染物。18 世纪末期到 20 世纪中期的大气污染和目前仍以煤炭作为主要能源的国家和地区的大气污染属于煤烟型。造成这类污染的污染源主要是工业企业废气排放，其次是家庭炉灶、取暖设备的烟气排放。

② 石油型：指在石油开采和冶炼、石化企业生产、石油制品使用(如汽车)中向大气排放的氮氧化物、碳氧化物、碳氢化合物等造成的污染，以及这些污染物经过光化学反应形成的光化学烟雾污染，或在大气中形成的臭氧、各种自由基及其反应生成的一系列中间产物与最终产物所造成的污染。

③ 复合型：大气污染物的排放具有煤烟型和石油型的综合特征，其污染源包括以煤炭为燃料的污染源、以石油为燃料的污染源，以及从工厂企业排出的各种化学物质的污染源。

复合型大气污染是指大气中由多种来源的多种污染物在一定的大气条件下(如温度、湿度、光照等)发生多种界面间的相互作用、彼此耦合构成的复杂大气污染体系。多种主导排放的大区污染互相叠加，局地、区域和全球污染相互作用；大气理化过程中，均相反应与非均相反应相互耦合，局地气象因子与区域天气形势相互影响，造成的结果主要是二次污染物，尤其是二次细颗粒物大量增加。朱彤等研究人员对大气复合污染的定义：城市化导致大量污染物集中释放到大气中，多种污染物均以高浓度同时存在，并发生复杂的相互作用；在污染现象上表现为大气氧化性增强、大气能见度显著下降和环境恶化趋势向整个区域蔓延。

当前我国以煤为主的能源结构和煤烟型为主的大气污染长期存在，城市大气环境中二氧化硫和细颗粒物问题没有全面解决；汽车保有量持续增加，汽车尾气污染严重，雾霾、光化学烟雾、酸雨等污染问题较重。臭氧、细颗粒物、二氧化硫、氮氧化物、挥发性有机物成为大气主要污染物。

④ 特殊型：由工厂排放某些特殊的气态污染物所造成的局部或有限区域的污染，其污染特征由所排污染物决定。如核工业排放的放射性尘埃和废气、氯碱厂排放的含氯气体及生产磷肥的工厂排放的特殊含氟气体所造成的污染。

(3) 煤炭类和石油类燃料排放的废气进入大气，在一定的气象条件下，引起化学或光化学反应而生成具有强刺激性和毒性的复杂烟雾，形成二次污染。这种二次污染物形成的大气污染也可划分为两种类型。

① 氧化型大气污染(汽车尾气型)：这种类型的污染物主要来源于汽车排气中的一氧化碳、氮氧化物和碳氢化合物，多发生在以使用石油为燃料的地区。在强烈阳光作用下，这些污染物发生一系列的光化学反应后生成臭氧、过氧乙酰硝酸酯类等氧化性二次污染物，强烈刺激人的眼睛、上呼吸道黏膜等。发生时的气象条件为：较强烈的阳光照射，气温高于 23 ℃，湿度低于 75%，风速小于 3 m/s，通常发生在夏、秋季节的白天，以中午污染最严重。这种光化学烟

雾最初出现在美国洛杉矶市,因此也称作洛杉矶型或石油型大气污染。

② 还原型大气污染(煤炭型):这种类型的污染物主要来源于煤炭燃烧排气中的烟尘、二氧化硫和一氧化碳,多发生于煤炭和石油混合使用的地区。该类型的污染物主要是刺激上呼吸道,老幼病弱者受害严重。当天气为多云,气温低于 8 ℃,湿度高于 85%,基本无风并伴有逆温存在情况下,一次污染物受阻,容易在低空聚积,生成还原性硫酸烟雾。通常发生在冬季,以早晨污染最严重。伦敦烟雾事件就属于这类还原型污染,故还原型大气污染又称为伦敦型大气污染或煤炭型大气污染。

从发展趋势来看,由于汽车数量逐年增加及燃料的更换,氧化型大气污染有增加的趋势,应当引起高度重视。

二、污染源的类型划分方法

大气中污染物来自两个方面:一是自然源,像森林火灾、台风、地震、火山喷发等产生的烟尘、SO_2 等;二是人工源,即由于人类生产、生活过程产生的。

人工源的污染物来源广泛,种类繁多,进入大气中的方式不尽相同,因而污染源分类方法也多种多样。在大气污染研究中通常有下列分类方法。

(1) 按污染物来源和性质分为工业企业排放源、交通运输污染源、生活污染源、农业污染源。

(2) 按污染源几何形状分为点源、面源、线源和体源。

(3) 按排放时间分为瞬时源和连续源。

(4) 按排放方式分为地面源和高架源。

(5) 按排放状态分为固定源和流动源。

6.2.4　影响大气污染的气象因素

大气污染可看作是由污染源所排放出的污染物、对污染物起着稀释作用的大气及承受污染的物体三者相互关联所产生的一种效应。影响大气污染的因素主要有污染源的强度、污染源高度(烟囱有效高度)、排放口周围的平均风速、湍流强度、温度的垂直梯度、混合层的高度等气象条件。除去污染源强度外,大气污染的程度与稀释扩散过程有关。在大气边界层中污染物的扩散和稀释主要依赖于大气湍流、风、温度、降水、大气稳定度等气象条件,因此大气污染与气象条件关系密切。

1. 风向和风速

气象上把水平方向的空气运动称为风。例如,风从东方来称东风,风向北吹称南风。风向可用 8 个方位或 16 个方位表示,也可用角度表示,如图6-2所示。

风速是指单位时间内空气在水平方向运动的距离,单位用 m/s 或 km/h 表示。通常气象台站所测的风向、风速,都是指一定时间(如 2 min 或 10 min)的平均值。有时也需要瞬时风速、风向。

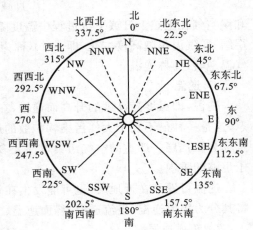

图 6-2　方向的 16 个方位

(蒋展鹏等,1992)

　　风不仅对污染物起着输送的作用，而且还起着扩散和稀释的作用。一般说来，污染物在大气中的浓度与污染物的总排放量成正比，而与平均风速成反比。若风速增加一倍，则在下风向污染物的浓度将减少一半。这是在单位时间内通过烟团断面的空气量增多，从而增加了大气湍流扩散稀释作用的结果。

2. 大气湍流

　　湍流是流体的一种极其复杂的无规则的运动，即大气无规则的运动称为湍流。风速的脉动（或涨落）和风向的摆动就是湍流作用的结果。边界层中的大气运动是以湍流为基础的，湍流对于大气中物质和能量的输送起非常重要的作用，大气污染物的扩散主要是湍流扩散。

　　湍流按照形成的原因可分为两种：一种是由于垂直方向温度分布不均匀引起的热力湍流，它的强度主要取决于大气稳定度；另一种湍流是由于垂直方向风速分布不均匀及地面粗糙度引起的机械湍流，它的强度主要取决于风速梯度和地面粗糙度。实际的湍流是上述两种湍流的叠加。

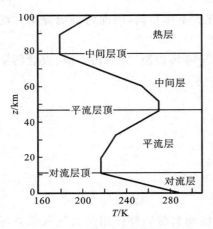

图 6-3　大气温度的垂直分布
（戴树桂等，1997）

　　湍流有极强的扩散能力，它比分子扩散快 $10^5 \sim 10^6$ 倍。但是在风场运动的主风向上，由于平均风速比脉动风速要大得多，所以主风向上风的平流输送作用是主要的。归结起来，风速越大，湍流越强，污染物的扩散速度越快，污染物的浓度就越低。风和湍流，是决定污染物在大气中扩散稀释最直接且最本质的因素，其他气象因素都是通过风和湍流的作用来影响扩散稀释的。

3. 气温垂直分布

　　气温沿垂直高度的分布，可用坐标图上的曲线表示（图 6-3），这种曲线称气温沿高度分布曲线或温度层结曲线，简称温度层结。

　　大气中的温度层结有四种类型：①气温随高度增加而递减，即 $\gamma > 0$，称为正常分布层结或递减层结；②气温直减率等于或近似等于干绝热直减率（γ_d：干空气或未饱和湿空气在绝热上升或下沉过程中温度随高度的变化率，$\gamma_d \approx 1 \ ℃/100 \ m$），即 $\gamma = \gamma_d$ 称为中性层结；③气温不随高度变化，即 $\gamma = 0$，称为等温层结；④气温随高度增加而增加，即 $\gamma < 0$，称为气温逆转，简称逆温。

4. 逆温

　　逆温，即温度随高度的升高而递增，在逆温时 $\gamma < 0$，显然小于 γ_d，大气处于非常稳定的状态，这是一种最不利于大气污染物扩散的层结，就好似一个盖子阻碍着气流的垂直运动，所以也称为阻挡层。严重的空气污染事件大多发生在逆温及静风条件下。因此对逆温天气必须给予足够的重视。

　　逆温可发生在近地层，也可能发生在较高气层中（自由大气内）。根据逆温生成的过程，可将其分为辐射逆温、平流逆温、峰面逆温、下沉逆温、湍流逆温等五种。

　　1）辐射逆温

　　在晴朗无云（或少云）的夜晚，当风速较小（小于 3 m/s 时），地面因强烈的有效辐射而很快冷却，近地面的气温也随之下降。越接近地面的空气受地面冷却的影响越大，降温越大，而远离地面的空气降温较小，因而形成了自地面开始向上的逆温层。

在大陆上,辐射逆温一年四季均可出现,而以冬季最强。中纬度地区逆温可达 200～300 m,甚至 400 m,在高纬度地区甚至可达 2～3 km,白天也不消失。辐射逆温与大气污染的关系最为密切。

2）下沉逆温

由于空气下沉压缩增温而形成的逆温,称下沉逆温。下沉逆温的形成可用图 6-4 说明。某高度有一层空气 $ABCD$,其厚度为 h。当它下沉时,由于周围大气压逐渐增大,以及由于水平辐射使该气层变为 $A'B'C'D'$,厚度减小为 h'($h'<h$)。如果气层在下沉过程中是绝热的,且气层内部各部分空气不发生交换(保持原来的相对位置),则由于顶部 CD 下沉到 $C'D'$ 的距离比底部 AB 下沉到 $A'B'$ 的距离大,气层顶部的绝热增温高,从而形成逆温层。

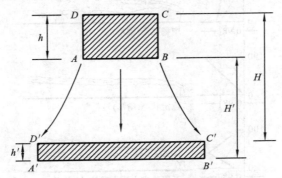

图 6-4　下沉逆温形成示意图

(郝吉明等,2002)

例如,在高空的一气层,顶部高度为 3500 m,底部高度为 3000 m,厚度为 500 m,气温分别为 -12 ℃和 -10 ℃;下沉后,顶部高度为 1700 m,底部高度为 1500 m,厚度为 200 m,如果气温按干绝热直减率变化,则顶部气温增温是 18 ℃,气温为 6 ℃,底部增温是 15 ℃,气温为 5 ℃,结果顶部比底部气温高 1 ℃,形成了逆温。这是下沉逆温形成的基本原理,当然实际情况要复杂得多。

下沉逆温多出现在高压控制区内,范围很大,厚度也很大,一般可达数百米,一般下沉气流达到某一高度就停止了,所以下沉逆温多发生在高空大气中,又称为上部逆温。

3）湍流逆温

由于低层空气湍流混合而形成的逆温,称为湍流逆温,其形成过程可用图 6-5 来说明。图中 AB 为气层原来的气温分布,气温直减率(γ)比干绝热直减率(γ_d)小,经过湍流混合以后气层的温度分布将逐渐接近于干绝热直减率。这是因为湍流运动中,上升空气的温度是按干绝热直率变化的,空气升到混合层的上部时,它的温度比周围的空气温度低,混合的结果,使上层空气降温;空气下沉时情况相反,会使下层空气增温。所以空气经过充分的湍流混合以后,气温直减率就逐渐趋近于绝热直减

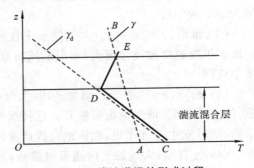

图 6-5　湍流逆温的形成过程

(郝吉明等,2002)

率。图中 CD 是经过湍流混合的气温分布。这样,在湍流减弱层(湍流混合层与未发生湍流的上层空气之间的过渡层)就出现了逆温层 DE。

5. 温度层结与烟流形状

可以从烟囱排出的烟流形状来客观地看一看温度层结对大气扩散的影响。如图 6-6 所示为五种不同温度层结情况下烟流的典型形状和稳定度的关系。

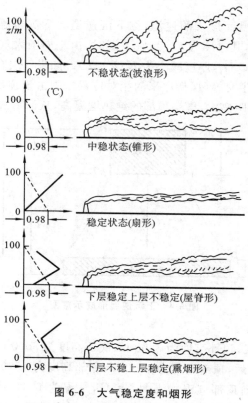

图 6-6 大气稳定度和烟形

(蒋展鹏等,1992)

(1) 波浪形:$\gamma > 0$,$\gamma > \gamma_d$,大气处于很不稳定的状况,此时对流强烈,排入大气的烟云,上下左右波动翻腾,沿主导风向流动扩散很快,形成波浪形。污染物着地很少,只有不够高的烟囱,才有一定污染物可能在离烟囱不远处与地面接触。这种烟形多发生在夏季或其他季节的晴天中午或午后。

(2) 锥形:$\gamma > 0$,$\gamma \approx \gamma_d$,大气处于中性或稳定状态。烟气沿主导风向扩散,兼有上下左右扩散。扩散速度比波浪形低,烟形沿风向愈扩愈大,形成锥形。这种烟形多发生在阴天中午或冬季夜间。

(3) 扇形:$\gamma < 0$,$\gamma < \gamma_d$,温度逆增,大气处于稳定状态。烟气几乎无上下流动,而沿两侧扩散,从高处下望,烟气呈扇形散开。这种烟气可传送到很远的地方,若遇到山地、丘陵或高层建筑物,则可发生下沉作用,在该地造成严重污染,此现象多发生在晴天的夜间或早晨。

(4) 屋脊形:大气处于向逆温过渡阶段,在排出口上方,$\gamma > 0$,$\gamma > \gamma_d$,大气处于稳定状态;在排出口下方,$\gamma < 0$,$\gamma < \gamma_d$,大气处于稳定状态。因此,烟气不向下扩散,只向上扩散,呈屋脊形。尾气流的下部浓度大,如不与建筑物或丘陵相遇,不会造成对地面的严重污染。这种状况多在傍晚日落前后出现。

(5) 熏烟形:大气逆温向不稳定过渡时,排出口上方,$\gamma < 0$,$\gamma < \gamma_d$,大气处于稳定状态;排出口下方大气处于不稳定状态。清晨太阳出来后,逆温开始消散,当不稳定大气发展到烟流的

下缘,而上部大气仍然处于稳定状态时,就发生熏烟状况。这时,好像在烟流上面有一个"锅盖",阻止烟气向上扩散,烟气大量下沉,在下风地面上造成比其他烟形严重得多的污染,许多烟雾事件都是在此条件下形成的。熏烟形烟雾多发生在冬季日出前后。

6.3　大气污染防治技术

一、颗粒污染物的去除

从气体中将固体粒子分离捕集的设备称为除尘装置或除尘器。按照除尘器利用的除尘机制(如重力、惯性力、离心力、库仑力、热力、扩散力等),可将其分成如下四类,即机械式除尘器、湿式洗涤器、电除尘器和过滤式除尘器。

1. 机械式除尘器

重力沉降室是一种最古老的除尘装置,它利用尘粒自身的重力作用使之自然沉降,并与气流分离。其构造简单,造价低,便于维护管理,而且可以处理高温气体,阻力一般为 $49\sim147$ Pa,但其除尘效率比较低,一般只能去除大于 $40~\mu m$ 的大颗粒。

惯性除尘器是利用气流方向急剧转变时,尘粒因惯性力作用从气体中分离出来的原理而设计的。惯性除尘器可用于处理高温的含尘气体,能直接安装在风道上。含尘气体在冲击或方向转变前的速度越高,方向转变的曲率半径越小时,其除尘效率越高,但阻力也随之增大。为了提高除尘效率,可在挡板上淋水,这就是湿式惯性除尘器。

旋风除尘器是利用离心力从气体中除去尘粒的设备,是一种比较古老的除尘器。这种除尘器结构简单,没有运行部件,造价便宜,维护方便,除尘效率一般可达 85% 左右,高效旋风除尘器的除尘效率可达 90% 以上。这类除尘器已在我国工业与居民用锅炉上得到广泛的应用。其他行业也常用其回收有用的颗粒物如催化剂、面粉、奶粉、水泥等。

2. 湿式洗涤器

湿式洗涤器是用水或其他液体来去除废气中的尘粒和有害气体的设备,主要是利用液网、液膜或液滴来去除废气中的尘粒,并兼备吸附有害气体的作用。其主要优点是:①在去除尘粒的同时还可去除某些有害气体;②除尘效率比较高,投资较同样效率的其他设备要低;③可以处理高温废气及黏性的尘粒和液滴。其缺点是:①能耗较大;②废液和泥浆需要处理;③金属设备容易被腐蚀;④在寒冷地区使用时有可能冻结。

根据不同的除尘要求,可以选择不同类型的洗涤器。国内用于除尘方面的湿式洗涤器主要有喷淋塔、文丘里洗涤器、冲击式除尘器和水膜除尘器。净化气体从洗涤器排出时,一般带有水滴。为了去除这部分水滴,在湿式洗涤器后都附有脱水装置。

3. 电除尘器

电除尘器是利用静电力(库仑力)实现粒子(固体或液体粒子)与气流分离的一种除尘装置。

电除尘器的除尘过程大致可分为三个阶段。

(1)粉尘荷电　在放电极与集尘极之间施加直流高压电,使放电极发生电晕放电,气体电离,生成大量的自由电子和正离子,在放电极附近的所谓电晕区内正离子则因受电场力的驱使向集尘极(正极)移动,并充满两极间的绝大部分空间。含尘气流通过电场空间时,自由电子、负离子与粉尘碰撞并附着其上,便实现了粉尘的荷电。

(2)粉尘的沉降　荷电粉尘在电场中受库仑力的作用被驱往集尘极,经过一定时间后达到集尘极表面,放出所带电荷而沉积于其上。

(3)清灰　集尘极表面上的粉尘沉积到一定厚度后,用机械振打等方法将其清除掉,使之落入下部灰斗中。放电极也会附着少量粉尘,隔一定时间也需进行清灰。

要保证电除尘器在高效率下进行,必须使上述三个过程十分有效地进行。

4. 过滤式除尘器

过滤式除尘器是一种应用最早的从气体中分离固体颗粒的设备,因其一次性投资比电除尘器少,而运行费用又比高效湿式除尘器低,因而被人们所重视。目前在除尘中应用的过滤器可分为内部过滤式和外部过滤式两种基本类型。颗粒层除尘器属于内部过滤式,它是以一定厚度的固体颗粒作为过滤层,这种除尘器的最大特点是:耐高温(可达 400 ℃),耐腐蚀,滤料可以长期使用,除尘效率比较高,适用于冲天炉和一般工业炉窑。袋式除尘器属于外部过滤式,即粉尘在滤料表面被截留。它的性能不受尘源的粉尘浓度、粒度和空气量变化的影响,对于粒径在 0.1 μm 的捕集效率可高达 98%～99%。近年来随着清灰技术和新型滤料的发展,过滤式除尘器在冶金、水泥、化工、食品、机械制造等工业和燃煤锅炉的烟气净化中得到广泛的应用。

二、气态污染物的净化

气态污染物种类繁多,每种污染物又可能有多种净化方法和流程。常用的净化方法和适用条件如表 6-5 所示,习惯上将现有的净化方法分为冷凝、燃烧、吸收、吸附和催化转化五大类。

表 6-5　气态污染物的净化方法

净化条件		适用条件 污染物种类	浓度/(mg/L)	温度/K
物理	冷凝	有机蒸气及高沸点无机气体	10000 以上	常温以下
	物理吸收	无机及部分有机气体	几百～几千	常温
	物理吸附	绝大多数有机及多数无机气体	300 以下	310 以下
化学	化学吸收	大部分无机气体	几百～几千	常温
	化学吸附	部分无机气体	几百～几千	常温
	直接燃烧	可燃气体	几千以上	880 以上
	催化 氧化(包括催化燃烧)		几百	420～580,少数常温或 755
	还原	部分无机气体	几百～几千	420～580

(郝吉明等,2002)

1. 吸收法净化气态污染物

气体吸收是气体混合物中一种或多种组分溶解于选定的液体吸收剂中,或者与吸收剂中的组分发生选择性化学反应,从而将其从气流中分离出来的操作过程。吸收法净化气态污染物是常用的方法之一,其适用范围广,净化效率高。吸收过程可分为物理吸收和化学吸收两类。由于气态污染物浓度低,采用吸收法净化时,主要是化学吸收法。能用吸收法净化的气态污染物主要包括 SO_2、H_2S、HF 和 NO_x 等。

1)吸收法净化低浓度的二氧化硫烟气

烟气脱硫的分类方法主要有两种:①抛弃法和回收法;②干法和湿法。抛弃法即将脱硫过程中形成的固体产物抛弃,须连续不断加入新鲜化学吸收剂;回收法是将吸收剂与 SO_2 反应,吸收剂可以连续在一个闭路循环系统中再生。干法是利用固体吸收剂和催化剂在不降低烟气温度和不增加湿度的条件下除去烟气中的 SO_2;湿法则利用水或碱性吸收液,吸收烟气中的 SO_2。

SO_2 是酸性气体,几乎所有的洗涤过程都采用碱性物质的水溶液或浆液。在大部分抛弃工艺中,烟气中除去的硫以钙盐形式被抛弃,因此碱性物质耗量大。在回收工艺中,回收产物通常为元素硫或硫酸。多数回收脱硫过程之前,要求安装高效除尘装置,这是因为飞灰的存在影响回收过程的操作。

烟气脱硫的主要困难在于 SO_2 浓度低、烟气体积大、SO_2 总量大。烟气中 SO_2 浓度一般低于 0.5%(按体积计,下同),由燃料的含硫量决定。例如,在 15% 的过剩空气条件下,燃用含硫量为 $1\%\sim4\%$ 的煤,烟气中 SO_2 占 $0.11\%\sim0.35\%$;燃用含硫量为 $2\%\sim5\%$ 的燃料油,烟气中 SO_2 仅占 $0.12\%\sim0.31\%$。合理地选择烟气脱硫工艺必须考虑环境、经济、社会等多方面因素。另外,许多工艺虽具有明显的优点,但都处在实验阶段。据美国环保局统计,广泛采用的烟气脱硫技术仍然是石灰-石灰石法(约占 87%)。

2) 吸收法净化 NO_x 废气

依所选用的吸收剂不同,吸收法净化废气中 NO_x 可以分为水吸收法、酸吸收法、碱吸收法等多种,目前仅限于处理气量小的企业。

当 NO_x 主要以 NO_2 形式存在时,可用水作吸收剂,水和 NO_2 反应生成硝酸和亚硝酸。

$$H_2O + 2NO_2 \longrightarrow HNO_3 + HNO_2 \tag{6-1}$$

亚硝酸在通常情况下不稳定,易分解,如式(6-2),因而本法吸收效率很低。

$$3HNO_2 \longrightarrow HNO_3 + 2NO + 2H_2O \tag{6-2}$$

浓硫酸和稀硝酸都可用来吸收 NO_x 的尾气。用浓硫酸吸收 NO_x 时生成亚硝基硫酸。

$$NO + NO_2 + 2H_2SO_4(浓) \longrightarrow 2NOHSO_4 + H_2O \tag{6-3}$$

亚硝基硫酸可用于生产硫酸及浓缩硝酸。

稀硝酸吸收 NO_x 的原理是利用其在稀硝酸中有较高的溶解度而进行的物理吸收。该方法常用来净化硝酸厂的尾气,净化率可达 90%。影响吸收效率的因素除温度和压力外,稀硝酸的浓度是最重要的因素。

当用碱溶液如 $NaOH$ 或 $Mg(OH)_2$ 吸收 NO_x 时,欲完全去除 NO_x,必须首先将一半以上的 NO 氧化成 NO_2,或者向气流中添加 NO_2。当 NO 和 NO_2 的物质的量之比等于 1 时,吸收效果最佳。电厂用碱溶液脱硫的过程已经证明,NO_x 可以被碱溶液吸收。在烟气进入洗涤器之前,烟气中的 NO 约有 10% 被氧化成 NO_2,洗涤器大约可以去除总氮氧化物的 20%,即等物质的量的 NO 和 NO_2 碱溶液吸收 NO_x 的反应过程可以简单地表示为

$$\left.\begin{array}{l} 2NO + 2MOH \longrightarrow MNO_3 + MNO_2 + H_2O \\ NO + NO_2 + 2MOH \longrightarrow 2MNO_2 + H_2O \\ 2NO_2 + Na_2CO_3 \longrightarrow NaNO_3 + NaNO_2 + CO_2 \\ NO + NO_2 + Na_2CO_3 \longrightarrow 2NaNO_2 + CO_2 \end{array}\right\} \tag{6-4}$$

式中的 M 可为 K^+、Na^+、NH_4^+ 等。

此外,熔融碱类或碱性盐也可作吸收剂净化含 NO_x 的尾气。

3) 吸收法净化含氟废气

含氟废气主要是指含 HF 和 SiF_4 的废气,主要来源于炼铝工业、钢铁工业及黄磷、磷肥和

氟塑料生产等化工过程。含氟废气净化一般可分为湿法和干法两大类。

由于含氟废气易溶于水和碱性溶液,含氟废气净化一般采用湿法,主要有水吸收法和碱液吸收法。湿法净化含氟废气时,如以氢氧化钠溶液为吸收剂,则在吸收氟化物的溶液中再加入偏铝酸钠($NaAlO_2$)可回收冰晶石(Na_3AlF_6);若以水为吸收剂,在吸收氟化物的溶液中加入氧化铝可回收氟铝酸,如加碱可回收冰晶石。冰晶石是炼铝所不可缺少的原料。

2. 吸附法净化气态污染物

用多孔性固体处理气体混合物,使其中所含的一种或几种组分浓集在固体表面,而与其他组分分开的过程称为吸附。被吸附到固体表面的物质称为吸附质,吸附质附着于其上的物质称为吸附剂。吸附能有效地捕集浓度很低的有害物质,在环保方面的应用越来越广泛,如有机污染物的回收净化,低浓度二氧化硫和氮氧化物尾气的净化处理等。吸附过程既能使尾气达到排放标准以保护大气环境,又能回收到这些气态污染物,实现废物资源化。

吸附法净化回收有机蒸气,既能防止环境污染,又能回收有用物质。活性炭是常用的吸附剂。目前工业上常用间歇吸附净化法。含有机蒸气的尾气首先用过滤器除去固体颗粒物,由风机送入吸附器吸附净化,净化后气体排入大气环境。解吸出来的蒸气混合物冷凝后由倾析器、蒸馏柱进行分离。脱附后的活性炭还需以热空气干燥以备循环使用。

3. 催化转化法净化气态污染物

催化剂目前广泛应用于现代化工业、石油工业、食品加工业和其他部门。在大气污染及控制方面,催化剂也受到重视。催化剂不但可以用来改革工艺路线,使生产过程少产生或不产生污染物,而且还能把污染物转化为无害物,甚至是有用的副产品,或转化为更易于去除的物质。

在环境工程中所使用的催化剂就是起后面这两种转化作用的。前一种催化转化直接完成了对污染物的净化;而后一种催化转化尚需辅以诸如吸收和吸附等其他操作工序,方能达到净化的最终要求。催化转化净化气态污染物多属于前一种转化。它与吸收、吸附等净化方法的根本不同是无须使污染物与主气流分离而把它直接转化为无害物,因而既避免其他方法可能产生的二次污染,又使操作过程得到简化。催化转化法净化气态污染物当然也具有工业催化的基本优点。由于污染物初始浓度不高,反应的热效应不大,从而使催化反应器的加热装置和温度控制装置大为简化,为绝热式固定床发挥最大效益奠定了基础。所有这些都促进了催化转化法净化气态污染物的应用研究。现在应用于净化气态污染物的催化剂已成功地用于脱硫、脱硝、汽车尾气净化和恶臭物质净化等方面。

三、大气污染综合防治

大气污染综合防治工作是一项复杂的系统工程,涉及环境科学的一些学术领域,也涉及城市规划、工业布局、产业结构、能源利用各个方面,此外还和环境标准、环境法有着密切的关系。

大气污染综合防治,就是把一个城市或地区的大气环境看作一个整体,统一规划能源消费、工业发展、运输、城市建设等,综合运用各种人为防治污染的措施(如减少或防止污染物的排放,治理排出的污染物等),充分利用环境的自净能力(如充分利用环境容量,发展绿化植物等),以清除或减轻大气污染。

1. 减少污染物排放

2013 年 9 月 10 日国务院印发《大气污染防治行动计划》("气十条"),该行动计划作为我国大气污染综合防治重要内容。

(1)加大综合治理力度,减少污染物排放:①加强工业企业大气污染综合治理。加快推进集中供热、"煤改气""煤改电"工程建设。加快重点行业脱硫、脱硝、除尘改造工程建设;推进挥发性有机物污染治理。②深化面源污染治理,建设施工现场全封闭设置围挡墙、道路地面硬化。城区餐饮服务经营场所应安装高效油烟净化设施。③强化移动源污染防治,实施公交优先战略、控制机动车保有量、鼓励绿色出行,提升燃油品质。淘汰黄标车和老旧车辆。推广新能源汽车。

(2) 调整优化产业结构,推动产业转型升级:①严控"两高"行业新增产能。严格高耗能、高污染和资源性行业准入条件,明确资源能源节约和污染物排放等指标。②加快淘汰落后产能。③压缩过剩产能。④坚决停建产能严重过剩行业违规在建项目。

(3) 加快企业技术改造,提高科技创新能力:①强化科技研发和推广。加强灰霾、臭氧的形成机理、来源解析、迁移规律和监测预警等研究,加强脱硫、脱硝、高效除尘、挥发性有机物控制、柴油机(车)排放净化、环境监测,以及新能源汽车、智能电网等方面的技术研发,推进技术成果转化应用。加强大气污染治理先进技术、管理经验等方面的国际交流与合作。②全面推行清洁生产。③大力发展循环经济。④大力培育节能环保产业。

(4) 加快调整能源结构,增加清洁能源供应:①控制煤炭消费总量。②加快清洁能源替代利用。加大天然气、煤制天然气、煤层气供应。③推进煤炭清洁利用。④提高能源使用效率。

(5) 严格节能环保准入,优化产业空间布局:①调整产业布局。②强化节能环保指标约束。提高节能环保准入门槛,健全重点行业准入条件,严格污染物排放总量控制,将二氧化硫、氮氧化物、烟粉尘和挥发性有机物排放符合总量控制要求作为建设项目环境影响评价审批的前置条件。③优化空间格局。

(6) 发挥市场机制作用,完善环境经济政策:①发挥市场机制调节作用。本着"谁污染、谁负责,多排放、多负担,节能减排得收益、获补偿"的原则,积极推行激励与约束并举的节能减排新机制。②完善价格税收政策。③拓宽投融资渠道。深化节能环保投融资体制改革,鼓励民间资本和社会资本进入大气污染防治领域。

(7) 健全法律法规体系,严格依法监督管理:①完善法律法规标准。重点健全总量控制、排污许可、应急预警、法律责任等方面的制度,研究增加对恶意排污、造成重大污染危害的企业及其相关负责人追究刑事责任的内容,加大对违法行为的处罚力度。②提高环境监管能力。③加大环保执法力度。④实行环境信息公开。

(8) 建立区域协作机制,统筹区域环境治理:①建立区域协作机制。建立京津冀、长三角区域大气污染防治协作机制,实施环评会商、联合执法、信息共享、预警应急等大气污染防治措施。②分解目标任务。国务院与各省(区、市)人民政府签订大气污染防治目标责任书,将目标任务逐级分解落实到地方人民政府和企业。③实行严格责任追究。

(9) 建立监测预警应急体系,妥善应对重污染天气:①建立监测预警体系。环保部门要加强与气象部门的合作,建立重污染天气监测预警体系。②制订完善应急预案。③及时采取应急措施。将重污染天气应急响应纳入地方人民政府突发事件应急管理体系,实行政府主要负责人负责制。

(10) 明确政府企业和社会的责任,动员全民参与环境保护:①明确地方政府统领责任。②加强部门协调联动。③强化企业施治。④广泛动员社会参与。

2. 利用环境自净能力

环境自净能力是指环境中的污染物在物理、化学和生物作用下逐渐降解、转化使其达到自然净化的过程。按其机理可分为物理净化、化学净化和生物净化 3 类。

(1) 物理净化　通过稀释、扩散、淋洗、挥发、沉降等作用将污染物净化。如含有烟尘的大气通过气流扩散、降水淋洗和重力沉降达到净化。物理净化能力的强弱受自然条件(如温度、风速、降水量和地形、水文条件等)影响较大。

（2）化学净化   环境自净的化学反应有氧化和还原、化合和分解、吸附、凝聚、交换等。影响化学净化的有污染物的化学性质、形态、组分及环境的酸碱度、氧化还原电势和温度等因素。

（3）生物净化   生物的吸收、降解作用使污染物浓度和毒性降低或消失。绿色植物在光合作用下吸收二氧化碳放出氧。

6.4　全球性大气污染对策

6.4.1　温室效应及其控制对策

一、温室效应的形成

20 世纪 50 年代以来，人为产生的温室气体排放量不断增加。土地利用状况的急剧变化及人工合成化学氮肥的产量和用量日益增加，打破了原来温室气体成分源和汇的自然平衡，大气中温室气体浓度不断增加。例如 CO_2 浓度在过去的近 200 年中增加了 25%，年均增加 0.5%，现在的增加速度更快，在美国夏威夷 Mauns Loa 的长期观测记录证实了这一点（图 6-7）。工业化以来的 200 年间，大气中 N_2O 浓度增长了大约 15%，CH_4 浓度增加了 10%，大气中温室气体浓度逐渐增加使得大气温室效应比工业化以前处于自然平衡态时更强。人为因素造成的温室效应增强被认为是全球气候变暖的主要原因，其中 CO_2、CH_4、N_2O 和氟氯烷烃(CFCs)是与人类活动有密切关系的主要温室气体。直接受人类活动影响的主要温室气体中，CO_2 起着重要的作用，对温室效应的贡献率为 55%，CH_4、CFCs 和 N_2O 也起相当重要的作用。

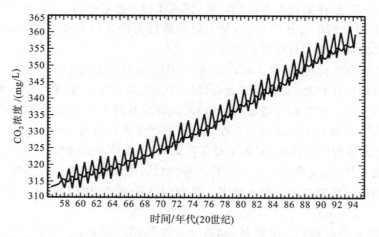

图 6-7　美国夏威夷 Mauns Loa 观测记录的 CO_2 浓度变化

(唐孝炎,1990)

二、温室效应的危害

1. 海平面上升

联合国气象组织指出：20～50 年后，地球表面温度升高 3～8 ℃，将引起两极冰盖及高山顶峰积雪融化,全球海岸线将上升 30~50 cm,"海中之国"荷兰将有 30% 地区被海水浸泡。若到 2100 年,海平面上升 1 m,许多沿海城市将在地图上消失,世界将有 3 亿多"生态难民"。我国上海及邻近海域海平面的上升速度正在加快。小岛国马尔代夫将失去领土。

冰川融化导致的海水膨胀,还可能产生海水倒灌、洪水排泄不畅、土壤盐渍化等问题,航行和水产养殖也将受到影响。

2. 气候变化

地球升温,引起气候的剧烈变化,部分地区升温,在远离赤道地区最为明显。例如在纬度 70°~80° 的极地频繁地出现更大的暴风雪天气;全球降雨量增加,但某些地区可能带来干旱,如我国中西部地区,可能由于蒸发迅速,风型改变而变得更为干燥;台风的强度增强,如果热带地区的温度升高,将使台风能量增大、发作更频繁,并向南纬地区发展;"厄尔尼诺"现象(指发生在赤道太平洋东部和中部海水的大范围持续异常增暖现象)加剧,给人类生命财产造成巨大的损失。在 1998 年,我国北方干旱无雨,而长江流域洪涝成灾。

多数科学家认为,全球气候变暖主要是由"温室效应"增强而引起的。近百年来,由于工业迅猛发展、矿物燃料成倍增加、森林过度砍伐、植被遭到破坏等原因,大气中的温室气体大量增加。世界自然保护基金会宣布:1970—1995 年间全球森林面积减少了 10%,其间每年消失的森林面积达 15 万平方千米,相当于希腊国土面积;1969—1996 年,全球 CO_2 排放量从 100 亿吨增加到 230 亿吨。大量的观测数据表明,目前大气中 CO_2 质量分数为 3.53×10^{-4},与工业革命前相比,其值增加了 25%,预计到 2050 年其质量分数将增大到 $4.15 \times 10^{-4} \sim 4.80 \times 10^{-4}$。气象专家们指出,随着大气中 CO_2 含量不断增加,全球气候将日趋变暖。以我国著名大气物理学家叶笃正院士为首的近百名科学家,在一项国家重大科研项目中发现,当前全球气温比 19 世纪初升高了约 0.5 ℃。有人估计未来数十年温室气体增加的速度并不低于当前,科学家由此推断,到 2030 年前后,我国华北地区冬季气温将比现在升高 1.0~1.5 ℃,其夏季增温幅度小于冬季,为 0.5~0.8 ℃。同时,美国科学家认为,未来 50 年全球平均气温将升高 2~4 ℃。预计未来平均气温在两极附近的增长幅度大于赤道地区,因此气候带移动在较高纬度地区更明显。在 45°~60° 的中纬度地区,每升温 1 ℃,气候带便会向高纬度地区移动 200~300 km,垂直上移 100~200 m。

3. 对农业的影响

现今的纬向气候带对特定的作物是最适宜的,因此气候带的移动对农业和畜牧业的影响是十分巨大的。那些因热量不足而致分布区受限的作物的分布北界(北半球)会大幅北移,山地分布上界会上移,结果中纬度和高纬度地区的作物布局将会发生较大变化,例如欧洲玉米分布的北界将由英格兰南部移至莫斯科南部甚至更北的地区。随着一些作物分布北界向北扩展,相伴的必然是草原、森林的开垦,林产品和畜产品可能减少,结果这些作物增加的产量能否弥补林产品和畜产品的减少还是个未知数。另一个潜在的限制因素是在新的气候带,土壤类型可能不支持目前在主要农产国现行的集约化农业。例如,在加拿大靠近北极地区即使具有类似于现有南部稻米种植区的气候条件,但其贫瘠的土地也不能供养作物生长。

据研究,当年平均温度升高 1 ℃ 时,我国不小于 10 ℃ 积温的持续日数平均可延长 15 天左右,作物种植区将北移,如冬小麦的安全种植北界将由目前的长城一线北移到沈阳—张家口—包头—乌鲁木齐一线。气候变暖还将使我国作物种植制度发生较大的变化,复种指数将提高。据计算,到 2050 年,气候变暖将使大部分目前两熟制地区被不同组合的三熟制取代,三熟制的北界将北移 500 km 之多,从长江流域移至黄河流域;两熟制地区将北移至目前一熟制地区的中部,一熟制地区的面积将减少 23.1%。气候变暖后,我国主要作物品种的布局也将发生变化。华北目前推广的冬小麦品种(强冬性),因冬季无法经历足够的寒冷期以满足春化作用对低温的要求,将不得不被其他类型的冬小麦品种(如半冬性)所取代。比较耐高温的水稻品种将在南方占主导地位,而且还将逐渐向北方稻区扩展。东北地区玉米的早熟品种逐渐被中、晚熟品种取代。

全球变暖将导致地球出现更多的气候反常,出现异常的干旱、洪水、酷热、严冬、暴风雪或飓风,必将导致更多的自然灾害,造成农业作物歉收、病虫害流行、鱼类和其他水产品减少。温室效应也将使降水量、土壤湿度发生变化,当大气中 CO_2 含量倍增时,整个北半球除 $40°\sim50°$ 纬度带雨量减少外,其他地区都呈增加趋势,我国年降雨量将平均增加 146.6 mm,夏季降水量大于冬季,土壤湿度变化复杂。

CO_2 倍增对农业产生的影响可分为两个方面:①CO_2 的直接效应,使光合作用速率增加,对光合作用有利;②气温变暖使得农作物生长期延长,植物生长率有所提高,但杂草也增多,增加了除草劳力和除草剂的投入,增加农民负担。因温室效应引起农作物产量下降,全球难民人数增加 10%~50%,其中非洲饥民增加最多,使世界的饥民队伍大幅度增长。1996 年,日本环境厅国产环境研究所预测说,如果气温上升 2.5 ℃,印度冬小麦产量下降 60%,中国的玉米减产 40%,高粱产量下降 54%。

总之,温室气体的增加,对生态环境的影响是显著的。全球气候变暖的趋势和严重后果,已引起国际社会的关注,1988 年 12 月 6 日联合国大会通过了一项保护全球气候的决议。1992 年联合国环境与发展大会通过了《联合国气候变化框架公约》,呼吁各国控制温室气体排放,防止地球变暖。

三、温室效应的控制

1. 采用替代能源,实行可持续发展战略

提高能效可显著减少 CO_2 的排放,现在人类使用的化石燃料约占能源使用总量的 90%,是温室气体排放的重要来源。世界能源消费结构是:石油约占能源的 40%,煤占 30%,天然气占 20%,核能占 6.5%。寻找替代能源,开发利用生物能、太阳能、水能、核能等可显著减少温室气体排放量。目前,全人类所需要的化石能源仅占地球每年从太阳获得能量的 1/20000。世界已开发的水电仅占可开发量的 5%,具有很大潜力。因此,可以期望远期的能源战略将转向可再生能源。可再生能源满足可持续性条件,且有着很丰富的资源,成本低,随着科学技术的不断发展,其使用会越来越多。

可持续发展与全球气候变化密切相关,它所面对的自然资源、环境容量和人口增长等问题都是世界性的。它们包含技术、社会、经济和政治等方面的因素,并且它们存在着复杂的相互作用。因此,科学家们应联合起来,齐心协力地对环境进行科学谨慎的管理,来支持可持续发展的目标。

2. 防止森林破坏和沙漠化

减少大气中温室气体,从而减慢和最终扭转地球变暖的最直接有效的措施就是植树造林。森林是吸收 CO_2 的大气净化器,它把氧气放回到大气,而把碳固定在植物纤维质里。森林是抑制气候危机、推迟或扭转温室效应最有效的吸收源,但这一吸收源又正在被人们破坏。自从人类社会出现农业以来,森林砍伐一直在进行,到了工业时代,速度则明显加快。公元 900 年,地球上大约 40% 的陆地面积是森林。到 1900 年,大约 30% 是森林。到 2000 年,剩下的只有

20%左右,而且还正以比历史上任何时期都快的速度继续被破坏着。人类已经深切地感受到森林植被破坏所引发的气候及其他生态环境变化带来的深刻影响。20 世纪末,发生在世界各地的气候异常、洪涝、干旱、沙尘暴已经给人类敲响了警钟。从现在开始应该减少砍伐森林,并且要大规模造林。

3. 全世界共同关注

加强政府部门或国际组织的调控作用,是减缓温室效应的重要措施。1985 年,世界气象组织和联合国环境规划署在奥地利召开了全球学者和政府官员大会,向全世界呼吁认真对待气候变暖问题。1992 年在巴西召开的联合国环境与发展大会上,166 个国家联合签署《气候变化框架公约》。1997 年 12 月,150 多个联合国气候变化公约签字国又在日本京都召开了气候会议,制定了各国温室气体限排目标(表 6-6),最后签署了《京都议定书》。全球环境问题的解决是一项长期的、严峻的任务,需要全世界每一个国家、每一个地区乃至每一个人的参与,离开政府行为和国际合作的支持,不可能实现全球范围温室效应的有序减缓。

表 6-6　各国温室气体限排目标

温室气体	基准年	目标年	削减量/(%)	国家或地区
CO_2、CH_4、N_2O、HFCs、PFCs、SF_6	1990	2008—2012	8	欧盟
			7	美国
			6	日本、加拿大
			5~8	东欧部分国家
			0	俄罗斯、新西兰、乌克兰

6.4.2　酸雨及其控制对策

一、酸雨概念

根据《酸雨和酸雨区等级》(QX/T372—2017),pH 值小于 5.6 的大气降水(包括雨、雪、雹等)称为酸雨;酸雨区是指平均降水 pH 值小于 5.6 的地区;酸雨等级是指降水的酸雨强弱程度的等级;我国酸雨等级分级见表 6-7。

表 6-7　酸雨等级表

级别	日降水 pH 值
较弱酸雨	$5.0 \leqslant pH_d < 5.6$
弱酸雨	$4.5 \leqslant pH_d < 5.0$
强酸雨	$4.0 \leqslant pH_d < 4.5$
特强酸雨	$pH_d < 4.0$

酸雨频率:某一时段(月、季、年)内,日均降水 pH 值小于 5.6 的次数占该时段内所有酸雨观测次数的百分率。

酸雨区等级是指区域内酸雨严重程度的等级。酸雨区等级见表 6-8。

表 6-8　酸雨区等级表

级别	平均降水 pH 值
较轻酸雨区	$5.0 \leqslant pH_m < 5.6$
轻酸雨区	$4.5 \leqslant pH_m < 5.0$
重酸雨区	$4.0 \leqslant pH_m < 4.5$
特重酸雨区	$pH_m < 4.0$

二、酸雨的形成

天然降水由于溶解了 CO_2 而呈现弱酸性,正常雨水的 pH 值为 5.6,而酸雨则是指 $pH < 5.6$ 的雨、雪或其他降水。由于人类活动的影响,大气中含有大量 SO_2 和 NO_x 酸性氧化物,它们通过一系列的化学反应转换成硫酸和硝酸,随着雨水的降落而沉降到地面,形成了酸雨。酸雨是大气污染的一种表现。

酸雨形成过程中,由 SO_2、NO_x 所形成的硫酸和硝酸占酸雨中总酸的 90% 以上,其机理归纳如下。

1. 二氧化硫(SO_2)的氧化

(1)直接光化学反应:

$$SO_2 \xrightarrow[\text{水}]{h\nu、O_2} H_2SO_4 \tag{6-5}$$

(2)间接光化学反应:

$$SO_2 \xrightarrow[\text{过氧化物}]{\text{烟雾、}O_2\text{、水}} H_2SO_4 \tag{6-6}$$

(3)在液滴中或空气中氧化:

$$SO_2 \xrightarrow{\text{液体水}} H_2SO_3 \tag{6-7}$$

$$H_2SO_3 + NH_3 \xrightarrow{O_2} NH_4^+ + SO_4^{2-} \tag{6-8}$$

(4)在液滴中多相催化氧化:

$$SO_2 \xrightarrow[\text{重金属离子}]{O_2\text{、液体水}} H_2SO_4 \tag{6-9}$$

重金属离子元素包括 Fe、Mn、V 等。

(5)在干燥表面上催化氧化:

$$SO_2 \xrightarrow[\text{炭颗粒}]{O_2\text{、水蒸气}} H_2SO_4 \tag{6-10}$$

(6)臭氧氧化:

$$SO_2 + O_3 \longrightarrow SO_3 + O_2 \tag{6-11}$$

该反应是大气中最主要的化学反应,由 SO_2 氧化成 SO_3,由 SO_3 进一步形成 H_2SO_4 和 MSO_4 气溶胶:

$$SO_2 \xrightarrow{H_2O} H_2SO_4（\text{水合过程}） \tag{6-12}$$

$$H_2SO_4 \xrightarrow{H_2O} (H_2SO_4)_m \cdot (H_2O)_n（\text{气溶胶核形成过程}） \tag{6-13}$$

$$H_2SO_4 \xrightarrow{NH_3、H_2O} (NH_4)_2SO_4 \cdot H_2O（\text{气溶胶核形成过程}） \tag{6-14}$$

2. NO_x 催化氧化

NO_x 在空气中浓度大,并在有金属杂质和氨气存在等条件下将以较快速度生成硝酸和硝酸铵:

$$NO \xrightarrow{O_2} NO_2 \xrightarrow{H_2O} HNO_3 \underset{NH_3}{\overset{H_2O}{<}} \begin{matrix} HNO_3 \\ \\ NH_4NO_3 \end{matrix} \tag{6-15}$$

三、中国酸雨分布

2018 年,酸雨区面积约 53 万平方千米,占国土面积的 5.5%;较重酸雨区面积占国土面积的 0.6%。酸雨污染主要分布在长江以南、云贵高原以东地区,主要包括浙江、上海的大部分地区、福建北部、江西中部、湖南中东部、广东中部和重庆南部。

酸雨频率:471 个监测降水的城市(区、县)中,酸雨频率平均为 10.5%,出现酸雨的城市比例为 37.6%,酸雨频率在 25% 及以上、50% 及以上和 75% 及以上的城市比例分别为 16.3%、8.3% 和 3.0%。

降水酸度:全国降水 pH 年均值范围为 4.34(重庆大足区)～8.24(新疆喀什市),平均值为 5.58。酸雨、较重酸雨和重酸雨城市比例分别为 18.9%、4.9% 和 0.4%。

化学组成:2018 年我国降水中主要阳离子为钙离子和铵离子,当量浓度比例分别为 26.6% 和 15.0%;主要阴离子为硫酸根,当量浓度比例为 19.9%,硝酸根当量浓度比例为 9.5%,酸雨类型总体仍为硫酸型。

假如某地收集到酸雨样品,它还不能算是酸雨区,因为一年可能有数十场雨,某场雨可能是酸雨,也可能不是酸雨,所以要看平均值。目前我国定义酸雨区的科学标准尚在讨论之中,但一般认为:年均降水 pH 值高于 5.65,酸雨率为 0～20%,为非酸雨区;pH 值在 5.30～5.60 之间,酸雨率为 10%～40%,为轻酸雨区;pH 值在 5.00～5.30 之间,酸雨率为 30%～60%,为中度酸雨区;pH 值在 4.70～5.00 之间,酸雨率为 50%～80%,为较重酸雨区;pH 值小于 4.70,酸雨率为 70%～100%,为重酸雨区。这就是所谓的五级标准。

四、酸雨的危害

1. 使土壤酸化,危害农业

我国南方土壤本来多呈酸性,再经酸雨冲刷,加速了酸化过程;我国北方土壤呈碱性,对酸雨有较强的缓冲能力。土壤中含有大量铝的氢氧化物,土壤酸化后,可加速土壤中含铝的原生和次生矿物风化而释放大量铝离子,形成植物可吸收的形态铝化合物。植物长期过量吸收铝会造成中毒,甚至死亡。土壤还能加速土壤矿质营养元素的流失,改变土壤结构,导致土壤贫瘠化,影响植物正常发育。酸雨还能诱发植物病虫害,使作物减产。酸雨可使土壤生物种群变化,细菌个体生长变小,生长繁殖速度降低,如分解有机质及其蛋白质的主要微生物类群(芽孢杆菌、极毛杆菌和有关真菌)数量降低,影响营养元素的良性循环,造成农业减产。酸雨还造成氨化细菌和固氮细菌的数量减少,使土壤微生物的氨化作用和硝化作用能力下降,对农作物大为不利。我国的江浙等七省因酸雨而造成农田减产,年经济损失约 37.5 亿元,美国每年因酸雨造成的农业损失也高达 35 亿元。酸雨对农作物的影响已在进行研究。有报道称,pH 值为 3.2 的模拟雨水影响大豆植物芽和根的生长,还会大大减少豆科植物上固氮菌所产生的根瘤。当雨水的 pH 值从 5.6 下降到 3.0 时,萝卜根的生长速度大约降低 50%。

2. 水体酸化,威胁生物

一旦酸雨降落至水体中,它会给水生生物造成巨大损害。首先,当酸雨降至湖泊时,会引起湖泊的酸化。湖水 pH 值在 $9.0\sim6.5$ 的范围时,对鱼类无害;在 $5.6\sim6.5$ 时,鱼卵难以孵化,鱼苗数量减少;当湖水低于 5.0 时,大多数鱼类不能生存。因此湖泊酸化会引起鱼类死亡。相对于忍耐湖水酸化能力而言,虾类比鱼类更差,在已酸化的湖泊中,虾类比鱼类提前灭绝。草本食物是一些鱼虾类生活的基础。湖水酸化,水生生物种群将减少,例如某湖酸化后,绿藻从 26 种减至 5 种,金藻从 22 种减至 5 种,蓝藻从 22 种减至 10 种。俗话说,大鱼吃小鱼,小鱼吃虾米,虾米吃污泥,其实污泥中含有大量微型水生生物,鱼虾离开了水草和微型水生生物,好比鸟兽离开森林。因此,从生态食物链角度来看,湖泊酸化,也将使鱼虾难以生存。

3. 酸雨对森林的危害

酸雨对森林的危害在许多国家已经普遍存在。全欧洲 1.1×10^8 hm^2 森林,有 5×10^7 hm^2 受酸雨危害而变得脆弱和枯萎。比较不同树木年轮,可知产生酸雨前后对林木生长的影响。在俄罗斯南方森林地区,50 年前树木生长较为粗壮,近年来却状况不佳。酸雨可造成叶面损伤和坏死,早落叶,林木生长不良,以至于单株死亡,还可使土壤肥力下降,产量降低,造成大面积森林衰退。我国重酸雨地区四川盆地受酸雨影响的森林面积达 2.8×10^4 hm^2,为四川盆地的二分之一;森林死亡面积达 1.5×10^4 hm^2,占林地面积的 6%。同样受酸雨侵袭的贵州省,受危害的森林面积达 1.4×10^4 hm^2,为四川盆地面积的二分之一。我国马尾松和华山松对酸雨十分敏感,重庆南山风景区约 2000 hm^2 马尾松发育不良,虫害频繁。20 世纪 80 年代,全国约有 10000 hm^2 马尾松枯死,几经防治,毫无效果。

4. 酸雨影响人体健康

酸雨直接影响人的皮肤,并引起哮喘和各种呼吸道疾病。酸雨对眼角膜和呼吸道黏膜有明显刺激作用,导致红眼病和支气管炎,咳嗽不止,并可诱发肺病。酸雨间接影响水源,人类通过饮用而受其害;酸雨流入湖泊中,有害金属沉淀,被鱼类摄入,人类因食用而受危害。农田土壤酸化,使本来固定在土壤作物中的有害金属(如汞、镉、铅等)再溶出,继而为粮食、蔬菜吸收和富集,人类摄食后,中毒易得病。

5. 酸雨腐蚀各种建筑材料

酸雨的成分比较复杂,其酸性成分主要是多种无机酸和有机酸,绝大部分是硫酸和硝酸。这些酸性成分对建筑物和桥梁艺术雕塑有严重的危害。随着 20 世纪工业的迅速发展,金属材料已被广泛应用于生产生活的各个领域,而自然环境对金属腐蚀造成的损失也是巨大的。由于金属在自然环境中的腐蚀需要电解质的支持,而在降雨时,雨水不仅为金属的腐蚀提供了所需的电解质,而且雨水的沉降过程还存在对金属的冲刷作用。这种雨水对金属的电化学溶解和冲刷的交互作用的腐蚀机制,尤其是在环境污染条件下对金属的加速腐蚀机制,已引起越来越多的关注。

五、酸雨的控制对策

(1)确定合理的酸沉降控制区与二氧化硫排放控制区,把酸雨和二氧化硫污染综合防治工作纳入国民经济和社会发展计划,对主要致酸物质排放实行总量控制。

(2)建立控制酸雨的监督管理体系,逐步完善国家酸雨监测网。国务院发布的国函[1996]24 号文件已要求在两控区征收二氧化硫排污费。各地要认真执行国务院的文件,抓紧抓好二氧化硫排污收费的征收、管理和使用工作,使用于重点排污单位治理二氧化硫的资金比例应不少于 90％,进一步促进"两控区"的污染防治工作。

(3)建立和健全控制酸雨的法律、法规和与之配套的政策和法规体系,强化环保执法。

(4)调整能源结构,发展替代能源。开发可以替代燃煤的清洁能源,如核电、水电、太阳能、风能、地热能等,将会对减少排放二氧化硫做出很大贡献。

(5)优化能源质量,提高能源利用率,减少燃烧产生的二氧化硫和氮氧化物。

6.4.3　臭氧层空洞

一、臭氧层空洞的起因

大气臭氧层能吸收强烈的太阳紫外辐射,使地球生物得以正常生长,从而成为地球生命的有效保护层。在自然状态下,大气臭氧浓度相对稳定,其生成与分解处于动态平衡之中。20多年前,人们注意到平流层臭氧衰减,并确认氯氟烃和氮氧化物等气体进入平流层后发生的一系列化学反应是造成臭氧层减薄的主要原因。其次,甲烷、四氯化碳、三氯甲烷、溴、氯及硫化物也会引起臭氧层的变化。一些自然现象,诸如火山喷发物、太阳黑子活动、来自太阳或木星或两者的周期性的电子簇射也被认为是臭氧层减薄的原因。虽然众说纷纭,但经过科学考察和研究后初步认为,臭氧层减薄确实主要是由于人类活动造成的。

平流层臭氧的减少是由于大气层中的氯氟烃化合物的存在而引起的假说,最早是由美国学者 Molina 和 Rowland 提出的。这一假说的主要内容有以下几点:由人类活动释放到低层大气中的 CFCs 是相当稳定的,有很长的残留期(约 100 年),但目前在对流层未发现有显著的 CFCs 库,一个可能的例外是土壤,土壤确实从低层大气中吸附了一定量的 CFCs。低层大气中的 CFCs 残留期很长而且对流层大气的运动很剧烈,这样 CFCs 就被带入平流层,一旦 CFCs 进入平流层臭氧层的高度以上,就会被高能量的太阳紫外线辐射破坏,释放出高度活泼的氯原子,氯原子和臭氧发生反应,形成氧化氯自由基(ClO·),随后发生连续反应,这种连续反应的结果是一个氯原子就可以破坏 10 万个臭氧分子。而臭氧破坏的直接后果是导致地表紫外辐射增强。

土壤中的微生物在分解有机质时产生的氧化亚氮(N_2O)同样可以和臭氧发生催化反应,这对平流层臭氧的平衡影响甚大,学者们还特别研究了细菌肥料对臭氧层的破坏。氧化亚氮引起臭氧分解的原因是:它同样可以被紫外线分解产生极具活性的氮氧自由基(·NO),进而使臭氧分解。

二、臭氧层损耗的危害

1. 臭氧层衰减导致的 UV-B 增强对农作物的影响

臭氧层破坏对植物将产生难以确定的影响。近十几年来,人们对多个品种的植物进行了增加 UV 照射的实验,其中三分之二的植物显示出敏感性,尤其是大米、小麦、棉花、大豆、水果和洋白菜等人类经常食用的作物。一般说来,UV 辐射增加使植物的叶片变小,因而减少俘获阳光的有效面积,对光合作用产生影响导致农作物减产。对大豆的研究初步结果表明,UV 辐射会使其更易受杂草和病虫害的损害,臭氧层厚度减少 25％,可使大豆减产 20％～25％。

1)对农作物生长发育的影响

过量紫外线(UV)对农作物生长产生抑制作用,形态上表现为植株矮化、株型缩小。其矮化程度随作物种类、品种、作物所处的生长阶段及辐射强度的不同而不同。一般 C_3 植物对 UV 较为敏感,C_4 植物则欠敏感。UV 辐射还可抑制农作物的叶面积,但品种之间是有差异的,例如对大豆叶面积的抑制较对小麦叶面积的抑制明显。

　　总的来说,UV 辐射能明显地推迟作物生长发育的进程,且 UV 强度越大,生育期滞后效应越明显。并且不同发育期,滞后效应不同,例如大豆在三叶期—旁枝形成时对 UV 辐射最为敏感。

　　2) 对农作物生理代谢的影响

　　UV 增加抑制作物的净光合速率。UV 辐射使气孔开张度减小,导致光合作用速率下降。Van 等对 13 种植物进行 UV-B 照射,发现植物的净光合速率对 UV 的反应相差甚大,C_4 植物对 UV 不太敏感,而 C_3 植物较为敏感。从不同叶位的净光合作用速率测定值上发现,随着叶位升高,UV 辐射对光合作用的抑制作用增强,表明幼叶对 UV 的反应比老叶敏感。UV 辐射对作物光合作用的影响,还因光强、气温及水分等环境因子的差异而不同,在光强低、温度适宜、水分充分的情况下,UV 的抑制作用最为明显。

　　实验结果表明,UV 辐射增强对大豆光合作用产生的影响会因可见光光强、气温的差异而有所差异(图 6-8、图 6-9)。由图可见,在光强较弱或较强、气温过低或过高时,UV 辐射增强与不增强,光合速率差异很小,而在较适宜的光强(500~1500 $\mu mol/(m^2 \cdot s)$)及较适宜的温度范围(24~28 ℃)内,增加 UV 辐射与不增加 UV 辐射处理的大豆光合作用差异较大。光合作用是作物生长发育及产量形成之基础,由此可推想到,未来光强与温度的变化都会影响到大豆整个生长发育和 UV 效应。

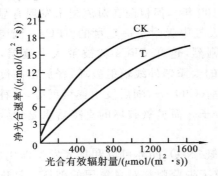

图 6-8　UV 增加后大豆的光-光合曲线
(郑有飞,1998)

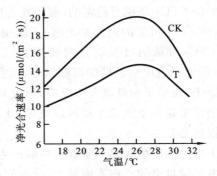

图 6-9　UV 增加后大豆的温-光合曲线
(郑有飞,1998)

　　3) 对农作物产量的影响

　　UV 辐射对大豆生物学产量有较大影响。随着 UV 辐射强度增加,干物质累积量下降,UV 辐射增加 8%,大豆干物重下降 53.3%;UV 辐射增加 10%,小麦生物学产量下降 25.5%。UV 辐射对大豆干物质积累的影响随生育期进程而加大,但不同时期 UV 的影响量不同。实验表明,植物经 UV 照射后,其光合速率和光合产物累积下降同步进行。

　　实验结果表明,UV 通过长期对作物生理活动的限制而使光合面积减少,最终使得作物经济学产量下降,作物穗数、粒数、粒重等产量指标均下降。Biggs 等工作表明,低水平的 UV-B 辐照对水稻和其他作物的产量无影响,但在高水平 UV-B 下,所有供试作物产量全部下降。若未来地表接受的 UV 量增加 8%~10%,其他条件不变,UV 辐射增加可导致大豆减产 40%以上,小麦减产 20%。当然未来由于农业技术措施的提高及气候变化,作物实际产量不会下降如此之多,但紫外线对农业生产的影响不可低估。

　　中国人均土地资源匮乏,人均耕地面积更是少得可怜,中国每年的粮食产量仅仅是够用而已。随着人口的增加,粮食的需求量还会增多,因此紫外线增强所造成的农作物减产将会严重威胁到人们的生存及发展。当然,我们可以通过进口来缓解粮食危机,但这样势必受制于人,从而影响到国家的方方面面。因此,我国在相当长的时间里还将面临严峻的挑战。

2. 对陆地生态系统的影响

臭氧层损耗对植物危害的机制目前尚不如其对人体健康的影响清楚,但研究表明,在已经研究过的植物品种中,超过 50% 的植物有来自 UV-B 的负面影响,比如豆类、瓜类等作物,另外某些作物如土豆、番茄、甜菜等的质量将会下降。植物的生理和进化过程都受到 UV-B 辐射的影响,甚至与当前阳光中 UV-B 辐射的量有关。植物也具有一些缓解和修补这些影响的机制,在一定程度上可适应 UV-B 辐射的变化。不管怎样,植物的生长直接受 UV-B 辐射的影响,不同种类的植物,甚至同一种类不同栽培品种的植物对 UV-B 的反应都是不一样的。在农业生产中,就需要种植耐受 UV-B 辐射的品种,并同时培养新品种。对于森林和草地,UV-B 辐射可能会改变物种的组成,进而影响不同生态系统的生物多样性分布。UV-B 带来的间接影响,例如植物形态的改变,植物各部位生物质的分配,各发育阶段的时间及二级新陈代谢等可能跟 UV-B 造成的破坏作用同样大,甚至更为严重。这些对植物的竞争平衡、草食动物、植物致病菌和生物地球化学循环等都有潜在影响。这方面的研究工作尚处于起步阶段。

3. 对水生系统的影响

紫外辐射的增加对水生生态系统也有潜在的危险。紫外辐射可以杀死 10 m 水深内的单细胞海洋浮游生物。实验表明,若臭氧减少 10%,紫外线增加 20%,将会在 15 天内杀死 10 m 水深内的鳗鱼苗。紫外线增强还会使城市内的光化学烟雾加剧,使橡胶、塑料等有机材料加速老化,使油漆褪色等。

当今世界上 30% 以上的动物蛋白质来自海洋,因此很有必要知道紫外线辐射增加后对海洋生态系统生产力的影响。

海洋中浮游植物的密度通常在高纬度地区较大,在热带和亚热带地区要低很多。除可获取的营养物、温度、盐度和光外,在热带和亚热带地区普遍存在的阳光 UV-B 的含量过高的现象也对浮游植物的分布有着重要的影响。

浮游植物的生长局限在光照区,即水体表层有足够光照的区域,生物在光照区的分布地点受到风力和波浪等作用的影响。另外,许多浮游植物也能够自由运动以提高生产力,保证其生存。暴露于阳光 UV-B 下会影响浮游植物的定向分布和移动,从而降低这些生物的存活率。

研究人员测定了南极地区 UV-B 辐射及其穿透水体的量的增加情况,证实了天然浮游植物群落与臭氧的变化直接相关。对臭氧空洞范围内和臭氧空洞以外地区的浮游植物进行比较的结果表明,浮游植物生产力下降与臭氧减少造成的 UV-B 辐射增加有直接的关系。一项研究表明,在冰川边缘地区的生产力下降了 6%～12%。由于浮游生物是海洋食物链的基础,浮游生物种类和数量的减少会影响鱼类和贝类生物的产量。另一项科学研究的结果显示,如果平流层臭氧减少 25%,浮游生物的初级生产力将下降 10%,这将导致水面附近的生物减少 35%。研究发现阳光中的 UV-B 辐射对鱼、虾、蟹、两栖动物和其他动物的早期发育阶段都有危害作用,最严重的影响是繁殖力下降和幼体发育不全。即使在现有的水平下,浮游植物和动物也已经受到紫外线的损害。很少量增加紫外线 B 的照射就会导致海洋生物的显著减少。

尽管已有确凿的证据证明 UV-B 辐射的增加对水生生态系统是有害的,但目前还只能对其潜在危害进行粗略的估计。中国是个海洋大国,又是一个陆地人均耕地资源匮乏的国家,向海洋进军,向海洋索取粮食是一种必然,因此有必要进一步研究臭氧层破坏对海洋生物的危害。

4. 对人体健康的影响

臭氧层破坏以后,人体直接暴露于紫外辐射的机会大大增加,这将给人体健康带来不少危害。紫外辐射增强使患呼吸系统传染病的人增加,受到过多的紫外线照射还会增加皮肤癌和白内障的发病率。据分析,平流层臭氧减少 1%,全球白内障的发病率将增加 0.6%～0.8%,全世界由于白内障而引起失明的人数将增加 10000～15000。如果不对紫外线的增加采取措施,从现在到 2075 年,UV-B 辐射的增加将导致大约 1800 万白内障病例的发生。

三、控制臭氧层空洞的国际行动

为使人类避免受到因臭氧层破坏而带来的不利影响,并采取适当的国际合作与行动,国际社会于 1985 年 3 月 22 日在维也纳通过了《保护臭氧层维也纳公约》,并于 1987 年 9 月 16 日通过了《关于消耗臭氧层物质的蒙特利尔议定书》,公约和议定书分别于 1989 年 9 月和 1990 年 1 月生效。目前,所有联合国成员均为公约和议定书的缔约方,已召开 10 次公约缔约方大会和 26 次议定书缔约方会议,联合国 197 个成员国全部加入了议定书,成为"全球普遍参与"的第一个多边环境条约。

议定书是国际上第一个明确提出在规定的时间内强制性淘汰、削减和控制义务的环境条约,规定了 ODS(消耗臭氧层物质)受控物质的种类、控制基准(生产和贸易)、淘汰时间表、贸易、数据报告和运行机制等 6 大规定;体现了发达国家和发展中国家"共同但有区别的责任原则"。根据形势的发展,议定书后来得到 4 次修正,先后通过了《伦敦修正案》《哥本哈根修正案》《蒙特利尔修正案》和《北京修正案》。

2016 年 7 月 22—23 日在奥地利维也纳召开《关于消耗臭氧层物质的蒙特利尔议定书》第三次缔约方特别会议,来自 150 个国家、25 个国际组织和政府间组织、42 个非政府组织及观察员组织的 500 多名代表出席大会。会议专门审议的氢氟碳化物(HFCs)修正案,同意利用其机制管控京都议定书下的限控物质 HFCs,最终就修正案中关于 HFCs 的基础要素包括冻结年限等部分内容达成初步共识;利用议定书的机制达成 HFCs 修正案,采取 HFCs 削减行动。

我国 1991 年成立了由原国家环保局牵头、18 个部委参加的跨部门履约协调机制——国家保护臭氧层领导小组,1993 年制定了《中国逐步淘汰消耗臭氧层物质国家方案》,2010 年颁布实施了《消耗臭氧层物质管理条例》,在化工生产、消防、家电、工商制冷、汽车、泡沫、清洗、烟草、气雾剂、农业、粮食仓储等行业分步骤开展了 ODS 淘汰活动;同时,在政策法规和管理体系方面,形成了以 ODS 生产、消费、进出口配额许可证制度为核心的政策管理体系。

思 考 题

1. 什么是大气污染?
2. 常见的大气污染物有哪些种类?
3. 影响大气污染物扩散的因素有哪些?
4. 气态污染物的净化方法有哪些?
5. 你认为应该从哪些方面着手防治大气污染?
6. 什么是温室效应?它具有哪些影响?应当如何防治?
7. 产生酸雨的原因有哪些?我国有哪些地区酸雨问题严重?应当如何控制?

第7章 水体污染及其防治

  水是人类及一切生物赖以生存的不可缺少的重要物质,也是工农业生产、经济发展和环境改善不可替代的极为宝贵的自然资源,人类离不开水。但是由于水资源地区性分布差异、人类生活和工农业活动日趋复杂等,人类面临着水资源短缺、水污染严重的局面,甚至危及人类的生存与发展。这种情况促使人类应该更加增进对水资源的了解,探求水体污染的原因和防治污染的方法,以使人类的这一不可缺少的环境要素状况得到改善,使水资源更好地为人类服务。

7.1 水资源与水循环

7.1.1 世界水资源

  我们居住的地球是一个富水行星,其水量是巨大的,总量达 $1.386×10^9$ km³,约占地球质量的万分之二。如果地球表面是平滑而无地形起伏的话,那么整个地球表面将形成一个约 3000 米水深的海洋世界。虽然人类拥有如此多的水资源,但由于水在地球上的空间分布极不均匀,因而可供人类直接利用的水十分有限。地球上的水资源主要由海洋水、陆地水和大气水三部分组成。地球上水资源总量的 97.47% 为咸水,含盐量高,无法为人类利用。剩下的水资源总量的 2.53% 才是淡水资源,约为 $3.5×10^7$ km³,可见人类的淡水资源十分有限。然而,让人遗憾的是,三分之二左右的淡水位于永久冰层下或被永久冰雪所覆盖,在现有的经济技术条件下很难被人类所取得,可见人类的淡水资源是十分珍贵的。通常所说的水资源主要指这部分可供使用的、逐年可以恢复更新的淡水资源。表 7-1 列出了世界水资源储量的分布情况。

表 7-1　世界水储量

类　别	水储量/(10^{12} m³)		占总储量的比重/(%)		各类淡水占淡水总量的比重/(%)
	咸　水	淡　水	咸　水	淡　水	
海洋水	1338000		96.538		
地下水	12870	10530	0.929	0.76	30.1
土壤水		16.5		0.001	0.05
冰川与永久雪盖		24064.1		1.74	68.7
永冻土底水		300.0		0.022	0.86
湖泊水	85.4	91.4	0.006	0.007	0.26
沼泽水		11.47		0.0008	0.03
河网水		2.12		0.0002	0.006
生物水		1.12		0.0001	0.003
大气水		12.9		0.001	0.04
总　　计	1350955.4	35029.61	97.47	2.53	100.0

(联合国水会议文件,1977)

即使如此,有限的淡水资源,其分布在全球范围内也极不均匀。随着世界经济的迅速发展,工农业生产规模的不断扩大,水需求量不断增加,用水问题已经成为水资源短缺国家或地区亟待解决的主要问题。表 7-2 列出世界各大洲淡水资源的分布状况。

表 7-2　世界各大洲水资源分布

名　　称	面积/(10^4 km²)	年降水量		年径流量		径流系数	径流模数/(L/(s · km²))
		/mm	/km³	/mm	/km³		
欧洲	1050	789	8290	306	3210	0.39	9.7
亚洲	434705	742	32240	332	14410	0.45	10.5
非洲	3012	742	22350	151	4750	0.2	4.8
北美洲	2420	756	18300	339	8200	0.45	10.7
南美洲	1780	1600	28400	660	11760	0.41	21.0
大洋洲	133.5	2700	3610	1560	2090	0.58	51.0
澳大利亚	761.5	456	3470	40	300	0.09	1.3
南极洲	1398	165	2310	165	2310	1.0	5.2
全部陆地	14900	800	119000	315	46800	0.39	10.0

注:表中大洋洲不包括澳大利亚,但包括塔斯马尼亚岛、新西兰岛等岛屿。

从各大洲水资源的分布来看,年径流量亚洲最多,其次为南美洲、北美洲、非洲、欧洲、大洋洲。考虑到各大洲的面积,世界上水资源最丰富的大洲是南美洲。就各大洲的水资源相比较而言,欧洲稳定的淡水量占其全部水量的 43%,非洲占 45%,南美洲占 40%,北美洲占 38%,澳大利亚和大洋洲占 25%。从人均径流量的角度看,全世界河流径流总量按人平均,每人约合 10000 m³。水资源较为缺乏的地区是中亚南部、阿富汗、阿拉伯和撒哈拉。西伯利亚和加拿大北部地区因人口稀少,人均水资源量相当高。

7.1.2　中国水资源

我国地表水资源量约为 $2.7×10^{12}$ m³,地下水资源量约为 $0.83×10^{12}$ m³,扣除地表和地下水重复计算的 $0.73×10^{12}$ m³,水资源总量为 $2.8×10^{12}$ m³,位居世界第六位。按国土面积计算,平均每平方千米的产水量为世界陆地平均每平方千米产水量的 90% 左右。但由于人口众多,我国的人均水资源量为 2300 m³,仅为世界人均水资源量的 1/4,相当于美国的 1/5,加拿大的 1/48,世界排名 110 位,被列为全球 13 个人均水资源贫乏国家之一。

我国水资源时空分布不均,全国水资源 80% 分布在长江流域及其以南地区,人均水资源量 3490 m³,亩均水资源量 4300 m³,属于人多、地少、经济发达、水资源相对丰富的地区。长江流域以北广大地区的水资源量仅占全国 14.7%,人均水资源量 770 m³,亩均约 471 m³,属于人多、地多、经济相对发达、水资源短缺的地区,其中黄淮海流域水资源短缺尤其突出。目前,我国有 14 个省(自治区、直辖市)的人均水资源拥有量低于国际公认的 1750 m³ 用水紧张线,其中低于 500 m³ 严重缺水线的有北京、天津、河北、山西、上海、江苏、山东、河南、宁夏 9 个地区。近年来,我国由于水资源不足,用水紧张状况加剧。据统计,全国 699 个城市中,有 400 个城市常年供水不足,其中天津等 110 个城市已受到水资源短缺的严重威胁,年缺水量 $6×10^9$ m³。有的城市被迫限时限量供水,严重制约着当地经济和社会发展。此外,水资源的年内、年际分配严重不均,大部分地区 $60\% \sim 80\%$ 的降水量集中在夏秋汛期,洪涝干旱灾害频繁。进入 21 世纪,我国水资源供需矛盾更为突出。据预测,到 21 世纪中叶,我国人均水资源拥有量将减少到 1750 m^3。届时,全国大部分地区将面临水资源更加紧张,甚至严重缺水的局面。

7.1.3 自然界水循环

地球上的生命依赖于空气、水、土壤和生物圈中物质的不断流动。水属于可更新的自然资源,处在不断循环之中,以雪和雨水的形式每年向陆地输送大约 11 万立方千米的水。这部分水容易被人类社会所利用,具有经济价值,正是我们所说的水资源,从而供应维持着地球上陆地、河口和淡水生态系统中的生命,为人类健康和福祉提供多种服务,包括饮用水,工业用水,灌溉用水,鱼类、水禽和贝类的生产用水等。

一、水循环的概念和作用

地球上各种形态的水总是处于不断的变化之中,这种变化可能是热力条件下的相态转换,也可能是在重力作用下的斜面运动,或是沿压力梯度、密度梯度的垂直、水平输送。通过蒸发、水汽输送、降水、下渗和径流等过程,分布在地球系统各个层次的水被联结起来,进行着周而复始的跨越水圈、大气圈、土壤圈和生物圈四大圈层的水分循环,称为水循环。图 7-1 为自然界的水循环示意图。

太阳能和地心引力是水循环的动力,从海洋表面、湖泊、江河、土壤和植物(蒸腾作用)蒸发大量水分,水蒸气上升至大气层,在那里冷却、浓缩,最后变成雨水,降落在陆地的部分汇流到河流和湖泊,最后又重新流入海洋,由此形成淡水的动态循环。

水循环系统是多环节的庞大动态系统,自然界中的水是通过多种路线实现其循环和相变的。其范围可由地表向上伸展至大气对流层顶以上,地表向下可及的深度平均约为 1000 m。水循环根据其循环途径分为大循环和小循环。环境中水的循环是大、小循环交织在一起的,并在全球范围内和在地球上各个地区内不停地进行着。

全球性的水循环称为大循环,是指水在大气圈、水圈、岩石圈之间的循环过程。具体表现为:海洋中的水蒸发到大气中以后,一部分飘移到大陆上空形成积云,然后以降水的形式降落到地面;降落到地面的水,其中一部分形成地表径流,通过江河汇流入海洋;另一部分则渗入地下形成地下水,又以地下径流或泉流的形式慢慢地注入江河或海洋。

仅在局部地区如陆地和海洋进行的水循环称为水的小循环。陆地上的水,通过蒸发作用(包括江、河、湖、水库等水面蒸发,潜水蒸发,陆面蒸发及植物蒸腾等)上升到大气中形成积云,然后以降水的形式降落到陆地表面形成径流。海洋本身的水循环主要是海水通过蒸发形成水蒸气而上升,然后再以降水的方式降落到海洋中。

水循环是地球上主要的物质循环之一,是联系地球各圈和各种水体的纽带。通过形态的变化,水在地球上起到输送热量和调节气候的作用,对于地球环境的形成、演化和人类生存都有着重大的作用和影响。水的不断循环和更新为淡水资源的不断再生提供条件,为人类和生物的生存提供基本的物质基础。

二、水循环的过程

水循环的过程十分繁杂,主要包括蒸发、水汽输送、降水、下渗和径流等环节。其中,降水、蒸发和径流是三个最主要的环节,决定了全球的水量平衡,也决定了一个地区的水资源总量。

蒸发是水循环中重要的环节之一。海洋、河川、湖泊、沼泽中的水,以及植被叶面、浸入土

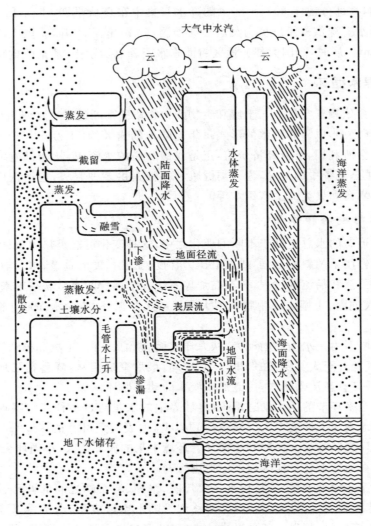

图 7-1 水循环示意图

壤表面的水等在受热后都会向空中蒸发,另外,植被呼吸时的蒸腾,冰雪表面的升华也将水汽输入大气。蒸发量的大小受近地层大气的温度、湿度、风及下垫面影响。海洋蒸发量最大,大气中的水汽主要来自海洋;沙漠和半沙漠地区,全年蒸发量往往接近于本地区的降水量,地面水量收入几乎为零,水资源十分贫乏。

由蒸发产生的水汽进入大气并随大气活动而运动。大气层中水汽的循环是"蒸发—凝结—降水—蒸发"的周而复始的过程。海洋上空的水汽可被输送到陆地上空凝结降水,称为外来水汽降水;大陆上空的水汽直接凝结降水,称内部水汽降水。一地总降水量与外来水汽降水量的比值称该地的水分循环系数。全球的大气水分交换的周期为 10 天。在水循环中水汽输送是最活跃的环节之一。

地面从大气中获得的水汽凝结物,总称为降水,它包括两部分:一部分是大气中水汽直接在地面或地物表面及低空的凝结物,如霜、露、雾等,又称为水平降水;另一部分是由空中降落到地面上的水汽凝结物,如雨、雪等,又称为垂直降水。降水的多少受水汽输送影响,具有纬度地带性和海陆地带性。

　　蒸发和降水发生在水循环的垂直方向上,它以相态的变化实现水分和热量的转移,平衡了水因垂直结构的失调。这是一对互逆的组合,缺一不可,蒸发使地表损失水分以补充大气,同时消耗了大气的热量;降水却从大气获取水分,同时向大气释放热量。

　　降水及冰雪融水在重力作用下沿地表或地下流动的水流称为径流。径流受流域中气候、下垫面等自然地理因素的影响。气候因素是影响河川径流最基本和最重要的因素。气候要素中的降水和蒸发直接影响河川径流的形成和变化。多年平均的大洋水量平衡方程为:蒸发量＝降水量＋径流量。多年平均的陆地水量平衡方程是:降水量＝径流量＋蒸发量。

　　陆地上(或一个流域内)发生的水循环是"降水—地表"和"地下径流—蒸发"的复杂过程。陆地上的大气降水、地表径流及地下径流之间的交换又称三水转化。

三、水的更替周期

　　水循环使地球上各种形式的水以不同的周期或速度更新。水的这种循环复原特性,可以用水的更替周期来表示。在多年均衡状态下,水体的储存量称为静态水量,水体的补给量称为动态水量,前者与后者的比值即为更替周期。由于各种形式水的储蓄形式不一致,各种水的更替周期也不一致。表 7-3 给出了地球上各种水体的更替周期。更替周期长的水体,如湖泊为 17 年,深层地下水为 1400 年,取用后难以恢复,一般不宜作为长期稳定的供水水源;更替周期短的水体,如河水为 16 天,浅层地下水约为一年,取用后容易恢复,是人类开发利用的主要对象。在开发利用水资源过程中,应该充分考虑不同水体的更替周期和活跃程度,合理开发,以防止由于更替周期长或补给不及时,造成水资源的枯竭。

表 7-3　地球各种水的更替周期

水 体 类 型	更 替 周 期	水 体 类 型	更 替 周 期
海洋	2500 年	湖泊	17 年
深层地下水	1400 年	沼泽	6 年
极地冰川	9700 年	土壤水	1 年
永久积雪、高山冰川	1600 年	河川水	16 天
大气水	8 天	生物水	几小时

(联合国水会议文件,1977)

四、水量平衡

　　地球上的水以气态、液态和固态三种形式存在,并处在不停地运动过程中。从全球角度来认识水的自然循环过程,其总水量是平衡的。地球上任一区域在一定时间内,进入的水量与输出水量之差等于该区域内的蓄水变化量,这一关系称为水量平衡。水量平衡通常用水量平衡方程表述:

$$I = O + \Delta S \tag{7-1}$$

式中:I——所研究区域在某时段内收入的水量;

　　　O——相应支出的水量;

　　　ΔS——蓄水变量。

　　在现代气候条件下,全球水量的多年平均值基本上是恒定的。平均每年从海洋和陆地蒸发的水量为 57.7 万立方千米,等于平均每年的降水量。大气中一定地区在一定时段内收入的水分为随水平气流输入的水分、来自下垫面的蒸发水分,支出的水分为随水平气流输出的水分、降水量。收入与支出水量之差等于该地区上空大气在研究时段始末所含水分的变量。闭合流域的水量平衡收入项为研究时段的总降水量,支出项为研究时段的流域总蒸发量和出口断面处的总径流量。一个湖泊的水量平衡中的收入项为湖面降水量、地表径流和地下径流入湖水量,支出项为湖面蒸发量、地表径流和地下径流出湖水量。湖泊的蓄水变量是研究时段始末湖水位的变化幅度和相应湖面平均面积的乘积。

中国水量平衡要素组成的重要界线是年均降水量 1200 mm。年均降水量大于 1200 mm 的地区,径流量大于蒸散发量;反之,蒸散发量大于径流量。中国除东南部分地区外,绝大多数地区都是蒸散发量大于径流量,越向西北差异越大。水量平衡要素的相互关系还表明在径流量大于蒸发量的地区,径流与降水的相关性很高,蒸散发对水量平衡的组成影响甚小。在径流量小于蒸发量的地区,蒸散发量则依降水而变化。这些规律可作为年径流建立模型的依据。另外,中国平原区的水量平衡均为径流量小于蒸发量,说明水循环过程以垂直方向的水量交换为主。

7.1.4　人类对水的需要

人类对水的依赖是众所周知的,不论是生活还是生产活动都离不开水,且随着人口的增长和社会经济发展,人类对水的需求量将大幅增长。据联合国统计,1940 年全世界人口 20 多亿,总年用水量约为 8.2×10^{11} m³;1975 年人口 30 多亿,年用水量达 3.0×10^{12} m³;2000 年人口 60 亿,年用水量为 7.0×10^{12} m³。我国作为发展中的大国,随着工农业生产的发展和城镇生活水平的提高,用水量也逐年增加。表 7-4 为我国近年来用水量的变化情况。

表 7-4　中国近年来用水量变化情况

年份	总用水量/10^8 m³	人均用水量/m³	用水消耗总量/10^8 m³
2018	6016	432	3207.6
2017	6043	436	3206.8
2016	6040	438	3192.2
2015	6103	445	3217.0
2014	6095	447	3222.0
2013	6183	456	3263.4
2012	6131	454	3244.5
2011	6107	454	3201.8

(中华人民共和国水利部,水资源公报)

1995 年 8 月世界银行调查统计报告公布:拥有世界人口 40% 的 26 个国家正面临水资源危机,这些国家的农业、工业和人民的健康受到严重威胁;发展中国家约有 10 亿人喝不到清洁水,17 亿人没有良好的卫生设施,80% 的疾病由饮用不洁水引起,并造成每年 2500 万人死亡。1999 年"世界水日",联合国发出警告,随着人类生产的发展和生活水平的提高,世界用水量正以每年 5% 的速度递增,每 15 年用水总量就翻一番,除非各国政府采取有力措施,否则,在 2025 年前,地球上将有二分之一以上的人口面临淡水资源危机,三分之一以上的人口得不到清洁的饮用水。水资源的短缺已成为当今全球性的社会和经济发展的主要制约因素。

人类对淡水的需求归纳起来共有 3 个方面:工业用水、农业用水和城市生活用水。

工业文明的发展离不开水。工业用水主要包括工业生产用水和工业生活用水两大类,工业生产用水包括工艺用水、锅炉用水、冷却用水,工业生活用水主要为厂区和车间内职工生活用水及其他用途的杂用水。火力发电、钢铁、石油炼制、棉印染和造纸工业是高用水行业。随着工业技术的发展,工业用水量猛增。图 7-2 为 20 世纪后半叶世界工业用水迅猛增长情况。

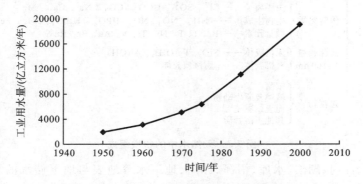

图 7-2 1950—2000 年世界工业用水情况

我国工业用水量较大,且工业用水效率总体较低,2015 年,每万元工业产值取水量为 90 m^3 左右,为发达国家的 3~7 倍;工业用水重复利用率约为 52%,远低于发达国家 80% 的水平。我国计划在 21 世纪前半叶将工业取水量控制在 2000 亿立方米以内,年平均增长率不超过 1.1%。

目前,世界上的水资源约 70% 用于农业,而农业用水从农田返回河流的水量常常只有 50%。发展中国家的用水 85%~90% 为农业用水,发达国家则不足 50%(例如欧洲约为 33%)。在发展中国家,水资源总量不及世界平均水平,由于人口增长过快而使人均水资源可得量更低,又由于大部分用于农业灌溉,从而重复使用率很低。

人类社会为了满足生活需求,需从各种天然水体中取用大量的水。除饮用外,水也是人们进行炊事、洗涤、沐浴、清洁等所必需的物质。随着城市生活水平的提高,城市用水需求加大。有人估计人的生理需水量每天约为 2.5 L,但每日全部生活用水量却需要数十升至数百升,并且城市生活水平越高,人均用水量也越大。

综合上述情况,水资源的短缺问题,主要集中在发展中国家,受影响最严重的又是农业。此外,随着大城市人口的迅速膨胀和工业的高速发展,城市用水将日趋紧张,且水源污染也日渐严重。合理利用水资源,是人类可持续发展的当务之急,而节约用水是水资源合理利用的关键所在,是快捷、可行、广泛有效地维护水资源可持续利用的途径之一。另外,可以通过有效控制人口、发展节水性农业、防止水源污染等多种方法合理利用和保护水资源。

7.2 水 体 污 染

7.2.1 水体污染的含义

一、天然水质与水体

在自然界,不存在化学概念上的纯水(H_2O),天然水是在特定的自然条件下形成的、含有许多溶解性和非溶解性物质的综合体。其中的组分可以是固态的、液态的或气态的,并多以分子、离子和胶体微粒状态存在于水中。天然水中含有地壳中的大部分元素,其含量的变化范围很大,图 7-3 显示了天然水中含量较多、较常见的物质组成。

$$
\text{天然水中的物质}
\begin{cases}
\text{溶解气体}
\begin{cases}
\text{主要气体——} N_2、O_2、CO_2 \\
\text{微量气体——} H_2、CH_4、H_2S
\end{cases} \\[2mm]
\text{溶解物质}
\begin{cases}
\text{主要离子——} Cl^-、SO_4^{2-}、HCO_3^-、CO_3^{2-}、Na^+、Ca^{2+}、Mg^{2+} \\
\text{生物生成物——} NH_4^+、NO_3^-、NO_2^-、HPO_4^{2-}、H_2PO_4^-、PO_4^{3-}、Fe^{2+}、Fe^{3+} \\
\text{微量元素——} Br、I、F、Ni、Ti、V、Au、Ba、Rn 等
\end{cases} \\[2mm]
\begin{matrix}\text{胶体物质}\\ 1\sim100\,nm\end{matrix}
\begin{cases}
\text{无机胶体——} SiO_2、Fe(OH)_3、Al(OH)_3 \\
\text{有机胶体——} \text{腐殖质胶体}
\end{cases} \\[2mm]
\text{悬浮物质}
\begin{cases}
\text{细菌} \\
\text{藻类及原生动物} \\
\text{泥土、黏土} \\
\text{其他不溶物质}
\end{cases}
\end{cases}
$$

图 7-3　天然水中的物质组成

水体是海洋、江河、湖泊、水库、沼泽、冰川、地下水等地表与地下储水的总称。在环境学中,水体不仅包括水本身,还包括水中的各种物质(悬浮物、胶体物、溶解物)、底质和水生生物等,实际上它是一个完整的自然综合体,也是一个完整的生态系统。

水体可分为海洋水体和陆地水体,陆地水体又有地表水体和地下水体之分。在此研究的主要是陆地水体,而且是与人类生活密切相关的江河、湖泊、水库和地下水。

二、水体自净与水体污染

各类天然水体都有一定的自净能力。污染物进入天然水体后,经过一系列物理、化学及生物的共同作用,会使污染物在水中的浓度降低,经过一段时间后,水体往往能恢复到受污染前的状态,这种现象称为水体自净。水体自净的作用按其机理可分为三类。

(1)物理净化:天然水体通过扩散、稀释、沉淀和挥发等物理作用,使污染物浓度降低的过程。

(2)化学净化:天然水体通过分解、氧化还原、凝聚、吸附、酸碱反应等作用,使污染物的存在形态发生变化或浓度降低的过程。

(3)生物净化:天然水体中的生物,尤其是微生物在生命活动过程中不断将水中有机物氧化分解成无机物的过程。

物理净化和化学净化,只能使污染物的存在场所与形态发生变化,从而使水体中的存在浓度降低,但并不能减少污染物的总量。而生物净化作用则不同,可使水体中有机物无机化,降低污染物总量,真正净化水体。

影响水体自净的因素很多,其中主要因素有受纳水体的地理与水文条件、微生物的种类与数量、水温、复氧能力及水体和污染物的组成、污染物浓度等。

虽然天然水体有一定的自净能力,但是在一定时间和空间范围内,如果污染物大量进入天然水体并超过了其自净能力,就会造成水体污染。水体污染是指由于污染物进入水体,其含量超过水体的本底含量和自净能力,致使水体的水质、底质及生物群落组成发生变化,从而降低水体的使用价值和使用功能的现象。

7.2.2　水体污染物

从环境保护角度出发,可以认为任何物质若以不恰当的数量、浓度、速率、方式进入水体,均可造成污染,因而均有可能成为污染物,所以水体污染物的范围非常广泛。当然,对于一些对人体和生物体有毒、有害的物质,例如 Hg、Cr、As、Cd 及氰化物和酚类等物质,不论其进入

水体的数量、浓度、速率及方式如何,均属于水体污染物。

水体污染物的种类繁多,因此其分类方法也有所不同,例如按污染物的物理形态,可分为颗粒状污染物、胶体状污染物及溶解状污染物;按污染物的化学性质又可分为无机污染物、有机污染物。在此主要按污染的特征将其分为如下四类。

1. 无机无毒物

无机无毒物指对人体或生物无直接毒害作用的无机物,主要包括以下三种。

(1) 颗粒状无机物:如来自地面的泥沙、尘土、渣物等固体颗粒。

(2) 酸碱及无机盐:酸性废水主要来自工厂及矿山的排水,如化肥、农药、粘胶纤维、酸法造纸及硫化矿的开采等工矿废水;碱性废水主要来自碱法造纸、化学纤维制造、制碱、制革等工业。酸性废水与碱性废水可相互中和产生各种盐类,也可与地表物质相互作用,生成各种无机盐类。所以,一般情况下,酸性或碱性废水造成的水体污染都伴随着无机盐类的污染。

pH 值超出 6～9 范围的废水,对人、畜及各种生物产生直接毒害。酸性或碱性废水的污染,会影响水体的自然缓冲作用,抑制微生物的生长,导致水体的自净能力下降,腐蚀管道、水工建筑物和船舶等。此外,还可能会因 pH 值变化,导致水体中的无机盐类及硬度的增加。

(3) 植物营养物:主要指 N、P 等元素。

2. 无机有毒物

无机有毒物指能直接引起人体及生物毒性反应的无机污染物。这类污染物具有明显的累积性,可通过水生生物富集,进入食物链危害人体健康,其中最为典型的是重金属离子及 CN^- 和 As 等非金属污染物。

(1) 非金属有害物,主要包括氰化物、As、Se、F、S。其中氰化物为剧毒物质,主要来源于游离的氢氰酸(HCN),CN^- 在酸性溶液中可生成 HCN 而挥发出来。各种氰化物分离出 CN^- 及 HCN 的难易程度不同,因而毒性也有差异。CN^- 的毒性主要表现在破坏血液、影响输氧、引起组织缺氧、细胞窒息、脑部受损,最终因呼吸中枢麻痹而死亡。砷是传统的剧毒物质,三价砷的毒性要比五价砷的毒性大得多,As_2O_3 即砒霜,对人体毒性很大。水体中的砷主要来源于有色金属采选和冶炼、化工、炼焦、发电、造纸及皮革等行业。砷能在人体内积累,长期饮用含砷的水会导致慢性中毒,主要症状是神经中枢紊乱、腹痛、呕吐、肝痛、肝大等消化系统障碍,并常伴有皮肤癌、肝癌、肾癌及肺癌等发病率增高等现象。

(2) 重金属毒性物,主要有 Hg、Cr、Cd、Pb、Zn、Ni、Cu、Co、Mn、Ti、V、Mo、Sb 等,这些物质作为毒物具有如下共性。

① 当以离子态存在时,毒性最强,故常称重金属离子毒物。

② 低浓度时即可产生较大的毒性,一般情况下人饮服 0.1～10 mg 便可导致中毒死亡,Hg、Cd、Cr、Pb 等毒性更强,饮服 0.01～0.1 mg 即可导致中毒。

③ 不能被微生物降解,相反有时在微生物作用下毒性剧增。例如,无机汞被微生物转化为烷基汞后,毒性大增。这种有机汞能在脑内积累,引起乏力、末梢神经麻木、动作失调、精神错乱、疯狂痉挛。

④ 能被生物成千上万倍地富集,例如,Hg、Cd、Cr 可被水生生物分别富集 100 倍、300 倍及 200 倍,既危害生物又通过食物链危害人体健康。

⑤ 它们都可进入人体,与生物大分子(如蛋白和酶)作用,使生物大分子失去活性,导致慢性中毒。

重金属离子尤以 Hg、Cd、Cr、Pb 毒性最强,且较为常见。Hg 离子主要来源于氯碱、聚氯乙烯、乙醛、乙酸乙烯的合成及电气仪表等工业，Cd 离子及 Cr 离子主要来源于采矿、冶金、电镀、制革、玻璃、陶瓷及塑料等工业，Pb 离子则主要出自采矿、冶金、化工、蓄电池、颜料、油漆等工业及汽车尾气。

3. 有机无毒物

有机无毒物又称耗（需）氧有机物或可生物降解有机物，主要是碳水化合物、蛋白质、脂肪等，其他的大多数为它们的降解产物。生活污水和大部分工业废水都含有大量的有机无毒物，天然水体中的这类物质则主要是水中生物生命活动的代谢产物。这些物质的共同特性是没有毒性，进入水体后，在微生物的作用下，最终分解为简单的无机物，并在生物氧化分解过程中消耗水中的溶解氧。因此，这些物质过多地进入水体，会造成水体中的溶解氧严重不足甚至耗尽，引起有机物厌氧发酵，分解出 CH_4、H_2S、NH_3 等气体，散发恶臭，污染环境。

耗氧有机物种类繁多，组成复杂，因而难以分别对其进行定量、定性分析。因此，一般不对它们进行单项定量测定，而是利用其共性（如它们比较易于氧化），采用某种指标间接地反映其总量和分类含量。氧化方式有化学氧化、生物氧化和燃烧氧化，都是以有机物在氧化过程中所消耗的氧或氧化剂的数量来替代有机物的数量。在实践过程中，常用下列指标来表示水中有机物含量，即化学需氧量（COD）、生化需氧量（BOD）、总有机碳（TOC）。

（1）化学需氧量　化学需氧量指用化学氧化剂氧化水中的有机污染物时所需的氧量，以每升水消耗氧的质量表示（mg/L）。COD 值越大，表示水中的有机污染物污染越重。目前常用的氧化剂主要是高锰酸钾和重铬酸钾。高锰酸钾化学需氧量（简记 COD_{Mn}）适用于分析污染较严重的水样。目前，国际标准化学组织规定，化学需氧量是指 COD_{Cr}，而称 COD_{Mn} 为高锰酸钾盐指数。

化学需氧量所测定的内容范围是不含氧的有机物和含氧有机物中碳的部分，实质上是反映有机物中碳的耗氧量。另外，测定化学需氧量时，氧化剂不仅氧化了有机物，而且对各种还原态的无机物（如硫化物、亚硝酸盐、氨、低价铁盐）也具氧化作用。

（2）生化需氧量　在人工控制的条件下，使水样中的有机物在微生物作用下进行生物氧化，在一定时间内消耗的溶解氧的数量，可以间接地反映出有机物含量，这种水质指标称为生化需氧量，以每升水消耗氧的质量（mg/L）表示。生化需氧量越高，表示水中耗氧有机污染越重。

由于微生物分解有机物是一个缓慢的过程，通常微生物将耗氧有机物全部分解需要 20 天以上，并与环境温度有关。生化需氧量的测定常采用经验方法，目前国内外普遍采用在 20 ℃条件下，以 5 天作为测定 BOD 的标准时间，记为 BOD_5，或简称 BOD。BOD_5 只能相对反映出氧化有机物的数量，但是，它在一定程度上也反映了有机物在一定条件下进行生物氧化的难易程度和时间进程，具有很大使用价值。

（3）总有机碳　这是近年来发展起来的一种快速测定方法，它包含了水体中所有有机物的含碳量。测定方法是在特殊的燃烧器中，以铂为催化剂，在 900 ℃温度下，使水样气化燃烧，燃烧后测定气体中的二氧化碳含量，从而确定水中的碳元素总量。在此总量中减去无机碳元素含量，即可得总有机碳。TOC 虽可以用总有机碳元素量来反映有机物总量，但因排除了其他元素，仍不能直接反映有机物的真正浓度。

4. 有机有毒物

有机有毒物指难以由微生物降解的有机物，这类物质多为人工合成的有机物，其特点是化学性质稳定，不易被微生物降解，多数具有疏水亲油性质，易被水中胶粒和油粒吸附扩散且在水生生物体内富集、积累，对人体及生物有毒害作用。有机有毒物的种类很多，其污染影响及作用也各不相同，在此仅列举几种主要的略做介绍。

（1）酚类化合物　酚是芳香族碳氧化合物，苯酚是其中最简单的一种。酚类化合物是有机合成的重要原料之一，具有广泛的用途。酚作为一种原生质毒物，可使蛋白质凝固，主要作用于神经系统。水体受酚污染后，会严重影响各种水生生物的生长和繁殖，使水产品产量和质量降低。

（2）有机农药　有机农药包括杀虫剂、杀菌剂和除草剂。从化学结构上，有机农药可分为有机氯农药、有机磷农药和有机汞农药三大类。有机氯农药的特点是水溶性低而脂溶性高，易在动物体内累积，对动物和人体造成危害。

（3）多氯联苯（PCBs）　多氯联苯是一种化学性能极为稳定的化合物。它进入人体后主要蓄积在脂肪组织及各种脏器内。日本的米糠油事件，就是人食用被 PCBs 污染了的米糠油而导致中毒的。

（4）多环芳烃类　多环芳烃是指多环结构的碳氢化合物，其种类很多，如苯并芘、二苯并芘、苯并蒽、二苯并蒽等。其中以苯并[a]芘（简记 BaP）最受关注，3,4-苯并芘已被证实是强致癌物质之一。在地表水中，已知的多环芳烃类有 20 多种，其中七八种具有致癌作用，如苯并蒽、苯并芘等。

5. 其他污染物

（1）放射性物质　天然的放射性同位素^{238}U、^{226}Ra、^{232}Th 等一般放射性都很弱，对生物没有什么危害。人工的放射性污染主要来源于铀矿开采和精炼、原子能工业、放射性同位素的使用等。放射性污染物，通过水体可影响生物，灌溉农作物亦可受到污染，最后可由食物链进入人体。放射性污染物放射出的 α、β、γ 等射线均可损害人体组织，并可蓄积在人体内造成长期危害，促成贫血、白细胞增生、恶性肿瘤等各种放射性疾病。

（2）生物污染物　生物污染物主要来自生活污水、医院污水和屠宰肉类加工、制革等工业废水，主要通过动物和人体排泄的粪便中含有的细菌、病毒及寄生虫等污染水体，引起各种疾病传播。

（3）感官性污染物　感官性污染物是指色、嗅、味、泡沫、恶臭等，其副作用是刺激感官，影响景观、旅游和文体活动。

7.2.3　主要污染物在水中的迁移转化

一、需氧有机物

1. 需氧有机物的生物降解

需氧有机物进入水体会被微生物降解，其过程为：首先在细胞体外，经胞外水解酶的作用，复杂的大分子化合物被分解成较简单的小分子化合物，然后小分子简单化合物再进入细胞内进一步分解，分解产物有两方面的作用，一是被合成为细胞材料，二是转换成能量供微生物维持生命活动。

1）碳水化合物的生物降解

碳水化合物生物降解步骤和最终产物如图 7-4 所示。

碳水化合物是 C、H、O 组成的不含氮的有机物，可分为多糖[$(C_6H_{10}O_5)_n$，如淀粉]、二糖（$C_{12}H_{22}O_{11}$，如乳糖）、单糖（$C_6H_{12}O_6$，如葡萄糖）。在不同酶的参与下，淀粉首先在细胞外水

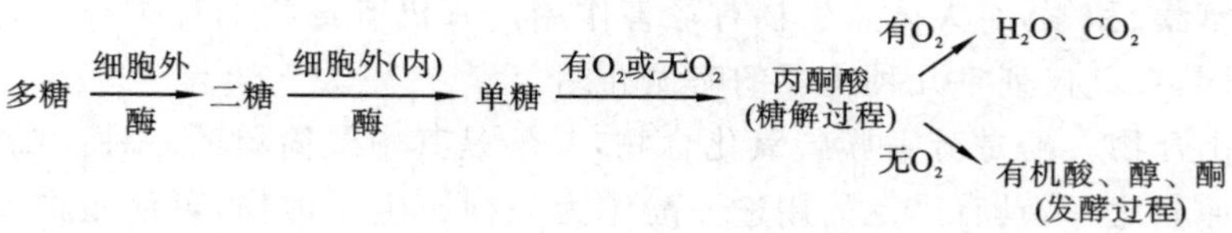

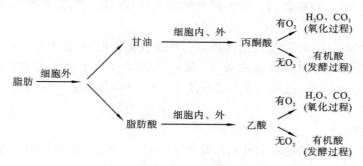

图 7-4　碳水化合物生物降解示意图

解成为乳糖,然后在细胞内或细胞外再水解成为葡萄糖。葡萄糖经过糖酵解过程转变为丙酮酸。在有氧条件下,丙酮酸完全氧化为水和二氧化碳。在无氧条件下,丙酮酸不完全氧化,最终产物是有机酸、醇、酮,这部分产物对水环境的影响较大。

2) 脂肪的生物降解

脂肪生物降解步骤和最终产物如图 7-5 所示。

图 7-5　脂肪和油类的生物降解示意图

脂肪的组成与碳水化合物相同,由 C、H、O 组成。脂肪的降解步骤和最终产物比碳水化合物更具多样性。脂肪首先在细胞外水解,生成甘油和相应的脂肪酸。然后上述物质再分别水解成丙酮酸和乙酸。在有氧条件下,丙酮酸和乙酸完全氧化,生成水和二氧化碳;在无氧条件下,完成发酵过程,生成各种有机酸。

3) 蛋白质的生物降解

蛋白质生物降解步骤和最终产物如图 7-6 所示。

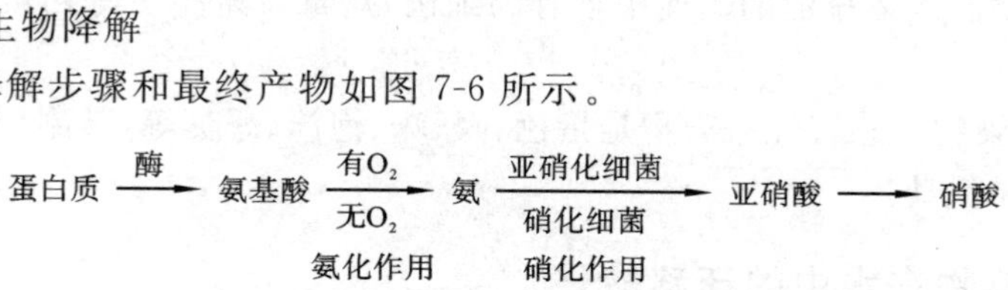

图 7-6　蛋白质的生物降解示意图

蛋白质的组成与碳水化合物和脂肪不同,除含有 C、H、O 外,还含有 N。蛋白质是由各种氨基酸分子组成的复杂有机物,含有氨基和羧基,并由肽键连接起来。蛋白质的生物降解首先是在水解的作用下脱掉氨基和羧基,形成氨基酸。氨基酸进一步分解脱除氨基,生成氨,通过硝化作用形成亚硝酸,最后进一步氧化为硝酸。如果在缺氧水体中硝化作用不能进行,就会在反硝化细菌作用下发生反硝化作用。

一般来讲,含氮有机物的降解比不含氮的有机物难,而且降解产物污染性强,同时与不含氮的有机物的降解产物发生作用,从而影响整个降解过程。

2. 需氧有机物的降解与溶解氧平衡

有机物排入河流后,在被微生物氧化分解的过程中要消耗水中的溶解氧(DO)。所以,受有机污染物污染的河流,水中溶解氧的含量受有机污染物的降解过程控制。溶解氧含量是使河流生态系统保持平衡的主要因素之一。溶解氧的急剧降低甚至消失,会影响水体生态系统平衡和渔业资源,当 DO<1 mg/L 时,大多数鱼类便窒息而死,因此研究 DO 变化规律具有重要的实际意义。

　　有机污染物排入河流后,经微生物降解而大量消耗水中的溶解氧,使河水亏氧;另一方面,空气中的氧通过河流水面不断地溶入水中,又会使溶解氧逐步得到恢复,所以耗氧与复氧同时存在。河水中的 DO 与 BOD$_5$ 浓度变化模式见图 7-7。污水排入后,DO 曲线呈悬索状下垂,故称氧垂曲线;BOD$_5$ 曲线呈逐步下降状,直至恢复到污水排入前的基值浓度。

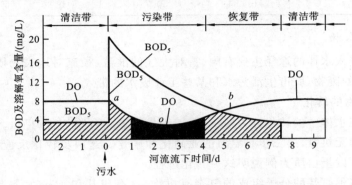

图 7-7　河流中 BOD$_5$ 及 DO 的变化曲线

　　氧垂曲线可分为三段。第一段 ao 段,耗氧速率大于复氧速率,水中溶解氧含量大幅度下降,亏氧量增加,直至耗氧速率等于复氧速率。o 点处,溶解氧量最低,亏氧量最大,称为临界亏氧点或氧垂点。第二段 ob 段,复氧速率开始超过耗氧速率,水中溶解氧量开始回升,亏氧量逐步减少,直至转折点 b。第三段 b 点以后,溶解氧含量继续回升,亏氧量继续减少,直至恢复到排污点前的状态。

　　美国学者斯特里特·菲尔普斯(Streeter Phelps)对有机物进入河流的耗氧和复氧过程的动力学进行了分析研究,认为河流中亏氧量的变化速率等于耗氧速率与复氧速率之和,从而推导出了河流中氧垂曲线方程

$$D_t = \frac{k_1 L_0}{k_2 - k_1}(10^{-k_1 t} - 10^{-k_2 t}) + D_0 \cdot 10^{-k_2 t} \qquad (7\text{-}2)$$

式中:D_t——t 时刻河流中产氧量,单位为 mg/L;

　　L_0——有机污染物总量,即氧化全部有机物所需要的氧量,单位为 mg/L;

　　k_1、k_2——耗氧速率常数和复氧速率常数,与水温及河流水文条件有关,其取值见表 7-5 与表 7-6。

　　由式(7-2)计算,在氧垂点的溶解氧含量达不到地表水最低溶解氧含量要求时,则应对排入河流的污水进行处理,故式(7-2)可以用于确定污水处理厂的处理程度。

表 7-5　耗氧速率常数 k_1 值

河水水温/℃	0	5	10	15	20	25	30
k_1 值	0.03999	0.0502	0.0632	0.0795	0.1	0.1260	0.1583

表 7-6　复氧速率常数 k_2 值

河流水文条件	水温			
	10 ℃	15 ℃	20 ℃	25 ℃
缓流水体	—	0.11	0.15	—
流速小于 1 m/s 水体	0.17	0.185	0.20	0.215
流速大于 1 m/s 水体	0.425	0.460	0.50	0.540
急流水体	0.684	0.740	0.80	0.865

二、植物营养物

植物营养物进入水体的途径主要有雨、雪对大气的淋洗,径流对地表物质淋溶与冲刷,农田施肥,农业生产的废物,城市生活污水和某些工业废水的带入。

1. 含氮化合物的转化

含氮化合物在水体中的转化分为两步:第一步是含氮化合物如蛋白质、多肽、氨基酸和尿素等有机氮转化为无机氨,第二步是氨氮的亚硝化和硝化。这两步转化反应都是在微生物作用下进行的。下面以蛋白质为例说明这一转化过程。

蛋白质是由多种氨基酸分子组成的复杂有机物,含有羧基和氨基,由肽键($R-CONH-R'$)连接。蛋白质的降解首先是在细菌分泌的水解酶的催化作用下,水解断开肽键,脱除羧基和氨基而形成 NH_3,此过程称为氨化。NH_3 进一步在细菌(亚硝化细菌)的作用下,被氧化为亚硝酸,然后亚硝酸在硝化细菌的作用下,进一步氧化为硝酸:

$$2NH_3 + 3O_2 \xrightarrow{\text{亚硝化细菌}} 2HNO_2 + 2H_2O + 619.6 \times 10^3 \text{ J/mol}$$

$$2HNO_2 + O_2 \xrightarrow{\text{硝化细菌}} 2HNO_3 + 200.97 \times 10^3 \text{ J/mol}$$

在缺氧的水体中,硝化反应不能进行,可在反硝化细菌的作用下,产生反硝化作用。

有机氮在水体中的转化过程一般要持续若干天。因此,水体中各种形态的氮随时间的变化有如图 7-8 所示的相对关系。

$$2HNO_3 \xrightarrow[-2H_2O]{+4H} 2HNO_2 \xrightarrow[-2H_2O]{+4H} (NOH)_2 \xrightarrow{-H_2O} N_2O \xrightarrow[-H_2O]{+2H} N_2$$

图 7-8　水体中不同形态氮随时间的变化

从耗氧有机物在水体中的转化过程来看,"有机氮→NH_3→NO_2^-→NO_3^-"可作为耗氧物质自净过程的判断标志。但从另一方面来考虑,这一过程又是耗氧有机物向植物营养物污染的转化过程,也就是从一种污染方式向另一种污染方式转换,这一点值得注意。

2. 含磷化合物的转化

水体中的无机磷几乎都是以磷酸盐形式存在的,包括磷酸根,偏、正磷酸盐(PO_4^{3-}、HPO_4^{2-}、$H_2PO_4^-$),聚合磷酸盐($P_2O_7^{4-}$、$P_3O_{10}^{5-}$)。

有机磷则多以葡萄糖-6-磷酸、2-磷酸甘油酸等形式存在。

水体中的可溶性磷很容易与 Ca^{2+}、Fe^{3+}、Al^{3+} 等离子生成难溶性沉淀物而沉积于水体底泥中。沉积物中的磷,通过湍流扩散再度稀释到上层水体中,或者当沉积物的可溶性磷大大超过水体中磷的浓度时,则可能再次释放到水体中。

3. 氮磷污染与水体富营养化

富营养化是湖泊分类和演化的一种概念,是湖泊水体老化的一种自然现象。在自然界物质的正常循环过程中,湖泊将由贫营养湖发展为富营养湖,进一步又发展为沼泽地和旱地。但这一历程耗时很长,在自然条件下,需要几万年甚至几十万年,但富营养化将大大地促进这一进程。

如果氮、磷等植物营养物大量而连续地进入湖泊、水库及海湾等缓流水体,将促进各种水生生物(主要是藻类)的活性,刺激它们异常增殖,这样就会造成一系列的危害。

(1) 藻类占据的空间越来越大,使鱼类活动的空间越来越小,衰死藻类将沉积塘底。

(2) 藻类种类逐渐减少,并以硅藻和绿藻为主转为以蓝藻为主,蓝藻不是鱼类的良好饵料,而且增殖迅速,其中有一些是有毒的。

(3) 藻类过度生长,将造成水中溶解氧的急剧变化,能在一定时期内使水体处于严重缺氧状态,使鱼类大量死亡。

湖泊水体的富营养化与水体中的氮磷含量有密切关系,据瑞典 46 个湖泊的调查资料证实,一般总磷和无机氮浓度分别为 0.02 mg/L 和 0.3 mg/L 时,就可以认为水体处于富营养化状态。

近年来又有人认为,富营养化问题的关键不是水中营养物质的浓度,而是营养物质的负荷量。据研究,贫营养湖与富营养湖之间的临界负荷量为:总磷为 0.2~0.5 mg/(L·a),总氮为 5~10 mg/(L·a)。

三、石油类污染物

石油中 90% 是各种烃的复杂混合物,它的基本组成元素为碳、氢、硫、氧和氮。大部分石油含 84%~86% 的碳,12%~14% 的氢,1%~3% 的硫、氧和氮。石油有"工业的血液"之称,其进入水体的途径相当广泛,但主要是通过工业废水。

石油类物质进入水体后发生一系列复杂的迁移转化过程,主要包括扩展、挥发、溶解、乳化、光化学氧化、微生物降解、生物吸收和沉积等。

(1) 扩展过程　油在海洋中的扩展形态由其排放途径决定。船舶正常行驶时需要排放废油,属于流动点源的连续扩展;油从污染源(搁浅、触礁的船或陆地污染源)缓慢流出,属于点源连续扩展;船舶和储油容器损坏时,油立刻全部流出,属于点源瞬时扩展。扩展过程包括重力惯性扩展、重力黏滞扩展、表面张力扩展和停止扩展四个阶段。重力惯性扩展在 1 h 内就可以完成,重力黏滞扩展大约需要 10 h,而表面张力扩展要持续 100 h。扩展作用与油类的性质有关,同时受到水文和气象等因素的影响。扩展作用的结果是:一方面扩大污染范围,另一方面使油-气、油-水接触面积增大,使更多的油污通过挥发、溶解、乳化作用进入大气和水体中,从而加强油类的降解过程。

(2) 挥发过程　挥发的速度取决于石油中各种烃的组分、起始浓度、面积大小和厚度及气象状况等。挥发模拟实验结果表明:石油中低于 C_{15} 的所有烃类(例如石油醚、汽油、煤油等),在水体表面很快全部挥发掉;$C_{15} \sim C_{25}$ 的烃类(例如柴油、润滑油、凡士林等),在水中挥发较少;大于 C_{25} 的烃类,在水中极少挥发。挥发作用是水体中油类污染物自然消失的途径之一,它可去除海洋面积约 50% 的烃类。

(3) 溶解过程　与挥发过程相似,溶解过程取决于烃类中碳数目的多少。石油在水中的溶解度实验表明,在蒸馏水中的一般规律是:烃类中每增加 2 个碳,溶解度下降 90%。在海水中也服从此规律,但其溶解度比在蒸馏水中小 12%~30%。溶解过程虽然可以减少水体表面的油膜,但加重了水体的污染。

(4)乳化过程　油-水通过机械振动(海流、潮汐、风浪等),形成微粒,互相分散在对方介质中,共同组成一个相对稳定的分散体系。乳化过程包括水包油和油包水两种乳化作用。顾名思义,水包油乳化是把油膜冲击成很小的涓滴分布于水中;而油包水乳化是含沥青较多的原油将水吸收,形成一种褐色的黏滞的半固体物质。乳化过程可以进一步促进生物对油类的降解作用。

(5)光化学氧化过程　主要指石油中的烃类在阳光(特别是紫外线)照射下,迅速发生光化学反应,先离解生成自由基,接着转变为过氧化物,然后再转变为醇等物质。该过程有利于消除油膜,减少海洋水面污染。

(6)微生物降解过程　与需氧有机物相比,石油的生物降解较困难,但比化学氧化作用快10倍。微生物降解石油的主要过程有:烷烃的降解,最终产物为二氧化碳和水;烯烃的降解,最终产物为脂肪酸;芳烃的降解,最终产物为琥珀酸或丙酮酸和乙醛;环己烷的降解,最终产物为己二酸。石油的降解速度受油的种类、微生物群落、环境条件的控制。同时,水体中的溶解氧含量对其降解也有很大的影响。

(7)生物吸收过程　浮游生物和藻类可直接从海水中吸收溶解的石油烃类,而海洋动物则通过吞食、呼吸、饮水等途径将石油颗粒带入体内或直接吸附于其体表。生物吸收石油的数量与水中石油的浓度有关,而进入体内各组织的浓度还与脂肪含量密切相关。石油烃在动物体内的停留时间取决于石油烃的性质。

(8)沉积过程　沉积过程包括两方面:一是石油烃中较轻的组分被挥发、溶解,较重的组分便被进一步氧化成致密颗粒而沉降到水底;二是分散状态存在于水体中的石油,也可能被无机悬浮物吸附而沉积。这种吸附作用与物质的粒径有关,同时也受盐度和温度的影响,即随盐度的增加而增加,随温度升高而降低。沉积过程可以减轻水中的石油污染,沉入水底的油类物质,可能被进一步降解,但也可能在水流和波浪作用下重新悬浮于水面造成二次污染。

四、重金属

重金属是地球上最为普遍、具有潜在生态危害的一类污染物。与其他污染物相比,重金属不但不能被微生物分解,反而能够富集于生物体内,并可以将某些重金属转化为毒性更强的重金属有机化合物。

1. 重金属在环境中的行为和主要影响

(1)重金属是构成地壳的元素,在自然界中分布非常广泛,它遍布于土壤、大气、水体和生物体中。

(2)重金属作为有色金属,在人类的生产和生活中有着广泛的应用,各种各样的重金属污染源由此而存在于环境中。

(3)重金属大多数属于过渡元素,在自然环境中具有不同的价态、活性和毒性效应。通过水解反应,重金属易生成沉淀物。重金属还可以与无机、有机配位体反应,生成配合物或螯合物。

(4)重金属对生物体和人体的危害特点在于:第一,毒性效应;第二,生物不能降解,却能将某些重金属转化为毒性更强的金属有机化合物;第三,食物链的生物富集放大作用;第四,通过多种途径进入人体,并积蓄在某些器官中,造成慢性中毒。

2. 重金属在水体中的迁移转化

重金属迁移指重金属在自然环境中空间位置的移动和存在形态的转化,以及由此引起的富集与分散问题。

重金属在环境中的迁移,按照物质运动的形式可分为机械迁移、物理化学迁移和生物迁移三种基本类型。

1) 机械迁移

机械迁移是使重金属离子以溶解态或颗粒态的形式被水流机械搬运。机械迁移过程服从水力学原理。

2) 物理化学迁移

物理化学迁移是指重金属以简单离子、配离子和可溶性分子的形式,在环境中通过一系列物理化学作用(水解、氧化、还原、沉淀、溶解、配位、螯合、吸附作用等)所实现的迁移与转化过程。这是重金属在水环境中的重要迁移转化形式。这种迁移转化的结果决定了重金属在水环境中的存在形式、富集状况和潜在生态危害程度。

重金属在水环境中的物理化学迁移包括下述几种作用。

(1) 沉淀作用　重金属在水中可经过水解反应生成氢氧化物,也可以同相应的阴离子生成硫化物和碳酸盐。这些化合物的溶解度都很小,容易生成沉淀物。沉淀作用的结果使重金属污染物在水体中的扩散速度和范围受到限制,从水质自净方面看这是有利的,但大量重金属沉积于排污口附近的底泥中,当环境条件发生变化时有可能重新释放出来,成为二次污染源。

(2) 吸附作用　天然水体中的悬浮物和底泥中含有丰富的无机胶体和有机胶体。由于胶体有巨大的比表面积、表面能和带大量的电荷,因此能强烈地吸附各种分子和离子。无机胶体主要包括各种黏土矿物和各种水合金属氧化物,其吸附作用主要分为表面吸附、离子交换吸附和专属吸附。有机胶体主要是腐殖质。胶体的吸附作用对重金属离子在水环境中的迁移有很大影响,是使许多重金属离子从不饱和的溶液中转入固相的主要途径。

(3) 配位作用　天然水体中存在着许多天然和人工合成的无机与有机配位体,它们能与重金属离子形成稳定度不同的配合物和螯合物。无机配位体主要有 Cl^-、OH^-、CO_3^{2-}、SO_4^{2-}、HCO_3^-、F^-、S^{2-} 等。有机配位体是腐殖质。腐殖质能起配位作用的是各种含氧官能团,如 —COOH、—OH、$—C=O$ 等。各种无机、有机配位体与重金属生成的配合物和螯合物可使重金属在水中的溶解度增大,导致沉淀物中重金属重新释放,重金属的次生污染在很大程度上与此有关。

(4) 氧化还原作用　氧化还原作用在天然水体中有较重要的地位。氧化还原作用使得重金属在不同条件下的水体中以不同的价态存在。价态不同,其活性与毒性也不同。

3) 生物迁移

生物迁移指重金属通过生物体的新陈代谢、生长、死亡等过程所进行的迁移。这种迁移过程比较复杂,它既是物理化学问题,也服从生物学规律。所有重金属都能通过生物体迁移,并由此在某些有机体中富集起来,经食物链的放大作用,对人体构成危害。

7.2.4　水体污染源

水体污染源是指导致水体污染的污染物的发生源,具体地说就是向水体排放污染物和对水体产生有害影响的场所、设备和装置。污染物的来源可分为天然污染源和人为污染源两大类。

天然污染源是指自然界自行向水体释放污染物或造成有害影响的场所,诸如岩石和矿物的风化和水解、火山喷发、水流冲蚀地表、大气降尘的降水淋洗、生物(主要是绿色植物)在地球化学循环中释放物质等都属于天然污染物的来源。例如,在含有萤石(CaF_2)、氟磷灰石[$Ca_5(PO_4)_3F$]等矿区,这些矿石可以引起地下水和地表水中氟含量增高,造成水体的氟污染。长期饮用这种水可能出现氟中毒。

水体人为污染源是指由人类活动形成的污染源,是水体污染防治的主要对象。人为污染源体系很复杂,按人类活动方式可分为工业、农业、交通、生活等污染源;按排放污染物种类不同,可分为有机、无机、热放射性、重金属、病原体等污染源,以及同时排放多种污染物的混合污染源;按排放污染物空间分布方式可以分为点源和非点源。

工业污染源是指各种工业生产中所产生的废水。这些工业污染源由于工业原料及工艺过程不同,导致工业废水中所含污染物的成分有很大差异。例如,冶金工业所产生的废水主要有冷却水、洗涤水和冲洗水等。冷却水中含有油、铁的氧化物和悬浮物等;洗涤水为除尘和净化煤气、烟气用水,其中含有酚、氰、硫化氰酸盐、硫化物、钾盐、焦油悬浮物等;冲洗水中含有酸、碱、油脂、悬浮物和锌、锡、镍、铬等。轻工业所加工的原料多为农副产品,因此废水中主要含有机质,有时还常含有大量的悬浮物质、硫化物和重金属等。化学工业产品种类丰富,工业废水成分也随产品不同而变化各异。

农业污染源主要是农田灌溉水。不合理地施用化肥、农药和不合理地灌溉污水,会造成农药、化肥、重金属和病原体等对土壤的污染,径流和渗流把农田、牧场、养殖场及副产品加工厂等附近土壤中这些残留的污染物带入水体,使水域的水质恶化。

城市污染源主要指城市生活污水。城市生活污水主要为洗涤水、冲刷器物所产生的污水,因此,主要由一些无毒有机物(如糖类、淀粉、纤维素、油脂、蛋白质、尿素等)组成,其中含氮、磷、硫较高。此外,还伴有各种合成洗涤剂,它们对人体有一定危害。在生活污水中还含有相当数量的微生物及一些病原体,如病菌、病毒、寄生虫等,都对人的健康有较大危害。

交通污染源主要指船舶等在江河湖泊中行驶时对水域造成污染。这类污染源的主要污染物是油,其次还有因洗刷船舶带来的污水及向水中倾倒的废物等。在海上,原油泄漏也会造成严重的污染,这是目前海洋污染防治的一项重要内容。

水污染点源是指以点状形式排放而使水体造成污染的发生源。一般工业污染源和生活污染源产生的工业废水和城市生活污水,经城市污水处理厂或经管渠输送到水体排放口,作为重要污染源向水体排放。这种点源含污染物多,成分复杂,其变化规律与工业废水和生活污水的排放规律密切相关,即有季节性和随机性。

水污染非点源,在我国多称为水污染面源,是以面积形式分布和排放污染物而造成的水体污染的发生源。坡面径流带来的污染物和农田灌溉水是水体污染的重要来源。目前造成湖泊等水体的富营养化,主要是由面源带来的大量氮、磷所造成的。

7.3　水体污染防治

7.3.1　污水处理技术

污水处理的基本原理是根据污染物与水的性质的差异,采用各种方法将其与水分离,或将其转化为无害和稳定的物质。根据污水处理的基本原理,可将现代的污水处理技术大致归纳为物理法、化学法、物理化学法和生物法四大类。

一、物理法

凡是应用物理作用改变废水成分的处理过程,统称为物理法,它的实质就是利用污染物与水的物理性质差异,通过相应的物理作用将污染物与水分离。物理法是最早采用的废水处理方法,目前,它已经成为大多数废水处理流程的基础。一般来说,采用物理法分离的对象是水中呈悬浮状态的污染物,即悬浮物(包括油膜和油珠)。废水处理常用的物理法包括筛滤法、重力法、离心法等。

1. 筛滤法

筛滤法针对污染物具有一定形状及尺寸大小的特性,利用筛网、多孔介质或颗粒床层机械截留作用,将其从水中去除,常用于悬浮物含量较高时污水的预处理。筛滤的方式有以下几种。

(1) 在水泵之前或废水渠道内设置带孔眼的金属板、金属网、金属栅,过滤水中的漂浮物和各种固体杂质,有用的截留物可用水冲洗回收。

(2) 在过滤机上装上用帆布、尼龙布或针刺毡过滤水中较细小的悬浮物,如造纸、纺织废水中的微粒、细毛等。

(3) 以石英砂、无烟煤、磁铁矿等颗粒为介质可组成单层、双层和多层过滤床,它们可以有效地截留细小的颗粒、矾花、藻类、细菌及病毒。

2. 重力法

重力法是利用悬浮物与水密度的差异,使悬浮物在水中自然沉降或上浮,从而将其除去的方法。污染物的沉降和上浮的速度除了与其密度有关外,还与其尺寸大小及水相的性质有关,计算公式为

$$v = \frac{g}{18\mu}(\rho_s - \rho_l)d^2 \tag{7-3}$$

式中:v——沉降或上浮速度,单位为 cm/s;

$\quad\quad g$——重力加速度,单位为 cm/s^2;

$\quad\quad \mu$——水的动力黏滞系数,单位为 g/(cm·s);

$\quad\quad \rho_s$——悬浮固体密度,单位为 g/cm^3;

$\quad\quad \rho_l$——废水的密度,单位为 g/cm^3;

$\quad\quad d$——悬浮固体直径,单位为 cm。

生活污水中的悬浮物、选矿厂废水中的微细矿粒、洗煤厂废水的煤泥、肉类加工厂和制革厂等废水中的有机悬浮物、石油化工厂废水中的漂油等都可以利用重力法,使其沉降或上浮而加以分离。用沉降和上浮法处理废水,不仅可使废水得到一定程度的净化,而且有时可回收其中的有用成分。重力法在污水处理过程中占据极为重要的地位,许多其他污水处理方法最后也要联合重力法才能将水体中污染物完全除去。

利用重力法处理废水的设备形式有多种,如沉淀池、浓缩池、隔油池等。其中,沉淀池是分离悬浮物的一种常用处理构筑物,在废水处理中广为应用。它的形式很多,按池内水流方向可分为平流式沉淀池、竖流式沉淀池和辐流式沉淀池三种。通常在 1.5～2 h 的沉淀时间里,悬浮物的去除率可达 50%～60%。沉淀池由五个部分组成,即进水区、出水区、沉淀区、储泥区及缓冲区。进水区和出水区的功能是使水流的进入与流出保持均匀平稳,以提高沉淀效率。沉淀区是池子的主要部位。储泥区是存放污泥的地方,它起到储存、浓缩与排放的作用。缓冲区介于沉淀区和储泥区之间,其作用是避免水流带走沉在池底的污泥。沉淀池的运行方式有

间歇式与连续式两种。在间歇运行的沉淀池中,其工作过程大致分为三步:进水、静置及排水。污水中可沉淀的悬浮物在静置时完成沉淀过程,然后由设置在沉淀池壁不同高度的排水管排出。在连续运行的沉淀池中,污水连续不断地流入与排出。污水中可沉颗粒的沉淀是在流过水池时完成。图7-9所示便是一种常见的沉淀池,图7-10所示是旋流式沉淀池。

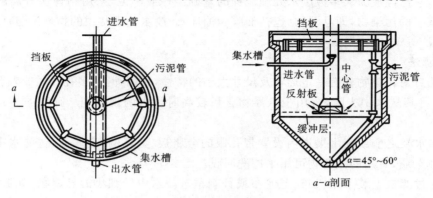

图 7-9　竖流式沉淀池构造示意图

3. 离心法

　　离心法是重力法的一种强化,即用离心力场取代重力场来改善悬浮物与水分离的效果或加快分离过程。在离心设备中,废水与设备作相对旋转运动,形成离心力场,由于污染物与同体积的水的质量不一样,所以在运动中受到的离心力也不同。在离心力场的作用下,密度大于水的固体颗粒被甩向外侧,废水向内侧运动(或废水向外侧,密度小于水的有机物如油脂类等向内侧运动),分别将它们从不同的出口引出,便可达到分离的目的。

　　用离心法处理废水设备有两类:一类是设备固定,具有一定压力的废水沿切线方向进入设备容器内,产生旋转,形成离心力场,如钢铁厂用于除铁屑等物的旋流沉淀池和水力旋流器等;另一类是设备本身旋转,使其中的废水产生离心力,如常用于分离乳浊液和油脂等物的离心机(图7-11)。

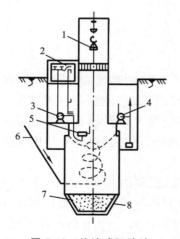

图 7-10　旋流式沉淀池

1—抓斗;2—油箱;3—油泵;4—水泵;
5—撇油管;6—进水管;7—渣坑;8—护底钢板

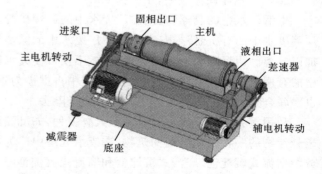

图 7-11　卧式螺旋离心机结构图

二、化学法

污水的化学处理法,就是根据污染物的化学活性,通过添加化学试剂进行化学反应来分离、回收污水中的污染物,或使其转化为无毒、无害的物质。污水的化学处理法主要用来去除污水中溶解性的污染物。属于化学处理法的有中和法、化学沉淀法、氧化还原法、电解法、混凝法等。

1. 中和法

根据酸性物质与碱性物质反应生成盐的基本原理,去除废水中过量的酸和碱,使其达到中性或接近中性的方法称中和法。

酸性废水常采用的中和方法有:用碱性废水和废渣进行中和,向废水中投放碱性中和剂进行中和,通过碱性滤料层过滤中和,用离子交换剂进行中和等。碱性废水常采用的中和方法有:用酸性废水进行中和,向废水中投加酸性中和剂进行中和,利用酸性废渣或烟道气中的 SO_2、CO_2 等酸性气体进行中和。常用的碱性中和剂有石灰、电石渣和石灰石、白云石。常用的酸性中和剂有废酸、粗制酸和烟道气。

2. 化学沉淀法

化学沉淀法是往废水中投加某种化学药剂,使之与水中的溶解性物质发生反应,生成难溶于水的盐类,形成沉渣,从而降低水中溶解物质的含量。这种方法多用于除去废水中的汞、镍、铬、铅、锌等重金属离子。根据沉淀剂的不同,可分为:①氢氧化物沉淀法,即中和沉淀法,是从废水中除去重金属的有效而经济的方法;②硫化物沉淀法,能更有效地处理含金属废水,特别是经氢氧化物沉淀法处理仍不能达到排放标准的含汞、含镉废水;③钡盐沉淀法,常用于电镀含铬废水的处理。化学沉淀法是一种传统的水处理方法,广泛用于水质处理中的软化过程,也常用于工业废水处理,以去除重金属和氰化物。选择化学沉淀剂的依据一是生成沉积物的溶度积,二是经济成本。

3. 氧化还原法

废水中呈溶解态的有机和无机污染物,在投加氧化剂和还原剂后,由于电子的得失迁移而发生氧化还原反应,使污染物转化成无害的物质。常用的氧化剂有空气、漂白粉、氯气、液氯、臭氧等,含有硫化物、氰化物、苯酚及色、臭、味的废水常用氧化法处理。常用的还原剂有铁屑、硫酸亚铁、硫酸氢钠等,含铬、含汞的废水常用还原法处理。氧化剂或还原剂的选择应考虑:对废水中特定的污染物有良好的氧化作用,反应后的生成物应是无害的或易于从废水中分离,价格便宜,来源方便,常温下反应速度较快,反应时不需要大幅度调节 pH 值等。氧化处理法几乎可处理一切工业废水,特别适用于处理废水中难以被生物降解的有机物,如绝大部分农药和杀虫剂,酚、氰化物,以及引起色度、臭味的物质等。

4. 电解法

电解质溶液在电流的作用下,发生电化学反应的过程称为电解。在电解过程中,溶液与电源的正负极接触部分同时发生氧化还原反应。当对某些废水进行电解时,废水中的污染物在阳极失去电子(或在阴极得到电子)而被氧化(或还原)成新的产物。这些新产物可能沉淀在电极表面或沉淀到反应槽底部,也可能在某些情况下会形成气体逸出,从而降低了废水中污染物的浓度。这种利用电解的原理来处理某些废水的方法,即为废水处理中的电解法。目前,电解法主要用于处理含铬及含氰废水。

5. 混凝法

混凝法就是通过添加混凝剂使水中的胶体杂质和细小悬浮物脱稳并聚结成可以与水分离

的絮凝体的过程。水中的胶体和微细粒子,通常表面都带有电荷(负电荷居多),如天然水中的黏土类胶体微粒、废水中的胶态蛋白质和淀粉微粒都带有负电荷。带有同种电荷的胶体颗粒之间相互排斥,能在水中长期保持分散悬浮状态,即使静置数十小时以后,也不会自然沉降。为了使胶体颗粒沉降,就必须破坏胶体的稳定性,促使胶体颗粒相互聚集成为较大的颗粒。混凝法就是通过混凝剂的电性中和、吸附架桥、网捕卷扫等作用使污水中的胶体颗粒失稳,进而凝聚成大颗粒而沉降去除。常用的混凝剂有硫酸铝、碱式氯化铝、硫酸亚铁、三氯化铁、聚合硫酸铁等。很多情况下为了加速沉降和提高处理效果,还可投加一些高分子絮凝剂,如聚丙烯酰胺等。

三、物理化学法

物理化学法分为气浮法、吸附法、离子交换法、萃取法、膜分离法等。

1. 气浮法

气浮就是往水中通入空气,并使其以微小气泡形式逸出,黏附水中微细悬浮物,形成整体密度小于水的气-液-固三相混合体,上浮至水面从而得以与水分离。为了提高气泡与悬浮污染物的黏附强度和效率,往往需要根据水质情况投加混凝剂或浮选剂。根据通入空气的方式不同,气浮处理又可分为加压溶气气浮法、叶轮搅拌气浮法和射流气浮法。气浮法常用来从废水中分离那些密度接近于水的微小颗粒状污染物(包括油珠),例如炼油厂含油废水,含大量纤维、填料、松香胶状物的造纸废水及染色废水等常采用气浮法来净化处理。

2. 吸附法

吸附是一种物质附着在另一种物质表面上的过程,它可以发生在气-液、气-固、液-固两相之间。吸附法处理废水就是将废水通过多孔性固体吸附剂,使废水中溶解性有机或无机污染物吸附到吸附剂上。常用的吸附剂为活性炭,通过吸附剂的吸附可去除污水中的酚、汞、铬、氰等有害物质和水中的色、臭等。目前吸附法多用于水的深度处理,根据其操作过程又可分为静态吸附和动态吸附两种。所谓静态吸附是在污水不流动的条件下操作;动态吸附则是污水以流动状态不断经过吸附剂层,污染物不断被吸附的操作过程。大多数情况下,污水处理都采用动态吸附操作,常用的吸附设备有固定床、移动床和流化床三种。

3. 离子交换法

离子交换法与吸附法类似,所不同的是离子交换树脂在吸附水中的欲去除离子时,同时也向水相释放出等量的交换离子,此方法是硬水软化的传统方法,在污水处理中常用于深度处理。可去除的物质主要有铜、镍、镉、锌、汞、磷酸、硝酸、氨和一些放射物质等。离子交换剂有无机离子交换剂和有机离子交换剂(树脂)两大类,采用此法处理污水必须考虑离子交换剂的选择性即交换能力的大小。离子交换剂的选择性主要取决于各种离子对该种离子交换剂亲和力的大小。

4. 萃取法

萃取的实质是利用溶质(一般污染物)在水中和溶剂(萃取剂)中的溶解度差异进行的一种分离过程。将不溶于水或难溶于水的溶剂投入污水中,由于溶解度的差异,溶质则转移溶于溶剂中,然后利用溶剂与水的密度差,将溶解有溶质的溶剂分离出来,便可达到净化的目的。一般情况下,萃取剂是要再生循环使用的,再生的方法主要有蒸馏法,即利用溶质与溶剂的沸点不同来进行分离,此外,也可投加化学药剂使溶质生成不溶于溶剂的盐来进行分离。萃取法用得较多的是含酚废水的处理,例如可采取乙酸丁酯、重质苯、异丙醇等萃取回收水中的酚,常用的萃取设备有脉冲筛板塔、离心萃取机等。

5. 膜分离法

膜分离法是利用特殊的薄膜对污水中的污染物进行选择性透过的分离技术,根据膜的性质及分离过程的推动力,可将其分为电渗析、扩散渗析、反渗透和超滤等四种方法。

(1) 电渗析　在直流电场的作用下,废水中的离子朝相反电荷的极板方向迁移,由于离子交换膜的选择性透过作用,阳离子穿透阳离子交换膜而被阴离子交换膜所阻隔。同样,阴离子穿透阴离子交换膜而被阳离子交换膜所阻隔。由于离子的定向运动及离子交换膜的阻挡作用,当污水通过由阴、阳离子交换膜所组成的电渗器时,污水中的阴阳离子便可得以分离而浓缩,水得以净化。此法可以用于酸性废水、含重金属离子废水及含氰废水处理等。

(2) 扩散渗析　扩散渗析是使高浓度溶液中的溶质透过薄膜向低浓度溶液中迁移的过程。与电渗析不同的是推动力不是电场力,而是膜两侧的溶液浓度差。此法主要用于分离废水中的电解质,例如酸碱废液的处理、废水中的金属离子的回收等。

(3) 反渗透　反渗透是以压力为推动力的膜分离过程,即溶液中的水在压力作用下,透过特殊的半渗透膜,污染物则被膜所截留。这样污水得以浓缩,透过半透膜的水得以净化。此法主要用在海水淡化、高纯水的制取和废水的深度处理及去除细菌、病毒、有害离子等。

(4) 超滤　超滤又称超过滤,其作用原理与反渗透类似,所不同的是其所用的超滤膜孔径较反渗透膜要大,主要用于去除废水中的大分子物质和微粒。超滤膜截留大分子物质和微粒的机理是利用膜表面的孔径机械筛分、阻滞作用及膜表面及膜孔对杂质的吸附作用,其中主要是机械筛分作用,所以膜的孔隙大小是分离杂质的主要控制因素。

四、生物法

废水生物处理是通过微生物的新陈代谢作用,将废水中有机物的一部分转化为微生物的细胞物质,另一部分转化为比较稳定的无机物和有机物的过程。自然界存在大量可分解有机物的微生物,实际上废水的生物处理方法就是自然界微生物分解有机物的人工强化,即通过创造有利于微生物生长、繁殖的环境,使微生物大量繁殖,以提高其分解有机物的效率。当所采取的人工强化措施不起实质性作用时,可尝试采用自然生物处理法。一般情况下,人们习惯根据废水处理的生化反应过程需氧与否,把废水的生物处理分为好氧生物法和厌氧生物法两大类。

1. 好氧生物法

在废水好氧生物处理过程中,氧是有机物氧化时的最后氢受体,正是由于这种氢的转移,才使能量释放出来,成为微生物生命活动和合成新细胞物质的能源,所以,必须不断地供给足够的溶解氧。

好氧生物处理时,一部分被微生物吸收的有机物氧化分解成简单无机物(如有机物中的碳被氧化成二氧化碳,氢与氧化合成水,氮被氧化成氨、亚硝酸盐和硝酸盐,磷被氧化成磷酸盐,硫被氧化成硫酸盐等),同时释放出能量,作为微生物自身生命活动的能源。另一部分有机物则作为其生长繁殖所需的构造物质,合成新的原生质。这种氧化分解和同化合成过程可以用下列生化反应式表示。

有机物的氧化分解(有氧呼吸):

$$C_xH_yO_z+(x+\frac{1}{4}y-\frac{1}{2}z)O_2 \xrightarrow{酶} xCO_2+\frac{1}{2}yH_2O+能量$$

原生质的同化合成(以氨为氮源):

$$nC_xH_yO_z + NH_3 + (nx + \frac{n}{4}y - \frac{n}{2}z - 5)O_2 + 能量 \xrightarrow{酶}$$

$$C_5H_7NO_2 + (nx-5)CO_2 + \frac{n}{2}(y-4)H_2O$$

原生质的氧化分解(内源呼吸):

$$C_5H_7NO_2 + 5O_2 \xrightarrow{酶} 5CO_2 + 2H_2O + NH_3 + 能量$$

由此可见,当废水中营养物质充足时,即微生物既能获得足够的能量,又能大量合成新的原生质($C_5H_7NO_2$为细菌的组成的化学式,这里用以指代原生质)时,微生物就不断增长;当废水中营养物质缺乏时,微生物只能依靠分解细胞内储藏的物质,甚至把原生质也作为营养物质利用,以获得生命活动所需的最低限度的能量,在这种情况下,微生物无论质量还是数量都是不断减少的。

在好氧处理过程中,有机物用于氧化与合成的比例,随废水中有机物性质而异。对于生活污水或与之相类似的工业废水,BOD_5 中有 $50\%\sim60\%$ 转化为新的细胞物质。好氧生物处理时,有机物的转化过程如图 7-12 所示。

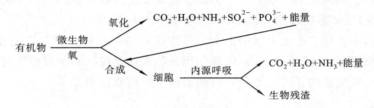

图 7-12   有机物的好氧分解过程

好氧生物处理又分为活性污泥法和生物膜法等。

1) 活性污泥法

这是当前使用最广泛的一种生物处理方法。将空气连续注入曝气池的污水中,经过一段时间,水中即形成繁殖有巨量好氧微生物的絮凝体——活性污泥。活性污泥能够吸附水中的有机物,生活在活性污泥中的微生物以有机物为食料,获得能量并不断生长繁殖,有机物被去除,污水得以净化。

从曝气池流出并含有大量活性污泥的污水——混合液,经沉淀分离,水被净化排放,沉淀分离后的污泥作为种泥,部分回流曝气池。

活性污泥法经不断发展已有多种运行方式,如传统活性污泥法、阶段曝气法、生物吸附法、完全混合法、延时曝气法、纯氧曝气法、深井曝气法、氧化沟法、二段曝气法(AB 法)、缺氧/好氧活性污泥法(A/O 法)、序批式活性污泥法等。活性污泥法是城市生活污水处理的主要方法。

2) 生物膜法

生物膜法是与活性污泥法并列的一类废水好氧生物处理技术,是一种固定膜法,是土壤自净过程的人工化和强化。它利用天然材料(如卵石)、合成材料(如纤维)为填料,微生物在填料表面聚附着,从而形成生物膜,经过充氧的污水以一定的流速流过填料时,生物膜中的微生物吸收分解水中的有机物,使污水得到净化,同时微生物也得到增殖,生物膜随之增厚。当生物膜增长到一定厚度时,向生物膜内部扩散的氧受到限制,其表面仍是好氧状态,而内层则会呈缺氧甚至厌氧状态,并最终导致生物膜的脱落。随后,填料表面还会继续生长新的生物膜,周而复始,使污水得到净化。生物膜有多种处理构筑物,如生物滤池、生物转盘、生物接触氧化及生物流化床等。

2. 厌氧生物法

有机物的厌氧分解过程分为三个阶段(图 7-13)。第一阶段为水解发酵阶段。在该阶段,复杂的有机物在厌氧菌胞外酶的作用下,首先被分解成简单的有机物,如纤维素经水解转化成较简单的糖类,蛋白质转化成较简单的氨基酸,脂类转化成脂肪酸和甘油等。继而这些简单的有机物在产酸菌的作用下经过厌氧发酵和氧化转化成乙酸、丙酸、丁酸等脂肪酸和醇类等。参与这个阶段的水解发酵菌主要是厌氧菌和兼性厌氧菌。第二阶段为产氢产乙酸阶段。在该阶段,产氢产乙酸菌把除乙酸、甲酸、甲醇以外的第一阶段产生的中间产物,如丙酸、丁酸等脂肪酸和醇类等转化成乙酸和氢,并有 CO_2 产生。第三阶段为产甲烷阶段。在该阶段中,产甲烷菌把第一阶段和第二阶段产生的乙酸、H_2 和 CO_2 等转化为甲烷。厌氧生物法具有处理过程消耗的能量少,有机物的去除率高,沉淀的污泥少且易脱水,可杀死病原菌,不需投加氮、磷等营养物质等优点。但是,厌氧菌繁殖较慢,对毒物敏感,对环境条件要求严格,最终产物尚需需氧生物处理。

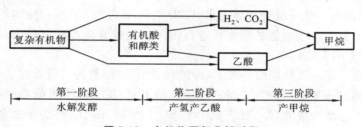

图 7-13　有机物厌氧分解过程

厌氧分解过程中,由于缺乏氧作为氢受体,因而对有机物分解不彻底,代谢产物中有众多的简单有机物。

利用兼性厌氧菌和专性厌氧菌的新陈代谢功能净化污水,尚可产生沼气,该法过去主要用于污泥的厌氧消化。经过多年的发展,现在成为污水处理的方法之一。它不但可用于处理高浓度和中浓度的有机污水,还可以用于低浓度有机污水的处理。

厌氧生物法的处理工艺设备有普通消化池、厌氧消化池、厌氧接触消化、上流式厌氧污泥床(UASB)、厌氧附着膜膨胀床(AAFEB)、厌氧流化床(AFB)、升流式厌氧污泥床-滤层反应器(UBF)等。

3. 自然生物处理法

利用天然的水体和土壤中的微生物来净化废水的方法称为自然生物处理。水体自净过程、稳定塘和废水土地处理法等都是最常用的废水自然生物处理方法。

稳定塘是一种大面积、敞开式的污水处理系统,其净化机理与活性污泥法相似。废水在稳定塘中停留一段时间,利用藻类的光合作用产生氧及从空气溶解氧,以微生物为主的生物对废水中的有机物进行生物降解。根据稳定塘的水深及生态因子的不同可分为兼性塘、曝气塘、好氧塘、厌氧塘和水生植物塘五类。稳定塘在小城镇污水处理方面应用较为广泛。废水土地处理系统是指利用土地来处理污水,即利用土壤生态系统中土壤的过滤、截留、物理和化学吸附、化学分解、生物氧化及微生物和植物的吸收等作用来净化污水、改善水质。

自然生物处理法的优点是:基建投资省、运行费用低、管理方便,且对难以生物降解的有机物、氮磷营养物等的去除率较高。此外,在一定条件下,稳定塘还能作为养殖塘加以利用,污水灌溉则可将污水和其中的营养物质作为水肥资源利用。但是,污水自然生物处理法需要占用一定土地资源,设计和处理不当会恶化公共卫生状况。

五、污水处理流程

工业废水和生活废水中污染物性质复杂、种类繁多,很难用一种方法就将所有的污染物除净或达到要求的净化程度,即使技术上能做得到,经济上也往往难以承受。实际污水处理过程中往往都是多种处理技术单元的有机组合。这种组合一般遵循先易后难、先简后繁的规律,即首先去除大块废物和漂浮物,然后依次去除悬浮固体、胶体物质、溶解性物质。亦即一般尽可能首先使用物理法,然后再使用化学法、物理化学法及生物处理法。

污水处理工艺流程选择的影响因素较多,主要有:①污水的水质、水量及所需处理的程度等;②工程造价与运行费用;③当地的地形、气候等条件。总之,应根据具体的情况,进行调查研究并经科学实验和技术经济比较后决定。一般来说,生活污水和城市污水的性质相对变化不大,经验积累较多,已形成较为典型的处理流程,根据处理任务的不同,可将污水处理系统归纳为以下三级处理。

(1)一级处理　主要处理对象是漂浮物和悬浮物及 pH 值调节,采用的处理设备依次为格栅、沉砂池和沉淀池。经一级处理后出水,BOD 去除率约为 30%,一般达不到排放要求,还须进行二级处理。截留于沉淀池的污泥可进行污泥消化或其他方法处理。条件许可时,出水可排放于水体或用于污水灌溉。

(2)二级处理　在一级处理的基础上,再进行生物处理,称为二级处理。其去除对象是污水中呈胶体态和溶解态的有机物。二级处理工艺按 BOD 的去除率可分为两类:一类 BOD 去除率为 75% 左右(包括一级处理),处理后出水 BOD 达 60 mg/L,称为不完全二级处理;另一类 BOD 去除率达 85%～95%(包括一级处理),处理后出水 BOD 达 20 mg/L,称为完全二级处理。二级处理采用的典型设备有生物曝气池(或生物滤池)和二沉池,产生的污泥经浓缩再进行厌氧消化或其他方法处理。二级处理的主体工艺是生物化学处理。

(3)三级处理和深度处理　在二级处理之后,为了进一步去除二级处理所残留的污染物、营养物质(N 和 P)、微生物及其他溶解物质等所采用的处理措施为三级处理。经过三级处理,BOD 能够从 20～30 mg/L 降至 5 mg/L 以下,且大部分 N、P 被去除。具体采用的方法有化学絮凝、过滤等。有时,三级处理的目的不是排放,而是直接回收,这时,三级处理的去除对象还包括废水中的细小悬浮物及难以生物降解的有机物、微生物和无机盐等,采用的方法还有吸附、离子交换、反渗透、消毒等。三级处理与深度处理虽然在处理程度或深度上,两者基本相同,然而其概念还是有所区别。三级处理强调顺序性,即其前必有一、二级处理;深度处理,其前不一定要有其他处理。某城市污水处理系统工艺流程见图 7-14。

各种工业废水的水质千差万别,其处理要求也不一致。图 7-15 所示为纯棉织物染色废水处理流程图。

7.3.2　水体污染综合防治

随着工业的发展、城市规模的扩大和人民生活水平的提高,废水的产量与日俱增,废水中的污染成分日趋复杂,污染物的数量日益增加。在这种情况下,仅仅强调污染源的治理远远不能彻底解决水体污染问题。因为这样做不仅耗资大、耗能多,而且难以控制污染,不能从根本上解决水体污染问题。因此,采取控制废水排放、充分循环利用、综合处理、区域防治和加强管理等综合措施,成为防治水体污染的发展方向。

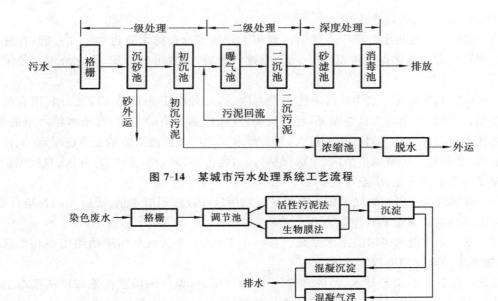

图 7-14 某城市污水处理系统工艺流程

图 7-15 纯棉织物染色废水处理流程图

1. 控制废水排放

控制废水排放的着眼点是,不要被动地等到废水产生后进行末端治理,而是要采取积极的办法使污水消除在生产过程中,或减少生产过程中的废水排放量,其措施如下。

(1) 改革生产工艺和管理制度,发展水量消耗少的工艺,尽可能减少和避免跑、冒、滴、漏,降低新鲜水的补充量。

(2) 提高水的重复利用率,重复用水就是根据不同的生产工艺对水质的不同要求,即将甲工段排出的废水送往乙工段,将乙工段的废水送入丙工段,实现一水多用。当然亦可在各工段用水之间进行适当的处理,此外,也可根据实际情况进行循环处理使用。

(3) 改革生产工艺,实现清洁生产,尽量不用或少用易产生污染的原料及工艺。例如采用无水印染工艺,印染时不用水,则每染一匹布大约可少排废水 20 t;又如采用无氰电镀工艺,在生产过程中用非氰化物电解液代替氰化物电解液,可避免生产用水中含有毒的氰化物。

(4) 经过一定处理的废水不排入水体,优先考虑农田灌溉、养殖鱼类和藻类等水生动植物。

2. 建立自然净化系统

每个企业、居民点、区域和地方,都要根据水源、水质、污染、治理等综合情况,有条件地建立和利用自然净化能力。

(1) 水体自净作用 前面已做介绍,水体本身是一个天然的污水净化场所,许多废水所带入的污染物可以在水体中得到自然净化,但应注意不应超出水体的自净能力。

(2) 土壤的自净作用 某些污水灌溉农田、草场或休闲地不仅能利用水资源,而且也能够充分利用土壤的自净作用,净化废水。其净化作用主要有土壤本身的吸附、过滤、离子交换及微生物和植物根系的吸附和分解等,值得注意的是,土壤污染后恢复较慢,应避免超过其自净能力和污染地下水。

3. 统一规划处理系统

根据工矿区和城镇的水系分布情况,分区、分段研究和确定污染负荷、治理状况和自净程度,建立统一的布局和处理系统。

(1) 建立综合性污水处理厂。城镇污水和工业废水通过排水管道集中在一起,在统一的污水处理厂处理。其优点是建设投资少,便于统一管理,节省占地面积,能充分发挥技术措施的作用。

(2) 调整工业布局。水体的自净能力是有限的,合理的工业布局可以充分利用自然环境的自净能力,变恶性循环为良性循环,起到发展经济、控制污染的作用,在缺水较严重的地区,不兴建耗水量大的企业。对于用水量大、污染严重又无有效治理措施的企业应采取关、停、并、转的措施,尤其是那些城镇生活区、水源保护区、名胜古迹、风景游览区、疗养区、自然保护区不允许建设污染水体的企、事业单位。

(3) 修建调节水库和曝气设施。在小区段利用这些设施调节水量,缓解水的污染程度,同时增加水体的溶解氧量和自净能力。

(4) 在一定范围内组织闭路水系统。在一个工厂、一个区域可组织闭路工业和生活用水系统,使废水循环使用或以废治废。

总之,实践证明,由于技术、经济、资源等条件的限制,单一的治理措施难以从根本上解决水的污染问题,而全面规划、综合防治才能比较经济、有效地解决污染问题。

思 考 题

1. 什么是水体污染?造成水体污染的物质有哪些?
2. 什么是水体富营养化?造成水体出现富营养化现象的主要原因是什么?
3. 污水处理方法主要分为几类?其处理过程依据的原理分别是什么?
4. 生物法处理污水的原理是什么?生物法主要包括哪两类?
5. 简述城市污水的典型处理工艺流程。

第8章 土壤污染及其防治

土壤是孕育万物的摇篮,人类文明的基石。不同学科的科学家对什么是土壤有着各自的观点和认识。工程专家将土壤看作建筑物的基础和工程材料的来源;生态学家从生物地球化学观点出发认为土壤是地球系统中生物多样性最丰富、能量交换和物质循环最活跃的层面;经典土壤学和农业科学家则强调土壤是植物生长的介质,含有植物生长所必需的营养元素、水分等适宜条件,是重要的农业生产资料;环境科学家则认为,土壤是重要的环境要素,是具有吸附、分散、中和、降解环境污染物功能的缓冲带和过滤器。

8.1 土壤的形成和作用

8.1.1 土壤的形成

土壤处于岩石圈、大气圈、水圈和生物圈的交界面上,是陆地表面各种物质能量交换、形态转化最为活跃的场所。土壤形成过程也称为成土过程,是成土母质在一定水、热和生物条件作用下,经过一系列物理、化学和生物化学的作用而形成的过程。作为独立的历史自然体,它既具有本身特有的发生和发展规律,又有其在分布上的地理规律。

土壤形成过程的实质,是矿质元素的地质大循环(又称地质淋溶过程,图 8-1)与矿质元素的生物小循环(又称生物积累过程,图 8-2)之间的对立统一过程。地质大循环为土壤的形成准备了条件,而生物小循环则使土壤的形成成为现实。

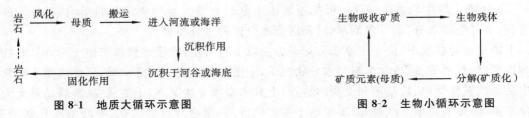

图 8-1 地质大循环示意图 图 8-2 生物小循环示意图

8.1.2 土壤的形成因素

土壤的形成因素又称成土因素,是影响土壤形成和发育的基本因素,它是一种物质、力、条件或关系或它们的组合。

19 世纪末,俄国土壤学家道库恰耶夫(V. V. Dokuchaev)提出土壤的五大成土因素,即母质(parent material)、气候(climate)、生物(biology)、地形(topography)、时间(time)。而人类活动也是土壤形成的重要因素,可对土壤性质和发展方向产生深刻的影响,有时甚至起主导作用。

一、母质对土壤形成的作用——决定土壤环境的最初物理、化学性状

地壳表层的岩石经过风化,变为疏松的堆积物,这种物质称为风化壳。母质是风化壳的表层，是原生基岩经过风化、搬运、堆积等过程于地表形成的一层疏松、最年轻的地质矿物质层，它是形成土壤的物质基础，是土壤机械组成和植物矿质养分元素（氮除外）的最初来源，是土壤的前身。母质在气候与生物的作用下，逐渐转变成可生长植物的土壤。在土壤形成过程中，母质的作用主要表现如下。

首先，直接影响着成土过程的速度、性质和方向。

成土过程进行得愈久，母质与土壤的性质差别就愈大。但母质的某些性质却仍会顽强地保留在土壤中。

其次，母质对土壤理化性质有很大的影响。

成土母质的类型与土壤质地关系密切。发育在基性岩母质上的土壤质地一般较细，含粉砂和黏粒较多，含砂粒较少；发育在石英含量较高的酸性岩母质上的土壤质地一般较粗，含砂粒较多而含粉砂和黏粒较少；发育在残积物和坡积物上的土壤含石块较多；而在洪积物和冲积物上发育的土壤具有明显的质地分层特征。

土壤的矿物组成和化学组成深受成土母质的影响。发育在基性岩母质上的土壤，含角闪石、辉石、黑云母等深色矿物较多；发育在酸性岩母质上的土壤，含石英、正长石和白云母等浅色矿物较多；其他如冰碛物和黄土母质上发育的土壤，含水云母和绿泥石等黏土矿物较多；河流冲积物上发育的土壤亦富含水云母，湖积物上发育的土壤中多蒙脱石和水云母等黏土矿物。从化学组成方面看，基性岩母质上的土壤中一般铁、锰、镁、钙的含量高于酸性岩母质上的土壤，而硅、钠、钾含量则低于酸性岩母质上的土壤，石灰岩母质上的土壤中钙的含量最高。

二、气候对土壤形成的作用——影响地质大循环和生物小循环的速度和强度

气候直接通过土壤与大气之间进行的水分和热量交换，影响土壤水、热状况和土壤中物理、化学过程的性质与强度。气候还可以通过影响岩石风化过程及植被类型等间接地影响土壤的形成和发育。气候因素对土壤形成的影响，主要通过水分和温度来实现。

1. 水分影响

（1）影响土壤中物质的迁移　根据土壤中水分收支情况对物质运动的影响，可分为淋溶型水分、非淋溶型水分、上升水型水分、停滞型水分四种水分类型。

淋溶型水分状况下，由于土壤水分运动方向以下行为主，物质遭到淋溶使土壤常具有盐基饱和度低、酸性强等特点；非淋溶型水分状况下，土壤蒸发量略大于降水量，因此这类土壤常具有中性至微碱性反应、盐基饱和度高的特点；上升水型水分状况下，土壤蒸发、蒸腾总量大大超过降水量，其差额由地下水补充，如果地下水矿化度高，则会导致盐渍化；停滞型水分状况下，地表经常积水，易沼泽化。

（2）影响土壤中物质的分解、合成和转化　表土有机质含量常随大气湿度的增加而增加。随着湿度增加，土壤中赤铁矿含量趋向减少，针铁矿含量则增加，土壤颜色也由红转黄。

2. 温度影响

一般来说，温度每增加 10 ℃，化学反应速率平均增加 1～2 倍；温度从 0 ℃增加到 50 ℃，化合物的解离速度增加 7 倍。在寒冷气候条件下，微生物分解作用非常缓慢，使有机质增加；而在常年温暖湿润的气候条件下，微生物活动旺盛，全年都能分解有机质，使有机质含量趋于减少。

3. 气候变化与土壤形成

由于气候带、植被和土壤之间存在明显的关系，许多土壤学家提出了土壤地带性的概念。在中国温带，自西向东大气湿度递增，依次出现棕漠土、灰棕漠土、灰漠土、棕钙土（灰钙土）、栗

钙土、黑钙土和黑土。在中国温带东部湿润区,由北而南热量递增,土壤分布依次为暗棕壤、棕壤(褐土)、黄棕壤、黄壤、红壤和砖红壤。

三、生物因素——土壤形成过程中最活跃的因素

土壤形成的生物因素包括植物、土壤动物和土壤微生物。当母质上有了生命有机体后,土壤才开始形成,生命有机体的生理代谢过程就构成了地表营养元素的生物小循环。生物活动及其死体所产生的物理化学作用不断地改善土壤的肥力性状,从而形成腐殖质层,并使各种大量营养元素及微量营养元素向表层富集。

1. 植物

在诸多生物因素中,植物的作用最为重要。绿色植物可选择性地吸收母质、水体和大气中的养分元素,并通过光合作用制造有机物,然后以枯枝落叶和残体的形式将有机物中的养分归还给地表。不同植被类型的养分归还量与归还形式的差异是导致土壤有机质含量高低的根本原因。

2. 动物

动物除以排泄物、分泌物和残体的形式为土壤提供有机质外,还通过啃食和搬运促进有机残体的转化,有些动物如蚯蚓、白蚁还可通过对土体的搅动,改变土壤结构、孔隙度和土层排列等。

3. 微生物

微生物在成土过程中分解残落物,释放养分,同时合成腐殖质,改善土壤的物理结构,增加土壤有机质,使土壤肥力不断得到发展。

四、地形——土壤形成过程中较稳定的因素

地形对土壤形成的影响主要是能引起物质、能量的再分配,主要表现在两个方面:一是地形对母质或土壤物质的再分配;二是不同地形所处的土壤接受光、热的差别以及降水在地表的再分配。

1. 地形与母质的关系

分布于不同地形部位的地表风化产物或沉积体均可发生不同程度的侵蚀、搬运和沉积,导致土壤成土过程及发育程度的差异。不同的地形部位,常分布有不同的母质。例如,山地上部或台地上的残积母质,因冲刷严重,土壤物质不断被搬运流失,土层浅薄,质地粗,养分贫瘠,土壤发育年轻;坡地和山麓地带的母质多为坡积物母质,形成的土层深厚,且常有埋藏土壤出现;在山前平原的冲积扇地区,成土母质多为洪积物;而河流阶地、泛滥地和冲积平原、湖泊周围、滨海附近地区,相应的母质为冲积物、湖积物和海积物。平原地带洪积物母质和冲积物母质形成的土壤土层深厚,土质细而均一;在洼地湖积物和海积物母质则因土质黏重,可溶性盐分聚集或水分易聚集而常形成盐渍土或沼泽土。

2. 地形与水热条件

地形支配着地表径流、土内径流和排水情况,影响水分的重新分配。在较高的地形部位,土壤中的物质易遭淋失;在地形低洼处,物质不易淋溶,腐殖质较易积累,土壤剖面的形态也有相应的变化。

地形也影响着地表温度的差异,不同的海拔高度、坡度和方位对太阳辐射能吸收和地面散射不同。例如南坡较北坡温度高。

3. 地形与土壤发育的关系

坡度和坡向可改变水、热条件和植被状况,从而影响土壤的发育。在陡峭的山坡上,重力

作用和地表径流的侵蚀力往往加速地表疏松物质的迁移,很难发育成深厚的土壤;而在平坦的地形部位,地表疏松物质的侵蚀速率较慢,使成土母质得以在较稳定的气候、生物条件下逐渐发育成深厚的土壤。

五、成土时间对土壤发育的影响

土壤发育速率也随着时间的变化而变化。一般当土壤处于幼年阶段时,土壤的特性随时间变化快,随着成土时间的增长,变化速率逐渐转慢。例如,有机质在幼年的土壤中,积累速率大于矿化速率,有机质含量迅速增加。随着成土年龄的增大,有机质的矿化率提高,逐渐使矿化量与积累量相当,趋于平衡,若成土年龄继续增大,则矿化量会大于有机质的积累量,使土壤有机质含量下降。

任何一种土壤类型都不是固定不变的,一个类型的土壤只是土壤进化发育的某一个阶段,随着土壤进化,土壤类型将会发生转变。

六、人类活动对土壤演化的影响

人为因素主要是指人类通过不同的土地利用方式,改变土壤形成方向和土壤性质。

(1)人类活动对土壤的影响是有意识、有目的、定向的。在农业生产实践中,人们通过利用和改造土壤、培肥土壤,定向地培育土壤,最终形成具有不同熟化程度的耕种土壤"人工土",如水稻土、厚熟土、灌淤土等。

(2)人为活动具有社会性,它受社会制度和生产力水平的制约。

(3)人类对土壤的影响也具有两重性,利用合理,有助于土壤肥力的提高;利用不当会破坏土壤。在各种土地利用方式中,以农业利用方式对土壤的影响最为深刻。如人工排水、引淡水洗盐、蓄淡压盐、增施有机肥等可以改良土壤,提高土壤肥力水平;自然植被破坏和不合理的利用引起土壤侵蚀;在干旱、半干旱地区无节制的垦荒造成土壤沙化;大量引水灌溉引起土壤盐渍化;过量使用化肥、农药造成土壤污染和肥力下降等。

8.2　土壤的组成与性质

8.2.1　土壤环境组成

一、土壤与相邻圈层的关系

土壤处于地球表层特殊空间位置,使它成为沟通其他 4 个圈层的连接界面。独特的疏松结构使它与其他 4 个圈层进行一系列的物理、化学和生物学反应过程,成为各圈层间物质、能量交换,非生命与生命相互作用的中心环节。土壤在地球表层系统中的作用主要来自土壤与其他圈层界面的相互作用(图 8-3)。

1. 土壤与大气圈

土壤与大气圈在近地球表面进行着频繁的水、热、气的平衡交换。土壤不仅能接纳大气降水及沉降物质,还能通过生物固氮将主要源于大气的氮元素固定在土壤中,以供生命的需要,而且能向大气释放 CO_2、CH_4 和 NO_2 等痕量气体,是这些气体的库。

2. 土壤与水圈

除江、河、湖泊外,土壤是保持淡水的最大储库。大气降水或灌溉水进入土壤,通过土壤吸持、入渗和再分配过程,以土壤饱和及非饱和水流参与地球水循环,并成为陆地水循环中复杂

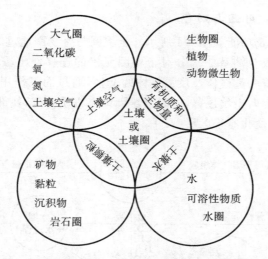

图 8-3　土壤与岩石圈、水圈、大气圈、生物圈的相互作用

的重要环节之一。土壤水不仅是陆生植物赖以生存的基础,也是土壤中包括营养元素在内的所有物质转移的主要介质。

3. 土壤与生物圈

地球表层包括动物、植物、微生物在内的全部生物群落组成了生物圈。绝大部分生物个体都集中分布在土壤圈及其表面。土壤不仅是动植物乃至人类赖以生存的基地,也是微生物最适合的栖息场所。植物扎根于土壤,从土壤中吸收养料和水分,在太阳能的作用下通过光合作用合成有机物,为人类、动物提供食品和生活必需品。土壤微生物分解废物、降解有机污染物,调节养分有效性,是参与碳、氮、硫、磷等地表元素生物地球化学循环的主要驱动力。

4. 土壤与岩石圈

土壤是岩石经过风化作用和成土过程形成的,土壤固相骨架的矿物组成占土壤质量的95%以上。土壤矿物是植物养分的主要来源。虽然土壤厚度一般只有 1~2 m,但它作为地球的皮肤,对岩石起着一定的保护作用,以减少岩石遭受各种外营力的破坏。

二、土壤圈的特点

土壤圈的概念最早是 1938 年瑞典学者 S. Martson 提出的。然后,B. A. 柯夫达和 R. W. Anod 对其定义、结构和功能及其在地球系统中的作用做了全面阐述。土壤圈的特点有以下几点。

第一,是永恒的物质与能量交换场所。土壤圈是生物与非生物物质间最重要与最强烈的相互作用界面,它与其他地球圈层间进行着永恒的物质与能量交换。

第二,是最活跃与最富生命力的圈层。土壤圈是地球圈层系统的界面与交互层,具有对各种物质循环与物质流起维持、调节和控制作用,它是地球圈层系统中最活跃最富活力的圈层之一。

第三,具有"记忆"功能。气候、生物及岩石对土壤形成过程、土壤性质的影响,都会在土体上留下"烙印",为人们研究土壤的今昔变化及其未来的发展提供了依据。

第四,具有时空特征。土壤形成与演变过程,一般为 $10^3 \sim 10^6$ 年,处于土壤-生态和土壤-环境体系的形成与演变过程之中,是动态的连续统一体;土壤在空间上具有垂直分异和水平分异,体现在其形成过程、类型和性质的差异上。

三、土壤圈的地位、内涵与功能

土壤圈的地位、内涵及功能如图 8-4 所示。土壤圈与生物圈通过养分元素的吸收、迁移与交换影响植物凋落物组成与演替。水分对土壤圈元素的迁移使土壤圈与水圈发生着物质交换。土壤圈与大气圈有着大量气体及痕量气体的交换,通过固氮作用、光合作用及降水,使大气圈中气体及一些化合物向土壤迁移,同时土壤圈中有机质分解,使部分碳、氮、硫以及痕量气体逸向大气,对全球气候变化有很大影响。

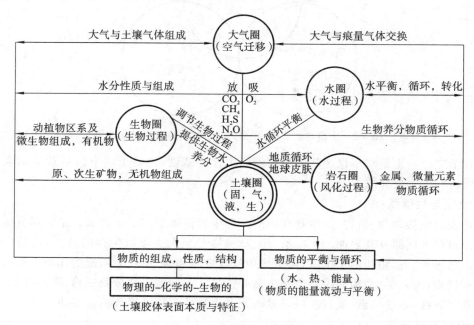

图 8-4　土壤圈的地位内涵及功能

8.2.2　土壤组成

土壤是由固体、液体和气体三相物质组成的疏松多孔体。固相物质包括岩石风化后的产物,即土壤矿物质、土壤中植物和动物的残体及其分解转化产物,以及生活在土壤中的微生物和土壤动物。液体是指土壤中的水分,其中溶解有离子、分子及胶体状态的各种有机物和无机物。它主要来自大气降水,这些水以薄膜状存在于固相颗粒的周围和较小的孔隙中。气体是土壤中的空气,典型土壤约有 35% 的体积是充满空气的孔隙。土壤中的气体与大气成分基本相似,但 CO_2 比大气多,而 O_2 比大气少,水汽经常处于饱和状态(图 8-5)。

按容积计,在较理想的土壤中矿物质占 38%～45%,有机质占 5%～12%,孔隙约占 50%。按质量计,矿物质占固相部分的 90%～95%,有机质占 1%～10%。从土壤物质组成总体看来,大多是以矿物质为主的物质体系。

一、土壤矿物质

土壤矿物占土壤固相质量的 90% 以上,是土壤固相的主体物质,对土壤的性质、结构和功能有很大影响,按其成因类型可分为原生矿物和次生矿物。

1. 原生矿物

原生矿物是指直接来源于岩石,受到不同程度的物理风化作用的碎屑。其化学成分和晶

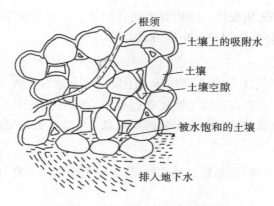

根须

土壤上的吸附水

土壤

土壤空隙

被水饱和的土壤

排入地下水

图 8-5　土壤中固、液、气相结构图

格构造未改变,包括硅酸盐和铝硅酸盐类、氧化物类、硫化物和磷酸盐类,以及某些特别稳定的原生矿物。

2. 次生矿物

次生矿物是在母质或土壤形成过程中,经化学分解、破坏(包括水合、氧化和碳酸化等作用),或风化产物重新合成而新生成的矿物。土体中次生矿物种类繁多,包括各种简单盐类、铁铝氧化物和次生铝硅酸盐类等。其中,铁铝氧化物和次生铝硅酸盐类是构成土壤黏粒的主要成分,是矿物质中最活跃的成分。

二、土壤有机质

土壤有机质是土壤中各种含碳有机物的总称。它与矿物质一起构成土壤的固相部分。耕作土壤中有机质一般只占固相总质量的 5% 以下,土壤有机质含量差异很大,农田旱地为 14 g/kg 左右,水田为 20 g/kg 左右。

土壤有机质由动植物残体(6%~20%)、微生物体(1.5%~4%)、土壤腐殖质(80% 以上)组成。它的主要组成元素是 C、O、H、N,含量分别为 52%~58%、34%~39%、3.3%~4.8%、3.7%~4.1%,其次为 P、S,碳氮比为 10%~15%,土壤有机质还含有各种微量元素。

土壤有机质可分为两大类:一类是组成有机体的各种有机化合物,称为非腐殖物质,如蛋白质、糖类、树脂、有机酸等;另一类是称为腐殖质的特殊有机物,它包括腐殖酸、富里酸和腐黑物等。

腐殖质是指新鲜有机质经过微生物分解转化所形成的黑色胶体物质,吸水保肥能力很强,是黏粒的 6~10 倍。腐殖质是形成团粒结构的良好胶结剂,可以提高黏重土壤的疏松度和通气性,改变砂土的松散状态。同时,由于它的颜色较深,有利于吸收阳光,提高土壤温度。腐殖质为微生物活动提供了丰富的养分和能量,又能调节土壤酸碱反应,因而有利于微生物活动,促进土壤养分的转化。

三、土壤溶液

土壤水分是土壤的重要组成部分之一,主要来自大气降水和灌溉。水在土壤中受到各种力(如重力、土粒表面分子引力、毛管力等)的作用,因而表现出不同的物理状态,这决定了土壤水分的保持、运动及对植物的有效性。

土壤溶液是土壤中水分及其所含溶质的总称,溶液中的组成物质包括不纯净的降水及土壤中溶解性气体,各种单糖、多糖、蛋白质及其衍生物等有机物,钙、镁、钠等无机盐,各种黏粒矿物质和铁、铝氧化物等无机胶体,铁、铝有机配合物等。土壤溶液是一种多相分散系的混合液,具有酸碱反应、氧化还原作用和缓冲作用。

四、土壤空气

土壤空气指的是 CO_2、O_2 和 CH_4 等气体。土壤空气和水分共存于土壤的空隙中,主要从大气中渗透而来,其次是内部进行的生物化学过程产生的一些气体。土壤空气的数量和组成不是固定不变的,土壤空隙的状况和含水量的变化是土壤空气数量发生变化的主要原因。

五、土壤生物

土壤生物是栖居在土壤(包括地表枯落物层)中的生物体的总称,主要包括土壤动物、高等植物(根系)和微生物。

1. 土壤植物

土壤植物主要为高等植物的根系。虽然这些高等植物根系只占土壤体积的 1%,但其呼吸作用却占土壤的 $1/4\sim1/3$。根据尺寸大小,根系可被认为是中型或微型生物。植物根系的活动能明显影响土壤的化学和物理性质;同时,植物根系与其他生物之间也常常存在竞争或协同关系。

2. 土壤动物

土壤动物指长期或一生中大部分时间生活在土壤或地表枯落物层中而且对土壤有一定影响的动物。按自身大小,可分为微型土壤动物(如原生动物和线虫等)、中型土壤动物(如螨等)、大型土壤动物(蚯蚓、蚂蚁等)。虽然土壤动物数量较少,但它们直接或间接地参与土壤中物质和能量的转化,在促进土壤养分循环方面起着重要作用,是土壤生态系统中不可分割的组成部分。

3. 土壤微生物

土壤微生物是指生活于土壤中的形体微小、构造简单的单细胞或多细胞生物类群,主要包括原核微生物(古菌、细菌、放线菌、蓝细菌、黏细菌),真核微生物(真菌、藻类和原生动物)以及无细胞结构的分子生物。其中,土壤细菌占土壤微生物总数的 70%～90%。

土壤微生物种类和数目随土层深度、氢离子浓度、温度、湿度和季节而有明显变化。比如:藻类在地表面或靠近地表面的土层进行光合作用;好氧性细菌多分布在上层土壤中,厌氧性细菌则多分布在下层土壤中;细菌多分布在中性至弱碱性土壤中,而真菌多分布在酸性土壤中。微生物活动对土壤碳素和氮素循环以及营养盐分的循环有重要意义。同时,微生物是污染的"清洁工",参与污染物的转化,在土壤自净过程及减轻污染物危害方面起着重要作用。

8.2.3　土壤的性质

一、土壤的物理性质

土壤的物理性质包括土壤的颗粒组成、排列方式、结构、孔隙度及由此决定的土壤的密度、容重、黏结性、透水性、透气性等。

1. 土壤结构

土壤结构指土壤中结构体的大小、形状及相互排列组合形式,是成土过程或利用过程中由物理、化学和生物多种因素综合作用而形成的。按形状可分为块状、片状、棱状和柱状四大类型;按其大小、发育程度和稳定性等,再分为团粒、团块、块状、棱块状、棱柱状、柱状和片状等结构。土壤结构影响土壤中水、气、热及养分的保持和移动,也直接影响植物根系的生长发育。

2. 土壤质地

土壤质地即土壤机械组成,是指土壤中各级土粒含量的相对比例及其所表现的土壤砂黏性质。土壤质地中砂粒、粉粒和黏粒三组粒级含量的比例,是土壤较稳定的自然属性,也是影响土壤一系列物理与化学性质的重要因子。土壤质地不同对土壤结构、孔隙状况、保肥性、保水性、耕性、污染物迁移转化等均有重要影响。

3. 土壤孔隙

土壤孔隙是指土壤颗粒之间及结构体之间存在的间隙。土壤孔隙的形状、大小极不规则,它们是土壤水分和空气的通道和储存空间。土壤孔隙对土壤水气比例、土壤保水保肥、植物根系伸展、微生物活动、养分物质的转化等都有很大影响。土壤孔隙取决于土壤质地、团粒化程度、有机质含量及耕作、施肥、干湿交替条件等。

二、土壤胶体与胶体特性

土壤胶体是指土壤中最细微的颗粒,其颗粒直径一般为 $1\sim100$ nm,实际上土壤中直径小于 1000 nm 的土壤黏粒都具有胶体性质,因此土壤学中把这些黏粒作为土壤胶体颗粒,含量约为土壤质量的 $2\%\sim50\%$。

土壤胶体分散系包括胶体微粒(为分散相)和微粒间溶液(为分散介质)两大部分。胶体微粒在构造上由微粒核、决定电位离子层和补偿离子层三部分组成。微粒核主要由腐殖质、无定形的 SiO_2、氧化铝、氧化铁、铝硅酸盐晶体、蛋白质分子及有机无机复合胶体的分子群所构成。微粒核表面的一层分子通常解离成离子,形成一层离子层(决定电位离子层),通过静电引力,在该离子层外围又形成一层符号相反而电量相等的离子层(补偿离子层),称为双电层。胶体微粒的构造如图 8-6 所示。

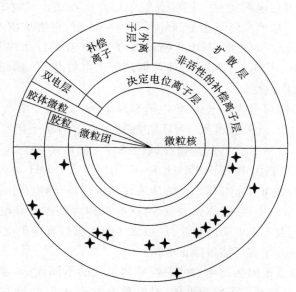

图 8-6　胶体微粒的构造示意图

1. 土壤胶体组成

按成分和来源,土壤胶体可分为无机胶体、有机胶体、有机无机复合胶体。

(1) 有机胶体又称腐殖质胶体,来源于动植物和微生物的残体及其分解和合成产物,由多糖、蛋白质和腐殖酸组成。

(2) 无机胶体又称矿质胶体,即土壤黏粒,除少量石英、长石等原生矿物外,主要由次生矿物即黏粒硅酸盐和黏粒氧化物组成,包括蒙脱石、伊利石、蛭石、高岭石和水铝英石及铁、锰、硅、钛等氧化物及其水合物等。

(3) 有机无机复合胶体又称有机矿质复合体或有机黏粒复合体,由无机胶体与有机胶体通过离子间的库仑力和表面分子间的范德华力紧密缔合而成,土壤中以此类胶体居多。

2. 土壤胶体性质

(1) 具有巨大的比表面积和表面能　由于土壤颗粒细小,因而有巨大的表面积。土壤胶体的表面按位置可分为内表面和外表面。内表面指层状硅酸盐矿物晶层之间的表面及腐殖质分子聚集体内部的表面。外表面指黏土矿物,Fe、Al、Si 等氧化物,以及腐殖质分子暴露在外的表面。

通常以比表面积来表示胶体表面积的大小,即单位质量或单位体积物体的总表面积。一般 1 g 土壤胶体的表面积为 $200 \sim 300$ m^2,腐殖质胶体比表面积可高达 1000 m^2/g。

土壤胶体巨大的比表面积会产生巨大的表面能,使土壤具有物理吸附性能。胶体数量越多,比表面积越大,表面能也越大,吸附能力也越强。

(2) 电荷性质　土壤胶体所带电荷性质主要取决于胶体面固定离子的性质。土壤电荷 80% 以上集中在胶体部分。根据土壤胶体电荷产生的机制,一般可分为永久电荷和可变电荷。永久电荷是由于黏土矿物晶格中的同晶置换所产生的电荷。黏土矿物的硅氧四面体的中心离子 Si^{4+} 和铝氧八面体的中心离子 Al^{3+} 能被其他离子所代替,从而使黏土矿物带上电荷。若中心离子被低价阳离子所代替,黏土矿物带负电荷;若中心离子被高价阳离子所代替,黏土矿物带正电荷。多数情况下是黏土矿物的中心离子被低价阳离子所取代,如 $Al^{3+} \rightarrow Si^{4+}$、$Mg^{2+} \rightarrow Al^{3+}$,所以黏土矿物以带负电荷为主。同晶置换一般发生在黏土矿物的结晶过程中,存在于晶格的内部,这种电荷一旦形成就不会受到外界环境(pH 值、电解质浓度)的影响。可变电荷是由于水合氧化物(Si、Fe、Al)表面、黏土矿物表面的—OH 在碱性条件下的解离,以及腐殖质官能团中 R—COOH、R—CH$_2$—OH、—OH 等解离所产生的电荷。所带电荷的数量和性质会随着介质 pH 值的改变而改变。

土壤电荷按电性不同可分为正电荷、负电荷和净电荷。土壤中游离的 Fe、Al 氧化物在酸性条件下解离可带正电荷,此外有机质—NH$_2$ 在酸性条件下的质子化也能带正电荷。同晶置换,含水氧化硅的解离,含水 Fe、Al 氧化物在碱性条件下的解离,黏土矿物表面—OH 在碱性条件下的解离,腐殖质官能团中 R—COOH、R—CH$_2$—OH、—OH 等的解离,均可产生负电荷。土壤正负电荷的代数和为净电荷。土壤从酸性到碱性,胶体电荷由正变到负,在这一变化过程中,出现两性胶体呈电中性,胶体失去电性,这时就称为胶体的等电点。由于一般情况下土壤带负电荷的数量远大于正电荷的数量,所以大多数土壤带有净负电荷,只有少数含 Fe、Al 氧化物较高的酸性土壤上才有可能带净正电荷。

土壤胶体的负电荷数量因各类土壤的黏粒矿物组成的不同而异,且有明显的地带性。土壤胶体的带电性,使土壤具有离子吸附性能,对保蓄土壤养分、污染物在土壤中的迁移转化等有很大影响。

(3) 凝聚性和分散性　土壤胶体有溶胶与凝胶两种存在状态,胶体微粒均匀分散在土壤溶液中成为胶体溶液状态,称为溶胶。微粒彼此相互联结凝聚在一起,呈无定形絮状凝胶体,称为凝胶。由溶胶联结凝聚成凝胶的作用,称为胶体的凝聚作用。由凝胶分散成溶胶的作用称为分散作用。凝聚作用对土壤结构的形成极为重要。这种凝聚一般是在阳离子的作用下产生的。不同阳离子的凝聚能力如下：

$$Fe^{3+} > Al^{3+} \gg Ca^{2+} > Mg^{2+} \gg K^+ > NH_4^+ > Na^+$$

影响土壤凝聚性能的主要因素是土壤胶体的电位和扩散层厚度。例如，当土壤溶液中阳离子增多，由于土壤胶体表面负电荷被中和，从而加强了土壤的凝聚。pH 值也将影响其凝聚性能。

三、土壤的吸附与交换性

1. 土壤吸附作用

如果土壤胶体表面某种离子的浓度高于或低于扩散层之外的自由溶液中该离子的浓度，则认为土壤胶体对该离子发生了吸附作用。吸附通常通过机械阻留、物理吸附、化学吸附、物理化学吸附和生物吸附等过程实现。

吸附分为非专性吸附和专性吸附。非专性吸附是指被吸附离子以水化离子的形态被吸附，被吸附离子和胶体表面之间通过静电引力结合，不形成直接的化学键。专性吸附是指非静电因素引起土壤对离子的吸附，主要发生在水合氧化物型表面（即羟基化表面），被吸附离子和胶体表面之间形成共价键，所形成的表面配合物比较稳定。土壤中产生专性吸附的物质主要是铁、铝、锰等氧化物及其水合物、腐殖质以及高岭石晶面的边缘基团。

2. 离子交换作用

土壤胶体表面能通过静电吸附的离子与溶液中的离子进行交换反应，也能通过共价键与溶液中的离子发生配位吸附。

（1）阳离子交换　阳离子交换是指土壤胶体吸附的阳离子与土壤溶液中的阳离子进行交换。各种阳离子的交换能力与离子价态、半径有关。

阳离子交换能力随离子价数增加而增大。因为价数高的阳离子电荷量大、电性强，所以交换能力强，例如：$Na^+ < Ca^{2+} < Al^{3+} < Ti^{4+}$。

等价离子交换能力随原子序数的增加而增大。在等价离子中，原子序数愈小的离子半径愈小，离子表面电荷密度愈大，因而离子的水化度大、水膜厚，即水化后的有效半径大，则离子交换能力愈小。因此，等价离子的交换能力随水化度的增加而减小。例如：$Li^+ < Na^+ < K^+ < NH_4^+ < Rb^+ < Cs^+$，$Mg^{2+} < Ca^{2+} < Sr^{2+} < Ba^{2+} < Ra^{2+}$。

离子运动速度愈大，交换能力愈强。如 H^+ 由于半径小，水化度小，运动速度大，因而交换能力强，不仅大于一价阳离子，还大于二价阳离子 Ca^{2+} 和 Mg^{2+}。

土壤中常见阳离子交换能力大小的顺序是：$Fe^{3+} > Al^{3+} > H^+ > Ca^{2+} > Mg^{2+} > K^+ > NH_4^+ > Na^+$。

另外，阳离子交换能力受质量作用定律的支配，即离子浓度愈大，交换能力愈强。例如，施硫酸铵离子于土壤中，其中 NH_4^+ 可以交换土壤胶体中的 Ca^{2+}。

土壤阳离子交换量（cation exchange capacity，CEC）是指在一定 pH 值条件下每 1 kg 干土所能吸附的全部交换性阳离子的厘摩尔数（cmol/kg）。CEC 的大小受胶体数量、类型、土壤 pH 值等的影响。

土壤吸附交换性阳离子的总和称为阳离子交换总量。其中一类是盐基离子，包括 K^+、Na^+、Ca^{2+}、Mg^{2+}、NH_4^+ 等；另一类是致酸离子，即 H^+、Al^{3+}。土壤中交换性盐基离子总量占阳离子交换量的百分数，称为土壤的盐基饱和度，按下列公式计算：

$$盐基饱和度 = \frac{交换性盐基离子总量（cmol/kg）}{阳离子交换总量（cmol/kg）} \times 100\% \tag{8-1}$$

若土壤吸收的交换性阳离子均为盐基离子,则称为盐基饱和。若含有 H^+ 和 Al^{3+} ,则为盐基不饱和。

(2) 阴离子交换　阴离子交换是指被胶粒表面正电荷吸附的阴离子与溶液中阴离子的交换。根据土壤胶体对阴离子的吸附能力不同,可分为三种类型:易被土壤胶体吸附的阴离子,如 $H_2PO_4^-$ 、HPO_4^{2-} 、PO_4^{3-} 、$HSiO_3^-$ 、SiO_3^{2-} 及某些有机酸根,这些离子也易与阳离子反应产生难溶性化合物;很少被吸附甚至不能被吸收的阴离子,如 NO_3^- 、NO_2^- 、Cl^- 等;介于上述两者之间的阴离子,如 SO_4^{2-} 、CO_3^{2-} 、HCO_3^- 及某些有机酸根。各种阴离子的交换能力与阴离子的价数、胶体组成成分(铁、铝氧化物)、土壤 pH 值等有关。

土壤中常见阴离子交换能力顺序为 $F^- >$ 草酸根 $>$ 柠檬酸根 $> PO_4^{3-} \geqslant AsO_4^{3-} \geqslant$ 硅酸根 $> HCO_3^- > CH_3COO^- > SO_4^{2-} > Cl^- > NO_3^-$ 。

四、土壤酸碱性

土壤酸碱性主要取决于土壤溶液中 H^+ 的浓度,常用 pH 值来表示。同时也取决于土壤胶体中酸性离子(H^+ 或 Al^{3+})或碱性离子的数量及土壤中酸性盐和碱性盐类的存在数量。当土壤中氢离子浓度大于 OH^- 的浓度时,土壤呈酸性;反之呈碱性;两者相等时则为中性。

1. 土壤酸度

土壤中 H^+ 主要来源于土壤中 CO_2 溶于水形成的碳酸和有机物分解产生的有机酸及土壤中矿物质氧化产生的无机酸,还有施用肥料中残留的无机酸(如硝酸、硫酸和磷酸),以及大气污染形成的大气酸沉降等。

根据 H^+ 在土壤中的存在的状态,可以将土壤分为活性酸度和潜性酸度。

(1) 活性酸度。指土壤溶液中游离 H^+ 所显示的酸度,通常用 pH 值来表示,土壤溶液 pH 值随盐基饱和度而变,盐基饱和度高,pH 值大。

(2) 潜性酸度。指土壤胶体吸附的 H^+ 、Al^{3+} ,在被其他阳离子交换进入溶液后所显示的酸度,通常用 1 kg 烘干土中 H^+ 的厘摩尔数来表示(cmol/kg)。土壤中潜性酸度大小常用土壤交换性酸度和水解性酸度表示。

(3) 土壤交换性酸度。用过量的中性盐溶液(1 mol/L 的 KCl、NaCl 或 $BaCl_2$)与土壤作用,将胶体表面上的大部分 H^+ 或 Al^{3+} 交换出来,再以标准碱滴定溶液中的 H^+ ,这样测得的酸度称为交换性酸度或代换性酸度,以 cmol(+)/kg 为单位,它是土壤酸度的数量指标。

(4) 土壤水解性酸度。用弱酸强碱盐溶液(常用 pH 值为 8.2 的 1 mol/L NaAc 溶液)与土壤作用,从土壤中交换出来 H^+ 、Al^{3+} 所产生的酸度称为水解性酸度。

弱酸强碱盐比中性盐溶液交换程度更完全。因为交换出 H^+ 与 Ac^- 形成弱电离的 HAc,提高了 Na^+ 交换 H^+ 的能力,所以水解性酸度大于交换性酸度。

活性酸度与潜性酸度是土壤胶体交换体系中两种不同的形式。两者可以互相转化,活性酸度是潜性酸度的表现。土壤潜性酸度要比活性酸度多得多,一般相差 3~4 个数量级。

2. 土壤碱度

土壤溶液中 OH^- 主要来源于碱金属碳酸盐和碳酸氢盐、碱土金属(Na^+ 、Ca^{2+} 、Mg^{2+})碳酸盐和碳酸氢盐的水解。不同溶解度的碳酸盐和碳酸氢盐对土壤碱性的贡献不同,$CaCO_3$ 和 $MgCO_3$ 的溶解度很小,故富含 $CaCO_3$ 和 $MgCO_3$ 的石灰性土壤呈弱碱性(pH 值在 7.5~8.5 之间)。Na_2CO_3 、$NaHCO_3$ 及 $Ca(HCO_3)_2$ 等都是水溶性盐类,可使土壤碱性增强,含 Na_2CO_3 的土壤一般 pH 值可达 10 以上,而含 $NaHCO_3$ 及 $Ca(HCO_3)_2$ 的土壤,pH 值常在 7.5~8.5,碱性较弱。

　　由碳酸盐和碳酸氢盐导致土壤碱性的程度称土壤碱度，以 cmol/kg（干土）为单位。形成碱性反应的主要机理是碱性物质的水解反应。除了与水溶性盐类 Na_2CO_3、$NaHCO_3$ 及 $Ca(HCO_3)_2$ 有关，还与土壤交换性 Na^+ 的含量有关。

　　土壤的酸碱度受到多种因素的影响。如气候、地形、母质、植被、酸雨、土壤空气的 CO_2 分压、人类耕作活动等因素。同时，土壤酸碱度又对土壤养分的有效性、土壤微生物活性、土壤理化性质、植物生长、污染物的迁移转化等产生影响。

3. 土壤的酸碱缓冲能力

　　当加入致酸或致碱物质于土壤中时，土壤具有缓和酸碱度发生剧烈变化的能力，称为土壤酸碱缓冲性。常用缓冲容量来表示土壤缓冲酸碱能力的大小，即使单位（质量或容积）土壤改变 1 个 pH 单位所需的酸或碱度。

　　土壤对酸碱具有缓冲作用，一是因为土壤溶液中含有碳酸、硅酸、磷酸、腐殖酸和其他有机酸等弱酸及其盐类，构成一个良好的酸碱缓冲体系，二是土壤胶体吸附有各种阳离子，其中盐基离子和氢离子能分别对酸和碱起缓冲作用。另外，铝离子对碱也能起缓冲作用。主要起缓冲作用的物质有碳酸盐、有机酸、土壤胶体和铝离子。

　　土壤酸碱缓冲容量与其 CEC 呈正相关，凡影响土壤 CEC 的因素都影响缓冲容量，如土壤黏土矿物类型、有机质含量等。土壤组分酸碱缓冲容量的一般顺序如下：有机胶体＞无机胶体；蒙脱石＞伊利石＞高岭石＞含水 Fe、Al 氧化物；腐殖质＞黏土＞壤土＞砂土。

五、土壤的氧化还原性

　　土壤中有许多具有氧化还原性的物质，因而使土壤具有氧化还原特性。一般说来，土壤中主要的氧化剂有氧气、NO_3^-、SO_4^{2-} 和高价金属离子，如铁（Ⅲ）、锰（Ⅳ）、钒（Ⅴ）、钛（Ⅵ）等。主要的还原剂有土壤有机质，特别是新鲜和低价金属离子和氢离子等。土壤氧化还原电位是衡量土壤氧化还原能力大小的参数（E_h）。土壤氧化还原反应不完全是纯化学反应，在很大程度上有微生物的参与，例如 $NH_4^+ \rightarrow NO_2^- \rightarrow NO_3^-$ 分别在亚硝酸细菌和硝酸细菌作用下完成。因此，土壤中植物的根系和土壤生物也是土壤发生氧化还原反应的重要参与者。

1. 土壤氧化还原体系

　　土壤中存在着多种氧化剂和还原剂，构成相应的氧化还原体系。土壤中氧化还原体系可分为无机体系和有机体系。无机体系的反应一般是可逆的，有机体系和微生物参与条件下的反应是半可逆或不可逆的。

　　参加土壤氧化还原反应的物质，除了土壤空气和土壤溶液中的氧以外，还有许多具有可变价态的元素，包括 C、N、S、Fe、Mn、Cu 等；在污染土壤中还可能有 As、Se、Cr、Hg、Pb 等。种类繁多的氧化还原物质构成了不同的氧化还原体系。土壤中主要的氧化还原体系如表 8-1 所示。

表 8-1　土壤中主要的氧化还原体系

体　系	物　质　状　态		代表性反应举例
	氧　化　态	还　原　态	
氧体系	O_2	O_2^-	$O_2 + 4H^+ + 4e^- \Longrightarrow 2H_2O$
有机碳体系	CO_2	CO、CH_4、还原性有机物等	$CO_2 + 8H^+ + 8e^- \Longrightarrow CH_4 + 2H_2O$
氮体系	NO_3^-	NO_2^-、NO、N_2O、N_2、NH_3、NH_4^+	$NO_3^- + 10H^+ + 8e^- \Longrightarrow NH_4^+ + 3H_2O$

续表

体　系	物质状态		代表性反应举例
	氧　化　态	还　原　态	
硫体系	SO_4^{2-}	S、S^{2-}、H_2S	$SO_4^{2-}+10H^++8e^-\rightleftharpoons H_2S+4H_2O$
铁体系	Fe^{3+}、$Fe(OH)_3$、Fe_2O_3	Fe^{2+}、$Fe(OH)_2$	$Fe(OH)_3+3H^++e^-\rightleftharpoons Fe^{2+}+3H_2O$
锰体系	MnO_2、Mn_2O_3、Mn^{4+}	Mn^{2+}、$Mn(OH)_2$	$MnO_2+4H^++2e^-\rightleftharpoons Mn^{2+}+2H_2O$
氢体系	H^+	H_2	$2H^++2e^-\rightleftharpoons H_2$

2. 土壤氧化还原指标

氧化还原电位是衡量氧化还原强度的指标,可以被理解为物质(原子、离子、分子)提供或接受电子的趋向或能力。

一个氧化还原反应体系的氧化还原电位可用能斯特(Nernst)公式表达:

$$E_h=E^\ominus+\frac{RT}{nF}\ln\frac{[氧化态]}{[还原态]} \tag{8-2}$$

式中:E_h——氧化还原电位,单位为伏(V)或毫伏(mV);

$E^\ominus$——该体系的标准氧化还原电位;

R——摩尔气体常数;

T——绝对温度;

F——法拉第常数;

n——反应中转移的电子数;

[氧化态]、[还原态]——氧化态和还原态物质的浓度(活度)。

在 25 ℃时,将各常数值代入上式,并采用常用对数,则有

$$E_h=E^\ominus+\frac{0.0592}{n}\lg\frac{[氧化态]}{[还原态]} \tag{8-3}$$

E_h值愈高,氧化强度愈大;反之,则还原强度愈大。在我国自然条件下,一般认为 E_h 低于 300 mV 时为还原状态。一般旱地土壤的氧化还原电位为+400～+700 mV,水田的氧化还原电位在-200～+300 mV。根据土壤的氧化还原电位值可以确定土壤中有机物和无机物可能发生的氧化还原反应和环境行为。如土壤中的亚砷酸(H_3AsO_3)比砷酸(H_3AsO_4)毒性大数倍,当土壤处于氧化状态时,砷的危害较轻,而土壤处于还原状态时,随着 E_h 值下降,土壤中砷酸还原为亚砷酸,此时就会加重砷对作物的危害。

影响土壤氧化还原的因素主要有土壤通气性、微生物活动、易分解有机质的含量、植物根系的代谢作用、土壤的 pH 值等几个方面,也与栽培管理措施特别是灌水、排水有关。

六、土壤中的配位反应

金属离子和电子供体结合而成的化合物,称为配位化合物。如果配位体与金属离子形成环状结构的配位化合物,则称为螯合物,它比简单的配合物具有更大的稳定性。在土壤这个复杂的化学体系中,配位反应广泛存在。一些元素,如具有污染性的金属离子,在形成配合物后,其迁移、转化等特性发生改变,螯合态可能是其在溶液中的主要形态。据此,已有许多研究涉及人工螯合剂的开发,并通过其在土壤中的施用来降低污染元素在土壤中的生物毒性。

七、土壤的生物学性质

土壤的生物学性质包括土壤酶特性、土壤微生物特性和土壤动物特性。

1. 土壤酶特性

在土壤成分中,酶是最活跃的有机成分,驱动着土壤的代谢过程,对土壤圈中养分循环和污染物的净化具有重要的作用,土壤酶活性值的大小可以较灵敏地反映土壤中生化反应的方向和强度。土壤中的各种生化反应,除受微生物本身活动的影响外,实际是在各种相应的酶参与下完成的。同时,土壤酶活性的大小还可综合反映土壤理化性质和重金属浓度的高低,特别是脲酶的活性,可用于监测土壤重金属污染。

2. 土壤微生物特性

土壤微生物是土壤有机质、土壤养分转化和循环的动力。同时,土壤微生物对土壤污染具有特别的敏感性,他们是代谢降解有机农药等有机污染物和恢复土壤环境质量的最先锋者。

3. 土壤动物特性

土壤动物特性包括土壤动物组成、个体数量或生物量、种类丰富、群落的均匀度、多样性指数等,是反映环境变化的敏感生物学指标。

8.3 土壤环境背景值与土壤环境容量

8.3.1 土壤环境背景值

一、土壤环境背景值的概念

土壤背景值是指土壤在自然成土过程中所形成的固有的地球化学组成和含量,即一定区域内自然状态下未受或少受人类活动(特别是人为污染)影响的土壤环境本身的化学元素组成及其含量。目前,在全球环境受到污染冲击的情况下,要寻找绝对不受污染的背景值是非常难的。因此,土壤背景值实际上只是一个相对的概念,只能是相对不受污染情况下土壤的基本化学组成和含量。

二、土壤环境背景值的分异特性

(1)地质地层空间分异

土壤元素主要来源于母岩、母质。地层分布和岩石矿物的化学组成直接控制了土壤元素背景含量。地质构造、岩石、矿物不同,其风化物及其上面发育的土壤化学元素有很大差异。

(2)地带性分异

生物的地球化学作用和气候对岩石、母质风化作用有着深刻影响,使土壤环境背景值具有明显的水平和垂直地带性分异特征。

(3)土壤属性分异

土壤环境背景值的高低还与土壤本身的诸多性质有关,因而随土壤属性的变化而分异。

砂质土壤的颗粒粗,结构性和蓄水性差,吸附能力小,矿物释放出来的元素容易淋失,元素背景含量低;而黏质土的黏粒含量高,吸附力强,保存的元素含量高。土壤环境背景值含量与土壤有机质含量呈正相关,原因是土壤有机质保存了多量的元素,使之相对富集。

地下水的埋藏深度及其升降变化影响土壤 pH 值和 E_h 的变化,因而也影响土壤背景值的含量。此外,土壤剖面构型对土壤元素迁移亦能产生重大影响,使土壤环境背景值产生分异。

三、土壤背景值的确定

影响土壤背景值的因素很复杂,除包括风化、淋溶、淀积等地球化学作用的影响,生物小循环的影响,母质成因、质地和有机物含量影响外,还包括数万年以来人类活动的综合影响,因而土壤背景值是一个范围值,而不是一个确定值。为了确定土壤背景值,应在远离污染源的地方采集样品,分析测定化学元素的含量。在此基础上,运用数理统计等方法,检验分析结果,然后取分析数据的平均值(或数值范围)作为背景值。我国环境工作者采用的土壤环境背景值分析数据检验方法主要有平均值加标准差法、富集系数法和元素相关法(表 8-2)。

表 8-2　　全国土壤(A 层①)背景值　　　　　　　(单位:μg/kg)

元素	算术		几何		95%置信度范围值	元素	算术		几何		95%置信度范围值
	均值	标准差	均值	标准差			均值	标准差	均值	标准差	
As	11.2	7.86	9.2	1.91	2.5~33.5	K	1.86	0.463	1.79	1.342	0.94~2.97
Cd	0.097	0.079	0.074	2.118	0.017~0.333	Ag	0.132	0.098	0.105	1.973	0.027~0.409
Co	12.7	6.40	11.2	1.67	4.0~31.2	Be	1.95	0.731	1.82	1.466	0.85~3.91
Cr	61.0	31.07	53.9	1.67	19.3~150.2	Mg	0.78	0.433	0.63	2.080	0.02~1.64
Cu	22.6	11.41	20.0	1.66	7.3~55.1	Ca	1.54	1.633	0.71	4.409	0.01~4.8
F	478	197.7	440	1.50	191~1012	Ba	469	134.7	450	1.30	809~2514
Hg	0.065	0.080	0.040	2.602	0.006~0.272	B	47.8	32.55	38.7	1.98	9.9~151.3
Mn	583	362.8	482	1.90	130~1786	Al	6.62	1.626	6.41	1.307	3.37~9.87
Ni	26.9	14.36	23.4	1.74	7.7~71.0	Ge	1.70	0.30	1.70	1.19	1.20~2.40
Pb	26.0	12.37	23.6	1.54	10.0~56.1	Sn	2.60	1.54	2.30	1.71	0.80~6.70
Se	0.290	0.255	0.215	2.146	0.047~0.933	Sb	1.21	0.676	1.06	1.676	0.38~2.98
V	82.4	32.68	76.4	1.48	34.8~168.2	Bi	0.37	0.211	0.32	1.674	0.12~0.88
Zn	74.2	32.78	67.7	1.54	28.4~161.1	Mo	2.0	2.54	1.20	2.86	0.10~9.6
Li	32.5	15.48	29.1	1.62	11.1~76.4	I	3.76	4.443	2.38	2.485	0.39~14.71
Na	1.02	0.626	0.68	3.186	0.001~2.27	Fe	2.94	0.984	2.37	1.602	1.05~4.84

注:①A 层指土壤表层或耕层。摘自《中国土壤元素背景值》。

四、土壤环境背景值的意义

(1) 它是研究和确定土壤环境容量,制定土壤污染风险管控标准的基本数据。

(2) 它是土壤环境质量评价,特别是土壤风险评估的基本依据。

(3) 土壤环境背景值也是研究污染元素和化合物在土壤环境中的化学行为的依据。

(4) 土壤环境背景值可作为土地利用及其规划,生产布局与管理,土壤生态、施肥和污水灌溉、食品卫生、环境医学研究的参比数据。

五、土壤环境背景值的应用

1. 作为制定土壤风险管控标准的依据

土壤环境质量评价、土壤污染风险评估和确定土壤环境容量等均必须以土壤背景值作为基础参数和标准,进而对土壤质量进行预测和调控及制定土壤污染防治措施等。

在制定环境质量标准时,首先要提出土壤环境质量的基准值。土壤环境质量基准值是指土壤污染物对生物与环境不产生有害影响的最大剂量或浓度,是由污染物同特定对象之间的剂量-反应关系确定的。土壤风险管控标准则以环境质量基准为依据,并考虑社会、经济和技术等因素而制定。

2. 对农业生产的指导应用

土壤背景值反映了土壤的化学元素的丰度,在研究化学元素特别是微量元素的生物有效性时,土壤背景值是预测元素丰缺程度,制订施肥规划、方案的基础数据。

土壤现有含量水平在元素背景值内的土壤适合用于生产有机和绿色食品。反之,某些天然高背景值地区的土壤则不适合用于生产有机和绿色食品,但有些特殊元素高背景值地区的土壤可用于生产富含微量元素的食品,如富硒食品。

3. 为地方病防治提供依据

由于土壤背景值的分异特性,形成过程及类型的差别,土壤元素含量也明显存在差异,以致某些元素过于集中或分散。这种化学元素异常或特殊的环境对人类健康有重大影响。比如:人类的地方性克山病、大骨节以及动物的白肌病都发生在低硒背景的环境;而在硒背景含量特别高的地区可能使人发生硒中毒;在土壤低碘背景区,会引起食用当地食品的人体内缺碘,为地方性甲状腺肿大致病原因,并影响人的智力;在土壤低锌背景区,粮食食品中锌含量低,以谷物为主食的人群会发生缺锌症。1961 年在伊朗发生缺锌症,1963 年埃及报道了因缺锌导致的人体矮小病,1982 年我国新疆伽师等地也发现缺锌综合征;在氟元素过多的地区,居民经饮水、食物和空气等途径长期摄入过量氟会引起一种慢性全身性疾病,以氟骨症和氟斑牙为主要病症,称为地方性氟病;在土壤高钼背景区,易患痛风症;高铜、铬和铅背景下导致高癌症发病率(如美国马里兰州某些地区)。

4. 找矿

土壤元素背景值是母岩、母质化学特征的反映。一些吸附型稀土元素可在岩石风化过程中逐渐富集,导致土壤化学元素背景值异常,可能是成矿元素的重要标志,为区域找矿提供参考。

8.3.2　土壤环境容量

一、土壤环境容量的概念

土壤环境容量是指一定环境单元、一定时限内遵循环境质量标准,既保证农产品质量和生物学质量,同时也不使环境污染时,土壤能容纳污染物的最大负荷量。土壤环境容量受多种因素的影响,包括土壤性质、污染物种类和含量、污染历程等,因而土壤环境容量是通过对自然环境、社会经济、污染状况等调查,对污染物生态效应、环境效应、物质平衡等研究而确定的一个临界含量,是在区域土壤指标标准下,土壤免遭污染所能接受的污染物最大负荷。

二、土壤环境容量的理论依据

土壤环境容量的理论依据来自土壤的自净功能。

1. 土壤自净功能的定义

土壤自净是指进入土壤的污染物,在土壤矿物质、有机质和土壤微生物的作用下,经过一系列的物理、化学及生物化学反应过程,降低其浓度或改变其形态,从而消除污染物毒性的现象。

　　土壤自净取决于污染物进入量与土壤自净能力之间的消长关系,当污染物的数量和污染速度超过了土壤自净能力时,污染物的积累过程逐渐占优势,将导致土壤正常功能失调,土壤质量下降。不同土壤对污染物的容量不同,同一土壤对不同污染物的净化能力也是不同的。

2. 土壤自净机制

　　(1) 物理净化　进入土壤中的难溶性固体污染物可被土壤机械阻留;可溶性污染物可被土壤水分稀释而减少毒性,也可被土壤固相表面吸附,也可随水迁移至地表水或地下水。另外,某些挥发性污染物可通过土壤空隙迁移、扩散到大气中。物理净化作用只能使土壤污染物在土壤中的浓度降低或转至其他环境介质,而不能使污染物从整个自然界消失。

　　(2) 物理化学净化　土壤黏粒、土壤有机质具有巨大的表面积和表面能,有较强的吸附能力,是产生物理化学吸附的主要载体。土壤胶体通过交换吸附、专性吸附和非专性吸附等作用对污染物吸附,使得污染物浓度降低。增加土壤中胶体含量,特别是有机胶体含量,可提高土壤的这种净化能力。物理化学净化也没有从根本上消除污染物。

　　(3) 化学净化　污染物进入土壤环境后可能发生诸如凝聚、沉淀、氧化-还原、络合-螯合、酸碱中和、同晶置换、水解、分解-化合等一系列化学反应,或经太阳能、紫外线辐射引起光化学降解反应等。通过这些化学反应,一方面,可使污染物稳定化,即转化为难溶性、难解离性物质,从而使其毒性和危害程度降低;另一方面,可使污染物降解为无毒物质。

　　(4) 生物化学自净作用　生物化学自净作用是指有机污染物在微生物及其酶作用下,通过生物降解,被分解为简单的无机物而消散的过程。细菌、真菌、放线菌等以分解有机物为主,对有机物净化起着重要作用。土壤中的微生物可以对有机污染物进行分解,并最终将污染物转化为对生物无毒性的残留物和二氧化碳;一些无机污染物也可在土壤微生物参与下发生一系列化学反应,而失去毒性。从净化机理看,生物化学自净是真正的净化。

三、影响土壤环境净化作用的因素

1. 土壤环境的物质组成

　　土壤环境的物质组成主要包括土壤的物质组成、有机质的种类与含量和土壤化学组成等因素。如,土壤黏土矿物的种类和数量影响着土壤的比表面积、电荷的性质及阳离子交换量等,从而影响吸附、解吸的作用。

2. 土壤环境条件

　　土壤环境条件主要包括土壤 pH 值和 E_h 条件、水热条件等。其中,土壤 pH 值、电位条件直接或间接影响污染物转化,不同的 pH 值条件下,重金属的形态也不同,pH 值的变化可改变其吸附、沉淀、配位特性,也改变其毒性,如镉在酸性环境中的活性强,其容量大小依次为草甸褐土>草甸棕壤>红壤性水稻土。水热条件影响污染物迁移转化过程的速度与强度。

3. 土壤环境的生物学特性

　　土壤环境的生物学特性主要指植被与土壤生物区系的种属与数量。土壤微生物特别是土壤微生物多样性是土壤的重要生物学性质之一,是土壤生物净化的决定性因素。

4. 人类活动影响

　　人类通过不同的土地利用方式,改变土壤的物理和化学性质,进而影响土壤的净化能力。例如,长期施肥引起土壤酸化,会降低土壤的净化能力。

四、土壤的缓冲性

土壤的缓冲性是土壤对酸碱缓冲性能的延伸,定义为"土壤因水分、温度、时间等外界因素的变化,抵御其组分浓(活)度变化的性质"。其数学表达式如下:

$$\delta = \Delta X(\Delta T, \Delta t, \Delta w) \tag{8-4}$$

式中:δ——土壤缓冲性;

　　ΔX——某污染物浓(活)度变化;

　　ΔT、Δt、Δw——温度、时间和水分的变化。

土壤对污染物缓冲性的主要机理是土壤的吸附与解吸、沉淀与溶解。其影响因素应包括土壤质量、黏粒矿物、铁铝氧化物、$CaCO_3$、有机质、土壤 pH 值和 E_h 值、土壤水分和温度等。就重金属而言,土壤主要通过影响重金属在土壤中存在形态而影响重金属的生物有效性。具体如下。

(1) pH 值　pH 值的大小显著影响土壤中重金属的存在形态和土壤对重金属的吸附量。土壤胶体一般带负电荷,而重金属在土壤-植物体系中大多以阳离子的形式存在,因此,土壤 pH 值越低,重金属被解吸得越多,其活动性就越强,但对部分以阴离子形式存在的重金属而言,情况正好相反。此外,pH 值升高,土壤对重金属的吸附量增加。如 pH=4 时,土壤中镉的溶出率超过 50%;当 pH 值达到 7.5 时,镉就很难溶出;pH>7.5 时,94% 以上的水溶态镉进入土壤中,这时的镉主要以黏土矿物和氧化物结合态及残留态形式存在。

(2) 土壤质地　土壤质地影响着土壤颗粒对重金属的吸附。一般来说,质地黏重的土壤对重金属的吸附力强,降低了重金属的迁移转化能力。

(3) 土壤的氧化还原电位　土壤的氧化还原电位影响重金属的存在形态,从而影响重金属化学行为、迁移能力及对生物的有效性。一般来说,在还原条件下,很多重金属易产生难溶性的硫化物,而在氧化条件下,溶解态和交换态含量增加。以镉为例,CdS 是难溶物质,但在氧化条件下 $CdSO_4$ 的溶解度要大很多。

(4) 土壤中有机质含量　土壤中有机质含量影响土壤颗粒对重金属的吸附能力和重金属的存在形态,有机质含量较高的土壤对重金属的吸附能力高于有机质含量低的土壤。研究表明,土壤中各种元素的含量都与有机质含量呈正相关,但重金属各组分占全量的比例一般与有机质含量的大小没有密切关系。

五、土壤环境容量的计算

在实际工作中,将土壤环境容量分为静容量和动容量。

1. 土壤静容量

土壤静容量是指在一定的环境单元和一定的时限内,假定污染物不参与土壤圈物质循环情况下所能容纳污染物的最大负荷量,其通式可表示如下:

$$Q_1 = 10^{-6} M \times (S_i - C_{Bi}) \tag{8-5}$$

式中:Q_1——土壤静容量(mg/hm²);

　　S_i——某污染物 i 的允许限值(mg/kg);

　　C_{Bi}——土壤中某污染物 i 的环境背景值(mg/kg);

　　M——每公顷耕层平均土壤质量,2.25×10^6 kg/hm²。

由式(8-5)可知,在一定区域的土壤特性和环境条件下,C_{Bi} 是一定的,Q_1 的大小取决于 S_i。

土壤环境允许限值大,土壤环境容量也大;反之,容量则小。

　　静容量模型计算出来的土壤容量,仅反映了土壤污染物生态效应和环境效应所容许的水平,没有考虑土壤中污染物的输入与输出、吸附与解析、固定与释放、累积与降解的净化过程及土壤的自净作用。将这部分净化的量(Q_2)加上土壤静容量(Q_1)才是土壤动态的、全部容许的量,即土壤环境容量 Q,也有人称为土壤环境动容量。用数学式表示即为 $Q=Q_1+Q_2$。

2. 土壤动容量

　　动态容量的计算公式如下:

$$Q_{in}=10^{-6}M(S_i-C_iK^n)\frac{1-K}{K(1-K^n)}\tag{8-6}$$

式中:S_i——若干年后土壤中元素 i 含量的允许限值(mg/kg);

　　　　C_i——土壤中元素 i 的现状值(mg/kg);

　　　　K——污染物残留率(%);

　　　　Q_{in}——土壤中元素 i 的年动态容量(kg/hm²);

　　　　M——每公顷耕作层的土壤质量,取值为 2.25×10^6 kg/hm²;

　　　　n——控制年限。

六、土壤环境容量的应用

1. 制定土壤环境标准/风险管控标准

　　通过对土壤环境容量的研究,在以生态效应为中心,全面考察环境效应、化学形态效应、元素净化规律的基础上提出各元素的土壤基准值,能更好地为区域性土壤环境标准或风险管控标准的制定提供依据。

2. 制定农田灌溉用水水质和水量标准

　　制定农田灌溉水质标准,把水质控制在一定浓度范围是避免污水灌溉引起污染的重要措施。用土壤环境容量制定农田灌溉水质标准,既能反映区域性差异,也能因区域性条件的改变而制定地方标准。

3. 制定污泥施用量标准

　　污泥农用带入农田的污染物不可忽视。一般来说,污泥中污染物含量决定着污泥允许施入农田的量,但实质上,其允许每年施用的量决定于每年每公顷农田容许输入的污染物最大量,即土壤动容量或每年容许输入量。

4. 区域土壤污染物预测和土壤环境质量评价

　　土壤污染预测是防止土壤污染的重要依据。土壤环境容量模型可用于土壤污染预测,如预测若干年后土壤中重金属累计的量。

8.4　土壤污染

8.4.1　土壤污染的概念

　　土壤污染是指人类活动所产生的污染物通过各种途径进入土壤并积累到一定程度,其数量超过土壤的容纳和同化能力而使土壤的理化性质、组成性状等发生变化,导致土壤的自然功能失调、土壤质量恶化的现象。土壤污染应同时具备两个条件:一是人类活动引起的外源污染物进入土壤,二是外源污染物导致土壤环境质量下降而有害于受体,如生物、水体、空气或人体健康等。

也有人对土壤污染直接定义为由人类的活动向土壤添加有害物质,此时土壤即受到了污染。或者以特定的参照数据来加以判断土壤是否受到污染,如以土壤背景值加二倍标准差为临界值,如超过此值,则认为该土壤已被污染。

8.4.2　土壤污染源

土壤是一个开放系统,与其他环境要素进行着能量与物质交换,土壤污染物种类繁多,来源也十分复杂,有自然污染源和人为污染源。自然污染源是指自然界自行向环境排放有害物质的场所,如正在活动的火山、某些矿物的自然分解与风化,使附近土壤中某些元素的含量超出一般土壤的含量。人为污染源是指人类活动所形成的污染源。根据污染物的性质可分为化学污染源、物理污染源和生物污染源等,其中土壤的化学污染最为普遍、严重和复杂。根据污染物的来源可分为工业污染源、农业污染源、生活污染源、交通污染源、大气污染源等。

1. 工业污染源

工业废水、废气和废渣中含有多种污染物,其浓度一般较高,一旦侵入农田,在短时间内即可引起土壤、作物危害。一般直接由工业"三废"引起的土壤污染仅限于工业区周围数千米、数十千米范围内。工业"三废"引起的大面积土壤污染往往是间接的,或以废渣形式,经长期作用使污染物在土壤中积累而造成污染。

2. 农业污染源

农业污染源包括农业生产活动中农膜、化学农药、除草剂和化肥等的使用。农膜使用是土壤微塑料污染的主要来源。农药、除草剂通过喷洒时直接落入土壤表面或通过作物落叶、降雨最后归入土壤;化肥的使用会造成面源污染问题。

3. 生活污染源

生活污染源主要包括城乡生活废水和污泥、畜禽养殖废物农田回用。生活污水及污泥、畜禽废物易含有各种病菌、寄生虫及重金属等,它们的农田回用会导致土壤产生生物污染和重金属污染,会使疾病蔓延。

4. 交通污染源

交通污染源主要是汽车尾气低空排放所带来的颗粒物、重金属等的污染。

5. 大气污染源

人类排放的气体和颗粒污染物通过大气沉降进入土壤,带来土壤中有害物质的污染,主要有酸沉降和重金属沉降等。

8.4.3　土壤污染物

土壤中的污染物一般指影响土壤正常作用的外来物质。造成土壤污染的物质,主要有以下几类。

1. 有机物类

通常造成土壤污染的有机物主要是农药、除莠剂、多环芳烃、多氯联苯、二噁英、药物与个人护理品、增塑剂、溴代阻燃剂、酚、石油类等。农药主要是有机氯类(六六六、DDT、艾氏剂、狄氏剂等)(图 8-7)、有机磷类(马拉硫磷、对硫磷、敌敌畏)、氨基甲酸酯类(杀虫剂、除草剂)和苯氧羧酸类(2,4-D、2,4,5-T 等除草剂)。

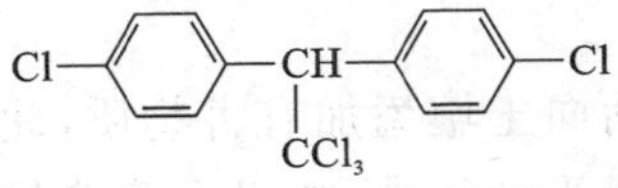

4，4′-二氯二苯基三氯乙烷（DDT） 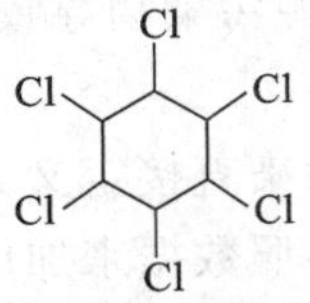　　　　　六氯环己烷（六六六）

图 8-7　几种有机氯农药分子结构

2. 化学肥料

大量使用含氮和含磷的化学肥料,改变了土壤的物理、化学性质。严重者影响作物生长,导致农产品退化。

3. 无机物

无机污染物包括有害元素的氧化物、酸、碱和盐类,以及通过污水灌溉、污泥肥料、废渣堆放、大气降尘等途径进入土壤的汞、镉、铅、铜、锰、锌、镍等重金属污染物。

4. 放射性物质

放射性污染物是指各种放射性核素,其放射性与其化学状态无关。每一种放射性核素都有一定的半衰期,能放射具有一定能量的射线,它们可在土壤中蓄积而长期污染土壤。例如,锶 90(^{90}Sr)半衰期为 28 年,铯 137(^{137}Cs)半衰期为 30 年。放射性废水排放到地面上、放射性固体废物藏在地下、核企业发生放射性排放事故等,都会造成局部地区土壤的严重污染。大气中的放射性沉降,施用含有铀、铅等放射性核素的磷肥和用放射性污染的河水灌溉农田也会造成土壤放射性污染,这种污染一般程度较轻,但污染的范围较大。

5. 致病微生物

致病微生物是指一个或几个有害生物种群,从外界侵入土壤,大量繁殖,破坏原来的动态平衡,对人类健康和土壤生态系统造成不良影响。如大肠杆菌、炭疽杆菌、破伤风杆菌、肠寄生虫、霍乱弧菌、结核杆菌等有害微生物类。这类污染物主要来源于未经消毒处理的粪便、垃圾、城市生活污水及饲养场和屠宰场的废物等。

6. 建筑废物和农业垃圾

石灰、水泥、涂料和油漆、塑料、砖、石料等作为填土或堆放物进入农田污染土壤。另外,农业废物处理过程中有机物分解产生的 CO_2、CH_4、H_2S、NH_4 等气体,在某些条件下也可能成为土壤的污染物。

8.4.4　土壤污染的发生类型

根据污染物的来源,土壤污染可分为水污染型、大气污染型、固体废物污染型、农业污染型和交通污染型等。

1. 水污染型

水污染型是造成土壤污染严重的类型之一。污水灌溉农田使有害物质在土壤中积累,影响农作物产量和品质,并通过食物链影响人体健康。

污染物以污水灌溉的形式进入土壤,因此多集中于表土。但随污灌时间延长,某些污染物可垂直向下移动,以至污染地下水。

2. 大气污染型

大量化石燃料燃烧产生的有害物质沉降到土壤环境,造成土壤污染。在酸雨的作用下,土壤进一步酸化,养分淋溶,结构破坏,肥力降低,作物受损,破坏了土壤生产力。

大气沉降造成的土壤污染,其污染物多集中于表层或耕层,常呈现以污染源为中心的椭圆形或带状分布,长轴沿主风向延伸。污染面积和扩散距离取决于污染物的性质、排放量、排放形式、地形地貌、气候条件等因素。

3. 固体废物污染型

来自工业和城市的固体废物,如垃圾、工业废渣等任意堆放,引起其中有害物的淋溶、释放,也可导致土壤及地下水的污染。其特点是污染范围比较局限或固定,但可通过风吹和雨淋冲刷污染较大范围的土壤和水体。

4. 农业污染型

在农业生产中,化肥、农药使用不当或过量施用,不可降解农膜弃于田间,禽畜粪便不做无害化处理、随意堆放等,都会造成土壤污染。这类污染主要在土壤表层或耕层,是最为重要、分布最为广泛、不确定性更大、成分和过程更复杂、控制更难的面源污染。

5. 交通污染型

汽车尾气低空排放,行车频率高的公路两侧常形成明显的污染带。研究表明,由于汽车尾气排放的铅和未燃尽的四乙基铅残渣污染,江苏省部分高速公路两侧 100 m 成为"铅污染区",铅对土壤的污染已深达 30 cm,公路沿途土壤受污染率达到 80%～90%。

8.4.5 土壤污染的特点

1. 隐蔽性和滞后性

水体和大气的污染比较直观,严重时通过人的感官即能发现,而土壤作为一种缓冲体系,其污染往往要通过农作物,包括粮食、蔬菜、水果或牧草,以及摄食的人或动物的健康状况才能反映出来,从遭受污染到产生恶果有一个逐步积累的过程。如 20 世纪 60 年代发生在日本的公害病——"痛痛病",经过 10～20 年才被人们所认知。

2. 累积性、不可逆性与持久性

污染物在土壤中不像在大气和水体中那样容易扩散、稀释和迁移,因此污染物容易在土壤中不断积累而超标,同时也使土壤污染有很强的地域性。化学物质在土壤中的累积与储存,有时在一定时间内并不表现出它的危害,但当累积储存量超过土壤或沉积物承受能力的限度,即超过其负载容量时,或者当气候、土地利用方式发生改变时,就会突然活化,导致严重灾害。20 世纪 80 年代末至 90 年代初,奥地利人 W. M. Stigliani 根据环境污染的延缓效应及其危害,用"化学定时炸弹"(chemical time bomb, CTB) 的概念来形象化地描述了这一过程。重金属元素对土壤的污染是一个不可逆过程,而许多有机化学物质的污染也需要一个比较长的降解时间。某些有机污染物极难降解,很多都是国际公认的持久性有机污染物(POPs)。例如有机氯农药、多氯联苯(PCBs)和多氯代二苯并二噁英(PCDDs)。

3. 难治理性

如果大气和水体受到污染,切断污染源之后通过稀释作用和自净作用也有可能使污染问题不断逆转,但是积累在污染土壤中的难降解污染物则很难靠稀释作用和自净作用来消除。

4. 通过食物链污染

土壤污染不仅影响粮食生产,其污染物往往还通过食物链危害动物和人体的健康。有报道表明,某些地区居民的癌症发病率与土壤污染的程度呈线性相关。

8.4.6　土壤自净

土壤自净指进入土壤的污染物,在土壤矿物质、有机质和土壤微生物的作用下,经过一系列的物理、化学及生物化学反应过程,降低其浓度或改变其形态,从而消除污染物毒性的现象。

土壤自净过程主要通过土壤缓冲功能来实现,是土壤环境容量确定的重要考虑因素之一。土壤自净的机制及影响因素见 8.3.2 小节。

8.5　污染物在土壤中的迁移与转化

8.5.1　土壤重金属污染

重金属是指密度(值)等于或大于 5.0 的金属,环境学领域所指的重金属主要是对生物毒性较大的 Hg、Cd、Pb、Cr 和类金属 As,以及具有生物毒性的重金属 Zn、Cu、Co、Ni、Sn、V 等。

2014 年 4 月 17 日,环境保护部联合国土资源部公布了《全国土壤污染状况调查公报》。根据调查结果,全国耕地土壤的点位超标率为 19.4%,其中轻微、轻度、中度和重度污染点位比例分别为 13.7%、2.8%、1.8% 和 1.1%,主要污染物为镉、镍、铜、汞、铅等重金属,其次是 DDT 和多环芳烃。从污染分布情况看,西南、中南地区土壤重金属超标范围较大;镉、汞、砷、铅 4 种无机污染物含量分布呈现从西北到东南、从东北到西南方向逐渐升高的态势。

1. 土壤环境重金属污染的基本特征

重金属元素在土壤中的污染具有高积累性、高隐蔽性、易发生形态转化(如甲基汞、硫酸镉)的特点,并能够通过食物链进行传递,治理难度大。在土壤环境中,重金属污染具有如下基本特征。

1)背景值的空间分异特征

重金属作为构成地壳的元素,多存在于各种矿物与岩石中,其含量大多低于 0.1%,属微量元素。经过岩石风化、火山喷发、大气降尘、水流冲刷及生物摄取等过程,构成其在自然环境中的迁移循环,并在土壤环境中积累。此外,成土母岩、母质、成土过程等因素的空间特征的分布,也使得重金属在土壤环境中的背景值存在着空间分异的特征。

2)土壤剖面分布特征

土壤重金属元素在土壤剖面中的垂直迁移分布特征,主要受重金属元素的化学性质与土壤理化性质的影响。一般来说,通过各种途径进入土壤环境中的重金属污染物,由于土壤无机胶体及有机胶体对金属阳离子的吸附、交换、配位及生物富集作用,重金属元素的迁移能力较差,主要积累在土壤耕作层中,从而使耕作层成为土壤重金属元素的富集层,在土壤剖面中的垂直分布规律明显。土壤重金属元素在土壤耕作层富集,会直接影响到农作物的生长及其安全性。

3)重金属在土壤中的形态特征

(1)土壤中重金属的存在形态。

土壤中重金属的赋存形态决定其在土壤中的迁移性、生物可利用性及毒性。重金属进入土壤后,与土壤中的矿物质(主要是黏土矿物)、有机物(主要是植物生理代谢的产物、腐殖酸等)及微生物发生吸附、配位和氧化还原作用,导致重金属元素赋存形态的改变及时空迁移变化,且处于不同能量形态的重金属在适当的环境条件下可以相互转化。

在 20 世纪 70 年代,学者发现基于化学连续提取法得到的重金属形态与土壤中重金属的生物可利用性、毒性和迁移性等之间存在着良好的相关性。Tessier 通过化学连续提取法将沉积物或土壤中重金属的形态划分为可交换态、碳酸盐结合态、无定形铁锰氧化物结合态、有机物结合态和残渣态 5 种形态。后来又有许多修正衍生出的"准 Tessier"方法。欧共体参比司于 1987 年提出并建立了一套三步连续提取法,建立了用于评估和协调元素形态分析的流程标准。

(2)土壤中重金属的生物有效性。

重金属生物有效性是衡量重金属元素迁移性、生物可利用性和生态影响的关键参数,在污染土壤风险评估、治理和修复中有着重要的作用。重金属的生物有效性不仅与土壤中总量有关,很大程度上还取决于其化学形态。一般而言,土壤中各形态的生物有效性顺序为水溶态>可交换态>碳酸盐结合态>无定形铁锰氧化物结合态>有机物结合态>残渣态。

4)与污染源的空间关系

土壤重金属污染还与污染源的空间位置有密切关系。离污染源近的区域,其污染水平高;离污染源远的区域,其污染水平低。

2. 土壤中重金属元素的来源

土壤中重金属的来源是多途径的。由于成土母质本身含有重金属,成土母质和成土过程对土壤重金属含量影响很大。但是工农业生产、交通运输等人为活动是造成土壤重金属污染的重要原因。中国土壤重金属主要污染来源是大气沉降、污灌和污泥施用、金属矿采选和冶炼、肥料和农药以及工业生产。

1)大气沉降

大气对土壤中各种元素的含量具有明显的影响。进入大气的重金属通过干、湿沉降输入土壤和水体。表 8-3 列出了我国一些地区大气沉降的重金属通量,表明在一些大气污染较为严重的地区,重金属大气沉降源是一个不可忽略的因素。

表 8-3　我国一些地区大气沉降重金属年均通量　　[单位:g/(hm²·a)]

地点	Cd	Cr	Cu	Hg	Ni	Pb	Zn
兴化湾	0.08	11.63	2.72		7.81	3.83	104
珠三角	0.07	6.43	18.6		6.35	12.7	104
浙东铅锌矿 A	11.7		124	2.71		441	327
浙东铅锌矿 B	3.0		93	0.82		208	109
浙东铅锌矿 C	0.9		118	0.38		27	122
太原市	6.34			4.48		349	
焦作市	5.70			4.43		395	
岷江下游(湿沉降)	2.44					54.3	521
南京市		136	190		60	314	1295
长江口		32.9	29.2	7.3		7.3	51.1

(陈怀满,2018)

2）污灌和污泥施用

污水灌溉是指以已经处理过并达到灌溉水质标准要求的污水为水源所进行的农田灌溉，但生产实践中大部分污水未经处理就被直接利用。有报道表明，我国污水灌溉面积约占全国总灌溉农田面积的 7.3%。由于北方比较干旱，严重缺水，而许多大城市都是重工业城市，耗水量大，农业用水更加紧张，污灌在这些地区比较普遍，进而引起农田土壤和农作物重金属积累或污染。同样的还有污泥还田施用，出水处理厂的污泥存在很多不确定性，有的含有重金属和病菌病原体。

3）金属矿采选和冶炼

工矿地区土壤重金属的影响主要由采矿、选矿和冶炼中的废水、废渣和降尘所造成。加上矿区土壤重金属元素的背景值本来就高，导致矿区较严重的重金属污染问题。

4）肥料和农药

肥料中重金属含量及其对土壤环境质量影响的可能性越来越被重视。根据对 29 种市售肥料的调查，有机肥中镉、铜和锌含量最高，过磷酸钙中铅含量最高。肥料中镉、铜和锌的超标率分别为 24.1%、13.8% 和 17.2%。此外，某地畜禽粪便的研究表明，不同类型畜禽有机肥中重金属含量差异明显（表 8-4）。

表 8-4　禽畜有机肥中重金属的平均含量　　（单位：mg/kg）

种类	Cd	Cu	Pb	Zn
猪粪	1.35	197		947
羊粪	0.58	40.8	21.9	211
鸡粪	0.16	14.8	21.4	88.7
标准值*（烘干基计）	≤3		≤50	

*《有机肥料》（NY525—2012）。

（潘霞等，2012）

大量施用含有重金属的农药也是造成土壤重金属污染的一个重要原因。比如，对苹果产区的研究表明，果园土壤中铜的积累主要来自长期施用含铜农药，随着栽培年限的增加，土壤微生物生物量和土壤有机质质量均受到了影响。

5）工业生产

凡以重金属和含重金属材料为生产原料的行业，在生产过程中均可能排放重金属，如果处置不当，就会造成环境污染。信息技术产品制造业是重金属排放的源头之一，特别是与该产业产品相关的电池行业和印刷电路板制造相关的电镀行业，重金属污染问题更应引起高度重视。

土壤中重金属的主要来源及危害见表 8-5。

表 8-5　土壤中重金属的主要来源及危害

种类	主　要　来　源	危　　害
汞（Hg）	制烧碱、汞化物生产等工业废水和污泥，含汞农药、水蒸气	一定浓度下使作物减产，在较高浓度下甚至使作物死亡。蓄积于肾、肝和脑中，产生神经毒害，导致水俣病

续表

种类	主要来源	危　害
镉(Cd)	冶炼、电镀、燃料等工业废水、污泥和废气、肥料杂质	产生"镉米""镉菜",进入人体后使人得"痛痛病"。会损伤肾小管,出现糖尿病,还可引起心血管病,甚至致癌、致畸
铜(Cu)	冶炼、铜制品生产等废水、废渣,以及污泥、含铜农药	过量会引起植物毒害,主要是 Cu 能和酶的巯基结合,使酶失活,Cu 还能和细胞膜质成分结合,破坏膜的结构和功能
锌(Zn)	冶炼、镀锌、纺织等工业废水和污泥、废渣、含锌农药、磷肥	土壤中适量的 Zn 可以提高作物产量,当有效态 Zn 含量大于 100 mg/kg 时,则影响作物生长发育
铅(Pb)	颜料、冶炼等工业废水、汽油、防爆燃烧排气、农药	铅使植物叶绿素下降,阻碍植物的呼吸及光合作用。铅中毒引起神经系统、心血管和泌尿系统病变,随血液进入脑组织,损伤皮质细胞。儿童尤为敏感,影响儿童智力和行为发育
铬(Cr)	冶炼、电镀、制革、印染等工业废水和污泥	高浓度时阻碍水分和营养向上部输送,并破坏代谢作用。使消化系统紊乱,产生呼吸道疾病,能引起溃疡
镍(Ni)	冶炼、电镀、炼油、染料等工业废水和污泥	Ni 易被植物吸收,土壤中过量的镍会导致植物缺 Fe、Zn

3. 重金属在土壤中的迁移转化

重金属自身的价态和形态决定了其在土壤中的存在状况、累积状况、污染程度和毒性效应,而它们的价态和形态又与土壤环境状态密切相关。重金属在土壤中的迁移转化形式十分复杂,往往是多种形式错综复杂地混合在一起,概括起来,有物理迁移、物理化学与化学迁移转化和生物固定与活化等。

1) 物理迁移

物理迁移是指重金属的机械搬运。土壤溶液中的重金属离子或配合物随径流作用向侧面和地下运动,从而导致重金属元素水平和垂直分布特征的改变。也有随土壤空气发生的迁移,如汞蒸气;还有因其相对密度大而发生沉淀或闭蓄于其他有机和无机沉积物之中。

2) 物理化学与化学迁移转化

物理化学与化学迁移转化是指重金属在土壤中通过吸附、解吸、沉淀、溶解、氧化、还原、配位、螯合和水解等一系列物理化学过程而发生的迁移转化,这是重金属在土壤中的主要运动形式。

(1) 被无机胶体吸附固定。

① 交换吸附。

这种作用是通过电荷相异引起的静电吸附作用。土壤胶体表面一般带有负电荷,因此在其表面吸附了很多阳离子,如 H^+、Al^{3+}、Ca^{2+}、Mg^{2+} 等,这些阳离子易被竞争性大的重金属离子替换出来。如二价重金属 Cd^{2+}、Pb^{2+}、Cu^{2+}、Zn^{2+} 等吸附竞争性均大于土壤中通常存在的 Ca^{2+}、Mg^{2+}、NH_4^+ 等离子,因此可以发生交换吸附:

$$黏粒\text{-}Ca^{2+} + M^{2+} \Longleftrightarrow 黏粒\text{-}M^{2+} + Ca^{2+}$$

但是,在酸性土壤中由于阳离子(H^+、Al^{3+}、Fe^{2+}、Fe^{3+}等)浓度高,外源性重金属阳离子(即污染的重金属离子)趋于游离,而使之活性增强。此外,带正电荷的水合氧化铁胶体离子可以交换吸附 PO_4^{3-}、VO_4^{3-}、AsO_4^{3-} 等。

② 专性吸附。

重金属离子可以被水合氧化物牢固吸附,因为这些离子能进入氧化物的金属原子配位电荷中,发生内海姆荷兹层的键合,与—OH 配位基重新配位,通过共价键或配位键结合在胶体颗粒表面,这种专性吸附中重金属离子起配位离子作用。被专性吸附的重金属离子是不可交换态的,只能被亲和力更强和性质更相似的元素解吸,或在较低 pH 值下水解。因此,专性吸附能减少重金属的生物有效性。在金属浓度很低时,专性吸附的量所占比例较大。

③ 与无机配位剂作用。

土壤中还存在许多无机配位体,如 SO_4^{2-}、Cl^-、NH_4^+、CO_3^{2-} 等,能与部分重金属发生配位反应。对于带负电荷的吸附表面(如层状铝硅酸盐矿物表面),重金属与无机配位体的配位作用降低了吸附表面对重金属的吸附强度,甚至可以产生负吸附,使重金属的吸附量下降。但对于带正电荷的吸附表面,如 Fe、Al 氧化物,配位作用会降低重金属离子的正电性而增加吸附。

(2) 与有机胶体吸附固定。

有机胶体主要是指相对分子质量大小不同的有机酸、氨基酸和腐殖质物质等,这些物质含有许多能与重金属发生配位或螯合作用的官能团,如氨基、亚氨基、酮基、巯基、羟基、羧基、醇羟基、烯醇羟基,以及不同类型羰基结构。一般来说,在重金属浓度低或污染初期,主要以与有机质配位和整合作用为主,而在重金属浓度进一步加大或污染时间进一步延长时,交换吸附开始占主导地位。大量研究表明,土壤有机质腐解产生的小分子有机酸或有机配位剂,可与重金属形成可溶性物质,而增强其迁移性和活性,但并不是所有有机质与重金属配位或螯合作用都能增加重金属稳定性。如与富里酸配位或螯合的重金属迁移能力活性将增强,而与胡敏酸配位或螯合的重金属迁移性和活性将下降。

(3) 沉淀-沉积。

重金属进入土壤后能与土壤中多种化学成分发生溶解和沉淀作用,与重金属发生沉淀作用的阴离子主要有 OH^-、CO_3^{2-}、S^{2-} 等。沉淀过程受土壤 pH 值、CO_2 分压、E_h 值和配位离子的制约。土壤 pH 值与重金属盐的溶解度(溶度积理论)直接相关,对于多数重金属盐类化合物而言,溶解度随 pH 值升高而降低。当 pH<6 时,土壤中以阳离子形式存在的重金属迁移能力强;当 pH>6 时,以阴离子形式存在的重金属迁移能力强。E_h 影响方面,以土壤中 S 为例,当土壤 E_h 值较低时,其形态以 S^{2-} 为主,可与重金属发生硫化物沉淀;而当 E_h 升高,其以 SO_4^{2-} 为主,重金属元素多以溶解度较大的硫酸盐形式存在。土壤中存在的各种配位基物质,如羟基、氯离子和腐殖酸物质等,各配位基的性质和浓度及金属离子与配位离子的亲和力决定了配位形式,进而决定了重金属化合物的溶解度。如 Cl^- 可与重金属配合成 $[MCl]^+$、$[MCl_2]^0$、$[MCl_3]^-$、$[MCl_4]^{2-}$,Cl^- 的含量决定了以其中哪种配位态存在。

(4) 氧化-还原。

众多无机和有机的氧化-还原反应组成了土壤中复杂的氧化-还原体系。通常重金属氧化态越高,可溶性越小,所以土壤中氧对金属的直接氧化或氧化锰的催化氧化作用可降低重金属的溶解度。难溶态重金属元素在土壤中难迁移,也不易被植物吸收。

3) 生物固定与活化

生物体可从土壤中吸收重金属,并在体内积累起来。植物可以通过根系吸收可溶态和可交换等有效态金属。土壤中有种类繁多、数量巨大的微生物,它们能通过自身的生命活动积极地改变环境中重金属的存在状态。某些微生物代谢产生的柠檬酸、草酸等物质,能与重金属螯合或形成草酸盐沉淀。一些微生物能够产生多聚糖、糖蛋白、脂多糖和可溶性氨基酸等胞外聚合物,这些物质具有大量的阴离子基团,从而与重金属离子结合。微生物的细胞壁或黏液层能直接吸收或吸附重金属。此外,某些陆生动物啃食重金属含量较高的表土也是重金属发生迁移的一种途径。

4. 土壤重金属污染危害

土壤重金属污染对土壤肥力、土壤微生物的生物量、土壤酶活性、植物均有一定程度的影响或毒害。另外,通过植物对重金属的吸收、积累与食物链传递,土壤重金属污染对人类也有潜在的危害。

1) 对土壤肥力的影响

重金属污染最终会影响到土壤中氮、磷和钾等元素的保持与供应。重金属污染后,土壤氮素的矿化势会明显降低,供氮能力下降;重金属使土壤对磷吸附位的数量和能量增加,也可能生成金属磷酸盐沉淀,导致土壤对磷的吸附固定作用增强,有效性下降;长期而言,重金属会导致土壤对钾的吸附能力降低,从而使土壤溶液钾的活度增加,加速钾的流失。

2) 对土壤微生物生物量的影响

土壤微生物量(MB)指土壤中体积小于 $5 \times 10^3 \ \mu m^3$ 的生物总量(活的植物根系不包括在内)。土壤中重金属含量超过一定浓度会对土壤微生物的活性和数量产生明显的影响。长期定位实验表明,当土壤中某些重金属浓度(mg/kg)分别为 Cd 2.9、Cr 80、Cu 33、Ni 17、Pb 40 和 Zn 114 时,可使蓝绿藻固氮活性降低 50%,其数量也明显降低,共生固氮作用也被抑制,豆科作物产量下降。

重金属污染还会改变土壤微生物群落特性,影响土壤的呼吸速率。研究表明,重金属复合污染对微生物总量和区系结构有明显影响,当土壤中 Cd、Cr、Cu、Ni、Pb 和 As 等重金属总量达 659 mg/kg 时,土壤微生物量仅为对照的 32%,细菌和真菌微生物量分别较对照下降了 29% 和 45%;在逆境下,微生物维持其正常的生命活动需要消耗更多的能量,呼吸速率增加,但同时也降低了土壤微生物对能源碳的利用效率。

3) 对土壤酶活性的影响

土壤中的酶多由微生物分泌,并与微生物一起参与土壤物质循环。土壤含有多种酶物质,常见的有氧化还原酶、水解酶、转移酶、裂解酶等,多以吸附态、游离态存在。这些酶参与土壤的生物化学过程,涉及腐殖质的分解合成、动植物体的分解、有机化合物的水解转化、无机物的氧化还原反应等。土壤发生重金属污染对土壤酶活性有较为明显的影响。一方面重金属对土壤酶活性产生直接作用,使酶类活性基团空间结构受到破坏,从而降低其活性;另一方面重金属能抑制土壤微生物的生长繁殖,减少微生物体内酶的合成和分泌量,最终导致土壤酶活性降低。因此,土壤酶活性可以作为衡量土壤质量变化的重要指标。

4) 对植物的毒害效应

重金属离子进入植物体内会干扰植物体内离子间的平衡,造成正常离子在吸收、运输、渗透和调节等方面的障碍,使代谢过程紊乱,并与核酸、蛋白质和酶等大分子物质结合,取代某些酶和蛋白质在行使其功能时所必需的一些特定元素,使其变性或活性降低。

毒害反应的转移途径:分子水平→亚细胞和细胞水平→组织器官水平→植株水平。

重金属还能使植物的保护酶系统功能紊乱,进而引起植物体内活性氧自由基(O_2^-)积累,使细胞膜受损,植物细胞的电解质泄漏,最终导致细胞死亡。实际研究中,可以用丙二醛(MDA)的含量反映脂质过氧化作用强弱和细胞膜受损程度,也可以以电解质渗漏作为膜损伤的直接证据。其次,重金属能对植物的光合作用、呼吸作用、碳水化合物代谢、蛋白质代谢、养分吸收与利用及水分代谢等生理功能产生毒害影响。

5) 导致植物对重金属的吸收、积累与食物链危害

作为食物链中的初级生产者的植物,过量的重金属在其根、茎、叶以及果实中大量积累,不仅严重地影响植物的生长发育,而且还可经食物链危及动物和人类。影响植物吸收重金属的主要因素如下。

(1) 土壤重金属含量和形态。

一般来说,植物吸收重金属的浓度有随土壤中重金属浓度的增高而增加的趋势,在一定范围内,植物产量与土壤重金属的累积或污染程度有着良好的相关性。研究表明,春小麦相对产量随着土壤中重金属浓度的增加而明显降低。植物对重金属的吸收不仅仅与总量有关,很大程度上还跟它的形态有关。一般而言,土壤中各形态的生物有效性为水溶态＞可交换态＞碳酸盐结合态＞无定形铁锰氧化物结合态＞有机物结合态＞残渣态。

(2) 土壤性质,主要包括 pH 值、E_h 和土壤有机质。

pH 值是影响土壤中重金属形态的一个重要因素。以镉的植物固定为例,许多研究发现,在镉污染程度不等的各种土壤上,pH 值对植物吸收、迁移镉的影响非常大。莴苣、芹菜各部位的 Cd 的浓度基本遵循随土壤 pH 值升高而呈下降趋势的规律。国外许多研究者也发现随着土壤 pH 值的降低,植物体内的镉含量也增加。中国南方的稻田多半是酸性土壤,这种土壤有利于水稻对镉的吸收。

氧化还原电位(E_h)是影响土壤中重金属形态的重要因子。土壤中重金属的形态、化合价和离子浓度都会随土壤氧化还原状况的变化而变化。如在淹水土壤中,往往形成还原环境。在这种状态下,一些重金属离子就容易转化成难溶性的硫化物存在于土壤中,使土壤溶液中游离的重金属离子的浓度大大降低,进而影响植物对重金属的吸收。而当土壤风干时,土壤中氧的含量较高,氧化环境明显,则难溶的重金属硫化物中的硫易被氧化成可溶性的硫酸根,提高游离重金属的含量。因此,通过调节土壤氧化还原电位来改变土壤中重金属的存在形式可以有效改变植物对重金属的吸收率。

(3) 植物根系分泌物。

根系分泌物是影响土壤重金属化学行为和植物吸收积累重金属的重要物质。它们通过降低环境 pH 值、改变土壤氧化还原状态等途径改变重金属的形态,影响重金属在土壤中的有效性,进一步改变植物对重金属的吸收或者土壤对重金属的吸附。

(4) 施肥管理。

施肥可以通过促进植物生长带入重金属离子,影响土壤 pH 值,提供能沉淀或配位重金属的基团,带入竞争离子,从而影响到根系和地上部的生理代谢过程或重金属在植物体内的运转等,进而影响到植物对土壤中金属的吸收。比如,施 NH_4NO_2 和过磷酸钙处理的小麦籽粒中,Cd 含量比单独过磷酸钙处理要高出一半,反映了氮肥对植株吸收重金属的影响。另外,NH_4^+ 进入土壤后将发生硝化作用,短期内可使土壤 pH 值明显降低,若其施在孕穗期,势必造成籽粒中 Cd 的显著积累。NH_4^+ 被禾谷类作物吸收后,将导致根际 pH 值降低。NH_4^+ 还能与 Cd 形成配合物而降低土壤对 Cd 的吸附。

8.5.2　土壤中化学农药污染

施用农药是现代农业不可缺少的技术手段。然而,农药施入田间后真正起作用的量仅占施用量的 10%～30%,而 20%～30% 因蒸发和流失进入大气和水体,50%～60% 残留于土壤中。自 20 世纪 40 年代广泛应用农药以来,累计已有数千万吨进入环境,农药已成为土壤中主要的有机污染物。

1. 农药种类

农药种类繁多,截至 2016 年底,我国农药登记产品共 35604 个,登记有效成分 665 种。农药按照成分,可分为有无机农药、植物性农药、微生物农药和有机合成农药。根据用途,可分为杀虫剂、杀螨剂、杀线虫剂、杀菌剂、除草剂、杀鼠剂、植物生长调节剂及杀软体动物剂等。根据化学成分杀虫剂可分为有机氯、有机磷、有机氮、氨基甲酸酯、菊酯类等类别,杀菌剂可分为无机硫、有机硫、无机铜、有机杂环类、取代苯类以及农抗类等类别。根据作用方式,农药可分为胃毒剂、触杀剂、熏蒸剂、内吸剂、性引诱剂、拒食剂、不育剂等。以下具体介绍几种农药。

1) 有机氯类农药

大部分有机氯类农药是含有一个或几个苯环的氯素衍生物。最主要的品种是 DDT 和六六六(见图 8-7),其次是艾氏剂、狄氏剂和异狄氏剂等。

有机氯类农药在我国使用长达 30 余年。由于其化学性质稳定,在环境中很难降解,如 DDT、六六六的残留期长达 50 年,且有机氯类农药挥发性不强,脂溶性强,易在动植物富含脂肪的组织及谷类外壳富含脂质的部分中蓄积,因此在食物中残留性强,属高残毒农药。目前许多国家都已禁止使用,我国已于 1983 年 3 月起停止生产 DDT 和六六六。

2) 有机磷类农药

有机磷类农药是含磷的有机化合物,有的还含硫、氮元素,其大部分是磷酸酯类或硫代磷酸酯类,其结构式中 R_1、R_2 多为甲氧基($CH_3O—$)或乙氧基($C_2H_5O—$),Z 为氧(O)或(S)原子,X 为烷氧基、芳氧基或其他取代基团(图 8-8)。

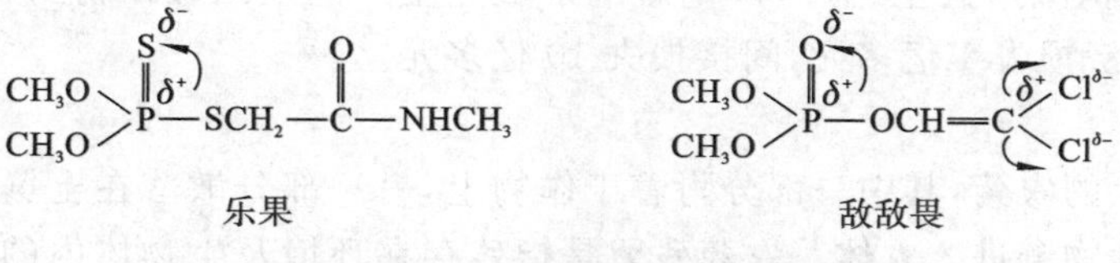

图 8-8　几种有机磷类农药的分子结构式

有机磷类农药一般不溶于水,易溶于有机溶剂如苯、丙酮、乙醚、三氯甲烷及油类,对光、热、氧均较稳定,遇碱可转变为毒性较大的敌敌畏。有机磷农药有剧毒,但易于分解,在环境中残留时间短,在动植物体内,因受酶的作用,磷酸酯进行分解后不易蓄积,因此常被认为是较安全的一种农药。不过,多份研究报告指出,有机磷类农药具有烷基化作用,可能引起动物的致癌、致突变作用,所以有机磷类农药的环境污染仍是不可忽视的。

3) 氨基甲酸酯类农药

该类农药均具有苯基-N-烷基甲酸酯的结构(图 8-9),与有机磷类农药一样,具有抗胆碱酯酶作用,中毒症状也相同,但中毒机理有差别。在环境中易分解,在动物体内也能迅速代谢,而代谢产物的毒性多数低于本身毒性,因此属于低残留的农药。

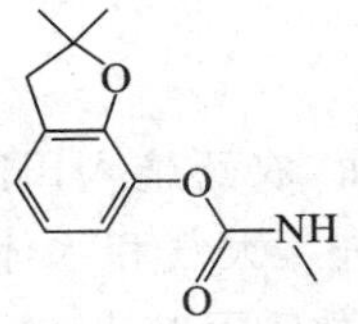

呋喃丹 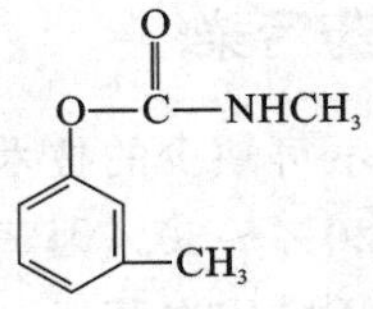　　　　　　　　　　速灭威

图 8-9　几种氨基甲酸酯类农药分子结构式

4）除草剂（除莠剂）

常用的除草剂有乙草胺、丁草胺、醚草胺、2,4-D(2,4-二氯苯氧基乙酸)和 2,4,5-T(2,4,5-三氯苯氧基乙酸)及其酯类等,2,4-D 和 2,4,5-T 的分子式见图 8-10。

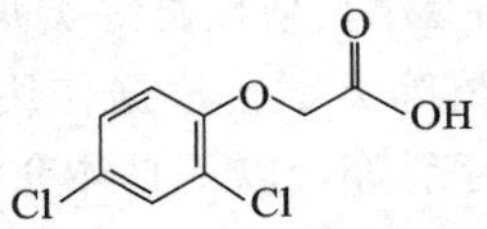

2，4-D（2，4-二氯苯氧基乙酸） 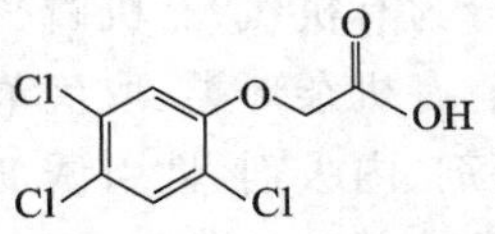　　　2，4，5-T（2，4，5-三氯苯氧基乙酸）

图 8-10　几种除草剂分子结构式

大多数除草剂在环境中会逐渐分解,对哺乳动物的生化过程无干扰,对人、畜毒性不大。

2. 化学农药的危害问题

1）耐药性问题

长期滥用化学农药,不仅破坏了生态平衡,而且有害生物在各种农药的磨炼下越战越勇,促使其逐代增强耐药性。由此导致农药使用剂量不断加大,陷入恶性循环,生态环境同步恶化。

2）药害问题

不合理使用农药,特别是除草剂、植物生长调节剂、种衣剂和微肥等导致药害事故频繁发生,经常引起大面积减产甚至绝产,严重影响了农业生产。全国农作物药害发生面积每年达 2000 km² ,直接经济损失 1 亿多元,间接损失 10 亿多元。

3）残留问题

施用于作物上的农药,其中一部分附着于作物上,另一部分散落在土壤、大气和水等环境中,或通过环境、食物链进入人体。农药残留是指残存在环境及生物体内的微量农药,包括农药原体、有毒代谢物、降解物和杂质。农药残留是农产品质量安全的重要指标,许多国家以农药残留限量为技术壁垒,限制农副产品进口,保护本国农业生产。

4）人畜和野生动物伤害问题

进入动物体内的农药,在肝等内脏器官内分解排泄。但是较难分解的农药,则不能分解排泄。残留农药的转移及生物浓缩的作用,使得农药残留问题变得更为严重,有可能引发多种慢性疾病,如肿瘤、生育能力降低等。

5）天敌伤害问题

过量的化学农药对非靶标生物的"滥杀无辜"严重影响了自然生态平衡和生态系统的自我调节能力。大量杀伤天敌,削弱了天敌的自然控害能力,引起害虫的再猖獗或次生虫害的发生。农药污染的生态效应十分深远,尤其是对生物多样性保护的影响。

6）环境污染问题

农药污染是我国影响范围最广的有机污染。国家统计局统计数据表明，2015 年我国农药使用量为 1.783×10^6 t，其中 20%～30% 因蒸发和流失进入大气和水体，50%～60% 残留于土壤中。农药对大气、土壤和水体的污染，对环境质量的影响与破坏问题已引起广泛重视。

3. 化学农药在土壤中的迁移转化

农药在土壤中的行为可大致分为吸附、降解（包括化学降解、光解、微生物降解等）和挥发。这些过程在土壤中相互制约、相互影响，而影响这些过程的因素除农药的性质、环境条件等外，土壤的理化性质是主要的因素。

1）土壤对农药的吸附作用

土壤对农药的吸附是影响农药在土壤中动态行为的重要因素之一。进入土壤的化学农药可以通过物理吸附、化学吸附、氢键结合和配位价键结合等形式吸附在土壤颗粒表面。农药被土壤吸附后，其移动性和生理毒性均会下降，在某种程度上说土壤吸附是对农药的脱毒与净化，但这种作用是不稳定的，也是暂时的，只是在一定条件下的缓冲作用，实际上农药在土壤中是积累的。农药被吸附的能力主要与其分子本身性质相关，还与土壤的性质、类型以及介质条件有关。

（1）物理吸附：土壤胶体扩散层的阳离子通过"水桥"吸附极性农药分子。

（2）物理化学吸附：这是土壤对农药的主要吸附作用。土壤有机质和各种黏土矿物对非离子型农药物理化学吸附能力的顺序为有机胶体＞蛭石＞蒙脱石＞伊利石＞绿泥石＞高岭石。

（3）影响因素。

① 农药本身性质：农药种类极多，性质各不相同，对土壤吸附有很大影响。一般农药的分子越大，越易被土壤吸附。农药在水中的溶解度也对吸附能力有影响，如 DDT 在水中溶解度很小，在土壤中吸附能力则很强；而一些有机磷类农药，在水中溶解度很大，吸附能力则很弱。农药的化学性质组成对吸附作用的影响也不同，凡具有—NHR、—OCOR、—NH₂、—NHCOR、—OH、—CONH₂、R_3N^+ 一官能团的分子都有较强的被吸附能力。此外，能离解为离子的农药被吸附力强。

② 土壤性质：影响吸附的主要土壤性质有黏土矿物和有机质的含量、组成特征，铝、硅氧化物和它们水合物的含量。这些物质或经由电荷特性，或借助含 O、N、S 的官能团，或凭借其巨大比表面积对农药分子进行吸附。土壤组分的等电点大多较低，在土壤溶液相对较高的 pH 值条件下，它们的胶粒表面大多带负电荷。因此在土壤溶液中易离解为阳离子的农药，具有较强的被吸附能力。

2）农药在土壤环境中的降解

（1）微生物降解。

土壤微生物利用有机农药为能源，在体内酶和分泌酶的作用下，使农药降解为 CO_2 等简单化合物，包括脱卤、羟基化、脱羧基、脱烷基、环氧化、醚键断裂、环裂解、还原、水解和合成作用等。在这些过程中，酶起到关键作用。

微生物是有机化合物生物降解的第一要素。文献报道，假单胞菌对于 4×10^{-6} 的对硫磷的分解只要 20 h 即可全部降解；辛硫磷在含有多种微生物的自然土壤中能迅速降解，两周后消退 75%，38 天可全部降解，而在无菌的土壤中 38 天后仅有 1/4 消失。

影响农药微生物降解的环境因素有气候条件（温度、降水、风和光照等）、土壤特性（好氧或厌氧状态、有机质含量、pH 值和矿物质等）和微生物群落。大量研究表明，影响土壤中农药降解的主要因素是土壤有机质、土壤温度和土壤水分，这是因为这些因素决定了土壤中微生物的数量和活性。例如，溴氰菊酯在江苏太湖水稻土、江西红壤和东北黑土中的降解半衰期（$t_{1/2}$）分别为 4.8 天、8.4 天和 8.8 天。华小梅等人（1995）研究了涕灭威在土壤中的降解特性，结果发现，25℃时，涕灭威在不同类型表层土壤中 $t_{1/2}$ 为 3～8 天，其残留物总量的 $t_{1/2}$ 为 30～65 天；下层土壤中涕灭威 $t_{1/2}$ 为 34～120 天，残留物总量的 $t_{1/2}$ 为 159～686 天。可见，在土壤不同层次，由于微生物数量分布不均匀，有机质含量有差异，会直接影响农药在土壤中的降解速率。研究还发现，如果在土壤中添加有机物（如葡萄糖），能大大加快涕灭威的降解，半衰期缩短一半左右。

有机污染物进入土壤后，随时间的延长产生"老化"现象，有机污染物可从外表面移到生物组织、细胞或酶进不去的土壤组分的微孔，使其与土壤组分更紧密结合，从而降低了生物可利用性，矿化率也会降低。

（2）光化学降解。

农药在光照下可吸收光辐射，使农药分子发生光分解、光氧化、光水解或光异构化等光化学反应。由于土壤中农药的光解多在表层进行，因此光化学降解在农药降解中的贡献较小，但光解作用使某些农药降解成易被微生物降解的中间体，从而加快农药的降解。光解对于降解土壤中的稳定性较差的农药有着显著作用。

在氧气充足的环境中，一旦有光照，许多农药比较容易发生光氧化反应，生成一些氧化中间产物。例如，对硫磷、杀螟松、地亚农、甲拌磷等可进行光氧化反应；乙拌磷、倍硫磷、丁叉威、灭虫威等农药分子中的硫醚键可通过光氧化生成亚砜和砜。当农药芳香环上带有烷基时，该烷基会逐渐发生光氧化反应，如可氧化成羟基、羰基，或进一步氧化为羧基。

相比较而言，农药在土壤表面的光解速度要比在溶液中慢得多。光线在土壤中的迅速衰减可能是农药土壤光解速率减慢的重要原因；而土壤颗粒吸附农药分子后发生内部滤光现象，可能是农药土壤光解速率减慢的另一重要原因。多环芳烃在高含 C、Fe 的粉煤灰上光解速率明显减慢，可能是由于分散、多孔和黑色的粉煤灰提供了一个内部滤光层，保护了吸附态化学品使其不发生光解。此外，土壤中可能存在的光淬灭物质可灭光活化的农药分子，从而减慢农药的光解速率。土壤质地、土壤水分、共存物质、土层厚度和矿物组分等因素能影响农药的光解。

（3）化学降解。

农药的化学降解包括催化和非催化两种反应过程。非催化反应又包括水解、氧化、异构化、离子化等作用，其中水解作用和氧化反应最重要，以下重点介绍。

① 水解作用：水解是化合物与水分子之间发生相互作用的过程，污染物基团与—OH 基团发生交换。如有机磷酸叔酯杀虫剂在土壤中发生水解反应（图 8-11）。

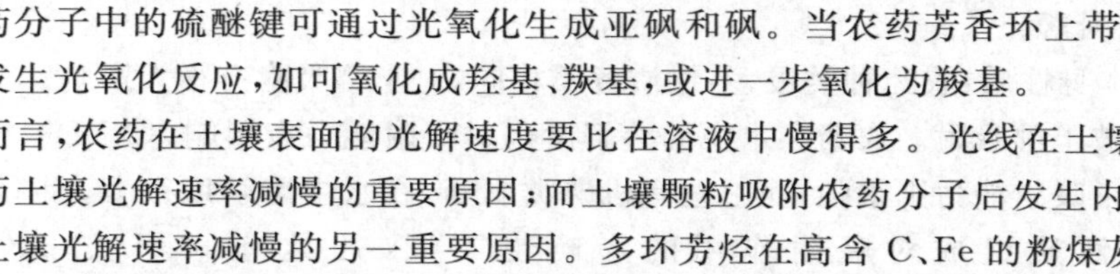

图 8-11　有机磷酸叔酯杀虫剂水解过程

有研究认为，土壤 pH 值和吸附是影响水解反应的重要因素。

② 氧化反应：土壤无机组分，如铁、钴、锰的碳酸盐及硫化物能起催化作用，使许多农药能降解氧化，生成羧基、羟基。如 p,p'-DDT 的脱氯产物 p,p'-DDD 可进一步氧化为 p,p'-DDA（图 8-12）。

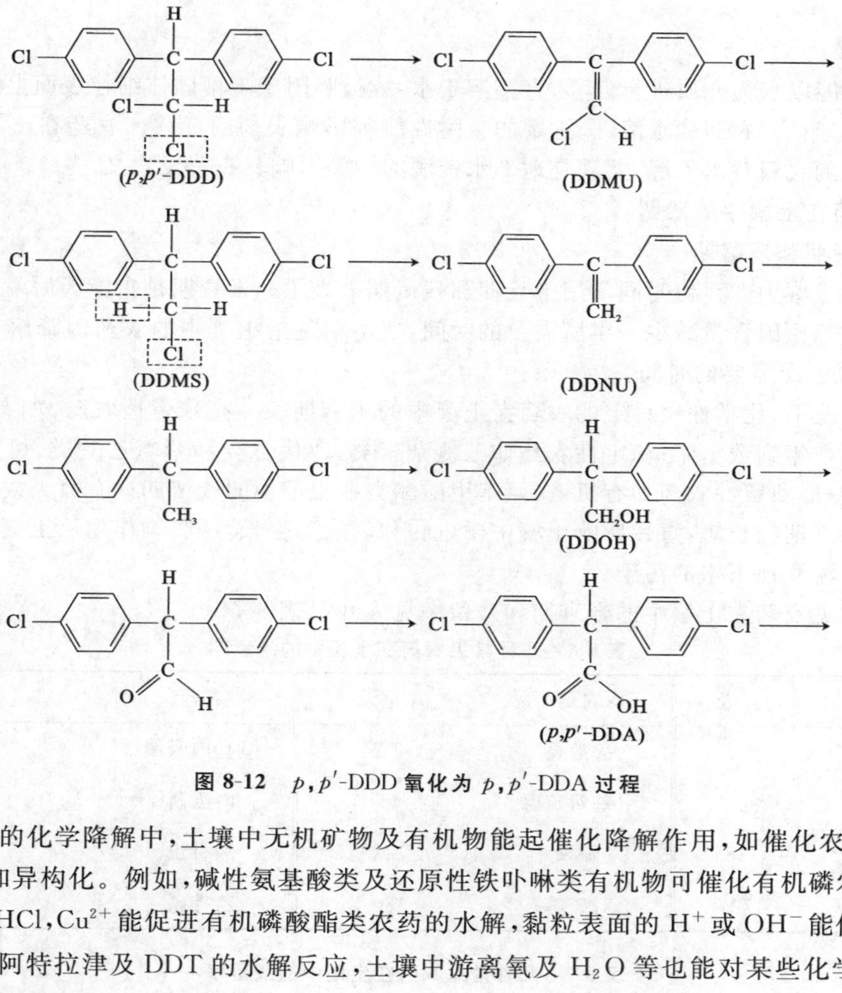

图 8-12　p,p'-DDD 氧化为 p,p'-DDA 过程

在农药的化学降解中，土壤中无机矿物及有机物能起催化降解作用，如催化农药的氧化、还原、水解和异构化。例如，碱性氨基酸类及还原性铁卟啉类有机物可催化有机磷农药的水解和 DDT 脱 HCl，Cu^{2+} 能促进有机磷酸酯类农药的水解，黏粒表面的 H^+ 或 OH^- 能催化狄氏剂的异构化和阿特拉津及 DDT 的水解反应，土壤中游离氧及 H_2O 等也能对某些化学农药的化学降解起催化作用。

农药的氧化-还原反应与土壤中的氧化-还原体系和电位密切相关，铁体系 Fe(Ⅲ)-Fe(Ⅱ)、锰体系 Mn(Ⅳ)-Mn(Ⅱ)、硫体系 SO_4^{2-}-S^{2-}、氮体系 NO_3^--NO_2^-（N、NH_4^+）和碳体系 CO_3^{2-}-CH_4，这些氧化-还原体系通常和土壤中有机污染物的氧化还原过程相耦合。

4. 农药在土壤中的挥发、扩散和迁移

土壤中的农药在被土壤固相吸附的同时，还通过气体挥发和水的淋溶在土体中扩散迁移，因而导致大气、水和生物的污染。

1）挥发

挥发性农药可以通过分子扩散从土壤表面逸出，进入大气。农药本身的蒸气压、扩散系数、水溶性，土壤的吸附作用、温度、湿度，农药的喷撒方式及气候条件等都会影响农药挥发。

2）扩散

农药在土壤中的扩散有两种形式：一种是由于农药分子的不规则运动而使农药迁移；另一种则是由于外力作用发生，如土壤中的农药在流动水或在重力作用下向下渗滤，并在土壤中逐层分布。后一种形式是土壤中农药扩散的主要形式，这个过程与吸附、降解和挥发等过程密切相关。

3）迁移

农药还能以水为介质进行迁移，直接溶于水，或被吸附于土壤固体细粒表面上随水分移动而进行机械迁移。农药的水溶性、土壤的吸附性能等影响农药的迁移。农药在土壤中的迁移研究对于预测农药对水资源，尤其是地下水资源的污染影响具有重要意义。

5. 农药在土壤中的残留

1）半衰期和残留期

农药在土壤中的存留时间常用半衰期和残留期来表示。半衰期是指施药后附着于土壤的农药因降解等原因含量减少一半所需要的时间，残留期是指土壤中的农药因降解等原因含量减少 75% 以上所需要的时间。

一般情况下，化学性质稳定的农药在土壤中的半衰期长。高残留性农药，如有机氯类，可残留于土壤数年到数十年；稳定性农药如三氮杂苯类、取代脲类和苯氧乙酸类，可残留于土壤数月至一年；低残留性农药如有机磷、氨基甲酸酯类在土壤中的残留期只有数天或几周。农药在土壤中半衰期的长短，直接影响土壤中微生物和动物的生长，还影响作物从土壤中吸收农药及农药对河流和地下水的污染。

几种常见农药在土壤中的半衰期和残留率见表 8-6、表 8-7。

表 8-6　几种常见农药在土壤中的半衰期

农药	$t_{1/2}$/天	农药	$t_{1/2}$/天	农药	$t_{1/2}$/天
甲拌磷	2	敌敌畏	17	甲基内吸磷	26
氯硫磷	36	甲基对硫磷	45	内吸磷	54
二嗪农	6～184	乐果	122	敌百虫	140
三硫磷	170	对硫磷	180	乙拌磷	290

表 8-7　几种常见农药在土壤中的残留率

农药	DDT	狄氏剂	林丹	氯丹	七氯
一年后土壤中残留率/（%）	88	75	60	55	45

2）影响农药在土壤中残留的因素

农药本身的化学性质（如挥发性、溶解度、化学稳定剂型等）和土壤性质（如土壤 pH 值、E_h、黏粒含量、有机质含量、水分含量等）直接影响着农药在土壤中的残留。另外，温度、光照、降雨量、植被情况、微生物等环境因素也在不同程度地影响着农药的降解速度、迁移速度等，间接影响农药在土壤中的残留。

3）土壤中残留农药的生物转移

残留农药的生物转移主要与食物链有关。据报道，生物体内残留农药的转移主要有三条路线：①土壤→陆生植物→草食动物；②土壤→土壤中无脊椎动物→脊椎动物→肉食动物；

③土壤→水中浮游生物→鱼和水生生物→鱼食动物。

比较起来,随雨水径流、灌溉水排入水体的农药能对生物产生最直接的危害。水溶性农药易随降水、灌溉水淋溶、渗滤,沿土体纵向进入地下水,或由地表径流、排灌水流失,沿横向迁移、扩散至周围水源(体),进而对水生环境中自、异养型生物产生危害。脂溶性或内吸传导型农药,易被土壤吸附,移动性差,而被作物根系吸收或经茎叶传输、分布、蓄积在当季作物体内,甚至构成对后季作物的二次药害和再污染,引起陆生环境中自、异养型生物(陆生植物、动物等)及食物链高位次生物的慢性危害。其中残留农药累积量可能以前者居多。有人曾对各种不同的鸟类胸部肌肉的农药含量(DDE、狄氏剂)和其他有机氯杀虫剂进行研究,发现以鱼为主食的苍鹭体内的残留量比以陆栖动物为主食的鹰类体内的残留量多得多,而以陆栖动物为食物的鹰类其残留量又比食草鸟类多得多。

8.5.3　土壤中的其他污染

1. 持久性有机污染物污染

持久性有机污染物是指具有高毒性、进入环境后难以降解、可生物积累,能通过空气、水和迁徙物种进行长距离越境迁移并沉积到远离其排放地点的地区,随后在那里的陆地生态系统和水域生态系统中积累起来,对当地环境和生物体造成严重负面影响的天然或人工合成的有机物。其英文全称为 Persistent Organic Pollutants,缩写为 POPs。土壤中 POPs 通常难以被生物、光和化学降解,半衰期可长达数十年,具有长期残留性;它们多是亲脂憎水性化合物,具有生物积累性,在水土系统中富集于固相或有机组织脂质中,代谢缓慢而在食物链中蓄积并逐级放大,最终影响到人类的健康;同时,POPs 具有半挥发性,它们易从土壤、生物体和水体中挥发到大气中并以蒸气形式存在或吸附在大气颗粒物上,又由于它们在气相中很难发生降解反应,所以会在大气环境中不断地挥发、沉降、再挥发,进行远距离迁移后而沉积到地球上,产生"全球分馏"或"蚱蜢跳"效应;最后,POPs 具有高毒性,对人和生物体易造成有害或有毒效应,且部分化合物被证实是内分泌干扰物。170 多个国家签署了《关于持久性有机污染物的斯德哥尔摩公约》,将各种 POPs 的生产和管理列入"禁止/消除""严格限制"和"减少/消除"三个附件清单。到 2017 年第八次缔约方大会,纳入三个清单的 POPs 化合物有 27 种,包括部分有机氯农药、多氯联苯、多氯代二苯并二噁英、全氟辛烷磺酸、溴代阻燃剂、短链氯化石蜡、硫丹、六氯丁二烯等。其他化合物虽未纳入斯德哥尔摩公约,但也被学者纳入 POPs 类别进行研究。

2. 多环芳烃污染

多环芳烃(PAHs)是指两个以上苯环以稠环形式相连的化合物。多环芳烃是最早发现的一类致癌物,已被发现的致癌物 PAHs 及其衍生物已超过 400 种。一般认为多环芳烃是石油、煤炭、木材、气体燃料等不完全燃烧或在还原条件下热分解而成,因此其来源有人为与天然两种,且人为来源是 PAHs 的主源。多环芳烃辛醇-水分配系数高,易从水中分配到生物体内或沉积于河流沉积层中。土壤是 PAHs 的重要载体,主要来源于生物质的不完全燃烧和汽车尾气排放的大气沉降。吸附态的 PAHs 在土壤中有较高的稳定性。在土壤中,PAHs 很难发生光降解,主要通过生物作用降解。

3. 抗生素与抗性基因污染

随着工业化发展和人民生活水平的提高,药物及个人护理品(PPCPs)的生产和使用量猛增,其已成为 21 世纪新显现并备受关注的一类污染物。PPCPs 包括人用与兽用的医药品、诊断剂、保健品、麝香、化妆品、遮光剂、消毒剂等。

作为 PPCPs 的一种，抗生素（antibiotics）是由微生物（包括细菌、真菌和放线菌属）或高等动植物在生活过程中所产生的具有抗病原体或其他活性的一类次级代谢产物，也包括用化学方法合成或半合成的化合物，这些化学物质可干扰其他活细胞的生长与发育功能。土壤中抗生素的来源主要有畜禽粪便、污泥和污水。据估计，我国抗生素原料年产量约 2.1×10^5 t，其中 46.1% 作为兽药使用。30%～90% 的抗生素及其代谢产物，经受药动物的粪便和尿液排出，而大多数抗生素会随着施肥过程进入土壤；而未经过深度处理的剩余污泥通常作为肥料直接施于土壤，导致抗生素向土壤环境中扩散。残留在人体或动物体内的抗生素会导致体内的某些条件性致病菌产生耐药性。此外，抗生素的滥用还能诱导动物产生抗性基因，进而带来抗性基因在环境中的传播和扩散，对生态环境和公共健康构成威胁。

在土壤中，抗生素的环境行为主要有吸附和降解（光解、水解和生物降解）。抗生素属于离子型极性有机化合物，一般含有多个离子型官能团，多级酸解离常数，可出现阳离子、中性离子和阴离子等多种价态，具有较强的亲水性。对土壤或沉积物等吸附介质而言，抗生素的吸附主要与它们自身的憎水性、极性、可极化性及空间构型等有关，土壤 pH 值、离子强度和多价态金属离子、有机质和可溶性有机质含量，以及土壤的综合性质能影响其吸附行为。在光照条件下，抗生素不稳定，容易发生光解，最终生成 H_2O、CO_2 和其他离子等。比如，光照 3 h，红霉素降解率可达 92.8%。水解作用是抗生素在环境中降解的重要方式，而生物降解是抗生素在环境中降解的最重要途径。在微生物作用下，抗生素残留物的结构发生改变，从而引起其化学和物理性质发生改变，从大分子化合物降解为小分子化合物，最后成为 H_2O 和 CO_2，植物则可以通过直接吸收抗生素后转移或分解、释放分泌物和特定酶降解、促进根际微生物对土壤抗生素的吸收或利用转化等方式降解抗生素。

4. 微塑料污染

2004 年，微塑料概念被首次提出。通常认为粒径小于 5 mm 的塑料颗粒为微塑料（microplastics）。微塑料分为初生微塑料和次生微塑料两大类，主要来源于农用薄膜的使用、土壤改良剂（污泥和堆肥产品）的使用、灌溉用水、塑料产品使用和大气沉降。微塑料体积小，比表面积大，吸附污染物的能力强，因此，作为污染的主要载体，微塑料对环境的危害不仅在于塑料颗粒本身，还包括其含有的增塑剂、稳定剂、阻燃剂等物质，以及它吸附的重金属和有机污染物。微塑料进入土壤环境中会对土壤理化性质、土壤功能及生物多样性产生影响。

微塑料在土壤中有一定迁移性，迁移过程受微塑料本身特征（尺寸、密度和形状）、气候（风、雨）、土壤动物（蚯蚓、弹尾虫）和其他外力（机械扰动）等因素的影响。土壤中的微塑料在机械磨损、高温氧化、紫外辐射和生物降解等的作用下将导致聚合物分子化学结构变化，包括分子键断裂和歧化等，进一步变成粒径更小的微塑料甚至是纳米级塑料。但是这几种方式的降解作用极有限。土壤中微塑料的降解途径以生物降解为主，降解速率非常缓慢。

此外，微塑料与持久性有机污染物、重金属、抗生素等的相互作用还能对环境和生物造成一定的复合效应。

5. 纳米材料污染

纳米材料指颗粒三维粒径中至少一维尺寸小于 100 nm 的材料。根据化学组成，纳米材料一般分为碳纳米材料、金属及氧化物纳米材料、量子点和纳米聚合物。土壤是纳米材料主要的汇，其本身也存在天然纳米颗粒，包括胶体矿物、纳米锰铁氧化物及部分有机质等。人工纳米颗粒可通过使用纳米肥料、纳米农药、污水、污泥、含纳米材料成分的土壤修复剂等方式直接进入土壤。纳米金属颗粒释放的重金属或颗粒本身均会对环境生物产生毒性效应，纳米颗粒可以通过水分子通道、离子通道、内吞作用,与载体蛋白形成复合物、物理性损伤等方式进入植物细胞,也能富集于动物体内并产生毒性,还会对微生物产生直接接触损伤和间接氧化损伤。在土壤中,纳米材料的环境行为主要有吸附、迁移和转化(包括团聚、氧化、硫化及溶解)。自然土壤中人工纳米颗粒的迁移过程与粒径、表面电荷和团聚速率等有关。团聚能直接改变纳米颗粒的离子溶出能力,进而导致纳米颗粒的生物有效性和毒性发生变化。

8.6　土壤污染防治与修复

8.6.1　土壤防治相关法律

1995 年颁布实施的《土壤环境质量标准》(GB 15618—1995)是中国土壤环境标准体系的核心,并在此基础上制定了《食用农产品产地环境质量评价标准》(HJ 332—2006)等一系列标准,是中国土壤环境调查、监测、评价和污染纠纷处理的重要依据。2008 年我国完成了对《土壤环境质量标准》(GB 15618—1995)的修订。同年,环境保护部印发了《关于加强土壤污染防治工作的意见》(环发[2008]48 号),突出强调污染场地土壤环境保护监督管理是土壤污染防治的重点工作之一。2009 年年底,环境保护部出台《污染场地风险评估技术导则》(征求意见稿),该技术导则对污染场地内人体健康风险评估的原则、程序、内容、方法、技术等进行了规定。2010 年 3 月,环境保护部颁布了《污染场地土壤环境管理暂行办法》(征求意见稿),该办法主要适用于污染场地土地利用方式或土地使用权人变更时,场地土壤环境调查评估和治理修复等活动的监督管理。2014 年环境保护部发布了场地系列标准,包括《场地环境调查技术导则》(HJ 25.1—2014)、《场地环境监测技术导则》(HJ 25.2—2014)、《污染场地风险评估技术导则》(HJ 25.3—2014)和《污染场地土壤修复技术导则》(HJ 25.4—2014),为落实《环境保护法》中第三十二条的规定提供了配套技术规范。

为切实加强土壤污染防治,逐步改善土壤环境质量,2016 年 5 月 28 日国务院正式发布《土壤污染防治行动计划》,简称“土十条”,确定了十个方面的行动目标。“土十条”作为我国土壤污染防治的顶层设计文件,为土壤污染防治指明了方向,指导和规范了我国土壤污染防治和土壤修复行为。它的实施有力推动了我国土壤污染治理和国家生态环境治理体系的建设。

2018 年 6 月 28 日,生态环境部印发《土壤环境质量农用地土壤污染风险管控标准(试行)》(GB15618—2018)和《土壤环境质量建设用地土壤污染风险管控标准(试行)》(GB 36600—2018)两项土壤标准,并从 2018 年 8 月 1 日起实施。这两项标准划分了土壤用途,设定了“风险筛选值”和“风险管制值”,增加了关注物质种类,并推荐了检测方法,符合土壤环境管理的内在规律,更能科学合理地指导农用地安全利用,保障农产品质量安全。

我国的土壤环境监测体系与大气、水相比总体滞后,尚未健全土壤环境监测网络。土壤突发环境事件应急处置能力、土壤环境日常监管执法能力总体不足。2013 年 10 月,土壤污染防治法被十二届全国人大常委会列入中国五年立法规划,2018 年 8 月 31 日,十三届全国人大常委会第五次会议全票通过了《中华人民共和国土壤污染防治法》,包括总则,规划、标准、普查和监测,预防和保护,风险管控和修复,保障和监督,法律责任和附则共 7 章 99 条内容,该法自2019 年 1 月 1 日起正式实施。

8.6.2　土壤污染防治的原则与措施

1. 防治原则

《中华人民共和国土壤污染防治法》总则第三条规定,土壤污染防治应当坚持预防为主、保护优先、分类管理、风险管控、污染担责、公众参与的原则。我国土壤污染治理难度大、成本高、周期长,因此,土壤污染防治工作必须坚持预防为主。根据最新的土壤质量标准,土壤污染防治将进行农用地和建设用地的分类管理和风险管控。

2. 防治措施

1) 控制和消除土壤污染源

大力推广闭路循环工艺,实现无毒工艺和循环经济,倡导清洁生产和生态工业的发展以减少或消除污染物的排放;对所有排放的"三废"进行回收利用,实现化害为利;对于不可利用又必须排放的工业"三废",则要进行无害化处理,并严格控制污染物排放量和浓度,使之符合排放标准。

2) 加强土壤污灌区的监测和管理

对于污水灌溉和污泥施肥的区域,要加强污水、污泥和土壤的监测与管理,了解污染物的成分、含量及其动态变化情况,严格控制污水灌溉和污泥施肥施用量,避免二次污染和食物链危害。

3) 增加土壤环境容量,提高土壤净化能力

通过增加土壤有机质含量,利用黏掺砂来改良砂性土壤,以增加土壤胶体的种类和数量,增加土壤对有毒有害物质的吸附能力和吸附量,从而来减少污染物在土壤中的活性。另外,通过分离和培育新的微生物品种,改善微生物的土壤环境条件,以增加微生物的降解作用,提高土壤的净化能力。

4) 改进农药化肥施用技术

禁止和限制使用剧毒、高残留农药,大力发展高效、低毒、低残留农药。合理施用农药,指定使用农药的安全间隔期。发展生物防治措施,实现综合防治,既要防止病虫害对农作物的威胁,又要做到高效、经济地把农药对环境和人体健康的影响限制在最低程度;合理使用化肥,严格控制本身含有有毒物质的化肥品种的适用范围和数量。合理、经济地施用硝酸盐和磷酸盐肥料,以避免使用过多而造成土壤污染。

8.6.3　污染土壤修复技术

1. 基本策略

1) 净化策略

净化策略是将土壤中的污染物用物理、化学和生物的方法清除,使土壤污染物恢复到本底水平。主要技术措施有电动力学修复、化学淋洗、换土和客土以及生物萃取等,其中生物修复被认为是最具有市场潜力的绿色环保技术。

2) 钝化策略

钝化策略是指利用有关技术改变土壤中污染物的形态,使生物毒性和迁移性强的活性态离子转化为没有活性或活性弱的沉积态或稳定态化合(配合)物,从而降低污染物的危害。主要技术有热处理、烧结(玻璃化)和土壤改性剂法等,其中施用石灰等碱性物质和有机物料等土壤改性剂是至今实际应用最多且治理效果较好的技术方法。钝化策略适用于特殊污染场地、轻度污染农田土壤等,并受到烧结破坏土壤自然属性、改性剂效果不稳定和维持时间短等限

制。

3）稳定化策略

控制污染物向地下水和周边环境迁移扩散，主要技术措施有工程阻隔、植被稳定等。该策略适合矿山生态恢复、尾矿池（山）的稳定化，易受到工程材料老化和植被自然演替的限制。

4）避害策略

避害策略是指污染土壤在经过净化和钝化技术处理之后仍不能保障传统作物生产和产品质量安全时，通过重新构建土壤生态系统，提高污染物"毒害阈值"，避免和消除污染物的生物毒害和食物链污染危害和土壤经营效益损害，实现污染土壤安全高效利用的一种治理策略。主要有生态系统置换、林业和农业生态工程技术、农艺技术等。改变土地利用方式（如将农用地改为建筑用地、林地等），改变耕作制度等均是避害策略的体现。

2. 污染土壤的修复技术

污染土壤修复技术是指为降低土壤中污染物的浓度，固定土壤污染物，将土壤污染物转化为毒性较低或无毒的物质，阻断土壤污染物在生态系统中的转移途径，从而减小土壤污染物对环境、人体或其他生物体的危害而采用的化学、物理、生物等技术（表 8-8）。

表 8-8　各种修复技术的特点及适用的污染类型

类型	修复技术	优点	缺点	适用类型
生物修复	植物修复	成本低，不改变土壤性质，没有二次污染	耗时长，污染程度不能超过修复植物的正常生长范围	重金属、有机物污染等
	原位生物修复	快速、安全、费用低	条件严格，不宜用于治理重金属污染	有机物污染
	异位生物修复	快速、安全、费用低	条件严格，不宜用于治理重金属污染	有机物污染
化学修复	原位化学淋洗	长效性，易操作，费用合理	治理深度受限，可能造成二次污染	重金属、苯系物、石油、卤代烃、多氯联苯等
	异位化学淋洗	长效性，易操作，深度不受限	费用较高，淋洗液处理问题，二次污染	重金属、苯系物、石油、卤代烃、多氯联苯等
	溶剂浸提技术	效果好，长效性，易操作，治理深度不受限	费用较高，需要解决溶剂污染问题	多氯联苯等
	原位化学氧化	效果好，易操作，治理深度不受限	适用范围较窄，费用较高，可能存在氧化剂污染	多氯联苯等
	原位化学还原	效果好，易操作，治理深度不受限	适用范围较窄，费用较高，可能存在氧化剂污染	有机物
	土壤性能改良	成本低，效果好	适用范围窄，稳定性差	重金属

续表

类型	修复技术	优点	缺点	适用类型
物理修复	气相抽提技术	效率较高	成本高,时间长	VOCs
	固化修复技术	效果较好,时间短	成本高,处理后不能再农用	重金属等
	物理分离修复	设备简单,费用低,可持续处理	筛子可能被堵,扬尘污染,土壤颗粒组成被破坏	重金属等
	玻璃化修复	效率较高	成本高,处理后不能再农用	放射性物质、有机物、重金属等
	热力学修复	效率较高	成本高,处理后不能再农用	有机物、重金属等
	热解吸修复	效率较高	成本高	有机物、重金属等
	电动力学修复	效率较高	成本高	有机物、重金属等,低渗透性土壤
	换土法	效率较高	成本高,污染土还需要处理	有机物、重金属等

污染土壤修复技术原理:①改变污染物在土壤中的存在形态或同土壤的结合方式,降低其在土壤中的可迁移性与生物可利用性;②把有害物质从土壤中除去,降低土壤中有害物质的浓度。

根据工艺原理,污染土壤修复的方法可分为生物修复、化学修复、物理修复以及它们之间的联合修复。根据修复场地来分,污染土壤修复又可分为原位修复和异位修复。原位修复是对土壤污染物的就地处置,使之得以降解和减毒;异位修复是指将受污染的土壤从发生污染的位置挖掘出来,在原场址范围内或经过运输后再进行治理的技术。

1)污染土壤的物理修复技术

(1)换土法。

换土法是用未受污染的土壤替换或部分替换污染的土壤,以稀释污染物浓度,增加土壤环境容量,从而达到修复污染土壤的目的。换土法又分为换土、翻土、去表土和客土4种方法。换土就是用未受污染的土壤替换污染的土壤。翻土是将污染的表土翻至下层,使聚积在表层的污染物分散到更深的层次,以达到稀释的目的。去表土法是直接将污染的表土移出原地。客土是将未受污染的新土覆盖在污染的土壤上,使污染物浓度降低到临界危害浓度以下或减少污染物与植物根系的直接接触,从而达到减轻危害的目的。该法适用于浅根系植物(如水稻等)和移动性较差的污染物(如 Pb)。研究表明,将受 Cd 污染的土壤去表土后再客土,并间歇灌溉,稻米 Cd 含量可达到食用标准。

(2)气相抽提。

土壤气相抽提(soil vapor extraction,SVE)也称土壤真空抽取或土壤通风,是一种有效去除土壤不饱和区挥发性有机物(VOCs)的原位修复技术。该技术在污染土壤设置气相抽提井,采用真空泵从污染土层抽取气体,迫使污染土层产生定向气流流动,夹带有机污染物通过抽提井排出到地面上处理。SVE 也包括向抽提井中导入气流,使挥发、半挥发性有机污染物随气流进入真空井而得以去除的蒸气浸提技术(图 8-13)。

(3)热解析。

该技术是通过向土壤中通入热气或用射频加热等方法把已经污染的土壤加热,使污染物

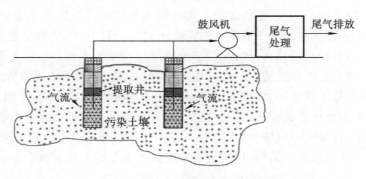

图 8-13　污染土壤原位气相抽提修复过程

产生热分解或挥发性污染物赶出土壤并收集起来进行处理,多用于热分解有机污染物,也可用于挥发性的重金属,如汞污染土壤的修复。

(4) 固化或稳定化。

固化或稳定化是利用物理-化学方法将污染物固定或包封在密实的惰性基材中,使其稳定化的一种过程。其固化过程有的是将污染物通过化学转变,引入某种稳定的晶格中的过程,有的是将污染物用惰性材料加以包容的过程,或者兼有这两种过程。该技术可以将污染土壤提取或挖掘出来,在地面混合后进行稳定化异位稳定处理,也可以在污染土壤原位进行稳定处理。该技术使用时需特别注意重金属的氧化-还原状态和溶解度,例如 Cr 的处理就需要改变其价态,将 Cr 还原为溶解度小、迁移能力小、毒性小的三价态。

(5) 玻璃化。

玻璃化技术是指通过高强度能量输入,使污染土壤熔化,将含有挥发性污染物的蒸气回收处理,同时污染土壤冷却后成玻璃状团块固定。玻璃化技术可以破坏和去除土壤和污泥等泥土类污染物介质中的有机污染物和固定化大部分无机污染物。处理对象可以是放射性物质、有机物(如二噁英、呋喃和多氯联苯)、无机物(重金属)。

(6) 电动力学修复。

有些分类将电动力学修复技术归入化学修复技术。电动力学修复主要是向污染土壤中插入两个电极,形成低压直流场梯度,使土壤中的污染物通过电迁移、电渗流、电泳或酸性迁移(pH 梯度)的方式被带到位于电极附近的处理室中,收集回收而去除。它的对象既可是无机物(重金属)污染的土壤,也可是有机物(苯酚、乙酸、六氯苯、石油类)污染的土壤,最高去除率可达 90% 以上(图 8-14)。

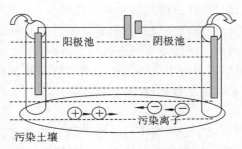

图 8-14　土壤电动力学修复示意图

2) 污染土壤的化学修复技术

(1) 淋洗/萃取。

　　土壤淋洗/萃取是指利用水、有机试剂或无机试剂来增强污染物在土壤中的移动性,在重力作用下或通过水力压头推动淋洗液注入被污染土层中,再把含污染物的液体从土层中抽提出来,进行分离和污水处理的技术(图 8-15)。淋洗液通常具有淋洗、增溶、乳化或改变污染物化学性质的作用,种类包括有机酸、无机酸、螯合剂、配位剂、表面活性剂和清水。淋洗剂的选择应该以高效、不破坏土壤结构、二次污染风险低、生物降解性好为原则,应用时应考虑淋洗液对土壤性质的影响和淋洗液的处理,防止二次污染。淋洗法适用于大面积土壤修复,尤其适合渗透性较好的沙土、沙壤土和轻壤土,不适用于黏土含量较高的土壤。目前为止,该技术重点围绕用表面活性剂处理有机污染物,用螯合剂或酸处理重金属来修复被污染的土壤。

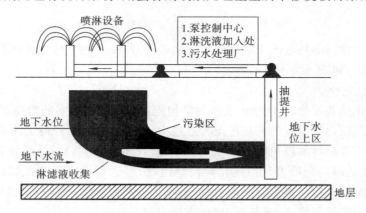

图 8-15　原位化学淋洗技术流程图

　　（2）溶剂浸提。

　　溶剂浸提是一种利用溶剂将有害化学物质从污染土壤中提取出来或去除的技术。与淋洗不同的是该技术采用"浸泡"方式提取或去除。一般先将污染土壤中大块岩石和垃圾等杂质分离去除,再将污染土壤放置于提取罐或箱中,清洁溶剂以慢浸方式加入土壤介质,与土壤污染物全面接触。溶剂类型和浸泡时间需根据土壤特性和污染物化学结构选择和确定,浸提液处理后可再生利用。该技术适用于有机物,如多氯联苯、石油类、氯代碳氢化合物、多环芳烃、二噁英等。

　　（3）化学氧化。

　　化学氧化修复是向污染土壤中加入化学氧化剂,依靠化学氧化剂的氧化能力,分解破坏土壤中污染物的结构,使污染物降解或转化为低移动性物质的一种原位修复技术。该技术在污染区设置不同深度的钻井,通过钻井中的泵将化学氧化剂注入土壤中,使氧化剂与污染物产生氧化反应。化学氧化修复工作完成后一般只在原污染区留下水和二氧化碳等无害化学反应产物,且不需要将泵出液体送到专门的处理系统进行处理,具有省时、经济的技术优势。

　　该技术主要用于分解破坏在土壤中污染期长和难生物降解的污染物,如油类、有机溶剂、多环芳烃(如萘)、农药以及非水溶态氯化物(如三氯乙烯)等。

　　（4）化学还原。

　　化学还原修复主要是利用化学还原剂将污染物还原为难溶态,从而使污染物在土壤环境中的迁移性和生物可利用性降低的原位修复技术。一般用于污染物在较深地面下很大区域内成斑块扩散、对地下水构成污染且用常规技术难以奏效的污染土壤修复。该技术通常是通过向土壤注射液态还原剂、气态还原剂或胶体还原剂,创建一个化学活性反应区或反应墙,当污染物通过这个特殊区域时被降解和固定。活性反应区的还原能力一般能保持很长时间,实验表明注入的 SO_2 在一年后仍然保持还原活性。

（5）土壤性能改良。

土壤性能改良包括施加钝化剂和改良剂。改良剂的加入能加速有机物的分解或使重金属固定在土壤中;化学钝化剂的施用可以降低土壤污染物的水溶性、扩散性和生物有效性,从而降低它们进入植物体、微生物和水体的能力,减轻对生态系统的危害。

① 石灰质改良及化学沉淀剂改良。

对于受重金属污染的酸性土壤,施用石灰、高炉渣、矿渣、粉煤灰等碱性物质,或配施钙镁磷肥、硅肥等碱性肥料,能提高土壤的 pH 值,使重金属生成氢氧化物沉淀,降低其在土壤中的活性,从而减少作物对重金属的吸收,进而有效地减少重金属对土壤的不良影响。一般当土壤的 pH 值提高到 7 左右,对重金属的抑制效果便可达到 $70\%\sim80\%$（表 8-9）。施入石灰硫黄合剂等含硫物质,能使土壤中重金属形成硫化物沉淀,在一定条件下施用碳酸盐、磷酸盐、氧化物质都能促进沉淀形成。

表 8-9　土壤 pH 值对植物吸收 Cd 的影响　　　　　（单位:mg/kg）

土壤 pH 值	君达菜		豌豆		小麦		大麦	
	叶	种子	叶	种子	叶	种子	叶	种子
4.6	14		1.42	0.51	0.40	0.20	1.60	0.34
7.3	3.7		0.47	0.17	0.15	0.09	0.50	0.11

石灰性物质对土壤的改良作用主要体现在其能够在很大程度上改变土壤固相中的阳离子构成,使氢被取代,从而增加土壤阳离子的交换量。此外,其还能改善土壤结构、增加土壤胶体的凝聚性,增强在植物根表面对重金属离子的拮抗作用。

② 有机物和黏土矿物改良剂。

向土壤中添加有机物和黏土矿物不仅能改善土壤肥力,还能增强土壤对重金属离子和有机污染物的吸附能力。通过有机物与重金属的配位、螯合作用,黏土矿物对重金属离子和有机污染物产生强力的物理、化学吸附作用,使污染物分子失去活性,从而减轻土壤污染对植物和生态系统的伤害。常用的有机物包括生物体排泄物和泥炭类物质、污泥等。

③ 离子拮抗剂。

化学性质相似元素之间,可能因为竞争植物根部同一吸收点而产生离子拮抗作用。因此在改良被重金属污染土壤时,还可以利用金属间的拮抗作用,添加一种化学性质相似又不污染土壤的元素来控制另一种污染性重金属毒性。比如,在被镉污染土壤中,以合适的锌镉浓度比施入植物肥料,可缓解镉对农作物的毒害作用。

④ E_h 调节剂。

土壤的氧化-还原电位（E_h）与其中重金属的迁移行为密切相关,因此可采用调节土壤 E_h 值的办法控制重金属的迁移。一般土壤中多种重金属元素在还原条件下,随淹水时间延长,与产生的 H_2S 结合生成沉淀,因此可采用淹水栽培和向水中施用促进还原的物质及提供 H_2S 的来源,来降低重金属的活性。

3）污染土壤的生物修复技术

生物修复技术是利用生物（包括动物、植物和微生物）,通过人为调控,将土壤中有毒有害污染物吸收、降解或转化,使其浓度降低到可接受水平,或转化为无害物质（也包括污染物稳定化)的过程。与物理和化学修复技术相比,它具有成本低、不破坏植物生长所需的土壤环境,环境安全,无二次污染,处理效果好,操作简单,费用低廉的特点,是一种新型的环境友好替代技术。生物修复技术分为植物修复、动物修复和微生物修复三种类型。

(1) 污染土壤的微生物修复。

微生物修复技术是利用土著微生物、外来微生物或基因工程菌(GEM)的作用,降低土壤中有机污染物,或通过生物吸附和生物氧化-还原作用改变有毒元素的存在形态,降低其在环境中的毒性和生态风险,具体方法包括原位修复的生物强化、生物通风、泵出生物,异位修复的土地填埋、土地耕种、堆腐法、泥浆生物反应器法等。生物强化是指以培养土著菌或投入外来菌的方式,强化微生物的降解土壤污染物的活性和强度。土著菌的激发一般是对多种土著菌的激发,外来菌也可以用基因工程菌。强化培养期间应定期向土壤投加氧源和营养,以满足降解菌的需要。生物通风法是在受污染土壤中至少打两口井,将新鲜空气强行排入土壤中,提供好氧环境强化生物降解,再抽出废气的技术。在通气时可以加入一定量 NH_3 以提供氮素营养,也可以将营养物与水经通道分批供给。泵出生物法主要用于修复受污染地下水和由此引起的土壤污染。在污染区域钻好注入井和抽水井,使地下水在地层中流动,注入井中加入一定比例的接种微生物、水、营养物和电子受体(如 H_2O_2)等,抽水井抽出处理后的水(含有驯化的降解菌,有助于促进生物降解)。

(2) 污染土壤的植物修复。

植物修复是利用某些可以忍耐和超富集有毒元素的植物及其共存微生物体清除污染物的一种污染土壤治理技术。植物主要通过植物萃取、植物挥发、植物固定或稳定化和根际生物降解等方式去除污染物或降低其生物活性。

① 植物萃取。

植物萃取是利用重金属超富集植物从土壤中吸收重金属,并将其转运到地上部分,收割后进行处理的技术。重金属超富集植物是能够从土壤中大量吸收一种或几种重金属并将其转运到地上部分的特殊植物。目前国际上通用的判定标准:植物地上部分重金属浓度超过一定临界值(Zn 10000 mg/kg,Cd 100 mg/kg,Au 1 mg/kg,Pb、Cu、Ni、Co 均为 1000 mg/kg),且富集系数(BCP)和转运系数(TFP)都大于 1。我国目前发现的超富集植物有锌、镉、铅的超富集植物东南景天,镉的超富集植物龙葵等。

$$富集系数＝(地上部分器官重金属浓度/土壤中重金属浓度)×100$$
$$转运系数＝(茎叶中重金属浓度/根部重金属浓度)×100$$

有研究表明,在蛇纹岩形成的富镍土壤上种植镍超富集植物 *Streptanthus polygaloides*(该植物含镍可达 14800 mg/kg),施氮、磷、钾肥后可使植物生物量增长 5 倍,通过焚烧植物回收金属镍并利用其热能,其收益可以达到甚至超过种植小麦。因此,植物萃取修复技术比传统的工程方法更经济,且通过回收植物中的金属还可进一步降低植物修复的成本。需指出,该技术应用的关键还在于植物的生物量和耐性,其修复效果应考虑被吸收的重金属总量。

② 植物挥发。

植物挥发是一种利用植物去除环境中一些挥发性污染物的方法,即植物将污染物吸收到体内又将其转化为气态物质,并通过植物叶片释放到大气中。例如,某些特殊植物可以将硒转化为可挥发态的二甲基硒或二甲基二硒,从而降低硒对土壤生态系统的毒性。

③ 植物固定或稳定化。

植物固定或稳定化是利用植物来固定或沉淀土壤中的有毒金属,降低其生物有效性,并防止其进入地下水和食物链,从而减少其对环境和人类健康的威胁。植物可以保护污染土壤不受侵蚀,减少土壤渗滤以防止污染物的淋溶。另一方面,植物通过在根部累积和沉淀对污染物起到固定或稳定化作用。该技术可用于采矿、冶炼厂和污泥等污染土壤的修复。植物固定或稳定化过程中,土壤重金属含量并不减少,只是形态发生变化而暂时钝化,若环境条件发生变化,重金属的生物有效性可能改变,因而并没有彻底解决重金属污染问题。

④ 根际生物降解。

某些"特异"植物的根系能释放出有利于有机污染物降解的化学物质,包括单糖、氨基酸、脂肪酸、维生素和酮酸等低分子化合物,以及多糖、聚乳酸和黏液等大分子有机物,它们与植物脱落死亡的细胞及植物向土壤释放的光合产物构成一个特殊系统,即根际。由此增加土壤有机质含量,改变有机污染物的吸附特性。同时,根际分泌物能促进根系周围土壤微生物的活性和生化反应,这些都有利于有机污染物的释放和降解。因此,植物根际内,污染物的降解过程包含植物-微生物联合作用。另外,根际环境也能影响土壤重金属的有效性和他们被吸收/被吸附的环境行为。

(3) 动物修复。

动物修复是指通过土壤动物群的直接作用(吸收、转化和分解)或间接作用(改善土壤理化性质,提高土壤肥力,促进植物和微生物的生长)而修复土壤污染的过程。土壤中的一些大型土壤动物(如蚯蚓)和一些小型动物群(如线虫、跳虫、蜈蚣、蜘蛛、土蜂等)均对土壤中的有机污染物有一定的吸收和富集作用,可以从土壤中带走部分污染物。

4) 农艺措施

与土壤污染修复相关的农艺措施有田间水分管理、耕作方式、作物类别及土地利用方式的优化、肥料施用的优化等。有研究表明,施用尿素、NH_4HCO_3以及不同配比的NH_4HCO_3与泥炭土可降低土壤中六六六(BHC)和滴滴涕(DDT)的含量,其中以NH_4HCO_3降解效果最佳,尿素其次;NH_4HCO_3与泥炭土混施作用时间较长,但降解效果较好,到处理的第 2 年时,BHC 已检测不出,DDT 的残留量则下降了 12.9%(表 8-10)。

表 8-10　土壤施肥对残留农药的降解效果

季节	处理	农药残留量/(mg/kg)		降解率/(%)	
		BHC	DDT	BHC	DDT
当年春茶	CK	64	140		
	尿素	58	132	9.4	5.7
	NH_4HCO_3	53	131	17.2	6.4
	NH_4HCO_3+泥炭土(1:1)	62	141	3.1	0
	NH_4HCO_3+泥炭土(1:3)	60	137	6.3	2.1
次年春茶	CK	9	85		
	尿素	8	80	11.1	5.9
	NH_4HCO_3	7	74*	22.2	12.9
	NH_4HCO_3+泥炭土(1:1)	未检出**	74*	100.0	12.9
	NH_4HCO_3+泥炭土(1:3)	未检出**	88	100.0	0

* 和 * * 分别表示差异达 0.05 和 0.01 显著水平。

　　污染土壤的修复技术正越来越受到国内外重视,但目前大部分技术仍处于实验和小规模应用阶段。目前的污染并不仅是单一的污染,而是逐渐呈复合污染趋势,应用多种修复技术和联合修复技术将是未来研究的重点之一。同时,污染土壤的修复技术应与市场相结合,要积极开发适用于实际应用的新产品,为解决实际问题打下良好基础。

思 考 题

1. 试描述土壤的物质组成。
2. 土壤具有哪些基本性质? 为什么?
3. 如何理解土壤环境背景值和土壤环境容量的概念? 它们在土壤污染防治中有何意义?
4. 何为土壤的自净作用和缓冲性? 土壤自净作用有哪些? 它们对土壤有何意义?
5. 试简述重金属污染的特点,讨论其在土壤中迁移转化的途径和影响因素。
6. 试述土壤中农药迁移转化的途径。
7. 什么是持久性有机污染物? 其污染有何特点? 试述其在土壤中的环境行为。
8. 我国土壤污染防治法律体系发展历程如何?
9. 土壤修复技术有哪些? 试简述各修复技术的原理和适用范围。
10. 谈一谈你对污染土壤生物修复的理解,试论述其应用前景。

第9章 固体废物污染及其防治

固体废物具有种类多、成分复杂的特点,主要包括生活垃圾、工业固体废物、矿业固体废物、农业固体废物、危险废物等,这些废物通过多种途径对土壤环境、大气环境、水环境和环境卫生产生影响,进而对生态环境构成危害。

本章首先对固体废物进行定义和分类,然后简要介绍固体废物的污染途径和对环境的危害,最后重点叙述固体废物污染防治技术,这些技术包括固体废物的减量化、资源化、无害化。

9.1 固体废物的定义和分类

9.1.1 固体废物的定义

《中华人民共和国固体废物污染环境防治法》对固体废物给出了明确的定义。固体废物,是指在生产、生活和其他活动中产生的丧失原有利用价值或者虽未丧失利用价值但被抛弃或者放弃的固态、半固态和置于容器中的气态的物品、物质,以及法律、行政法规规定纳入固体废物管理的物品、物质。从循环经济和资源化利用角度分析,固体废物又称为放错地方的原料。

与水污染物、大气污染物相比较,固体废物具有下列特征。

(1) 时空性。固体废物是在一定时间和地点被丢弃的物质,是放错地方的资源,因此固体废物的"废"具有明显的时间和空间特征。时间性是指"资源"和"废物"是相对的,不仅生产、加工过程中会产生大量被丢弃的物质,任何产品和商品经过使用一定时间后都会变成废物,因此,固体废物处理处置和资源化将是我们长期面对的问题和任务。空间性是指固体废物在某一个过程和某一个方面没有使用价值,但往往会成为另外过程的原料。

(2) 持久危害性。固体废物成分复杂而多样(有机物与无机物、金属和非金属、有毒物与无毒物、单一物与聚合物),在进入人们生活环境后降解的过程漫长复杂,难以控制。如"20世纪最糟糕的发明"塑料在环境中降解的时间长达几百年,与废水、废气相比对环境的危害更为持久。

因此,与其他环境问题相比,固体废物问题有"四最"。

(1) 最难处置的环境问题。因为固体废物含有的成分相当复杂,来源多种多样,其物理性状也千变万化,处理处置的难度很大。

(2) 最具综合性的环境问题。固体废物既是各种污染物的富集终态,又是土壤、大气、地表水、地下水的污染源,因此固体废物的处理处置具有综合性特征。如垃圾填埋场在处理垃圾的同时,必须考虑垃圾渗滤液和产生的气体的处理问题。

(3) 最晚得到重视的环境问题。从国内外总的趋势看,固体废物污染问题较之大气、水污染问题是最后引起人们的注意、也是最少得到重视的环境问题。

(4) 最贴近生活的环境问题。固体废物问题,尤其是城市生活垃圾,最贴近人们的日常生活,因而是与人类生活最息息相关的环境问题。

9.1.2　固体废物的分类

固体废物种类繁多,性质各异,分类方法很多,常见的有以下三种分类方法。

1. 按其来源分

固体废物按其来源可分为矿业固体废物、工业固体废物、农业固体废物、城市生活垃圾、环境工程废物和有害固体废物六类。

1) 矿业固体废物

矿业固体废物来自矿山开采与选矿加工过程,主要包括尾矿、废矿石、废渣、剥离物、煤矸石等。其性质因矿物成分不同而异,量大类多。

2) 工业固体废物

工业固体废物来自轻、重工业生产和加工、精制等过程中产生的固态和半固态废物,主要包括化学工业、石油化工工业、有色金属工业、交通运输、机械工业、轻工业、建筑材料工业、纺织工业、食品加工工业等产生的废物。该类废物具有来源广、种类繁杂、数量巨大等特点。

3) 农业固体废物

农业固体废物来自农林牧渔业生产、加工和养殖过程所产生的固态和半固态废物。

4) 城市生活垃圾

城市生活垃圾来自城市日常生活或为城市日常生活提供服务的活动中产生的固体废物,以及法律、行政法规规定视为生活垃圾的固体废物,主要包括厨余物、废纸屑、废塑料、废橡胶制品、废编织物、废金属、废玻璃、废旧家用电器、废旧家具等。城市生活垃圾的组成、产量及组分与城市人口数量、居民生活水平、生活习惯、季节气候、环境条件等因素有密切关系。如 2007 年美国纽约人均日产垃圾 4 kg,而中国徐州人均日产垃圾量只有 0.95 kg,相差 4.2 倍。

5) 环境工程废物

环境工程废物主要是指在处理处置废水、废气过程中产生的污泥、粉尘等。随着人们对环境治理的重视和大量环保设备投入运营,这类废物的数量越来越大,如 2018 年我国污水处理厂产生的泥饼(含水率 80%)达到 4000 万吨,剩余污泥的处置技术成为环境领域的研究热点。

6) 有害固体废物

有害固体废物又称危险废物,主要来自核处理、核电工业、医疗单位及化学工业,属于危险品范畴,具有腐蚀性、剧毒、传染性、反应性、易燃性、易爆性、放射性等特点。此类废物危害极大,需要做无害化处理和安全处置。

2. 按其危害状况分

固体废物按其危害状况可分为一般废物和有害废物。一般废物是指不具有危险特性的固体废物,有害废物包括危险废物和放射性废物,危险废物是指列入国家危险废物名录或国家规定的危险废物鉴别标准和鉴别方法认定的、具有危险特性的废物,放射性废物是指放射性核素含量超过国家规定限制的固体、液体和气体废物。

3. 按其形状分

固体废物按其形状可分为粉状、粒状、块状,还有污泥状半固体废物。

9.1.3　几种常见固体废物的基本特征

1. 城市生活垃圾

生活垃圾,是指在日常生活中或者为日常生活提供服务的活动中产生的固体废物以及法律、行政法规规定视为生活垃圾的固体废物,主要包括厨余物、废纸屑、废塑料、废橡胶制品、废编织物、废金属、废玻璃、废旧家用电器、废旧家具等。城市生活垃圾的组成、产量及组分与城市人口数量、居民生活水平、生活习惯、季节气候、环境条件等因素密切相关。一般可分为四类:第一类为内在因素,是指直接导致垃圾产量、成分变化因素,例如,在其他因素不变的情况下,人口增加,垃圾产量必然增加;经济的发展和居民生活水平的提高,使居民消费品数量与类别增加,相应垃圾产量和成分都会增加。第二类为自然因素,主要指地域(地理位置和气候等)、季节因素的影响,例如,夏天瓜果大量上市,产生大量的易腐烂有机垃圾。第三类为个体因素,主要是指产生垃圾的个体行为习惯、生活方式、受教育程度等因素。第四类为社会因素,是指社会行为准则、社会道德规范、法律规章制度等,是一种制约内在因素和个体行为的外部因素。随着我国经济发展,城市化进程不断加快,生活垃圾产量急剧增加。近几年,我国快递和快餐行业迅速发展,2017 年,我国快递行业产生塑料快递袋 80 亿个,快递包装箱 40 亿个。

表 9-1 列出了 2017 年徐州市、太仓市城市生活垃圾的组成。

表 9-1　2017 年徐州市、太仓市城市垃圾的组成(湿基,单位:%)

城市	厨余类	纸类	果类	竹木	塑料	纤维	橡胶	灰土	金属	玻璃
徐州	40.55	15.10	8.57	3.85	13.68	3.44	0.49	11.33	0.83	2.18
太仓	67.77	5.14	—	2.32	14.61	4.70	—	2.85	0.51	2.10

2. 工业固体废物

工业固体废物,是指在工业生产活动中产生的固体废物。工业固体废物来源多样,主要包括化学工业、石油化工工业、有色金属工业、交通运输、机械工业、轻工业、建筑材料工业、纺织工业、食品加工工业、电力工业等产生的废物。该类废物具有来源广、种类繁杂、数量巨大等特点。表 9-2 列举了不同工业所产生的主要固体废物种类。

表 9-2　不同工业所产生的主要固体废物种类

工业类型	主要固体废物种类
化学工业	金属填料、陶瓷、沥青、化学药剂、油毡、石棉、烟道灰、涂料等
石油化工	催化剂、沥青、还原剂、橡胶、炼制渣、塑料、纤维素等
有色金属	化学药剂、废渣、赤泥、尾矿、炉渣、烟道灰、金属等
交通运输、机械	涂料、木料、金属、橡胶、轮胎、塑料、陶瓷、边角料等
轻工业	木质素、木料、金属填料、化学药剂、纸类、塑料、橡胶等
建筑材料	金属、瓦、灰、石、陶瓷、塑料、橡胶、石膏、石棉、纤维素等
纺织工业	棉、毛、纤维、塑料、橡胶、纺纱、金属等
食品加工	油脂、果蔬、五谷、蛋类食品、金属、塑料、玻璃、纸类、烟草等
电力工业	炉渣、粉煤灰、烟灰等

3. 危险废物

危险废物,是指列入国家危险废物名录或者根据国家规定的危险废物鉴别标准和鉴别方法认定的具有危险特性的固体废物。工业固体废物中有很多种类的废物属于危险废物，城市生活垃圾中除医院临床废物外，废电池、废日光灯、某些日用化工产品等都属于危险废物。据统计，全国产生的危险废物主要分布在化学原料及化学品制造业、采掘业、黑色金属冶炼及压延加工业、有色金属冶炼及压延加工业、石油加工及炼焦业、造纸及纸制品业等工业部门。

危险废物的特性包括腐蚀性（corrosivity，C）、毒性（toxicity，T）、易燃性（ignitability，I）、反应性（reactivity，R）、感染性（infectivity，In）等特点。毒性又包括急性毒性和浸出毒性。

根据上述性质，各国均制定了危险废物鉴别标准和危险废物名录。联合国环境规划署《控制危险废物越境转移及其处置巴塞尔公约》列出了"应加控制的废物类别"共45类，"须加特别考虑的废物类别"共2类。

我国2016年8月1日实施的《国家危险废物名录》中规定了50类危险废物，包括479种危险废物，该名录中规定的危险废物既包括固态废物，又包括液态废物。

对于危险废物的鉴别，我国制定了包括腐蚀性（GB 5085.1—2007）、急性毒性（GB 5085.2—2007）、浸出毒性（GB 5085.3—2007）、易燃性（GB 5085.4—2007）、反应性（GB 5085.5—2007）、毒性物质含量鉴别（GB 5085.6—2007）、通则（GB 5085.7—2007）七个标准。

《国家危险废物名录》和《危险废物鉴别标准》的发布实施推动危险废物科学化和精细化管理，对防范危险废物环境风险、改善生态环境质量起到重要作用。

9.2 固体废物的危害

9.2.1 固体废物的污染途径

固体废物，特别是有害固体废物，如处理处置不当，其中的有毒有害物质（重金属、病原微生物）可以通过环境介质——大气、土壤、地表或地下水体进入生态系统，形成污染，对人体产生危害，同时破坏生态环境。其具体进入途径取决于固体废物本身的物理、化学和生物性质，而且与固体废物处置所在场地的地质、水文地质条件有关。

固体废物污染途径是多方面的，主要有下列几种途径：①通过填埋或堆放渗漏到地下，污染地下水源；②通过雨水冲刷流入江河湖泊，造成地面水污染；③通过废物堆放或焚烧会使臭气与烟雾进入大气，造成大气污染；④有些有害毒物施用在农田里，通过生物链的传递和富集进入食品，进而进入人体。固体废物污染途径如图9-1所示。

9.2.2 固体废物的危害

1. 对土壤环境的影响

固体废物任意在露天堆放，必将占用大量的土地，破坏地貌和植被。据估算，每堆积1×10^4 t废渣约占地667 m^2。固体废物及其淋洗和渗滤液中所含有害物质会改变土壤的性质和结构，并对土壤中微生物产生影响。这些有害成分的存在，不仅有碍植物根系的发育和生长，而且还会在植物体内积蓄，通过食物链危害人体健康。

固体废物中的有害物质进入土壤后，还可能在土壤中发生积累。我国西南某市郊因农田长期堆放垃圾，土壤中汞浓度超过本底值8倍，铜、铅浓度分别增加87％和55％，给作物的生长等带来危害。

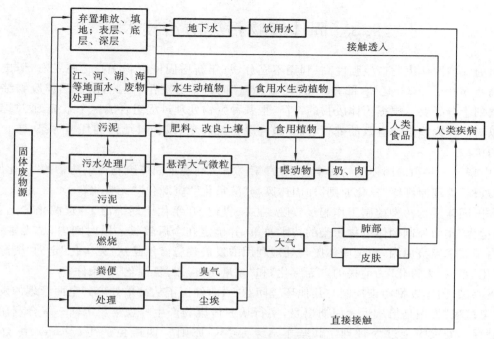

图 9-1 固体废物的污染途径

(宁平,固体废物处理与处置,2007)

2. 对大气环境的影响

堆放的固体废物中的细微颗粒、粉尘随风飞扬,从而对大气环境造成污染。据研究表明,当风力在 4 级以上时,粉煤灰或尾矿堆表层的粒径小于 1.5 cm 的粉末将出现剥离,其飘扬的高度可达 20~50 m。而且堆积的废物中某些物质发生化学反应,可以产生毒气或恶臭,造成地区性空气污染。例如,我国大量堆放的煤矸石遇水后产生物理化学反应,经常发生自燃和爆炸,自 20 世纪 80 年代以来,河南平顶山煤业集团相继发生过 50 多起矸石山自燃和爆炸事件,自燃过程中产生大量的二氧化硫,污染当地空气。

垃圾填埋场堆放过程中产生的沼气也会对大气环境造成影响,在一定程度上加剧了全球温室效应,目前国内部分垃圾填埋场通过采用清洁发展机制(CDM)来收集、处理沼气,达到节能减排的目的。

3. 对水环境的影响

在世界范围内,有不少国家直接将固体废物倾倒于河流、湖泊或海洋。在这个过程中,固体废物随天然降水或地表径流进入河流、湖泊,污染地表水;并产生渗滤液渗透到土壤中,进入地下水,使地下水受到污染;废渣直接排入河流、湖泊或海洋,能造成更大污染。

生活垃圾未经无害化处理就任意堆放,也造成许多城市地下水污染。哈尔滨市韩家洼子垃圾填埋场的地下水色度和锰、铁、酚、汞含量及细菌总数、大肠杆菌数等都严重超标,锰含量超标 3 倍多,汞含量超标 20 多倍,细菌总数超标 4.3 倍,大肠杆菌数超标 11 倍以上。

4. 对环境卫生的影响

固体废物中含有有机物,处理处置不当或随意堆置会滋生蚊蝇,有机物厌氧降解会产生恶臭、氨和硫化氢等有害气体,危及人类健康。此外,固体废物大量堆放而又处理不当,影响视觉和市容,妨碍景观,影响人们的正常生产和生活。

9.3　固体废物污染防治技术

目前我国固体废物产生强度高、利用不充分,每年新增固体废物100亿吨左右,历史堆存总量高达600亿~700亿吨,部分城市"垃圾围城"问题十分突出,因此,制定固体废物综合性处理规划十分必要。根据固体废物的特征,把各种废物处理过程组合成一个系统,通过综合处理可以对固体废物进行有效的处置,减少最终废物排放量,减轻对地区的环境污染,防止二次污染的扩散。

《中华人民共和国固体废物污染防治法》第三条明确规定固体废物污染防治的"三化原则"和"全过程"管理原则。"三化原则"即固体废物"减量化""资源化""无害化"。

我国固体废物污染控制工作起步较晚,在20世纪80年代中期提出了"资源化""无害化"和"减量化"作为控制固体废物污染的技术政策,并确定在今后较长一段时间内以"无害化"为主。由于技术经济原因,我国固体废物处理利用的发展趋势必然是从"无害化"走向"资源化","资源化"是以"无害化"为前提的,"无害化"和"减量化"应以"资源化"为条件。

近年来,固体废物污染控制与其他环境问题一样,经历了从简单处理到全面管理的发展过程。"全过程"管理是指从生命周期出发,实行从固体废物产生—收集—运输—综合利用—处理—储存—处置的全过程管理。其基本对策是"3C原则",即避免产生(clean)、综合利用(cycle)、妥善处置(control)。

为建设美丽中国,提升生态文明建设水平,2019年1月,国务院办公厅印发了《"无废城市"建设试点工作方案》。所谓"无废城市",就是以创新、协调、绿色、开放、共享的新发展理念为引领,通过推动形成绿色发展方式和生活方式,持续推进固废源头减量和资源化利用,最大限度减少填埋量,将固废环境影响降至最低的城市发展模式,也是一种先进的城市管理理念。"无废城市"坚持绿色低碳循环发展,以大宗工业固体废物、主要农业废物、生活垃圾和建筑垃圾、危险废物为重点,实现源头大幅减量、充分资源化利用和安全处置。

9.3.1　固体废物的处理与处置

1. 固体废物处理方法

固体废物处理是指通过物理、化学、生物等方法,使固体废物转化为便于运输、储存、资源化利用以及最终处置的一种过程。按照处理方法的原理,固体废物的处理方法可划分为物理处理、化学处理、生物处理、热处理和固化处理。

（1）物理处理。

物理处理是指通过浓缩或相的变化改变固体废物的结构或状态,不破坏固体废物的化学组成,使之成为便于运输、储存、利用或处置的形态。固体废物的物理处理通常作为后续处理处置或资源化前的一种预处理过程,常用的方法有压实、破碎、分选、浓缩、脱水等。

（2）化学处理。

化学处理是指采用化学方法将固体废物中有害成分转化为无害组分,或将其转变成适于进一步处理处置的形态,或使固体废物发生化学转化从而回收物质和能源。该方法适于处理所含成分单一或所含几种化学成分特性相似的废物,包括中和、氧化还原、化学沉淀和化学溶出等方法。

（3）生物处理。

生物处理是指利用微生物分解固体废物中可降解的有机物，从而达到无害化或综合利用的目的，或通过一些特异微生物的作用，使固体废物性质发生改变，有利于有害成分的溶出。生物处理具有经济、环境友好的特点，按照对于氧气的需求程度，生物处理进一步划分为厌氧处理、缺氧处理和好氧处理。

（4）热处理。

热处理是指通过高温破坏和改变固体废物的组成和结构，达到减量化、无害化和资源化目的。热处理方法包括焚烧、热解、焙烧、烧结和湿式氧化等。

（5）固化处理。

固化处理是指采用惰性材料（固化基材）将有害废物固定或包覆起来以降低其对环境的危害，因而能较安全地运输和处置的一种处理过程。该方法适用于危险废物和放射性废物，常是危险废物和放射性废物安全填埋或浅（深）地层埋藏处置前的预处理。常使用的固化剂包括水泥、沥青、塑料和玻璃等。

2. 固体废物的处置方法

固体废物处置是指将固体废物焚烧和用其他改变固体废物的物理、化学、生物特性的方法，达到减少已产生的固体废物数量、缩小固体废物体积、减少或者消除其危险成分的活动，或者将固体废物最终置于符合环境保护规定要求的填埋场的活动。某些固体废物经过处理和利用，总是会有部分残渣存在，有些残渣还含有浓度较高的有毒有害成分；另外，有些固体废物在目前技术经济条件下尚无法利用，如让其长期滞留于环境中，是一种潜在污染源，因此必须对它们进行最终处置。

根据处置场所的不同，固体废物的处置分为海洋处置和陆地处置，海洋处置有海洋倾倒和海上焚烧，我国海洋环境保护法已经禁止在海上焚烧固体废物，海洋倾倒需要得到国家海洋行政主管部门审查批准，并领取许可证。陆地处置分为深井灌注、土地填埋。

9.3.2　固体废物污染防治技术

1. 减量化技术

固体废物"减量化"是指通过实施适当的技术，一方面减少固体废物的排出量（例如在废物产生之前，采取改革生产工艺、产品设计和改变物资能源消费结构等措施）；另一方面减少固体废物容量（例如在废物排出之后，对废物进行分选、压缩、焚烧等加工工艺），通过适当的手段减少和减小固体废物的数量和体积。

1）生产源头减量化技术

固体废物污染控制需从两个方面入手，一是减少固体废物的排放量，二是防治固体废物污染。为使得工业生产中固体废物产量减少，需积极推行清洁生产审核制度，鼓励和倡导不断采取改进设计、使用清洁的能源和原料、采用先进的技术和设备、改善管理、综合利用等措施，从源头消减固体废物污染，提高资源利用效率，减少或避免在生产、服务和产品使用过程中产生的固体废物，以减轻或消除固体废物对人类健康或环境的危害。

我国工业规模大、工艺相对落后，因而固体废物产量过大。提高我国工业生产水平和管理水平，全面推行无废、少废工艺和清洁生产，减少废物产量是固体废物污染控制的有效途径之一。对于工业固体废物，可采取以下主要控制措施。

（1）采用先进生产工艺，实现经济增长方式的转变，限期淘汰固体废物污染严重的落后生产工艺和设备。为加快转变经济发展方式,推动产业结构调整和优化升级,国家发展和改革委员会不定期发布《产业结构调整指导目录》,从源头上减少固体废物产量。

(2)采用清洁的资源和能源。

(3)改用精料。

(4)改进生产工艺,采用无废或少废技术和设备。

(5)加强生产过程控制,提高管理水平,加强员工环保意识。

(6)提高产品质量和寿命。

(7)发展物质循环利用工艺。

(8)进行综合利用。

(9)进行无害化处理与处置。

城市生活垃圾的产量与城市人口、燃料结构、生活水平等有密切关系,其中人口是决定城市垃圾产量的主要因素。为有效控制生活垃圾的污染,可以采取以下措施。

(1)鼓励城市居民使用耐用环保物质资料,减少对假冒伪劣产品的使用。

(2)加强宣传教育,积极推进城市垃圾分类收集制度。按垃圾的组分进行垃圾分类收集,不仅有利于废品回收与资源利用,还可大幅度减少垃圾处理量。分类收集过程中通常可把垃圾分为易腐物、可回收物、不可回收物几大类。其中可回收物又可按纸、塑料、玻璃、金属等几类分别回收。

(3)改进城市的燃料结构,提高城市的燃气化率。我国城市垃圾中,有相当数量是煤灰。如果改变居民的燃料结构,较大幅度提高民用燃气的使用比例,则可大幅度降低垃圾中的煤灰含量,减少生活垃圾总量。

(4)进行城市生活垃圾综合利用。

(5)进行城市生活垃圾的无害化处理与处置,通过焚烧处理、卫生填埋处置等无害化处理处置措施,减轻污染。

实施垃圾分类回收是从源头削减城市垃圾处理量的最有效方法,德国、日本、英国、澳大利亚等国家早已开展生活垃圾分类工作。我国十分重视生活垃圾分类工作,2016年12月,习近平总书记主持召开中央财经领导小组会议研究普遍推行垃圾分类制度,强调要加快建立分类投放、分类收集、分类运输、分类处理的垃圾处理系统,形成以法治为基础、政府推动、全民参与、城乡统筹、因地制宜的垃圾分类制度,努力提高垃圾分类制度覆盖范围。2019年起,全国地级及以上城市全面启动生活垃圾分类工作,到2020年底46个重点城市将基本建成垃圾分类处理系统,2025年底前全国地级及以上城市将基本建成垃圾分类处理系统。

2)生产过程末端减量化技术

(1)固体废物的压缩。

固体废物压缩又称压实,是指用机械方法增加固体废物聚集程度,增大容重和减少固体废物表观体积,提高运输与管理效率的一种操作技术。

固体废物经过压缩处理,一方面可增大容重、减少固体废物体积,便于装卸和运输,确保运输安全与卫生,降低运输成本;另一方面可制取高密度惰性材料,便于储存、填埋或作为建筑材料使用。

固体废物压缩设备可分为固定式和移动式两大类。凡是采用人工或机械方法将废物送到压缩机里进行压缩的设备称为固定式,如废物收集车上配备的压实器及转运站配置的专用压实机等。移动式是指在填埋现场使用的轮胎式或履带式压土机、钢轮式布料压实机及其他专门设计的压实机具。

（2）固体废物的分选工艺。

固体废物的分选是指将固体废物中各种可回收利用的废物或不利于后续处理工艺要求的废物组分采用适当技术分离出来的过程。

固体废物的分选技术可概括为人工分选和机械分选。人工分选是在分类收集基础上，主要回收纸张、玻璃、塑料、橡胶等物品的过程，该方法适用于废物产源地、收集站、处理中心、转运站或处置场。目前，活跃在我国城乡的"拾荒大军"就是对固体废物的人工分选。

根据废物组成中各种物质的粒度、密度、磁性、电性、光电性、摩擦性及弹性的物理差异，机械分选方法可分为筛选（分）、重力分选、光电分选、磁力分选、电力分选和摩擦与弹跳分选。

① 筛分。

筛分是利用筛子将废物中小于筛孔的细粒物料透过筛面，而大于筛孔的粗粒物料留在筛面上，完成粗、细粒物料的分离过程。该方法在城市生活垃圾和工业废物的处理上得到了广泛的应用，包括湿式筛分和干式筛分两种操作类型。

在固体废物预处理中，最常用的筛分设备有固定筛、滚筒筛、振动筛。

② 重力分选。

重力分选是根据固体废物中不同物质颗粒间的密度差异，在运动介质中利用重力、介质动力和机械力的作用，使颗粒群产生松散分层和迁移分离，从而得到不同密度产品的分选过程。重力分选的介质有空气、水、重液（密度比水大的液体）、重悬浮液等。

按分选介质不同，重力分选可分为风力分选、跳汰分选、重介质分选、摇床分选和惯性分选5 种类型，相对应的分选设备为风力分选机、跳汰机、重介质分选机、摇床和惯性分选机。

③ 磁力分选。

磁力分选是利用固体废物中各种物质的磁性差异在不均匀磁场中进行分选的方法。该方法有两种类型：一类是传统的磁选，主要应用于供料中磁性杂质的提纯、净化及磁性物料的精选等；另一类是磁流体分选，主要应用于城市垃圾焚烧厂里焚烧灰及堆肥厂产品中铝、铁、铜、锌等金属的提取与回收。

磁选设备包括磁力滚筒、永磁圆筒式磁选机、悬吊磁铁器和磁流体分选槽等。

④ 电力分选。

电力分选是利用固体废物中各种组分在高压电场中电性的差异而实现分选的一种方法。按电场特征，电选机分为静电分选机和复合电场分选机。

⑤ 摩擦与弹跳分选。

摩擦与弹跳分选是根据固体废物中各组分的摩擦系数和碰撞系数的差异，在斜面上运动或与斜面碰撞弹跳时，产生不同的运动速度和弹跳轨迹而实现彼此分离的一种处理方法。常用设备包括带式筛、斜板运输分选机和反弹滚筒分选机等。

2. 资源化技术

固体废物"资源化"是指从固体废物中回收有用的物质和能源，加快物质循环，创造经济价值的广泛技术和方法。它包括物质回收、物质转换和能量转换。目前，工业发达国家出于资源危机和环境治理的考虑，已经将固体废物"资源化"纳入资源和能源开发利用之中，逐步形成了一个新兴的工业体系——资源再生工程。我国固体废物"资源化"起步较晚，在 20 世纪 90 年代将 8 大固体废物"资源化"列为国家的重大技术经济政策。目前，日本、欧洲各国固体废物"资源化"率已经达到 60%，我国则较低。

　　在我国资源和能源愈发紧张的今天,充分利用固体废物开展"资源化",对于转变经济增长方式,提高企业经济效益,推动循环经济发展,贯彻中央提出的科学发展观具有重要的现实意义。

　　固体废物"资源化"应该遵循的原则:技术上可行,经济效益好,就地利用产品,不产生二次污染,符合国家的相应产品的质量标准。

　　如前文所述,固体废物可分为矿业固体废物、工业固体废物、农业固体废物、城市生活垃圾等,固体废物来源不同,其资源化与综合利用方式也不同。

　　1) 矿业固体废物资源化技术

　　我国是重要的矿产资源大国和矿业大国,2018 年中国煤炭产量为 3.55×10^9 t,石油为 1.87×10^8 t,天然气为 16.10×10^{10} m^3。随着我国经济的快速发展,矿产资源的需求量急剧增加。在矿产资源开采和选矿过程中产生了大量的固体废物。截至 2007 年,全国积存的矿业固体废物有 5×10^9 t,且每年以 3×10^8 t 的速度增加,大量的固体废物不仅侵占了大量的土地,而且污染矿区周围的水环境、土壤和空气质量。

　　矿业固体废物主要化学组成元素是 O、Si、Al、Fe、Mn、Mg、Ca、Na、K、P 等,根据矿业种类差异,其资源化利用技术有所不同。

　　(1) 冶金矿山固体废物的综合利用。

　　冶金矿山固体废物包括矿石开采过程中剥离的表土、围岩和产生的废石,以及选矿过程中排出的尾矿。其资源化利用途径包括:①铺路、筑尾矿坝、填露天采场;②作为建筑材料;③从尾矿中回收有用金属元素;④覆土造田;⑤井下回填等。

　　(2) 煤矸石的综合利用。

　　煤矸石是采煤和选煤过程中排出的固体废物,是一种在成煤过程中与煤伴生的含碳量较低、比煤坚硬的黑色岩石。煤矸石的产量约占原煤产量的 15%,按 2018 年全国煤炭产量 3.55×10^9 t 计算,当年产生的煤矸石为 5.33×10^8 t,我国历年积存的煤矸石约为 4.5×10^9 t,占地约 6.7×10^4 hm^2,而且仍在增加,已经成为我国累积积存量及占用土地面积最大的工业废渣。

　　煤矸石的矿物成分主要由黏土矿物(高岭石为主,其次为伊利石、蒙脱石)、石英、方解石、硫铁矿及碳质组成,化学成分主要有 SiO_2、Al_2O_3 等。以山东某地煤矸石为例,其化学组成见表 9-3。

表 9-3　煤矸石的化学组成　　　　　　　　　　　　　　　　(单位:%)

组成	SiO_2	Al_2O_3	CaO	$(Na,K)_2O$	MgO	TiO_2	MnO_2	P_2O_5	烧失量
含量	52.1	18.1	2.31	2.77	1.66	0.74	0.07	0.13	16.57

　　煤矸石的利用途径与其热值有很大关系,如热值小于 2095 kJ/kg 的煤矸石主要用于回填、筑路等,而热值大于 6300 kJ/kg 的煤矸石则可用于燃烧发电。

　　迄今为止,煤矸石资源化的主要途径包括以下几点。

　　① 利用煤矸石生产建筑材料,包括生产水泥、煤矸石制砖及轻骨料。目前,该利用方向技术成熟、利用量较大。

　　② 生产化工原料,包括生产结晶氯化铝(作为净水剂)、水玻璃、硫酸铵化学肥料。

　　③ 填充煤矿地面塌陷区。目前,我国绝大部分煤矿采用冒落法管理顶板,煤层开采后,地面会产生塌陷,塌陷的范围、形态、沉陷量与煤层的厚度、开采方法有关。煤矿地面塌陷在平原地区更加明显,而且地面塌陷伴随着大量积水。统计表明,我国每采 1×10^4 t 煤,平均造成的

土地塌陷为 0.3 hm²，目前全国因采煤造成的塌陷就达 4×10^5 hm²，并且还在以每年 2.7×10^4 hm² 的速度增加。

利用煤矸石对塌陷区进行填充复垦，既能处理煤矸石固体废物，减少煤矸石占地，又能恢复塌陷区土地利用价值，实践证明，这是综合治理和恢复矿区生态环境的有效途径。如安徽淮南矿区利用煤矸石填充塌陷区 22500 m²，确保了境内铁路的畅通，同时复垦了大量的土地。淮北矿业集团自煤矿开采以来，累计塌陷土地已达 1.5×10^8 m²。目前，已用煤矸石回填或灌浆复土的面积约 7.5×10^7 m²，复垦率达 50%。

2）工业固体废物资源化技术

工业固体废物主要包括冶金、化学、机械等工业生产部门的固体废物。随着企业间等不同层面循环经济的广泛开展，2017 年全国工业固体废物综合利用率达 54.63%，钢铁工业年废钢利用量相当于粗钢产量的 30%，废旧有色金属年回收利用量相当于年产量的 17.50% 左右。

（1）冶金及电力工业废渣的利用。

① 冶金及电力工业废渣的种类及性质。

冶金工业废渣主要包括高炉矿渣、钢渣、铁合金渣、赤泥等固体废物，电力工业废渣主要包括粉煤灰及燃煤炉渣等。

高炉矿渣是指冶炼生铁时从高炉中排放出来的废物。根据 CaO 与 SiO_2 的比值不同，将高炉矿渣划分为碱性、酸性、中性矿渣。高炉矿渣的化学成分包括 SiO_2、Al_2O_3、CaO、MgO、Fe_2O_3。

钢渣是炼钢过程中排出的废渣，主要由铁水和废钢中的元素氧化后生成的氧化物、金属炉料带入的杂质、加入的造渣剂和氧化剂、被侵蚀的炉衬及补炉材料等组成。钢渣的产量一般占粗钢产量的 15%～20%。按炼钢的炉型划分，钢渣包括转炉钢渣、平炉钢渣和电炉钢渣。钢渣的主要矿物组成为橄榄石（$2FeO \cdot SiO_2$）、硅酸二钙（$2CaO \cdot SiO_2$）、硅酸三钙（$3CaO \cdot SiO_2$）、铁酸二钙（$2CaO \cdot Fe_2O_3$）及游离氧化钙等。

铁合金渣是冶炼铁合金过程中排出的废渣。由于铁合金产品种类繁多，原料工艺各不相同，产生的铁合金渣也不同。

赤泥是制铝工业提取氧化铝排出的工业废渣，主要矿物组成为文石和方解石。

粉煤灰是煤粉经高温燃烧后形成的一种类似火山灰质的混合材料，是冶炼、化工、燃煤电厂等企业排出的固体废物。

近年来，我国的能源工业稳步发展，发电能力年增长率为 7.3%。电力工业的迅速发展，带来了粉煤灰排放量的急剧增加，燃煤热电厂每年所排放的粉煤灰总量逐年增加，1995 年粉煤灰排放量达 1.25×10^8 t，2000 年约为 1.5×10^8 t，2017 年达到 6.86×10^8 t，给我国的国民经济建设及生态环境造成巨大的压力。另一方面，我国又是一个人均占有资源储量有限的国家，粉煤灰的综合利用、变废为宝、变害为利，已成为我国经济建设中一项重要的技术经济政策，是解决我国电力生产环境污染与资源缺乏之间矛盾的重要手段，也是电力生产所面临的任务之一。经过开发，粉煤灰在建工、建材、水利等各部门得到广泛的应用。

粉煤灰的矿物组成包括非晶相和结晶相两大类，非晶相主要为玻璃体，占粉煤灰总量的 50%～80%，结晶相主要有石英、莫来石、云母、长石、赤铁矿等。我国火电厂粉煤灰的主要化学组成为 SiO_2、Al_2O_3、FeO、Fe_2O_3、CaO、TiO_2、MgO、K_2O、Na_2O、SO_3、MnO 等，其含量见表 9-4。

表 9-4　我国电厂粉煤灰的化学组成　　　　　　　(单位:%)

组成	SiO_2	Al_2O_3	Fe_2O_3	CaO	MgO	SO_3	Na_2O	K_2O	烧失量
含量范围	$34.30\sim$ 65.76	$14.59\sim$ 40.12	$1.50\sim$ 16.22	$0.44\sim$ 16.80	$0.20\sim$ 3.72	$0.00\sim$ 6.00	$0.10\sim$ 4.23	$0.02\sim$ 2.14	$0.63\sim$ 29.97

粉煤灰的密度与化学成分相关,低钙灰的密度一般为 $1800\sim2800\ kg/m^3$,高钙灰一般为 $2500\sim2800\ kg/m^3$。孔隙率一般为 $60\%\sim75\%$,粒度一般为 $45\ \mu m$,比表面积为 $2000\sim4000\ cm^2/g$。

粉煤灰与石灰、水混合后显示的凝结硬化性能称为活性,玻璃体中活性 SiO_2 和 Al_2O_3 含量越高,粉煤灰的活性越强。

② 冶金及电力工业废渣的应用。

a. 高炉矿渣的综合利用。根据高炉矿渣的化学组成和矿物组成,高炉矿渣属于硅酸盐材料的范畴,适合于加工制作水泥、碎石、骨料等建筑材料。

b. 钢渣的综合利用。我国每年产生钢渣 1000 万吨以上,利用率达到 60% 左右。目前钢渣利用的主要途径是作为冶金原料、建筑材料以及农业应用等。

c. 粉煤灰的综合利用。目前,粉煤灰主要用来生产粉煤灰水泥、粉煤灰砖、粉煤灰硅酸盐砌块、粉煤灰加气混凝土及其他建筑材料,还可作为农业肥料和土壤改良剂,用作回收工业原料以及作为环境材料。

粉煤灰在水泥工业和混凝土工程中的应用:①粉煤灰代替黏土原料生产水泥,由硅酸盐水泥熟料和粉煤灰加入适量石膏磨细制成水硬胶凝材料,水泥工业采用粉煤灰配料可利用其中的未燃尽炭;②粉煤灰作为水泥混合材;③粉煤灰生产低温合成水泥,生产原理是将配合料先通过蒸汽养护生成水化物,然后经脱水和低温固相反应形成水泥矿物;④粉煤灰制作无熟料水泥,包括石灰粉煤灰水泥和纯粉煤灰水泥,石灰粉煤灰水泥是将干燥的粉煤灰掺入 $10\%\sim30\%$ 的生石灰或消石灰,再和少量石膏混合磨粉,或分别磨细后再混合均匀制成的水硬性胶凝材料;⑤粉煤灰作砂浆或混凝土的掺和料,在混凝土中掺加粉煤灰代替部分水泥或细骨料,不仅能降低成本,而且能提高混凝土的和易性,提高不透水性、不透气性、抗硫酸盐性能和耐化学侵蚀性能,降低水化热,改善混凝土的耐高温性能,减轻颗粒分离和析水现象,减少混凝土的收缩和开裂及抑制杂散电流对混凝土中钢筋的腐蚀。

粉煤灰在建筑制品中的应用:①蒸制粉煤灰砖,即以电厂粉煤灰和生石灰或其他碱性激发剂为主要原料,也可掺入适量的石膏,并加入一定量的煤渣或水淬矿渣等骨料,经过加工、搅拌、消化、轮碾、压制成形、常压或高压蒸汽养护后而形成一种墙体材料;②烧结粉煤灰砖,即以粉煤灰、黏土及其他工业废料为原料,经原料加工、搅拌、成形、干燥、焙烧制成砖;③蒸压生产泡沫粉煤灰保温砖,即以粉煤灰为主要原料,加入一定量的石灰和泡沫剂,经过配料、搅拌、浇注成形和蒸压而成的一种新型保温砖;④生产粉煤灰硅酸盐砌块,即以粉煤灰、石灰、石膏为胶凝材料,煤渣、高炉矿渣等为骨料,加水搅拌、振动成形、蒸汽养护而成的墙体材料;⑤生产粉煤灰加气混凝土,即以粉煤灰为原料,适量加入生石灰、水泥、石膏及铝粉,加水搅拌成浆,注入模具蒸养而成的一种多孔轻质建筑材料;⑥粉煤灰陶粒是以粉煤灰为主要原料,掺入少量黏结剂和固体燃料,经混合、成球、高温焙烧而成的一种人造轻质骨料;⑦粉煤灰轻质耐热保温砖,是用粉煤灰、烧石、软质土及木屑进行配料而成,具有保温效率高、耐火度高、热导率小的特点,能减轻炉墙厚度、缩短烧成时间、降低燃料消耗、提高热效率、降低成本。

粉煤灰作为农业肥料和土壤改良剂:粉煤灰具有良好的物理化学性质,能广泛应用于改造重黏土、生土、酸性土和盐碱土,粉煤灰中含有大量枸溶性硅钙镁磷等农作物所必需的营养元素,故可作为农业肥料。

回收工业原料:①回收煤炭资源,利用浮选法在含煤炭粉煤灰的灰浆水中加入浮选药剂,然后采用气浮技术,使煤粒黏附于气泡上,再上浮与灰渣分离;②回收金属物质,粉煤灰中含有 Fe_2O_3、Al_2O_3 和大量稀有金属;③分选空心微珠,空心微珠具有质量小、高强度、耐高温和绝缘性好的特点,可以用作塑料的理想填料,用于轻质耐火材料和高效保温材料,用于石油化学工业及军工领域(如坦克刹车)。

作为环保材料:①利用粉煤灰可制造分子筛、絮凝剂和吸附材料等环保材料;②粉煤灰还可用于处理含氟废水、电镀废水与含重金属离子废水和含油废水,粉煤灰中含有的 Al_2O_3、CaO 等活性组分能与氟生产配合物或生产对氟有絮凝作用的胶体离子,粉煤灰中还含有沸石、莫来石、炭粒和硅胶等,具有无机离子交换特性和吸附脱色作用。

(2) 化学工业废渣的利用。

① 化学工业废渣的种类与特性。

按行业和工艺过程,化学工业废渣可分为无机盐工业废物(铬渣、氰渣、磷泥等)、氯碱工业废物(盐泥、电石渣)、氮肥工业废物(主要是炉渣)、硫酸工业废物(主要是硫铁矿烧渣)、纯碱工业废物等。

化学工业废渣具有下列特性:a. 产量大,根据统计,一般每生产 1 t 化工产品便会产生 1～3 t 固体废物,有的产品甚至产生 8～12 t 固体废物,全国化工企业每年产生 3.72×10^7 t 固体废物,约占全国工业固体废物产量的 6.16%。b. 危险废物种类多,有毒物质含量高,对人体健康和环境危害大。c. 再生资源化潜力大。

② 化学工业废渣的处理与回收。

化工废渣中有相当一部分是反应的原料和反应副产品,通过专门的回收加工工艺,可以将有价值的物质从废物中回收。如铬渣经过解毒处理后可以用作玻璃着色剂、制磷肥等;工业磷石膏经过提纯处理后,可以用于生产纸面石膏板、生产水泥、改良土壤等。

3) 农业固体废物资源化技术

我国是农业大国,在农作物收获或加工过程中产生大量的固体废物。据统计,我国每年农作物秸秆约为 7 亿吨,这些物质目前多作为农家燃料、畜禽饲料,资源化水平相对较低。由于资源化技术不够成熟,每年农作物收割季节,农民大量焚烧秸秆,造成严重的空气污染,危害航空安全和人们身体健康。

农业固体废物产量大,在物质组成上,其主要成分为糖类、纤维素、木质素、淀粉、蛋白质,属于典型的有机质。

根据环保部 2010 年批准的《农业固体废物污染控制技术导则》(HJ 588—2010)规定,农业固体废物是指农业生产建设过程中产生的固体废物,主要来自植物种植业、动物养殖业及农用塑料残膜等。农业种植业废物是指农作物在种植、收割、交易、加工利用和食用等过程中产生的源自作物本身的固体废物,主要包括作物秸秆及蔬菜、瓜果等加工后的残渣;畜禽养殖废物是指畜禽养殖过程中产生的畜禽粪便、畜禽舍垫料、脱落羽毛等固体废物;农用薄膜是指用于农作物栽培的,具有透光性和保温性特点的塑料薄膜,包括棚膜和地膜两大类。

农业固体废物如畜禽粪便、农作物秸秆等经微生物发酵产生沼气,沼气是一种可燃性混合气体,其主要气体成分为甲烷,约占 60%,其次是二氧化碳,约占 35%,此外还有少量其他气体,如水蒸气、硫化氢、一氧化碳、氮气等。不同条件下产生的沼气,其成分具有一定的差异,例如人粪、鸡粪等发酵时,所产生的沼气中甲烷含量可达 70% 以上,而农作物秸秆发酵产生的沼气中甲烷含量占 55% 左右。

影响沼气发酵的产气量主要有温度、接种物浓度、进料浓度、氧化还原电位和 pH 值等。一般随着温度的上升其产气速度加快,表 9-5 为不同温度条件下的产气速度,当温度为 10℃时,发酵了 90 天的秸秆产气率只有 30℃发酵 27 天时的 59%。因此控制沼气发酵的温度对提高沼气产量具有重要的作用(表 9-5)。

表 9-5　温度对沼气发酵产气速率的影响

发酵温度/℃	10	15	20	25	30
发酵时间/天	90	60	45	30	27
有机物产气率/(mL/g)	450	530	610	710	760

沼气发酵必须由一定数量和种类的微生物来完成,如果沼气发酵过程中微生物种类和数量不够,应人工加入微生物。因此沼气池在启动时,尽可能添加足够的沼渣,接种一定数量和种类的微生物。

4) 城市生活垃圾资源化技术

城市生活垃圾资源化技术包括建筑垃圾的再生利用、废塑料的综合利用、废橡胶的再生利用、废纸的再生利用、废纤维织物的利用及餐厨垃圾的资源化利用。

5) 城市污泥的资源化技术

城市污泥是污水处理过程中产生的沉淀物质及浮渣。随着我国污水处理能力和污水处理率的提高,污泥的产量逐年增加。据估计,目前我国每年产生的污泥达到 3000 万吨,污泥的处理处置和资源化技术成为环境领域的新课题。

污泥的资源化技术包括污泥好氧堆肥,生产复混肥;污泥厌氧消化,生产沼气,回收能源;污泥制砖,生产水泥等。

3. 无害化技术

固体废物"无害化"是指通过采用适当的工程技术对废物进行处理(包括热解技术、分离技术、焚烧技术、生化好氧或厌氧分解技术等),使其对环境不产生污染,对人体健康不产生影响。

1) 热解技术

(1) 热解原理。

所谓热解,指将有机物在无氧或缺氧状态下加热,使之成为气态、液态或固态可燃物质的化学分解过程。

固体废物热解的主要特点:①可将固体废物中的有机物转化为以燃料气、燃料油和炭黑为主的储存性能源;②由于是无氧或缺氧分解,排气量少,因此,采用热解工艺有利于减轻对大气环境的二次污染;③废物中的硫、重金属等有害成分大部分被固定在炭黑中;④由于保持还原条件,Cr^{3+} 不会转化为 Cr^{6+};⑤NO_x 的产量少。

固体废物的热解是一个非常复杂的化学反应过程,包含了大分子键的断裂、异构化和小分子的聚合等反应,最后生成较小的分子。热解反应过程可用下述通式表示:

$$有机固体废物 \xrightarrow{\triangle} 气体(H_2、CH_4、CO、CO_2) + 有机液体(有机酸、芳烃、焦油)$$
$$+ 固体(炭黑、灰渣)$$

（2）热解技术。

由于供热方式、产品状态、热解炉结构等方面的不同，固体废物的热解方式也各不相同。

热解工艺的主要分类方法如下。

① 按供热方式可分为直接加热法和间接加热法。

② 按热解温度的不同可分为高温热解（1000 ℃以上）、中温热解（600～700 ℃）和低温热解（600 ℃以下）。

③ 按热解炉的结构可分为固定床、移动床、流化床和旋转炉等。

④ 按热解产物的物理形态可分为气化方式、液化方式和炭化方式。

2）焚烧技术

（1）焚烧原理。

生活垃圾的焚烧过程，是一系列十分复杂的物理变化和化学反应过程，通常可将焚烧划分为干燥、热分解、燃烧 3 个阶段。干燥是利用焚烧系统的热能，使入炉固体废物水分汽化、蒸发的过程，对于高水分固体废物（如污泥等），常常需要加入辅助燃料。热分解是固体废物中的有机可燃物质在高温作用下进行化学分解和聚合反应的过程，通常温度越高，热分解速率越快。燃烧是可燃物质的快速分解和高温氧化过程。

（2）焚烧的主要影响因素。

固体废物的焚烧效果，受许多因素的影响，如焚烧炉类型、固体废物性质、物料停留时间、焚烧温度、供氧量、物料的混合程度等。

① 固体废物性质。固体废物焚烧处理要求固体废物具有一定的热值，对于城市生活垃圾，一般要求低位热值大于 3350 kJ/kg 时才可以采用焚烧处理方法。

② 焚烧温度。焚烧温度的高低直接决定了减量化程度和无害化程度，目前一般要求生活垃圾的焚烧温度在 850～950 ℃，医疗垃圾、危险固体废物的焚烧温度要达到 1150 ℃，这样才能保证有机物彻底分解，减少二噁英类物质的产生和排放。

③ 停留时间。固体废物和烟气的停留时间越长，焚烧反应越彻底，焚烧效果越好。在焚烧生活垃圾时，垃圾停留时间最好为 2 h 以上，烟气停留时间达到 2 s 以上。

④ 供氧量和物料混合程度。

（3）焚烧工艺。

1931 年丹麦建成世界上第一台现代化的垃圾焚烧炉，由于焚烧法处理固体废物具有减量化效果显著（85％以上）、无害化程度彻底等优点，而且焚烧余热可以用于发电，每吨垃圾可发电 300 度左右，因而焚烧处理成为城市生活垃圾和危险废物处理的基本方法。

现代化生活垃圾焚烧的工艺流程主要由前处理系统、进料系统、焚烧炉系统、空气系统、烟气净化系统、灰渣系统、余热利用系统及自动控制系统组成，工艺流程见图 9-2。

焚烧炉系统的主体设备是焚烧炉，包括受料斗、饲料器、炉体、炉排、助燃器、出渣和进风装置等设备和设施。目前在垃圾焚烧中应用最广的生活垃圾焚烧炉，主要有机械炉排焚烧炉、流化床焚烧炉和回转窑焚烧炉、静态连续焚烧炉、二段式垃圾焚烧炉等。

3）好氧堆肥技术

好氧堆肥是好氧微生物在与空气充分接触的条件下，使堆肥原料中的有机物发生一系列放热分解反应，最终使有机物转化为简单而稳定的腐殖质的过程。

好氧堆肥的原料很广泛，有城市生活垃圾、污泥、家畜粪尿、树皮、锯末、糠壳、秸秆等。在我国好氧堆肥的主要原料是生活垃圾与粪便的混合物，也有的是城市垃圾与生活污水污泥的

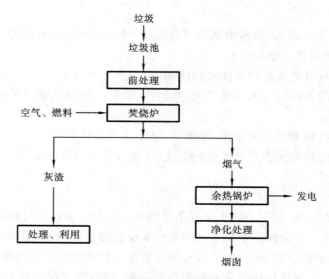

图 9-2　城市生活垃圾焚烧发电工艺流程图

混合物。

好氧堆肥具有对有机物分解速度快、降解彻底、堆肥周期短的特点。一般一次发酵在 4～12 天，二次发酵在 10～30 天便可完成。好氧堆肥温度较高，一般为 55～60 ℃，最高可达 80～90 ℃，可以消灭活病原体、虫卵和垃圾中的植物种子，使堆肥达到无害化。此外，好氧堆肥的环境条件好，不会产生难闻的臭气。因此，现代化的堆肥工艺基本上都是采用好氧堆肥。

现代化堆肥生产，通常由前处理、主发酵（一次发酵）、后发酵（二次发酵）、后处理、脱臭及储存等工序组成（图 9-3）。堆肥设备包括预处理设备、翻堆设备、堆肥发酵主设备、后处理设备、除臭设备等。其中，堆肥发酵主设备是堆肥系统的主体，目前常用的有多段竖炉式发酵塔、达诺式发酵滚筒、搅拌式发酵装置和筒仓式堆肥发酵仓等。底料是堆肥系统处理的对象，主要包括污泥、有机废渣、农林废物、城市垃圾等。调理剂可分为两种类型：结构调理剂，是一种加入堆肥底料的物料，主要目的是减少底料容重，增加底料空隙，从而有利于通风；能源调理剂，是加入堆肥底料的有机物，用于增加可生化降解有机物的含量，从而增加混合物的能量。

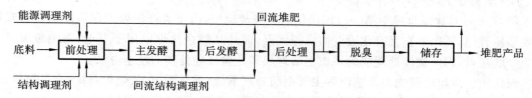

图 9-3　好氧堆肥过程的工艺过程示意图

通过堆肥化处理，有机废物转化为稳定的腐殖质，形成的堆肥产品主要有两方面的用途，一是作为有机肥料，堆肥属缓效性肥料，含有多种植物生长所必需的微量元素，堆肥养分缓慢而持久地释放，因此肥效期较长，有利于满足农作物较长时间内对养分的需求。二是作为土壤调节剂，增加土壤中腐殖质的含量，有利于土壤形成团粒结构，使土质松软，增加孔隙度，从而提高土壤的保水性、透气性，并有利于植物根系的发育和养分的吸收。

4）固体废物土地填埋

（1）卫生土地填埋。

卫生土地填埋主要用来处置城市生活垃圾,是利用工程手段将垃圾减容至最小,填埋点的面积最小,并在每天操作结束时或每隔一定时间覆以土层,整个过程对周围环境及安全均无污染或危险的一种土地处置方法。通常把每天运到土地填埋场的废物在限定的区域内铺散成 40～75 cm 厚的薄层,然后压实以减少废物的体积,并在每天操作之后用一层厚 15～30 cm 的土壤覆盖、压实。废物层和土壤覆盖层共同构成一个单元,即填筑单元。具有同样高度的一系列相互衔接的填筑单元构成一个升层。标准的填埋场应具有气体和渗滤液收集系统。当土地填埋达到最终的设计高度之后,再在该填埋层之上覆盖一层 90～120 cm 厚的土壤,压实后得到一个由多个升层组成的完整的卫生土地填埋场。

卫生土地填埋场剖面示意图见图 9-4。

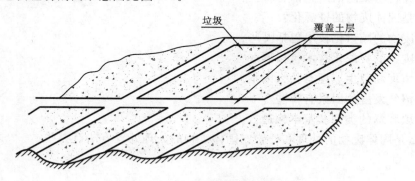

图 9-4　卫生土地填埋场剖面示意图

卫生土地填埋法工艺简单,操作方便,处置量大,费用低。许多发达国家,如美国、德国、英国、澳大利亚等对城市垃圾的处置以卫生土地填埋为主。我国是发展中国家,城市垃圾无机成分高,处理利用率低,资金短缺,卫生土地填埋无疑是最切合实际的处置方法。

（2）安全填埋法。

安全填埋场是一种将危险废物放置或储存在土壤中的处置设施,其目的是埋藏或改变危险废物的特性,适用于填埋处置不能回收利用其有用组分、不能回收利用其能量的危险废物。

安全填埋场专门用于处理危险废物,危险废物进行安全填埋处置前需要经过固化稳定化预处理。安全填埋场的综合目标是要达到尽可能将危险废物与环境隔离,技术要求必须设置防渗层,且其渗滤系数不得大于 10^{-8} cm/s;一般要求最底层应高于地下水位;并应设置渗滤液收集、处理和检测系统;一般由若干个填埋单元构成,单元之间采用工程措施相互隔离,通常隔离层由天然黏土构成,能有效地限制有害组分纵向和水平方向等迁移。

（3）一般工业固体废物填埋场。

一般工业固体废物包括高炉渣、钢渣、赤泥、有色金属渣、粉煤灰、煤渣、硫酸渣、废石膏、脱硫灰、电石渣、盐泥等,根据其浸出特性分为第Ⅰ类一般工业固体废物和第Ⅱ类一般工业固体废物。第Ⅰ类一般工业固体废物是指按照 GB 5086 规定方法进行浸出实验而获得的浸出液中,任何一种污染物的浓度均未超过 GB 8978 最高允许排放浓度,且 pH 值在 6～9 范围之内的一般工业固体废物。第Ⅱ类一般工业固体废物是指按照 GB 5086 规定方法进行浸出实验而获得的浸出液中,有一种或一种以上的污染物浓度超过 GB 8978 最高允许排放浓度,或者是 pH 值在 6～9 范围之外的一般工业固体废物。堆放第Ⅰ类一般工业固体废物的储存、处置场为第一类填埋场,简称Ⅰ类场,堆放第Ⅱ类一般工业固体废物的储存、处置场为第二类填埋场,简称Ⅱ类场。

根据《一般工业固体废物储存、处置场污染控制标准》(GB 18599—2001),Ⅰ类场应优先选用废弃的采矿坑、塌陷区。Ⅱ类场应避开地下水的主要补给区,应选在防渗性能好的地基上。一般工业固废填埋场设计操作原则上不如安全填埋严格。

思 考 题

1. 什么是固体废物?它包括哪些种类?并对每类固体废物举 1~2 个例子。
2. 固体废物有哪些危害?
3. 固体废物污染防治措施都有哪些?
4. 什么是固体废物的资源化?
5. 固体废物的减量化技术包括哪些?
6. 固体废物的资源化技术包括哪些?
7. 安全填埋和卫生填埋有什么区别?
8. 影响沼气发酵的因素有哪些?
9. 简述填埋场的类型及基本构造。
10. 什么是固体废物的处理和处置?固体废物的处理处置方法有哪些?

第 10 章　其他污染及其防治

10.1　噪声污染及其防治

噪声同空气污染、水污染一样,也是一种公害。自第二次世界大战结束以来,随着工业和交通运输业的迅猛发展,噪声污染日趋严重。在我国一些大城市的环境污染投诉中,噪声占了60%～70%。工业企业的噪声不仅影响公共环境,同时还会严重影响员工的身心健康,因此必须加以有效控制。

10.1.1　噪声的定义及度量

一、噪声的定义

噪声就是人们不需要的声音。它不仅包括杂乱无章不协调的声音,而且也包括影响旁人工作、休息、睡眠的各种音乐声,甚至于谈话声、脚步声及一切飞行、行驶中发出的马达声和机械的撞击声等。因此,对噪声判断往往与个人所处的环境和主观愿望有关。

二、噪声的度量

对噪声的度量,主要有强弱的度量和频谱分析两个方面。噪声的强弱度量反映声音的大小,即噪声的轻响程度;噪声的频谱分析可以看出噪声频率的高低,即噪声音调高低的程度。

1. 声压与声压级

声压是指在声波传播过程中空间各处空气压强产生的起伏变化,通常用 p 表示声压,单位是帕(Pa)。

日常生活中会遇到强弱不同的声音,这些声音的声压变化范围相当大。听力正常的青年人耳朵刚好能听到的 1000 Hz 纯音的声压值为 $2×10^{-5}$ Pa,称为"听阈"声压;人耳难以忍受的声压值为 20 Pa,称为"痛阈"声压。两者相差一百万倍。对于如此巨大的变化范围,直接用声压的数值来表示很不方便。另一方面,人耳对声音强度的感觉并不正比于声压的绝对值,而更接近正比于其对数值。由于这两方面的原因,在声学中普遍使用对数标度,即用被量度的量与所选定的基准量(参考量)的比值求对数,这个对数值称为被量度量的"级",单位为 dB。

声压级常用 L_p(dB)表示,定义为

$$L_p = 10\lg \frac{p^2}{p_0^2} = 20\lg \frac{p}{p_0} \tag{10-1}$$

式中:p——被度量的声压的有效值;

p_0——基准声压,在空气中规定 $p_0 = 2×10^{-5}$ Pa。

2. 声强与声强级

声场中某点处,在单位时间内,与质点速度方向垂直的单位面积上通过的声能称为瞬时声强,其数值常用 I 表示。声强是一个矢量,只有规定了方向后才有意义。常用单位是 W/m^2。

声强级常用 L_I 表示,定义为

$$L_I = 10\lg \frac{I}{I_0} \tag{10-2}$$

式中：I——被度量的声强；

　　I_0——基准声强，在空气中取 10^{-12} W/m²。

对自由声场中的平面声波，某点的声强与该点的有效声压间具有如下关系：

$$I = \frac{p^2}{\rho C} \tag{10-3}$$

式中：ρ——空气密度，单位为 kg/m³；

　　C——空气中的声速，单位为 m/s。

3. 声功率与声功率级

声源在单位时间内辐射出的总能量称为声功率，记为 W，单位为瓦。声功率是表示声源特性的重要物理量，它能反映声源本身的特性，而与声波传播的距离及声源所处的环境无关。

如果声源在没有边界的自由场中向四面八方均匀辐射声波，那么在离声源为 r 处的球面上各点的声强是相同的，因而声源的声功率 W 与声强 I 之间有如下关系：

$$I = \frac{W}{4\pi r^2} \tag{10-4}$$

声功率级常用 L_W 表示，定义为

$$L_W = 10\lg \frac{W}{W_0} \tag{10-5}$$

式中：W——被度量的声功率的平均值；

　　W_0——基准声功率，在空气中取 10^{-12} 瓦。

考虑到声强与声功率之间的关系：$I = W/S$，式中 S 为垂直于声传播方向的面积。则有

$$L_I = 10\lg\left(\frac{W}{S} \cdot \frac{1}{I_0}\right) = 10\lg\left(\frac{W}{W_0} \cdot \frac{W_0}{I_0} \cdot \frac{1}{S}\right) = L_W - 10\lg S \tag{10-6}$$

对于确定的声源，其声功率是不变的。但是，空间各处的声压级和声强级则是变化的。例如，由点声源发出的球面波，由式(10-6)可得

$$L_I = L_W - 10\lg(4\pi r^2) = L_W - 20\lg r - 11 \tag{10-7}$$

根据式(10-2)和式(10-4)可得声功率级 L_W 和声压级 L_p 的近似关系：

$$L_p = L_W - 20\lg r - 11 \tag{10-8}$$

4. 声压级的合成计算

由于声压级是对数量度，因此在求几个声源的共同效果时，不能简单地将各自产生的声压级数值算术相加，而需要进行能量叠加。多个声压级合成可按下式计算：

$$L_{p_{\mathrm{T}}} = 10\lg \frac{p_{\mathrm{T}}^2}{p_0^2} = 10\lg \frac{\sum\limits_{i=1}^{n} p_i^2}{p_0^2} = 10\lg\left(\sum\limits_{i=1}^{n} 10^{0.1 L_{p_i}}\right) \tag{10-9}$$

若有两个声源同时辐射声波，在某点处其对应的声压级分别为 L_{p_1} 和 L_{p_2}（假设 $L_{p_1} > L_{p_2}$），$\Delta L_p = L_{p_1} - L_{p_2}$，则该点处总声压级为

$$L_{p_{\mathrm{T}}} = L_{p_1} + \Delta L \tag{10-10}$$

式中，ΔL 的值可在表 10-1 中查出。

表 10-1　ΔL 值

$L_{P_1} - L_{P_2}$	0	1	2	3	4	5	6	7	8	9	10	11～13
ΔL	3	2.5	2.1	1.8	1.5	1.2	1.0	0.8	0.6	0.5	0.4	0.3

5. 噪声的频谱

在 20～20000 Hz 的可听声范围内,我们将噪声按其频率特性大体分为三类:最高声级分布在 350 Hz 以下,称为低频噪声;最高声级分布在 350～1000 Hz 范围内,称为中频噪声;而分布在 1000 Hz 以上者,称为高频噪声。为了使用上方便和实用上的需要,人们把可听声频率范围分成若干段,这就是通常所说的频程或频带。实际使用中主要有 1 倍频程、1/2 倍频程和 1/3 倍频程等几种。

10.1.2　噪声来源与危害

一、噪声来源

噪声来源主要有工业噪声、交通噪声、社会生活噪声、建筑施工噪声及其他噪声。

工业噪声主要来自生产和各种工作过程中机械振动、摩擦、撞击及气流扰动而产生的声音。再加上一些企业在扩大生产规模的同时对环保方面重视不够,使用了大量的简易厂房,封闭措施不到位,隔音效果很差,使得噪声很大。另有部分设备老化后继续使用,在生产操作过程中工人装卸搬运不注意、部分工厂选址不合理,从而严重扰乱了周围居民的正常生活,影响了居民的身体健康。

交通噪声是由交通工具在运行时发出的。汽车、火车、大中小型机动车等都是交通噪声的主要声源。由于人们环保意识较低,使得车辆很少装有消声器,加上乱按汽车喇叭,道路较窄,车辆拥挤,使得噪声高达 95 dB 左右,严重影响了行人和道路周围居民的健康。

社会生活噪声主要指街道和建筑物内部各种生活设施、人群活动等产生的声音,如人群的大声喧哗、吵闹,家庭电器的高音播放,户外广告、宣传高音喇叭的不断播放等。这些噪声又可分居室噪声和公共场所噪声,虽然它们一般在 80 dB 以下,对人没有直接生理危害,但是能干扰人们的交谈、工作、学习和休息。

随着城市加快发展,建了很多高楼大厦,建筑噪声又成了一大问题。工地初期的打桩机、挖土机、切割机、电焊机、混凝土搅拌机的使用及大型拖拉机的出进、装卸,建房过程中浇筑连续工作,产生的噪声尖锐刺耳,特别是在夜间工作,使人们难以忍受,严重影响周围居民的休息。

二、噪声危害

噪声级为 30～40 dB 是比较安静的正常环境,超过 50 dB 就会影响睡眠和休息。由于休息不足,疲劳不能消除,正常生理功能会受到一定的影响。70 dB 以上干扰谈话,造成心烦意乱,精神不集中,影响工作效率,甚至发生事故;长期工作或生活在 90 dB 以上的噪声环境,会严重影响听力和导致其他疾病的发生。噪声的具体危害详述如下。

(1)影响睡眠和休息。实验表明:在 40～45 dB 的噪声刺激下,人睡眠的脑电波就出现觉醒反应;60 dB 的噪声可使 70% 的人惊醒。噪声会影响人的睡眠质量,当睡眠受干扰而不能入睡时,就会出现呼吸急促、神经兴奋等现象。

(2)干扰人的正常工作和学习。当噪声低于 60 dB 时,对人的交谈和思维几乎不产生影响。当噪声高于 90 dB 时,交谈和思维几乎不能进行,它将严重影响人们的工作和学习。

(3) 听力损害。听力损害有急性和慢性之分。接触较强噪声,会出现耳鸣、听力下降,只要时间不长,一旦离开噪声环境后,很快就能恢复正常,称为听觉适应。如果接触强噪声的时间较长,听力下降比较明显,则离开噪声环境后,就需要几小时,甚至十几到二十几小时的时间,才能恢复正常,称为听觉疲劳。这种暂时性的听力下降仍属于正常生理范围,但可能发展成噪声性耳聋。如果继续接触强噪声,听觉疲劳不能得到恢复,听力持续下降,就会造成噪声性听力损失,成为病理性改变。这种症状在早期表现为高频段听力下降,称为听力损伤。如进一步发展,听力曲线将继续下降,听力下降平均超过 25 dB 时,将出现语言听力异常,主观上感觉会话有困难,称为噪声性耳聋。此外,强大的声爆,如爆炸声和枪炮声,能造成急性爆震性耳聋,出现鼓膜破裂、中耳听小骨错位、韧带撕裂、出血,听力部分或完全丧失,主观症状有耳痛、眩晕、头痛、恶心及呕吐等。

(4) 其他损害。噪声除损害听觉外,也影响其他系统。神经系统表现为以头痛和睡眠障碍为主的神经衰弱综合征、脑电图有改变(如节律改变、波幅低、指数下降)、自主神经功能紊乱等;心血管系统出现血压不稳(大多数增高)、心率加快、心电图有改变(窦性心律不齐,缺血型改变);内分泌系统表现为甲状腺功能亢进、性功能紊乱、月经失调;胃肠系统出现胃液分泌减少、蠕动减慢、食欲下降等。极强的噪声(如 170 dB)还会导致人死亡。

10.1.3　噪声的标准及防治

一、噪声标准

环境噪声不但影响人的身心健康,而且干扰人们的工作、学习和休息,使正常的工作生活环境受到破坏。从保护人的身心健康和工作生活环境角度出发,制定出噪声的允许限值,称为噪声标准。噪声标准可以分为产品噪声标准、噪声排放标准和环境质量标准等几大类。城市区域环境噪声标准见表 10-2。

表 10-2　城市区域环境噪声标准(等效声级 L_{eq})　　　　(单位:dB)

类　　别	昼　　间	夜　　间
0	50	40
1	55	45
2	60	50
3	65	55
4	70	55

0 类标准适用于疗养区、高级别墅区、高级宾馆区等特别需要安静的区域。位于城郊和乡村的这一类区域分别按严于 0 类标准 5 dB 执行。

1 类标准适用于以居住、文教机关为主的区域。乡村居住环境可参照执行该类标准。

2 类标准适用于居住、商业、工业混杂区。

3 类标准适用于工业区。

4 类标准适用于城市中的交通干线道路两侧区域及穿越城区的内河航道两侧区域。穿越城区的铁路主、次干线两侧区域的背景噪声(指不通过列车时的噪声水平)限值也执行该类标准。

标准中规定昼间和夜间的时间由当地人民政府按当地习惯和季节变化划定。对夜间突发噪声,其最大值不准超过标准值 15 dB。

二、噪声的防治

1. 噪声控制的一般方法

声学系统一般由声源、传播途径和接受者 3 个环节组成。噪声控制即从这 3 个环节着手,分别采取措施。

1)从声源处抑制噪声

根据发声机理可将噪声源分为机械噪声、空气动力性噪声和电磁噪声。通常,噪声源不是单一的,即使是一种设备,也可能是由几种不同发声机理的噪声组成。具体措施包括降低激发力,减小系统各环节对激发力的响应,改进设备结构及操作程序,改变操作工艺方法,提高加工精度和装配质量等。如对风机叶片和电动机的冷却风扇叶片,通过合理设计,选择最佳叶型和叶片数,就能降低噪声。实验表明,若把离心风机的叶片由直片改为后弯形,噪声可降低 10 dB(A)左右。

2)在噪声传播途径上降低噪声

从声波的传播途径上降低噪声,简单的方法就是将声源远离人们集中的地方,依靠噪声在距离上的衰减达到减噪的目的,或在声源与人之间设置隔声屏,或利用天然屏障如树林、土坡、建筑物等来遮挡噪声的传播。常用的技术措施有吸声、隔声、消声、阻尼减振等。

3)在接受点进行防护

在某些情况下,噪声特别强烈,采用上述措施后仍不能达到要求,或者工作过程中不可避免地有噪声时,就需要从接收器保护角度采取措施。对于人,可佩戴耳塞、耳罩、防声头盔等。对于精密仪器设备,可将其安置在隔声间内或隔振台上。

总之,噪声控制是一门工程应用技术,它涉及许多理论问题和大量的工程技术问题。评价噪声治理措施的优劣,除了看其效果的好坏之外,还应看其是否经济合理。噪声控制设计应坚持科学性、先进性和经济性的原则。

2. 噪声控制的步骤

在实际工作中,噪声控制主要分两类情况:一类是现有企业达不到《工业企业噪声卫生标准》的规定,需要采取补救措施来控制噪声;另一类是新建、扩建、改建而尚未建成的企业,需要事先考虑噪声污染的控制。很明显,两类情况相比,后一类情况回旋余地大,往往容易确定合理的噪声控制方案,收到较好的实际效果。噪声控制一般按如下程序进行。

1)调查噪声现场

应到噪声污染的现场调查主要噪声源及其噪声产生的原因,同时了解噪声传播的途径。对噪声污染的对象,例如操作者、居民等进行实地调查,并进行噪声测量。根据测量的结果绘制出噪声分布图,可采取直角坐标用数字标注的方法,也可以在厂区地图上用不同的等声级曲线表示。

2)确定降噪量

将噪声现场的测量数据与噪声标准(包括国家标准、部颁标准、地方或企业标准)进行比较,确定所需降低噪声的数值(包括噪声级和各频带声压级所需降低的分贝数)。

3)确定控制方案

在确定噪声控制方案时,应对生产设备运行工作情况进行认真了解和研究,采用降噪措施必须充分考虑供水、供电问题,特别应考虑通风、散热、采光、防尘、防腐蚀及污染环境等因素。

措施确定后,应对声学效果进行估算。必要时应进行实验,取得经验后再大面积进行治理,要力求稳妥,避免盲目性。在设计中应尽力做到统筹兼顾、综合利用。应进行投资核算,力求高的经济效益。

4) 降噪效果的鉴定与评价

应及时进行降噪效果的技术鉴定或工程验收工作。如未能达到预期效果,应及时查找原因,根据实际情况补加新的控制措施。

10.2 电磁污染及其防护

环境电磁污染是近几十年来形成的一种新型污染,国内某些局部环境电磁辐射污染已相当严重。如何保护环境,减少电气设备的电磁泄漏和防止电磁辐射,保障作业人员及广大居民的身体健康,已提到议事日程,亟待解决。

10.2.1 电磁污染

电磁波就是在空间传播的交变电磁场,它包括无线电长波、中波、短波、红外线、X 射线、γ射线及微波等。它看不见、摸不着、嗅不到,然而就像幽灵一样对人类生活和健康、生产科研等产生巨大的影响,其中人工电磁波最令人担忧。人工电磁波是指通过电视、广播、通信、电器、输电线等持续发出的电磁波。不少科学家预言,21 世纪电磁污染将成为首屈一指的生态环境的物理污染。

一、电磁污染源

随着科学技术的发展,遍布全球的无线电通信、广播、电视、雷达、微波炉、电脑、手机及来自远处、地下或高空的无数看不见、摸不着的电磁波,都可能成为环境的污染源。

任何交流电路都会向周围的空间放射电磁能,形成交变电磁场,当交流电的频率达到 10^5 Hz 及以上时,交流电路周围便形成了射频电磁场。通常射频电磁辐射按频率划分为不同的频段(表 10-3):高频、超高频和特高频(微波)。

表 10-3 射频电磁波(场)分类

名　　称		波　长/m	频　率/Hz
长　波		>3000	$<10^5$
中　波		300~200	$1.0\times10^6\sim1.5\times10^6$
中短波		200~50	$1.5\times10^6\sim6\times10^6$
短　波		50~10	$6\times10^6\sim3\times10^7$
超短波		10~1	$3\times10^7\sim3\times10^8$
微波	分米波	1~0.1	$3\times10^8\sim3\times10^9$
	厘米波	0.1~0.01	$3\times10^9\sim3\times10^{10}$
	毫米波	<0.01	$>3\times10^{10}$

1. 天然电磁环境

1) 来自太阳的电磁波

太阳以电磁波的形式不停地向外辐射能量。从波谱角度看,来自太阳的电磁波从波长小

于 10^{-3} nm 的高能 γ 射线一直到波长大于 10^4 m 的低频无线电长波,几乎覆盖了全部电磁波谱,短波部分如紫外线、X 射线和 γ 射线虽然所占能量份额很小,但其量值随太阳的活动而变化剧烈,对人类产生严重的影响。

2）地磁场

众所周知,地球是一个大的磁体,在它的周围存在着电磁场,被称为地磁场。包括人类在内的一切生物都生活在其中,慢慢适应着地磁场的作用,并且有自己的微弱磁场（人体磁信号主要集中在肺部）。人们由于长期受地磁场的作用,一旦处于"电磁真空"的环境下会不适应,将受到"电磁饥饿"的危害。俄、美科学家发现,长期在太空生活的宇航员返回地面后身体都较虚弱,究其主要原因是脱离了地磁场环境所致,于是科学家专门设计了一种电磁环境,让返地的虚弱的宇航员进去,约 3 天后,果然基本康复。

2. 人为电磁环境

1）广播电视

城市中影响电磁环境的最大辐射源是电视、广播发射塔。位于市区内的电视、广播发射塔发射的电磁波频率范围是 48.5～960 MHz,属于超短波与分米波频段。而中、短波广播发射台一般建在城市近郊区。中波广播的频率是 531～1602 kHz,其传播以地波为主,一般为近距离传送。短波广播的频率范围为 3～30 MHz,其传播以天波为主,可实现远距离传送。

2）通信设施

通信设施主要包括雷达微波站、卫星地面站、移动通信基站、无线电寻呼和手机等,它们给人们的工作和生活带来了极大的方便,但是也给城市电磁环境带来新的问题。

3）交通工具

电气化机车、有轨及无轨电车使沿线附近居住的居民收看电视受到影响,使城市电磁噪声呈上升趋势。发动机点火系统是最强的宽频电磁噪声干扰源之一,产生干扰最主要的原因是电流的交变和电弧现象。除此之外,还有汽车喇叭、发电机整流器、蓄电池的大电流瞬时通断等,甚至电动车窗的电动机也会产生很窄的尖峰电磁干扰。

4）电力系统

我国目前的变电站等级最高达到 750 kV,这种高电压、大容量的变电站的电磁环境相对于低电压等级（500 kV、220 kV）的变电站的电磁环境更为恶劣。影响电磁环境的电力系统骚扰源主要有:高压隔离开关和断路器的操作产生的暂态过电压,电源本身的电压暂降、中断、不平衡、谐波和频率变化,高压架空输电线导线表面的高场强造成电晕放电及其附近的工频电场和工频磁场,变电站二次回路的开关操作而产生的暂态电压。

5）工业、科研、医疗

工业、科研、医疗技术中使用的高频设备很多,如高频加热设备,短波、超短波理疗设备等,它们在工作时产生的电磁感应场和辐射场场强较大,并时有电磁辐射泄漏,造成不同程度的辐射污染,且对周围广播电视信号的接收和电子仪器造成干扰。

6）家用电器

随着各种家用电器进入千家万户,家庭环境的电磁能量密度不断增加。研究发现,长期生活在 0.2 μT 以上的低频电磁场环境中,将对人体产生有害影响,表 10-4 是家庭常用电器磁感应强度值。

表 10-4　家庭常用电器磁感应强度值　　　　　　　　　　　(单位:μT)

电 器 名 称	距 3 cm 处	距 30 cm 处	距 1 m 处
微波炉	75～200	4～8	0.25～0.6
电视机	2.5～50	0.04～2	0.01～0.15
洗衣机	0.8～50	0.15～3	0.01～0.15
电冰箱	0.5～1.7	0.01～0.25	<0.01
电熨斗	8～30	0.12～0.3	0.01～0.025
吸尘器	200～800	2～20	0.13～2
剃须刀	15～1500	0.08～9	0.01～0.03

二、电磁污染的传播

电磁辐射的传播方式包括地面波传播、天波(电离层)传播、视距传播、散射和绕射传播等。在分析预测电磁环境时,通常取其中一种或几种作为主要的传播途径。

1) 地面波传播

天线低架于地面(天线架设高度比波长小得多),电波从发射天线发射后,沿地表面传播的那一部分电波称为地面波。地面波受地面参数影响很大,频率越高,地面对电波吸收产生的损耗越大,所以它适于低频率(30 kHz～30 MHz)的电波传播(例如长波和中波)。我国的中波广播主要属于这类传播方式,地面波主要是垂直极化波。

2) 天波传播

天线发出的电波,在高空被电离层反射后到达地面接收点,称天波传播。长波、中波、短波都可以利用天波传播。采用天波传播方式,由于发射天线方向对着电离层,电波经反射或散射后到达地面,传播距离很远,到达地面的场强已不太强。

3) 视距传播

对于短波和微波段,由于频率很高,电波沿地面传播损耗很大,又不能被电离层反射,所以主要采用视距传播方式。视距传播是指在反射天线和接收天线能相互"看得见"的距离内,电波直接从发射天线传播到接收点,也称直接波或空间波传播。其传播方式主要是直射波和反射波的叠加。电视、调频广播、移动通信、微波接力通信都属于这种传播方式。

4) 绕射传播

电波绕过传播路径上的障碍物的现象称为绕射。绕射波遇到地面上的障碍物(如山岗、凹地、高大建筑物等)时发生绕射传播,波长越长,绕射能力也越强。因此,长波、中波和短波的绕射能力比较强,电视、调频广播和微波段的电波遇到障碍物的阻挡也能产生绕射,但绕射区的场强一般较弱。

三、电磁污染的危害

1. 电磁污染对人体伤害的影响因素

(1) 功率。设备输出功率越大,辐射强度越大,对人体的伤害越严重。

(2) 频率。辐射能的波长越短,频率越高,对人体的伤害越大。

(3) 距离。离辐射源越近,辐射强度越大,对人体的伤害越大。

(4) 振荡性质。脉冲波对机体的不良影响比连续波严重。

(5) 照射时间。连续照射时间越长或累计照射时间越长,伤害越严重。

（6）外界环境。环境温度越高或散热条件越差，伤害越严重。

电磁辐射对女性和儿童的伤害较严重；人体被照射的面积越大，伤害越严重；人体血管较少的部位传热能力较差，较容易受到伤害。

如前所述，任何交流电路都会向周围的空间发射电磁能，形成交变电磁场，当交流电的频率达到 10^5 Hz 及以上时，交流电路周围便形成了射频电磁场。对人体造成危害的电磁辐射主要是射频电磁辐射。射频电磁辐射分为长波、中波、短波和微波辐射。射频电磁辐射主要由无线电广播、电视通信、雷达探测等电子设备产生。大功率的电磁辐射对人体有明显的伤害和破坏作用，微波辐射对人的危害尤为严重。

2. 电磁辐射对人体危害的机理

电磁辐射对人体健康产生危害，其机理目前尚未完全清楚，但现在"热效应"和"非致热效应"两种观点普遍为大家所接受。

水是构成人体的重要组成部分，生物水具有很强的偶极性。当人体处于电磁场中时，人体的极性分子（如水）在电场作用下（形成偶极子）有一定的取向性，即在自然状况下排列较为紊乱的极性分子按阴阳极调整排列，产生取向运动。在交变电流电磁波不断变化的情况下，极性分子将随着频率变化而来回排队。这样，在分子运动时会互相碰撞摩擦而产生热，在电变频率高时，产生的热来不及失散，从而使机体温度上升，表现出热效应。由于电磁辐射热效应的存在，所以它对血液流通较差的组织伤害较大，因为这些组织受热后不易通过血液把热带走。人眼睛的晶状体就是这种组织，这也反过来证实了该理论的正确性。

非致热效应是指人体受到长时间强度不大的电磁辐射时，虽然人体温度没有明显升高，但会引起人体细胞膜共振，出现膜电位改变，使细胞的活动能力受限。因此，非致热效应也被称为"谐振"效应。生物大分子蛋白质的固有振荡频率在高频段，蛋白质的束缚电荷可受极高频波的影响，在分子内及分子间发生电子转移。极高频波还可通过对氢键的激励，改变蛋白酶的活性，增加酶反应速度，从而使机体表现出其他症状。另外，还有一种看法是电磁波可以干扰人体的生物电，尤其会对脑电和心电产生干扰，从而影响脑的正常功能和心脏活动。

3. 电磁辐射对人体的伤害

当人体吸收了高强度的电磁辐射后，机体会产生极化和定向弛豫效应，导致分子的振动和摩擦，使人体温度升高。若人体的调节功能不能适应某些部位的过高温升时，就会造成一定伤害。电磁辐射也会使机体产生某些生理变化，因为强电场、强磁场可使人体内分子自旋轴发生偏转，使体内的电子链出现反常排列，导致体内电磁阵容发生变化，从而引起白细胞、血小板减少，可能造成心血管系统和中枢神经系统功能障碍。特别是微波污染会引起神经系统、心血管系统、生殖系统等发生某些功能病变。电磁辐射尤其对人的眼睛伤害较大。因为眼睛是人体中对微波辐射比较敏感且易受伤害的器官。电磁辐射对胎儿的影响最为严重，胎儿的各组织器官正处于逐渐形成和生长发育阶段，对电磁的"毒性"作用比成年人敏感。

（1）对眼球晶状体的影响：强功率微波照射可导致晶状体蛋白质凝固，形成白内障。

（2）对血液生成的影响：表现为白细胞总数的波动及淋巴细胞和嗜酸性细胞减少。

（3）对内分泌的影响：在性功能上男性表现为阳痿，女性出现月经周期紊乱，其他方面有甲状腺肿大、碘摄取率增高、妇女乳汁分泌功能下降、糖代谢内分泌紊乱等。

（4）对免疫力的影响：微波照射抑制了抗体形成，甚至球蛋白抗体完全消失，还可能使机体的血清补体率升高和免疫球蛋白含量下降。

（5）对心血管系统的影响：反映在心电图上的一些指标改变，如心动过缓、心动过速、R 波变宽、K 值减少、局限性心室传导阻滞增加、血压波动等。

（6）对中枢神经系统的影响：除了改变大脑对体温调节的控制功能外，主要还表现为头痛、全身无力、易疲劳、睡眠障碍、记忆力减退、易冲动等。

4. 电磁波对电子设备的干扰

许多正常工作的电子、电气设备所发生的电磁波能对邻近的电子、电气设备产生干扰，使其性能下降乃至无法工作，甚至造成事故和设备损坏。例如，在身上安装起搏器的人，只要靠近正在运行的电力变压器、电冰箱等，就会有不舒服的感觉，起搏器可能会失调。目前，许多电子设备的内部基本电路都工作在低压状态，如电视机的高频头、视频放大器、计算机主板、CPU 等，特别是随着半导体技术的发展，集成电路工作电压越来越低，有的只有 1 V 左右，甚至更低。因此，电子设备很容易受到电磁波的辐射干扰，安全性和可靠性都受到威胁。

10.2.2　电磁辐射污染的防护

一、电磁辐射防护标准

为了防止电磁辐射的污染，保护环境，保障公众健康，各国都制定了国家防护标准。美国国家标准协会于 1966 年 11 月制定了该国标准，1970 年又做了修订。标准中规定：在频率 10～100000 MHz 时，在辐射时间大于 6 min 情况下，微波辐射强度为 10 W/m²（1 mW/cm²）；辐射时间小于 6 min 时，辐射标准为 1 Wh/m²，计算公式为

$$允许辐射强度(W/m^2) = (1 \ Wh/m^2)/照射时间(h)$$
$$允许照射时间(h) = (1 \ Wh/m^2)/实际照射强度(W/m^2)$$

我国于 1988 年制定国家标准《中华人民共和国国家标准电磁辐射防护规定》（GB 8702—1988）。主要内容是按照职业照射及公众照射两项进行考虑，公众环境照射强度只能为职业照射强度的 1/5，并且充分考虑对人体危害最大的频率范围 30～3000 MHz 内的辐射强度应限制于最低值。

二、电磁辐射对环境污染的防护对策

要十分重视广播、电视发射台及通信设备等的电磁辐射防护。广播、电视发射台及通信设备在建设前选址应以 GB 8702—1988 为标准，进行电磁辐射对环境影响的评估，实行防护性卫生监督，提出预防性防护措施，最大限度地降低对周围环境的电磁辐射强度。已建成的发射台若对周围环境造成较强场强，可以采取下列防护措施。

1. 屏蔽法

屏蔽法是利用屏蔽材料对电磁辐射电场分量和磁场分量的吸收和反射效应达到控制辐射外传的效果。电磁屏蔽的实施分 2 种：一是有源场屏蔽，是将辐射污染源加以屏蔽，防止对限定范围以外的生物体或仪器设备产生影响；二是无源场屏蔽，是将指定范围内的人员或设备加以屏蔽，使其不受电磁辐射的干扰。效果较为理想的屏蔽材料是低电阻率的铜和铝，微波屏蔽还可选用铁材。屏蔽体的形式有罩式、屏风式、隔离墙式等多种，可结合设备情况区别选定。

2. 接地法

接地法是将辐射源的屏蔽体通过感应产生的射频电流由地极导入地下，以免成为二次辐射源。对高频设备进行屏蔽体接地处理时，由于高频电流具有集联性，其接地线的表面积应大些，长度则力求缩短。接地极埋于地下的形式有板式、棒式、格网式多种，多使用导电效果较好的电阻值低的铜材。

3. 吸收法

吸收法是根据匹配、谐振原理,选用具有吸收电磁辐射能的材料,将泄漏的能量衰减,并吸收转化为热能。石墨、铁氧体、活性炭等是较好的吸收材料。目前国内已生产多种型号的成品可供选用。其中 WXP 尖劈型具有高效能,适用频带宽,用于建造微波暗室、铺设地面,并可作高频设备内的屏蔽材料使用。此外,尚有蜂窝状高功率玻璃钢吸收材料制品及不同型号的衰减片、终端负载等供选用。

4. 距离防护

适当加大辐射源与被照体之间距离,可减小辐射对被照体的影响。采用机械化或电气化作业,减少作业人员直接进入强辐射区的次数与工作时间。在我国,可采用远距离控制与自动化作业相结合的办法进行有效防护。

5. 滤波

电源网络的所有引入线,在进入屏蔽室之前必须装设滤波器,以阻截无用信号通过,保证有用信号通过。在调试大功率高频及微波设备时,应在系统终端安接功率吸收器或等效天线,以防辐射向空间环境泄漏。

6. 线路隔离

将射频电路与一般线路分开,远距离布线,并且将射频电路屏蔽与接地,可防止射频电路对一般线路的干扰与耦合。将射频电路与一般电路设计为平衡对称电路,抵消或减小干扰电压,与一般线路垂直交叉布线,可防止线路拾取与传播干扰信号。

7. 个人防护

作业人员在工作前要安装调试好各类高频与微波设备的防护装置。此外,重视劳保制度,应穿戴特别配备的防护服、防护眼罩、头盔等防护用品。这些防护装备一般由金属丝布、金属膜布和金属网等制成。

8. 合理设计、匹配输出

一般来说,负载匹配程度愈高,电磁泄漏就愈小,所以,必须对设备及其工作参数进行合理设计,并采用双层屏蔽,以最大限度地减少电磁泄漏。在设备的使用过程中,要适时、准确地改变线圈匝数与线路匹配,使设备处于最佳工作状态。研究表明,对于高低压线路采取同杆并架方式,不仅可以降低线下场强,减少工频电磁污染,而且还能节省线路走廊的占用面积,降低综合输电成本。

9. 加强城市规划,合理设计建筑结构与植树绿化

一些发达国家在电磁波防护方面积极进行城市规划,实行区域控制。例如,一些国家正积极开展建筑吸波材料与衰减结构的设计研究,并已逐步应用到工程实际当中。树木对电磁能量有吸收作用,在天线周围或电磁场区,大面积种植树木,增加电波在媒介中的传播衰减,能起到防止辐射污染之目的。

10. 日常生活中电磁辐射的防护

随着家用电器和移动通信工具等的日益普及,日常生活中人们承受的电磁辐射污染也更加严重,日常生活中电磁辐射的防护措施也得到了相应的重视。为了减少电磁辐射的污染,可采取以下措施进行防范。

(1)电视机、电冰箱、空调等家用电器的摆放应适当分散,不宜过分集中,可减少开机时的磁场强度。

(2)安放微波炉时,高度应该在人体头部之下,可防止人脑和眼睛受损。使用过程中,应

尽量远离。另外购买时,应选择质量好、信誉好的名牌厂家,以保证产品的质量,防止微波泄漏。安装起搏器的人应远离微波炉,以免起搏器的运作受到干扰。

(3) 使用移动电话时,话筒不要紧贴头部,最好使用专用耳机和受话器接听电话,不要长时间通话。在医院、飞机上不要使用移动电话。

(4) 收看电视时不应离电视过近,最好保持 4~5 m 距离,并注意开窗通风。

10.3　放射性污染及其防护

10.3.1　放射性污染

放射性污染主要指人工辐射源造成的污染,如核武器试验时产生的放射性物质、生产和使用放射性物质的企业排出的核废料。另外,医用、工业用、科学部门用的 X 射线源及放射性物质镭和钴、发光涂料、电视机显像管等,都会产生一定的放射性污染。

一、放射性污染来源

1. 天然放射性来源

1) 宇宙射线

宇宙射线是一种从宇宙空间射向地球的高能粒子流,其中尚未与地球大气圈、岩石圈和水圈中的物质发生相互作用的称为初级宇宙射线,主要成分包括约 85% 的质子、约 14% 的 α 粒子及少于 1‰ 的重核。由初级宇宙射线与物质相互作用形成的次级宇宙射线,主要由 π 介子、μ 介子和电子等亚原子粒子组成。宇宙射线的迁移分布受纬度和海拔高度的影响。由于大气层对宇宙射线有强烈的吸收作用,宇宙射线的强度随着高度的升高而急剧升高,大约在海拔22 km 处达到极大值。在不同的纬度地区,宇宙射线的强度也不相同。宇宙射线的强度随时间也有变化,往往具备一定的周期性,它与太阳活动和星际间的磁场也有一定的关系。

2) 宇生放射性核素

宇宙射线与大气圈中物质的相互作用,产生了大量的放射性核素,在这些核素中大部分是以散裂形式产生的碎片,也有一些是稳定原子与中子或介子相互作用产生的活化产物。它们的分布也受海拔高度和纬度的影响,其模式特点与宇宙射线相似。

3) 原生放射性核素

我们把在地球形成期间出现的放射性核素称为"原生放射性核素"。与地球同时形成的放射性核素有很多,但具有足够长半衰期而一直存在至今的却为数不多,意义最重大的有 ^{40}K、^{238}U 和 ^{232}Th 三个。它们通过放射性衰变,产生一系列的放射性子体,广泛地分布于地球环境中(表 10-5),主要储存于岩石圈中,且在不同的地区浓度差异较大,主要受基岩类型、成因、矿物化学组成、土壤及植被发育程度和类型的影响。

表 10-5　土壤、岩石和水中天然放射性核素含量

核　素	土　壤 /(皮居里/克)	岩　石 /(皮居里/克)	淡　水 /(皮居里/克)	海　水 /(皮居里/克)
^{40}K	0.8~2.4	0.2~22	—	300
^{226}Ra	0.1~1.9	0.4~1.3	0.01~1.0	0.05
^{232}Th	0.02~1.5	0.1~1.3	—	0.01~0.05
^{238}U	0.03~0.6	0.4~1.3	0.01~70	0.7~1.2

　　地球环境中的原生放射性污染，主要是指那些原子序数大于 83 的元素产生的。这些放射性元素一般分为铀系、钍系和锕系 3 个系列。它们主要储存在基岩中，通过放射性衰变，产生大量的 α、β 和 γ 射线，对地球环境产生强烈的影响。铀系主要衰变产物见表 10-6。

表 10-6　铀系主要衰变产物

核　　素	半　衰　期	辐　射　形　式
^{238}U	415×10^9 年	α、β
^{234}Th	24 天	β、γ
^{234}Pa	112 天	β、γ
^{234}U	215×10^5 年	α、γ
^{230}Th	8×10^4 年	α、γ
^{226}Ra	1620 年	α、γ
^{222}Rn	318 天	α、β
^{218}Po	311 min	α、β
^{214}Pb	27 min	β、γ
^{214}Bi	20 min	α、β、γ
^{214}Po	116×10^{-4} s	α
^{210}Pb	19 年	β、γ
^{210}Bi	5 天	α、β、γ
^{210}Po	138 天	α、γ
^{206}Pb	稳定	

　　此外，由于土-气、水-气的相互作用，大气中的原生放射性核素污染也较普遍，主要有氡及其子体污染（表 10-7）。空气中氡的浓度受多种因素的影响，同一地点，氡的浓度可能会相差 10 倍。一般来说，空气中氡的浓度常常受地面岩石、构造、建筑物材料、空气通风状况的影响。

表 10-7　空气中氡的浓度

地　　点	^{220}Rn 的浓度/（皮居里/升）
铀、钍矿区	<100
混凝土建筑物	$1 \sim 20$
陆上空气	$0.01 \sim 0.1$
海上空气	$0.001 \sim 0.06$

2. 人为放射性来源

　　除大气层核试验造成的全球性放射性污染之外，核能生产、放射性同位素的生产和应用也会导致放射性物质伴随着气态或液态流出物的释放而直接进入环境。放射性物质或核材料储存、运输及处置则可能造成放射性物质直接进入环境。

　　1）核工业

　　核工业的废水、废气、废渣的排放是造成环境放射性污染的重要原因。此外铀矿开采主要分为地下开采和大规模露天开采。其对环境的影响主要包括粉尘的产生及放射性核素的扩散。此外，非铀矿山的开采也同样可能产生放射性污染，如中国云南个旧锡铜多金属矿山的氡污染，已构成严重的危害。

2）核试验

核试验特别是大气层核试验造成的全球性污染要比核工业造成的污染严重得多，因此全球已经严禁在大气层进行核试验。

3）核电站

核电站排入环境中的废水、废气、废料等均具有较强的放射性，会造成对环境的严重污染。因此，核电站的建设必须合理规划布局，采用多层有效的防护和严格的管理，才能避免事故，减轻污染。

4）核废物处理

对核工业产生的放射性废物处理通常有两种方法：一种是利用环境的自净能力把待处理的物质稀释到无害的水平；第二种方法是保留和隔离法，即把放射性材料迁移到远离人类和生物圈的地方。在上述处理过程中，常常会因为种种原因而造成人为放射性污染。

5）放射性利用

放射性核素在医学、工业、农业、科学研究和教育方面的实际和潜在的用途达几千种，在放射性核素的生产、运输、应用和处理的各个环节都有可能将放射性污染排入环境。

6）生活中的放射性污染

生活中的放射性污染来源广泛，进入人体的途径多种多样，它们相互作用，长期对人体发生影响，可造成对机体的慢性损害。

（1）石材放射性污染。石材的放射性主要与地质结构、生成年代和条件有关。

（2）燃煤的放射性污染。许多燃煤烟气中含有微量铀、钍、镭-226、钋-210 及铅-210 等，可随空气及被烘烤的食物进入人体。

（3）饮用水中的放射性污染。我国不少水源受到天然或人工的放射性污染。某些使用储藏放射性物质的厂矿及肿瘤医院排放的废水，可对水源及水生植物造成放射性污染。

（4）新宅的放射性污染。由于地基、岩石或矿渣、大理石装饰板等往往含有一定的氡，可对新房（尤其是通风不良时）造成放射性污染。

（5）香烟中的放射性污染。烟叶中含有镭-226、钋-210、铅-210 等放射性物质，其中以钋-210 为甚。

（6）食品中的放射性污染。鱼及许多水生动植物都可富集水中的放射性物质。某些地域茶叶和冶炼厂等附近区域的蔬菜中放射性物质的含量也都普遍偏高。

二、放射性污染的危害和影响

和人类生存环境中的其他污染相比，放射性污染有以下特点：一旦产生和扩散到环境中，就不断对周围发出放射线，永不停止，其半衰期即活度减少到一半所需的时间从几分钟到几千年不等；自然条件的阳光、温度无法改变放射性核同位素的放射性活度，人们也无法用任何化学或物理手段使放射性核同位素失去放射性；放射性污染是通过发射 α、β、γ 或中子射线来伤害人的，α、β、γ、中子等射线辐射都属于致电离辐射，致电离辐射对于人（生物）危害的效果（剂量）具有明显的累积性，很少剂量的辐照如果长期存在于人身边或人体内，就可能长期累积，从而对人体造成严重危害；放射性污染既不像化学污染那样多数有气味或颜色，也不像噪声、振动、热、光等污染那样，公众可以直接感知其存在；放射性污染的辐射，哪怕强到直接致死人的水平，人类的感官对它都无任何直接感受，从而采取躲避防范行动，结果只能继续受害。

1. 产生危害的原理、途径及程度

放射线引起的生物效应，主要是使机体分子产生电离和激发，破坏生物机体的正常功能。这种作用可以是直接的，即射线直接作用于组成机体的蛋白质、碳水化合物、酶等而引起电离和激发，并使这些物质的原子结构发生变化，引起人体生命过程的改变；也可以是间接的，即射线与机体内的水分子起作用，产生强氧化剂和强还原剂，破坏有机体的正常物质代谢，引起机体系列反应，造成生物效应。由于水占体重的 70% 左右，所以射线间接作用对人体健康的影响比直接作用更大。射线对机体作用是综合性的（直接作用加间接作用），在同等条件下，内辐射（例如氡的吸入）要比外辐射（例如 γ 射线）危害更大。大气和环境中的放射性物质，可经过呼吸道、消化道、皮肤、直接照射、遗传等途径进入人体，一部分放射性核素进入生物循环，并经食物链进入人体。

放射性核素进入人体后，由于它具有不断衰变并放出射线的特性，以及放射性环境、放射性诊断等对人体直接辐照，即内照射和外照射，使体内组织失去正常的生理功能并给组织造成损伤。其中氡的危害最为显著，1998 年 WTO 公布放射性氡为人类癌症的主要致病元凶之一。

花岗岩等石材大量用于居室美化。居室放射性污染在加剧，其原因之一就是石材中含有镭-226、钍-232、钾-40 等放射性元素，它们在衰变过程中产生氡气：钍衰变成镭，镭衰变成氡。它被吸入人体后放出 α、β、γ 粒子，造成内照射。氡及其子体具有 α、β、γ 三种衰变形式，三种衰变的特性不同，对人体危害程度各异，其中以 α 射线的内照射危害最大，因为它的射程短，可集中在人体小范围内进行强烈的内照射，使小范围的机体组织承受高度集中的辐射能而造成损伤。如在呼吸道器官中的 α 粒子的射程正好可以轰击到支气管上皮基底细胞核上，造成严重的呼吸道疾病，乃至肺癌。近年来还发现氡不仅诱发肺癌，还可能诱发白血病、胃癌、皮肤癌等。

2. 对人的危害

人和动物因不遵守防护规则而接受大剂量的放射线照射，吸入大气中放射性微尘或摄入含放射性物质的水和食品，都有可能产生放射性疾病。放射病是由于放射性损伤引起的一种全身性疾病，有急性和慢性两种。前者因人体在短期内受到大剂量放射线照射而引起，如核武器爆炸、核电站的泄漏等意外事故，可产生神经系统症状（如头痛、头晕、步态不稳等）、消化系统症状（如呕吐、食欲减退等）、骨髓造血抑制、血细胞明显下降、广泛性出血和感染等，严重患者多数致死。后者因人体长期受到多次小剂量放射线照射引起，有头晕、头痛、乏力、关节疼痛、记忆力减退、失眠、食欲不振、脱发和白细胞减少等症状，甚至有致癌和影响后代的危险。白细胞减少是机体对放射线照射最为灵敏的反应之一。

放射性辐射可诱发致癌机理，目前有两种假说：一是辐射诱发机体细胞突变，从而使正常细胞向恶细胞转变；二是辐射可使细胞的环境发生变化，从而有利于病毒的复制和病毒诱发恶性病变。除致癌效应外，辐射的晚期效应还包括再生障碍性贫血、寿命缩短、白内障和视网膜发育异常。不同 X 射线剂量对人体的损伤与 1 次全身受到大剂量的照射后可能引起的症状分别如表 10-8 和表 10-9 所示。

表 10-8　不同 X 射线剂量对人体损伤的估计

剂　　量/Gy	损伤程度
$< 25 \times 10^{-2}$	不明显和不易觉察的病变
$25 \times 10^{-2} \sim 50 \times 10^{-2}$	可恢复的机能变化，可能有血液学的变化

剂　　量/Gy	损伤程度
$50 \times 10^{-2} \sim 100 \times 10^{-2}$	机能变化,血液变化,但不伴有临床征象
$100 \times 10^{-2} \sim 200 \times 10^{-2}$	轻度骨髓型急性放射病
$200 \times 10^{-2} \sim 350 \times 10^{-2}$	中度骨髓型急性放射病
$350 \times 10^{-2} \sim 550 \times 10^{-2}$	重度骨髓型急性放射病
$550 \times 10^{-2} \sim 1000 \times 10^{-2}$	极重度骨髓型急性放射病
$1000 \times 10^{-2} \sim 5000 \times 10^{-2}$	肠型急性放射病
$>5000 \times 10^{-2}$	胸型急性放射病

表 10-9　1 次全身受到大剂量的照射后可能引起的症状

照射量/(C/kg)	症　　状	治　　疗
<25	无明显自觉症状	可不治疗,酌情观察
25~50	极个别人有轻度恶心、乏力等感觉	血液学检查有变化则增加营养,要观察
50~100	极少数人有轻度短暂的恶心、乏力、呕吐,工作精力下降	增加营养,注意休息,可自行恢复健康
100~150	部分人员有恶心、呕吐、食欲减退、头晕乏力症状,明显者要对症治疗	少数人一时失去工作能力
150~200	半数人员有恶心、呕吐、食欲减退、头晕乏力	少数人员症状较重,有一半人员一时失去工作能力,大部分人需要对症治疗,部分人员要住院治疗
200~400	大部分人出现以上症状,不少人症状很严重	少数人可能死亡,均需住院治疗
400~600	全部人员出现以上症状,死亡率约 50%	均需住院抢救,死亡率取决于治疗
>600	将 100% 死亡	尽量抢救,或许对个别人有成效

放射线对孕妇及胎儿的影响很大,放射线能够穿透人体,使组织细胞和体液发生物理与化学变化,引起不同程度的损伤,胚胎或胎儿对 X 射线及各种射线敏感性更高。根据照射量和照射期的不同,分别会出现以下后果:致死效应、致畸效应、致严重智力低下、致癌效应。

10.3.2　放射性污染防治

一、放射性废水的处理

铀矿石开采和水冶、铀的精炼和 ^{235}U 的浓缩、燃料原件制造、反应堆运行、乏燃料暂存和后处理、同位素生产和使用,都会产生放射性废水或废液。除乏燃料后处理第一循环萃余残液为高放射性外,一般均为中、低放射性废水。

1. 中、低放射性废水的净化处理

1)储存衰变

有些放射性核素的半衰期较短,如核医学研究、治疗常用的 ^{32}P(14.3 天)、^{131}I(8.04 天)、^{198}Au(2.69 天)、^{99}Mo(2.75 天)、^{99m}Tc(6.02 h),反应堆运行产生的某些裂变产物及活化产物核素如 ^{92}Sr(2.71 h)、^{93}Y(10.1 h)、^{97}Zr(16.9 h)、^{132}Te(3.26 d)、^{133}I(20.8 h)、^{139}Ba(1.28 h)、

^{142}La(1.54 h)等。含这类核素的废水可在储槽中存放一段时间,待这类短寿命核素衰变到相当低的水平时,可排入下水道或有控制地排入地面水体。

当废水中同时含有半衰期较长的放射性核素后,这一方法可作为预处理方法使用,废水在储槽中滞留储存一定时间,待短寿命核素大部分衰变后,再对其他长寿命核素进行净化处理。

2)絮凝沉淀和过滤

放射性核素及其他污染物,通常以悬浮固体颗粒、胶体或溶解离子状态存在于废水中。其中,除较大的悬浮物颗粒之外,一般都不能用简单的静止沉降或过滤方法除去。向废水中投加明矾、石灰、铁盐、磷酸盐等絮凝剂,在碱性条件下所形成的水解物是一种疏松而且具有很大表面积和吸附活性的氢氧化物絮状物(矾花)。在缓慢搅拌下,矾花不断凝聚长大,废水中的细小的固体颗粒、胶体及离子状态的污染物均可被吸附载带,除去这些矾花,即可达到净化废水的目的。

絮凝沉淀法产生的矾花(污泥)约为总处理水量的 2%,其活度水平高,含水率在 90% 以上。常用过滤法使之脱水并进一步减容,经水泥固化后储存或处置。

废水经絮凝沉淀处理后,水中大部分核素已随矾花沉渣得以去除,但仍难免有细小颗粒残留在废水中,影响去污净化效果,因此,澄清水常需进一步采用压力过滤进行处理,以提高净化效果。核事故后水源受到污染时,可采用城市自来水厂的沉淀、过滤设备进行净化处理。

3)离子交换

经絮凝沉淀处理后,废水中残留的放射性物质多为离子状态,必要时可采用离子交换法做进一步处理。

离子交换法在放射性废水处理中应用十分广泛,某些天然材料(如沸石)对废水中放射性离子分离去除的机制是其对离子的吸附作用,它包括吸附及离子交换两种过程。对于高放射性废液,人工合成的离子交换树脂因其抗辐射性能差而不宜采用,但某些天然无机交换材料如黏土和一些硅酸盐矿物都具有良好的交换性能。在处理中、低放射性废水时,离子交换树脂对去除含盐类杂质较少的废水中可溶性放射性离子具有特殊的作用,因而常用作基本的处理材料。离子交换法常用于反应堆回路水的净化,处理成分单纯的实验室废水。它还广泛用于分离回收各种放射性核素。离子交换树脂吸附饱和后,用适当的酸、碱溶液或盐溶液淋洗、再生后复用,再生废液经蒸发浓缩、固化后储存或处置。

4)蒸发

废水在蒸发器内加热沸腾,水分逐渐蒸发,形成水蒸气,而后形成冷凝水,废水中所含的非挥发性放射性核素和其他各种化学杂质大部分残留在蒸发浓缩液中,冷凝水的污染程度大为降低,一般可予排放,蒸发浓缩液则进一步固化。

蒸发处理几乎可以去除废水中全部非挥发性污染物,在废水处理工艺中去污效果最好,而且最为可靠,对各种成分的废水处理适用性相当广泛。在联合采用蒸发设备和二次蒸汽净化设备的流程系统中,对非挥发性放射性核素的最佳去污比可达 $10^6 \sim 10^7$。废水中如含有氚、碘、钌等挥发性核素时,去污效率将大为下降。

蒸发之后再进行离子交换,是一种相当可靠而有效的净化方法,但蒸发处理成本很高,一般只适用于数量较少的中放废液的净化处理,而且只有在有可靠热源供应时才可选用。

2. 放射性废物的固化或固定

拟固化或固定的废物中包括中、高放射性浓缩废液,中、低放射性泥浆,废树脂等。某些废物固化前应经脱水,固化或固定后的产物应予以包装,以便于废物的储存、运输和处理。

1) 废物的脱水减容

离心机、烘干机、脱水槽、预涂层过滤器、机械过滤器及擦膜式薄膜蒸发器等都可用于泥浆脱水减容,浓缩液则常用流化床干燥器及擦膜式薄膜蒸发器进行干化。

2) 中、低放废物的固化

固化的目标是使废物转变成适于最终处置的稳定的废物体,固化材料及固化工艺的选择应保证固化体的质量,应能满足长期安全处置的要求,应满足进行工业规模生产的需要,对废物的包容量要大,工艺过程及设备要简单、可靠、安全、经济。

中、低放射性废物常采用水泥、沥青及塑料固化工艺进行固化。

水泥固化适用于中、低放废水浓缩物的固化,泥浆、废树脂等均可拌入水泥而予以固化,水泥与废物的配比约为 1∶1,要求搅拌均匀,待凝固后即成为固化体。水泥固化设备简单,经济代价小,操作方便,但增容大,核素的浸出率较高。

沥青固化适用于中、低放废水浓缩物的固化,沥青固化体中核素浸出率较低,减容大,经济代价小,固化温度为 $150\sim230$ ℃,温度太高时固化体可能燃烧。硝酸盐及亚硝酸盐废液不宜采用沥青固化。

3) 高放废液的玻璃固化

高放废液的玻璃固化已经实现工业化规模应用,玻璃固化体具有良好的抗浸出、抗辐射和抗热性能,但玻璃固化技术复杂,成本高。目前,对高放废物管理的最佳策略仍处于探索阶段。

二、放射性废气的处理

与液体废物相比,放射性废气排放可能造成更大的污染范围,对环境的影响更难预测和控制,因此,其净化处理及排放控制更应引起足够的重视。

1. 气溶胶的过滤

对放射性气体最有效的过滤装置是高效微粒空气(HEPA)过滤器,这是一种一次使用失效后即行废弃的干式过滤器,对粒径为 $0.3\ \mu m$ 的气溶胶颗粒,去污效率在 99.9% 以上。HEPA过滤器主要用于去除亚微米粒径的气溶胶颗粒,当载质空气中含有浓度较高的粉尘、雾或棉绒时,滤膜孔隙极易堵塞,为此,必须设置通常的除尘或过滤装置进行预净化,才能保证高效过滤器的去污效果和使用寿命。载质空气中的水分也会使过滤器性能恶化,必须预先去除,为此,可采用织布及非布纹纤维垫分离装置。

过滤法不能去除放射性气体中的碘同位素和惰性气体,一般可采用活性炭吸附、活性炭滞留及液体吸收等方法去除。

2. 活性炭吸附器

活性炭具有巨大的吸附内表面积,其有效活性面积高达 $700\sim1800\ m^2/g$,将其紧密充填在吸附器中,可吸附滞留载质空气中的碘。活性炭吸附滞留元素碘的机制是碘分子在其活化表面的物理吸附,滞留甲基碘的机制为浸渍剂与甲基碘之间的化学反应和放射性碘与稳定性碘两者之间的同位素交换。因此,浸渍活性炭对甲基碘的滞留容量与浸渍剂的性质、用量及状态等因素有关。活性炭吸附器对碘的吸附容量随时间而下降,其原因是空气中碳氢化合物及水分占据了活性炭表面的活性位置,或与浸渍剂反应而导致活性炭中毒,浸渍剂的挥发也会导致吸附容量降低。因此,长期不用的吸附器使用前应更换新活化的活性炭。

3. 活性炭滞留床

反应堆运行过程中产生的氙等裂变产物(惰性气体),在燃料包壳破损时有一部分会释放到回路冷却剂中,在冷却剂脱气处理时,将伴随其中的溶解态氮、氢混合气体一起释放到大气中。

利用活性炭的吸附特性,使气载废物中的惰性气体在活性炭滞留床中滞留一定的时间,可使其在流出炭床时,惰性气体核素衰变到所需的水平。

4. 低温分馏装置

将放射性气体在-170 ℃低温下液化,通过分馏使惰性气体从中分离并得以浓集,这种方法对^{85}Kr的回收率大于 99%。

三、放射性固体废物处理

1. 中、低放射性固体废物的处置

中、低放射性废液净化处理中产生的泥浆、废树脂及浓缩液经水泥或沥青固化后形成的废物及失效废气的密封辐射源等,经适当包装后,可采用近地表处置或地质处置等方式做最终处理。

2. 高放射性固体废物的处置

高放射固体废物经一定时期的储存后,将放置在地表以下的几百米深处稳定地质层的处置库内做永久性处置,确保在不短于一万年的长时期内废物中的放射性核素与生物圈可靠地隔离。

为防止废物中核素迁移到地表,确保环境的绝对安全,处置库应具有可靠的防水和滞留放射性核素的作用,为此,设计中通常采用多重屏障系统的设计原理。这一系统一般包括由废物体、废物容器、外包装和回填材料构成的四重工程屏障及地层岩石构成的天然屏障,每一重屏障都具有独特的重要作用。其中,回填材料是废物中核素向外辐射、扩散的缓冲物质,固定和支撑着废物容器在处置库中的位置,并起着封闭处置区的作用。

四、外辐射防护

外辐射是指人体外的 X 射线、β 射线、γ 射线、中子流等对机体的照射,它主要发生在各种封闭性放射源工作场所。外辐射防护分为时间防护、距离防护和屏蔽防护,它们可以单独使用,也可以结合使用。

1. 防护 α 射线

由于 α 粒子穿透能力最弱,一张白纸就能把它挡住,因此,对于 α 射线应注意内照射。其进入体内的主要途径是呼吸和进食,其防护方法主要有:防止吸入被污染的空气和食入被污染的食物,防止伤口被污染。

2. 防护 β 粒子

β 粒子的穿透能力比 α 射线强,比 γ 射线弱,因此,β 射线是比较容易阻挡的,用一般的金属就可以阻挡。但是,β 射线容易被表层组织吸收,引起组织表层的辐射损伤,因此其防护就复杂得多。具体方法有:避免直接接触被污染的物品,以防皮肤表面的污染和辐射危害;防止吸入被污染的空气和食入被污染的食物;防止伤口被污染;必要时应采用屏蔽措施。

3. 防护 γ 粒子

γ 射线穿透力强,可以造成外照射,其防护的方法主要有:尽可能减少受照射的时间;增大与辐射源间的距离,因为受照剂量与离开源的距离的平方成反比;采取屏蔽措施。在人与辐射源之间加一层足够厚的屏蔽物,可以降低外照射剂量。屏蔽的主要材料有铅、钢筋混凝土、水等,我们住的楼房对外部照射来说是很好的屏蔽体。

10.4　热污染及其防治

环境污染是现代热点问题之一,它越来越成为影响人类生存、制约社会进步的一个重要因素。毒液、毒气、噪声、电磁、放射、光、重金属、废水等污染源是人们所熟知的。近年来,人们又注意到另一种污染已悄悄走到了身边,这就是热污染。

10.4.1　热污染

热污染系指日益现代化的工农业生产和人类生活中排出的各种废热所导致的环境污染。热污染可以污染大气和水体,如工厂排出的热水及工业废水中都含有大量废热。废热排入湖泊河流后,造成水温骤升,导致水中溶解氧气锐减,引发鱼类等水生动植物死亡。大气中含热量增加,还能影响到全球气候变化。热污染还对人体健康构成危害,降低人体的正常免疫功能。

一、热污染形成的原因

热污染是异常热量的释放或被迫吸收所产生的环境"不适"造成的。近百年来全球气候变化主要影响因子按重要程度排序为 CO_2 浓度增大、城市化、海温变化、森林破坏、气溶胶、沙漠化、太阳活动、O_3、火山爆发、人为加热。使用化石燃料及核电站排出的废热是全球范围内热污染的主要来源。概括起来,热污染的原因包括异常气候变化带来的多余热量和各种有害的"人为热"。

1. 异常气候变化

(1) 近年来,太阳活动频繁,到达地球的太阳辐射量发生改变,大气环流运行状况亦随之发生变化。太阳黑子活动强烈时,经向环流活跃,南北气流交换频繁,导致冬冷夏热。如在1987 年 7 月,希腊遭受持续 8 天的热浪袭击,使雅典郊区温度猛增至 45 ℃,导致 900 余人丧生,这是由于太阳活动变异导致的。

(2) 森林随全球平均温度的上升而出现自燃现象并引发森林大火,同时向大气释放大量热量和 CO_2,最终又直接或间接地导致全球大气总热量增加,破坏了生态平衡,并给人类带来无法估量的损失。全世界每年有几百万平方千米的原始森林被破坏,极大地削弱了森林对气候的调节作用。

(3) 由于大气环流原因,改变了大气正常的热量输送,赤道东太平洋海水异常增温,厄尔尼诺现象增强,导致地球大面积天气异常,旱涝等灾害性天气增多。

(4) 火山爆发频繁,释放的大量地热和温室气体直接或间接地对地球气温变化产生影响,而地震、风暴潮等灾害也严重影响着人类的生产和生活。

2. 直接或间接的"人为热"释放

(1) CO_2 等温室气体的排放。工业的迅速发展,各种燃料(煤、石油、天然气等)消费剧增,产生的大量 CO_2 等温室气体被释放到大气之中,温室效应显著,加速了地球大气平均温度的增高,造成全球热量平衡紊乱。据探测,南极冰芯气泡中 CO_2 含量的取样及雪中 ^{18}O 同位素与当地温度关系成正相关,与近年来工业生产 CO_2 的释放相吻合。1970 年以来,CO_2 每年增量为0.4%～1%,1986 年比工业革命以前增加了 20%～25%。由于人类大量砍伐森林、草原过度放牧,使能吸入 CO_2 放出 O_2 的森林和牧草大量减少,也使 CO_2 的含量进一步增加。

（2）工业生产（如电力、冶金、石油、化工、造纸、机械等部门）过程中的动力、化学反应、高温熔化等，居民生活（如汽车、空调、电视、电风扇、微波炉、照明、液化气、蜂窝煤等）向环境排放了大量的废热水、废热气和废热渣，也散失了大量热量。

（3）工业生产过程中，与热过程有关的工业热灾害，如火灾、爆炸和毒物泄漏，也是热污染的来源。这些灾害可以引起大范围的人员伤亡和大面积的区域污染，而且持续时间长。

二、热污染的危害

1. 危害人体健康

热污染对人体健康构成严重危害，降低了人体的正常免疫功能。高温不仅会使体弱者中暑，还会使人心跳加快，引起情绪烦躁、精神萎靡、食欲不振、思维反应迟钝、工作效率低。高温气候助长了多种病原体、病毒的繁殖和扩散，易引起疾病，特别是肠道疾病和皮肤病。

2. 影响全球气候变化

随着人口和耗能量的增长，城市排入大气的热量日益增多。人类使用的全部能量最终将转化为热，传入大气，逸向太空。这样，地面对太阳热能的反射率增高，吸收太阳辐射热减少，沿地面空气的热减少，上升气流减弱，阻碍云雨形成，造成局部地区干旱，影响农作物生长。近一个世纪以来，地球大气中 CO_2 不断增加，气候变暖，冰川积雪融化，使海水水位上升，一些原本十分炎热的城市变得更热。专家预测，如按现在的能源消耗速度计算，每 10 年全球温度会升高 $0.1 \sim 0.26\ ℃$，一个世纪后即为 $1.0 \sim 2.6\ ℃$，而两极温度将上升 $3 \sim 7\ ℃$，对全球气候会有重大影响。

整个地球的热污染可能破坏大片海洋从大气层中吸收 CO_2 的能力，热污染使得吸收 CO_2 能力较强的单细胞水藻死亡，而使得吸收 CO_2 能力较弱的硅藻数量增加。如此引起恶性循环，使地球变得更热。热污染使海水温度升高，使海藻、浮游生物和甲壳纲动物等物种栖息的珊瑚礁和极地海岸周围的冰架遭到破坏，同时滋生未知细菌和病毒，杀害海洋生物，威胁人类的健康。热污染引起南极冰原持续融化，造成海平面上升。这对于那些地势较低的海岛小国和沿海地区生活着大量人口的国家无疑是灾难性的。热污染引起冰川的融化最初可能导致洪水肆虐，储有冰川融水的冰川湖也可能泛滥成害，一旦冰川湖枯竭，河流就会断流。

由于全球气候变暖，空气中水汽相对较少，干旱地区明显增多，土地干裂，河流干涸，沙化严重，全世界每年都有超过 600 多万平方千米的土地变成沙漠，尤其是在副热带干旱区和温带干旱区。由于地面状况的改变，使这些地区的太阳辐射强度大，而且地表对太阳辐射的吸收作用明显增强，又为地球大面积增温起到了一定的推动作用。因此，从某种意义上说，全球变暖与干旱地区日益扩大有很大关系。

3. 污染大气

人类使用的全部能源最终将转化为一定的热量进入大气环境，这些热量会对大气产生严重影响。

1）大气增温效应

进入大气的能量会逸向宇宙空间。在此过程中，废热直接使大气升温，同时煤、石油、天然气等矿物燃料在利用过程中产生的大量 CO_2 所造成的"温室效应"也会使气温上升。大气层温度升高将会导致极地冰层融化，造成全球范围的严重水患。据观测，近 100 年间海平面升高了约 10 cm。

2）CO_2 等温室气体的"温室效应"

温室效应，是指透射阳光的密闭空间由于与外界缺乏对流等热交换而产生的保温效应。

在地球周围的大气中,CO_2具有保温的功效,对太阳光的透射率较高,而对红外线的吸收力却较强,致使通过大气照射到地面的太阳光增强,而使地表受热升温。同时地表升温后辐射出来的红外线(热能)也较多地被CO_2吸收,然后再以逆辐射的形式还给地表,从而减少了地表的热损失。温室效应使地表升温、海水膨胀和两极冰雪消融,海平面由此而上涨,有可能淹没大量的沿海城市,台风、暴风、海啸、酷热、旱涝等灾害会频频发生。如前所述,CO_2的增加对目前增强温室效应的贡献约为70%,CH_4约为24%,N_2O约为6%。

3) 城市的"热岛效应"

一般城区的年平均气温比城郊、周边农村要高 0.5~3 ℃,这种现象在近地面气温分布图上表现为以城市为中心形成一个封闭的高温区,犹如一个温暖而孤立的岛屿。英国气候学家赖壳·霍德华把这种气候特征称为"热岛效应"。

"热岛效应"形成的首要原因是城市人口稠密、工业集中、交通工具多,生产、生活中排放的废水、废气、废渣形成低压区,吸引着周边地区热量向城市中心汇聚。其次是城市下垫面建设没有规划好,绿色面积较少。由于热岛中心区域近地面气温高,大气做上升运动,与周围地区形成气压差异,周围地区近地面大气向中心区辐合,从而形成一个以城区为中心的低压旋涡,造成人们生活、工业生产、交通工具运转等产生的大量大气污染物(硫氧化物、氮氧化物、碳氧化物、碳氢化合物等)聚集在热岛中心,危害人们的身体健康。其危害主要有:直接刺激人们的呼吸道黏膜,轻者引起咳嗽流涕,重者会诱发呼吸系统疾病;刺激皮肤,导致皮炎,甚至引起皮肤癌;长期生活在"热岛"中心,会表现为情绪烦躁不安、精神萎靡、忧郁压抑、胃肠疾病多发等。

4) 城市风和酸雨、酸雾

因城区和郊区之间存在大气差异,可形成"城市风"。"城市风"可干扰自然界季风,使城区的云量和降水量增多;大气中的酸性物质形成酸雨、酸雾,诱发更加严重的环境问题。

4. 污染水体

火力发电厂、核电站和钢铁厂冷却系统排出的热水,以及石油、化工、造纸等工厂排出的生产性废水中均含有大量废热。

1) 影响水质

温度变化会引起水质发生物理的、化学的和生物化学的变化,温度升高,水的黏度降低、密度减小,水中沉积物的空间位置和数量会发生变化,导致污泥沉积量增多。水温升高,还会引起溶解氧减少,氧扩散系数增大。水质的改变会引发一系列问题。

2) 影响水生生物

溶解氧的减少,存在的有机负荷因消化降解过程加快而加速耗氧,出现氧亏。鱼类会因缺氧而死亡。温度升高还会使水中化学物质的溶解度增大,生化反应加速,影响水生生物的适应能力。水体升温使水生生物群落结构发生变化,影响生物多样性指数,不同季节的温排水对动物影响有所区别,还使动物栖息场所减少。持续高温导致南极浮动冰山顶部大量积雪融化,使群居在南极冰雪地带海面浮动冰山顶部的阿德利亚企鹅数目大减,大量企鹅失去了赖以产卵和孵化幼仔的地方。

3) 使水体富营养化

水体的富营养化以水体有机物和营养盐(氮和磷)含量的增加为标志,它引起水生生物大量繁殖,藻类和浮游生物暴发性生长。这不仅破坏了水域的景色,而且影响了水质,并对航运带来不利影响。如海洋中的赤潮使水中溶解氧急剧减少,破坏水资源,使海水发臭,造成水质恶化,致使水体丧失饮用、养殖的价值。水温升高,生化作用加强,有机残体的分解速度加快,营养元素大量进入水体,更易形成富营养化。

4) 使传染病蔓延,有毒物质毒性增大

水温的升高为水中含有的病毒、细菌形成了一个人工温床,使其得以滋生泛滥,造成疫病流行。水中含有的污染物,如毒性比较大的汞、铬、砷、酚和氰化物等,其化学活性和毒性都因水温的升高而加剧。

5) 加快水分蒸发

水温的升高使水分子热运动加剧,也使水面上的大气受热膨胀而上升,加强了水汽在垂直方向上的对流运动,从而导致液体蒸发加快。陆地上的液态水转化为汽水,使陆地上失水增多,这对贫水地区尤其不利。

6) 增加能量消耗

冷却水水温升高,给许多利用循环水生产的工厂在经济和安全方面带来危害。水温直接影响电厂的热机效率和发电的煤耗、油耗。水温超过一定限度,将严重影响发电机的负荷,成为发电机组安全的巨大隐患。

10.4.2　热污染的防治

人类的生活永远离不开热能,但人类面临的问题是,如何在利用热能的同时减少热污染。这是一个系统问题,但解决问题的切入点应在源头和途径上。随着现代工业的发展和人口的不断增长,环境热污染将日趋严重。然而,人们尚未能用一个量值来规定其污染程度,这表明人们并未对热污染有足够重视。防治热污染可以从以下方面着手。

(1) 在源头上,应尽可能多地开发和利用太阳能、风能、潮汐能、地热能等可再生能源。

(2) 加强绿化,增加森林覆盖面积。绿色植物具有光合作用,可以吸收 CO_2,释放 O_2,还可以产生负离子。植物的蒸腾作用可以释放大量水汽,增加空气湿度,降低气温。林木还可以遮光、吸热,反射长波辐射,降低地表温度。绿色植物对防治热污染有巨大的可持续生态功能。具体措施有提高城市行道树建设水平,加强机关、学校、小区等的绿化布局,发展城市周边及郊区绿化等。

(3) 提高热能转化和利用率及对废热的综合利用。像热电厂、核电站的热能向电能的转化,工厂及人们平时生活中热能的利用上,都应提高热能的转化和使用效率,把排放到大气中的热能和 CO_2 的量降到最低。在电能的消耗上,应使用节能设计良好、散发额外热能少的电器等。这样做,既节省能源,又有利于环境。另外,产生的废热可以作为热源加以利用。如用于水产养殖、农业灌溉、冬季供暖、预防水运航道和港口结冰等。

(4) 提高冷却排放技术水平,减少废热排放。

(5) 有关职能部门应加强监督管理,制定法律、法规和标准,严格限制热排放。

10.5　光污染及其防治

没有光线就没有色彩,世界上的一切都将是漆黑的。对于人类来说,光和空气、水、食物一样,是不可缺少的。爱迪生发明了电灯,使人类走出了黑暗,随着人工电照明技术的广泛应用,城市里灯火通明,人类过度使用照明系统,带来的光污染成了现代社会的环境新问题。光给人类带来无限遐想,但负面效应也越来越强,光污染已经成为越来越广泛的社会现象。光污染被称为继水污染、大气污染、噪声污染、固体废物污染之后的第五大环境污染。

10.5.1　光污染问题

一、光污染的定义

光污染问题于20世纪30年代由国际天文界提出,他们认为光污染是城市室外照明使天空发亮对天文观测造成的负面影响,也被称为"噪光污染""光害""光干扰"等,是范围较广的污染形式之一,极易被忽视。目前全世界有超过80％的人口生活在充满各种人造光的环境中,近80％的北美人和60％的欧洲人无法看到银河。

目前,国内外对于光污染并没有一个明确的定义。现在一般认为,狭义的光污染是指过量的光辐射,对人类正常生活、工作、休息和娱乐带来不利影响、损害人们观察物体的能力,引起人体不适和危害人体健康,对人类生活和生产环境造成不良影响的各种光。光污染属于物理污染,包括可见光、红外线和紫外线等。

广义的光污染是指由人工光源导致的违背人的生理和心理需求或有损于生理和心理健康的现象,包括射线污染、光泛滥、视单调、视屏蔽、频闪等。广义的光污染包括了狭义光污染的内容。

光污染问题在城市比较突出。光污染的量与该地区附近释放出的光线多少直接相关,城市建设的大量兴建玻璃幕墙建筑以及亮化工程使城市的光污染问题越来越严重,成了一种公害。

二、光污染的种类

国际上一般把光污染分为三类,即白光污染、彩光污染、人工白昼。按照光的波长,光污染可分为可见光污染和不可见光污染,不可见光又分为红外线污染、紫外线污染、激光污染等。

1. 白光污染

不少建筑物采用的钢化玻璃、釉面砖墙、铝合金板、抛光花岗石等镜面眩光逼人,白色粉刷面光反射系数为69％～80％,镜面反射系数可达到82％～90％,镜面建筑物玻璃的反射光比阳光照射更强烈,比绿地、森林、深色或毛面砖石的外装饰建筑物的反射系数大10倍左右,大大超过了人体所能承受的范围,尤其是夏季,强烈的阳光被玻璃幕墙反射后,部分地方会受到直射阳光和反射阳光的同时照射,产生更高的温度;阳光如果被半圆形玻璃幕墙反射,容易引发火灾;反射光还会刺激司机的眼睛,危及行车安全。长时间在白光污染环境下工作和生活,人体眼角膜和虹膜会受到不同程度的损害,引起视力下降,有时还会产生幻觉。同时还使人头痛心烦,甚至发生失眠、食欲下降、情绪低落、乏力等神经衰弱的症状。

2. 彩光污染

彩光活动灯、荧光灯一级各类闪烁的彩色光源构成了彩光污染,危害人体健康。彩光污染不仅危害人的身体健康,而且对人的心理也有影响。光谱光色度效应测定显示,如以白色光的心理影响为100,则蓝色光为152,紫色光为155,红色光为158,黑色光最高,为187。如黑光灯可产生250～320 nm的紫外线,其强度远远超过太阳光中的紫外线,长期在这种黑光灯下生活,会使皮肤老化,还可能引起一系列神经系统症状,如头晕、头痛、恶心、食欲不振、乏力、失眠等。彩光污染不仅危害人体的生理机能,还会影响人的心理健康。长期处在彩光的照射下,也会不同程度地引起倦怠无力、头晕、性欲减退、阳痿、月经不调、神经衰弱等身心方面的疾病。

现在有些豪华的歌舞厅装有激光装置。据有关卫生部门对数十个歌舞厅激光设备所做的调查和测定表明，绝大多数歌舞厅的激光辐射压已超过极限值。这种高密度的热性光束通过眼睛晶状体再集中于视网膜时，其聚光点的温度可达到 70 ℃，这对眼睛和脑神经十分有害。它不但可导致人的视力受损，还会使人出现头痛头晕、出冷汗、神经衰弱、失眠等大脑中枢神经系统的病症。

3. 人工白昼

城市中广告灯牌、探照灯、夜景照明等设施，在夜幕降临后发出夺目的强光，照耀着黑暗，使得夜晚像白天一样。城市的繁华度越高，夜晚就越亮，"不夜城"破坏了昼夜模式，改变了自然环境的微妙平衡。在夜间，一些建筑工地灯火通明，亮如白昼。由于强光反射，可把附近的居室照得亮如白昼，使人夜间难以入睡，打乱了人体的生物钟，致使人精神不振，白天上班工作效率低，容易出现安全方面的事故，据调查，约 2/3 的人认为人工白昼影响健康，多数人认为影响睡眠，同时也使昆虫、鸟类的生殖受到干扰，昆虫和鸟类甚至可能被强光周围的高温烧死。

4. 红外线污染

红外线近年来在军事、人造卫星以及工业、卫生、科研等方面的应用日益广泛，因此红外线污染问题也随之产生。红外线是一种热辐射，对人体可造成高温伤害。较强的红外线可造成皮肤伤害，其情况与烫伤相似，最初是灼痛，然后是造成烧伤。红外线对眼的伤害有几种不同情况，波长为 750～1300 nm 的红外线对眼角膜的透过率较高，可造成眼底视网膜的损害。尤其是 1100 nm 附近的红外线，可使眼的前部介质（角膜、晶体等）不受损害而直接造成眼底视网膜烧伤。波长 1900 nm 以上的红外线，几乎全部被角膜吸收，会造成角膜烧伤（混浊、白斑）。波长大于 1400 nm 的红外线的能量绝大部分被角膜和眼内液所吸收，透不到虹膜，只是 1300 nm 以下的红外线才能透到虹膜，造成虹膜损害。人眼如果长期暴露在红外线下可能引起白内障。

5. 紫外线污染

紫外线也是一种不可见光线，它在生产、国防和医学上都有广泛的应用。例如消毒，杀菌，治疗某些皮肤病和软骨病等，还用于人造卫星对地面的探测等。紫外线的效应按其波长长短而不同，波长为 100～190 nm 的真空紫外部分，可被空气和水吸收；波长为 190～300 nm 的远紫外部分，大部分可被生物分子强烈吸收；波长为 300～330 nm 的近紫外部分，可被某些生物分子吸收。但是紫外线对人体的伤害，主要是损害人的眼睛和皮肤，造成角膜损伤的紫外线主要为 250～305 nm 的部分，而其中波长为 288 nm 的紫外线作用最强，长期过量照射紫外线，会导致眼睛流泪、眼睑痉挛、眼结膜充血和睫状肌抽搐等症状产生。紫外线对皮肤的伤害主要是引起红斑和小水疱，严重时会使表皮坏死和脱皮。人体胸、腹、背部皮肤对紫外线最敏感，其次是前额、肩和臀部，再次为脚掌和手背。不同波长紫外线对皮肤的伤害效应是不同的，波长为 280～320 nm 和 250～260 nm 的紫外线对皮肤的伤害效应最强。

6. 激光污染

激光污染也是光污染的一种特殊形式。激光可以为人类造福，但由于激光具有方向性好、能量集中、颜色纯等特点，若使用不当也会造成伤害。激光主要伤害眼睛，激光通过人眼晶状体的聚焦作用后，到达眼底时的光强度可增大几百至几万倍，所以激光对人眼有较大的伤害作用。在视网膜黄斑部，一个小米粒大小的激光烧伤瘢，将会使人的视力大减，甚至失明，而且眼睛一旦受伤是很难恢复的。功率很大的激光还能损害人体深层组织和神经系统。

10.5.2　光污染的危害

一、对人体健康产生影响

1. 损害眼睛

眼睛是人体最重要的感觉器官,人眼对光的适应能力较强,瞳孔可随环境的明暗进行调节。但如果长期在弱光下看东西,视力就会受到损伤。相反,强光可使人眼瞬时失明,重则造成永久性伤害。研究发现,儿童两岁前若是睡在黑暗房间,近视比例约为 10%;若是睡在开着大灯的房间中,近视比例约为 55%。阳光照射强烈时,城市里建筑物的玻璃幕墙、釉面砖墙、磨光大理石和各种涂料等装饰反射光线,明晃白亮、炫眼夺目。专家研究发现,长时间在白光污染环境下工作和生活的人,视网膜和虹膜都会受到程度不同的损害,视力急剧下降,白内障的发病率高达 45%。

2. 危害身心健康

光污染不仅会损害人的正常生理功能,还会影响心理健康。夜间照明常用的光源并非"全光谱"照射,会扰乱人体的正常生理节律;体内的生物和化学系统会发生改变,造成体温、心跳、脉搏、血压不协调。长时间在亮光环境中休息,会使生物钟发生紊乱,影响正常生活,诱发神经衰弱,甚至导致精神疾病。在不舒适眩光的作用下,视觉易疲劳,视力下降;夜晚在溢散光的照射下,影响睡眠,大脑神经得不到正常休息,造成头晕目眩、失眠、情绪低落等神经衰弱症;长期在彩色光的环境中,干扰大脑的中枢神经,使人恶心呕吐、血压升高、体温起伏、损害人的生理功能,影响心理健康;光污染可能会引起头痛,疲劳,性能力下降,增加压力和焦虑,还会使人头昏心烦,甚至发生失眠、食欲下降、情绪低落、身体乏力等类似神经衰弱的症状。舞厅、夜总会安装的黑光灯、旋转灯、荧光灯以及闪烁的彩色光源构成了彩光污染。据测定,黑光灯所产生的紫外线强度大大亮于太阳光中的紫外线,且对人体有害影响持续时间长。人如果长期接受这种照射,可诱发流鼻血、脱牙、白内障,甚至导致白血病和其他癌变。彩色光源让人眼花缭乱,不仅对眼睛不利,而且干扰大脑中枢神经,使人感到头晕目眩,出现恶心呕吐、失眠等症状。

3. 诱发癌症

相关研究指出,夜班工作与乳腺癌和前列腺癌发病率的增加具有相关性。美国《国家癌症研究所学报》发表文章称,西雅图一家癌症研究中心对 1606 名妇女调查后发现,夜班妇女患乳腺癌的概率比常人高 60%。

二、破坏自然和生态环境

大城市普遍、过多使用灯光,使天空太亮,看不见星星,影响了天文观测、航空等,很多天文台因此被迫停止工作。据天文学统计,在夜晚天空不受光污染的情况下,可以看到的星星数千颗,但在城市辉光的影响下,在路灯、背景灯、景观灯乱射的大城市里,只能看到数十颗星星。地球 70% 的人口生活在光污染中,20% 的世界人口,在夜间已经无法用肉眼看到银河美景。人类正在失去美丽的夜空,而正是人工照明导致星空消逝。

光污染影响了许多昼伏夜出的野生动物的自然生活规律和生理节奏,受影响的动物昼夜不分,其活动能力、辨位能力、竞争能力、交流能力及心理皆受到影响。人工白昼干扰了动物生殖周期和候鸟迁徙活动,给鸟类、昆虫和海龟等多个物种的正常繁衍带来了严重威胁,用光源来判断方位的动物因此迷失了方向。研究表明,每年平均有 400 万只鸟因把高楼灯光误当成星光,或撞上而亡,或力竭而死;一个小型广告灯箱一年可以"吸引"并"杀死"35 万只昆虫。光污染甚至可以使野生动物致癌,人类向自然界排放化学污染、增加光及噪声污染,破坏了野生动物基因的多样性,改变及污染了它们的食物来源,这可能影响野生动物的生理学特性和细胞分子特性,从而增加其种群内的癌症患病率。

夜间在灯光的长期照射下,用波长来判断温度的植物因此迷失了季节,会影响植物的生长,导致有些植物只开花不结果,有些树木落叶、脱皮等。以长寿花为例:接受正常日光照射的长寿花每年 11 月末或 12 月初现花蕾。人为改变长寿花光照,每天增加 3 h 灯光照射的长寿花徒长叶子,不能进行花芽分化。将徒长的长寿花重新接受一个月的正常照射,长寿花出现花芽分化并开花。紧靠强光灯的树木光合作用能力减弱,释放出的氧气量也少,导致其茎或叶变色,对植物花芽、冬芽的形成和冬眠造成影响,存活时间变短。如今光污染对于植物的影响已经从对植物本身生长的危害进一步上升为对于整个城市绿化景观的影响,它不仅破坏了植物的多样性,而且破坏了植物对于城市景观的塑造性,使植物衬托不出景观的特色。

三、导致城市交通事故的增加

光污染也会构成安全隐患。过高的光源亮度或光源与环境的亮度对比都会降低人眼的适应能力,从明亮到黑暗的环境中需要较长的适应时间,此时看不清周围的物体。夏天,烈日下驾车行驶的司机会出其不意地遭到玻璃幕墙反射光的突然袭击,眼睛受到强烈刺激,容易诱发车祸,引发交通事故,构成安全隐患。

夜晚在城市街道驾驶使用远光灯,也容易诱发车祸,很多司机表示在没有隔离带的道路上会车或离前面同方向的车距离较近时,汽车没有把远光灯变为近光灯,这样严重干扰了对方司机的视线,造成交通事故。在夜间开车观察和遥望前方时本就觉得视野比白天要窄,尤其在一些照明不好的道路上,开车时会炫目、视力下降,加上马路对面而来的强烈的汽车散射灯光使他们看不清路况,从而引起交通意外。

10.5.3　光污染控制

一、加强光污染源管控

光污染是城市人居环境广泛存在的物理性污染,在源头预防的效果要远远好于产生后的治理。局部光污染或可通过限制、移除光源得到治理,但要全面防治光污染,则需要局部完善与整体规划相结合。将城市根据区域功能和对光环境(道路照明、夜间景观)的不同要求划分为不同类型的区域进行控制、管理,是国际上光环境空间管制的主要对策措施。如国际照明委员会(CIE)在《限制室外照明设施的干扰光影响指南》中划分了 4 类环境区域,即天然暗环境区、低亮度环境区、中等亮度环境区和高亮度环境区。如天然暗环境区包括了国家公园、自然保护区和天文台所在地区等。

防治光污染需要政府和公众共同努力。作为政府,应当对城市进行科学规划,在编制城市夜景照明规划时,应对限制光污染提出相应的要求和措施;在设计城市夜景照明工程时,应按城市夜景照明的规划进行设计,做好绿化措施,合理布置光源;应将照明的光线严格控制在被照区域内,限制灯具产生的干扰光,禁止使用大功率强光源和激光装置;应合理设置夜景照明运行时段,加强夜晚灯光的管理,禁止使用大功率强光源和激光装置,及时关闭部分或全部夜景照明、广告照明和非重要景观区高层建筑的内透光照明。同时,要减少光污染,最重要的是加强"暗夜"意识,挡住"废光"的射出。比如投光灯、街灯都要有合适的遮光罩和良好的配光性能,不让灯光无谓地射向夜空;景观灯不要追求越亮越好,做到明暗有序。

光污染防治是一个复杂的系统工程,涉及环保、规划、交通、建设、城管等多个部门的职能,构建"大环保"机制,多部门联合推进,对确保光污染防治的贯彻执行,推进治理工作的开展具有重要的现实意义。在没有成熟的光污染防治立法的情况下,为了限制光污染,部分省市依据有关民法、环境法等的立法目的及宗旨,针对实际情况及社会的发展,对相关法律及时做出的补充性地方规章,制定了一系列规范性文件,对于从源头控制光污染具有积极的意义。

事实上,从源头上分析,解决光污染问题也有很多技术手段,如设计及施工方注重改进材料、科学管理,可使建筑类光污染大大减少。如使需要照射的地方得到光照,减少光线的散射和折射,同时改善光源的种类,对照明及反光材料的使用进行规划,从而减少光污染;如在新、改、扩建的企业,一定要在光的使用方面注意合理的设计、装饰,不滥用光源等,也能够减少光污染。

二、加强光污染立法管控

必须填补防治城市光污染的法律空白,让光污染有法可治,有法可依,有人监管,倒逼人们避免制造光污染。很多国家和地区已针对日趋严重的光污染问题,制定了初步的防范制度。如捷克制定了专门针对光污染的《保护黑夜环境法》,美国新墨西哥州制定了《夜空保护法》等。

目前为止,我国法律法规层面在《宪法》《环境保护法》以及相关地方法规中均对光污染做出过一定的解释和规定,但细致程度较低,基本没有可操作性。再加上光污染是一个不易测量的东西,危害较隐蔽,很少有人意识到光污染的危害,同时我国缺乏光污染监控立法和评价体系,难以定量分析光污染的分布与进程。相关法律法规的不完善与欠缺,也使得光污染在我国大有越发严重而不受控制的趋势。在防治城市光污染上,应当像防治水污染、大气污染、土壤污染一样,我国也要从国家层面尽快立法出台《光污染防治法》,让防治光污染有法可依。

除立法外,不少国家还采用地方规定手段对光污染进行治理。在纽约、伦敦等大城市,特别是摩天大楼集中的区域,管理部门往往对楼宇灯光的开放时间和亮度规模有细致的要求;在居民区,则禁止使用安装大规模照明装置。对于具体光源,日本等国限制如激光束、泛光灯等强光源使用,而在美国一些地方,则通过行政规定限制公共照明设施的功率。另外,不少国家对户外灯光的角度、灯具的形式以及光源距离住宅的远近等做出细致的规定,以最大限度地减少光污染对居民生活的影响。

我国在没有成熟的光污染防治立法的情况下,不可避免地会碰到照明设施的建设过程中缺乏可依循的标准、在审理相关案件的过程中缺乏法律依据、在行政执法过程中更是无法可依,既不能保证对于光污染的治理也很难保障受害人的权益等情况。为了限制光污染,部分省市依据有关民法、环境法等的立法目的及宗旨,针对实际情况及社会的发展,对相关法律及时做出的补充性地方规章,制定了一系列规范性文件,具有积极的意义。如《珠海市环境保护条例》《城市环境(装饰)照明规范》《广州光辐射环境管理规定》,北京、上海、深圳、杭州等多个城市也先后出台了照明设施或景观灯的管理规定。这些地方性规定,促进了相应地区光污染防治,一定程度上也为国家层面出台光污染防治法律提供了实践依据。

三、加强家庭、个人光污染防护

作为家庭和个人,应该正确认识光污染的危害,关注自己的生活环境,避免长时间暴露在光污染环境中。

在家庭装修上,避免在房间内使用反射系数大的装修材料,尤其是光滑的白粉墙,白色的粉刷面反射系数为 69%～80%，而镜面玻璃的反射系数达 82%～90%，光滑的白色表面反射系数甚至可能高于镜面玻璃，深色墙体的装修能够降低光污染危害，可选用暖色调的粗糙墙面，有色墙体能够有效抑制强阳光以及窗外光污染反射，粗糙的墙体表面能够形成漫反射效果，进一步让光线折射更加柔和；选用光线稳定且柔和的灯具，避免直射；光源同样重要，尽量避免暴露的光源。照明用具的选择，与光污染危害也有很重要的关系，灯具与光源位置选择的环节，我们应秉承尽量减少强光源暴露的原则，用灯光吊顶加漫反射原理将家中照亮，对于眼睛的伤害会更低；我们应该选用色温偏低（暖色）的光源进行照明，尽量避免光源的直接照射，因此灯罩自然也是必不可少的；夜晚时避免室内有光线和各种屏幕光源，在窗帘选择上，遮光性是重中之重。家中防止外部光污染的侵袭，一张遮光性好的窗帘，就是解决问题最好的选择，尤其是在婴儿房中，我们应该选择较好的材料，尽量保证屋内的黑暗环境，不要让夜晚的光，妨碍儿童褪黑素的分泌。

个人如果不能避免长期处光污染的工作环境中，以防为主，防治结合，注意采用个人合适的防护措施，如防护镜、防护面罩、防护服等，把光污染的危害消除在萌芽状态；应该定期去医院眼科做检查，以及时发现病情。个人防护光污染，生活中的一些细节也不要忽视，如出外郊游应戴上起保护作用的遮阳镜，青年人应尽量少去歌厅、舞厅等；要合理使用灯光，注意调整亮度，不可滥用光源；注意个人保健，平时应该多喝水，多吃含维生素 C 的水果和蔬菜，比如橙子、橘子、西红柿等，多吃防辐射的食物，如紫菜、海带、黑木耳等。

10.6 室内空气污染

室内环境质量是关系人们健康生活的重要问题之一，长期以来人们往往把目光更多地投向室外环境污染，但由于人的一生大部分时间是在室内度过的，因此，居室环境对人的日常生活有着重大影响。我国室内空气污染处于相当严重的状况，其危害性不容忽视，室内环境的保护也显得极其重要。

室内环境一般泛指人们的生活居室、劳动与工作的场所，以及进行其他活动的公共场所等。室内环境已成为现代人类的主要场所，据近年的资料表明，城市居民每天有 70%～90% 的时间在各种室内环境中度过。因此，室内空气质量的好坏，对人体健康的影响越来越大。人们对室外环境污染的严重性和危害性已有深刻认识，而对室内空气污染的状况不甚了解，以为室内空气比室外好。事实上，由于我国城市用于居室、写字楼的建筑材料、家具制品和装修材料大多含有超标甚至严重超标的甲醛、苯、氨、氡、氯化烃等对人体健康极为有害的物质，这些逐渐释放出来的有机和无机污染物，未能被及时排放到室外而在室内分解，浓度逐渐提高，致使室内空气质量恶化、污染日趋严重，在对人们的身心健康造成的危害方面，已在很大程度上超过了室外的空气污染。

10.6.1 室内空气污染来源

1. 来源于室外

室外空气污染物除包括 SO_2、NO_x 和颗粒物等外，还有其他几种来源：地层中固有的，如氡及其子体；地基在建房前已受到工农业废物的污染，而又未得到彻底清理而遗留下的污染物，如某些农药、化工燃料、汞等；质量不合格的生活用水，如淋浴、冷却空调、加湿空气等用水，可存在各种致病菌和化学污染物，如结核分枝杆菌、苯等；人为带入室内，如将工作服带入室内;从邻近家中传来,如厨房排烟道受堵,下层厨房排出的烟气可随烟道进入上层厨房内。

2. 来自建筑物

例如,建筑施工中使用的混凝土外加剂和以氨水为主要原料的混凝土的防冻剂,这些含有大量氨类物质的外加剂,在墙体中随着温度、湿度等环境因素的变化而还原成氨气,从墙体中缓慢释放出来,造成室内空气中氨的浓度增加。另外,从建筑材料中析出的氡也会造成室内放射性物质含量过高,联合国原子辐射效应科学委员会的报告中指出,建筑材料是室内氡的主要来源。若原房屋已受污染,使用者迁出后未予彻底清理,则会使后迁入者受到伤害。

3. 来源于室内

室内来源主要包括:人体排出的大量代谢废物;室内燃料(煤、煤制气、液化石油气、天然气等)燃烧产物中对健康产生危害的主要产物如 CO、NO$_x$、甲醛和颗粒物;烹调油烟;吸烟烟雾;来自室内装修和装饰材料;家用化学品如洗涤产品、清洁产品、家用农药、化肥和医药品等;来自室内使用的家具,一些厂家为了追求利润,使用不合格的人造板和含苯的沙发喷胶,在制造家具时工艺不规范,使木制家具和沙发大量释放有害气体,等于增添了一个小型废气排放站。

10.6.2 室内空气污染的危害

在室内空气中可能存在 500 余种挥发性有机物,其中致癌物质就有 20 多种,致病病毒 200 多种。现将对人体危害较大的几种污染物简介如下。

1. 甲醛

甲醛分子式是 HCHO,是无色易溶的有强烈刺激性气味的气体,具有较高的毒性,随着室温的上升挥发速度加快。在我国有毒化学品优先控制名单上甲醛高居第二位。甲醛已经被世界卫生组织确定为致癌和致畸形物质。刨花板、密度板、胶合板、碎料板等人造板材、胶黏剂和墙纸等均不同程度地含有甲醛或可水解为甲醛的化学物质,它们是空气中甲醛的主要来源。甲醛的释放期长达 315 年,它对人体的健康影响表现在刺激眼睛和呼吸道,造成肺、肝、免疫功能异常。甲醛对人体的危害具有长期性、潜伏性、隐蔽性的特点。长期接触低剂量甲醛可以引起慢性呼吸道疾病、女性月经紊乱、妊娠综合征(染色体异常、新生儿体质低下等),甚至引起鼻咽癌。高浓度的甲醛对神经系统、免疫系统、肝脏等都有毒害,当室内空气中甲醛含量达到 30 mg/m^3 时可导致人死亡。

2. 苯及苯系物

苯分子式是 C$_6$H$_6$,是一种无色或浅黄色透明油状液体,具有特殊芳香气味,易挥发、易燃。它在各种建筑材料的有机溶剂中大量存在,如各种油漆的添加剂和稀释剂,防水材料添加剂,胶水、油漆、涂料、黏合剂、人造板、塑料板、壁纸、地板革、地毯、化纤窗帘等都是空气中苯及苯系物的主要来源。苯及苯系物被人体吸入后,主要引起急躁不安、头痛、不舒服等神经性问题。可出现中枢神经系统麻醉作用;抑制人体造血功能,使红细胞、白细胞、血小板减少,再生障碍性贫血(血癌)患病率增高;还可导致女性月经异常,能使女性妊娠高血压综合征、妊娠呕吐及妊娠贫血等妊娠并发症的发病率显著增高,引起胎儿的先天性缺陷等。人体吸入较多甲苯和二甲苯,会使大脑和肾受到永久性损害。苯已被世界卫生组织确定为致癌物质。

3. 氡

氡是由镭衰变产生的自然界唯一的天然放射性惰性气体,它是一种无色、无味、无法察觉的惰性气体。常温下,氡及其衰变产物在空气中能形成放射性气溶胶而污染空气。水泥、砖沙、大理石、瓷砖等建筑材料是室内污染物氡的主要来源。氡气可通过水泥地面和墙壁连接处的裂缝、地面的缝隙、空心砖墙上的小洞及污水坑和下水道等进入室内。因此,氡气在地下室、地窖或与泥土接触的其他结构区通常较高。氡及其子体随空气进入人体,或附着于气管黏膜及肺部表面,或溶入体液进入细胞组织,形成体内辐射,诱发肺癌、白血病和呼吸道病变。世界上每年发生的肺癌病例中,6%~15%是由氡气引起的。氡对吸烟者的危害尤重。世界卫生组织研究表明,氡是仅次于吸烟引起肺癌的第二大致癌物质。

4. 氨

氨的分子式是 NH_3,它是一种无色而有强烈刺激性臭味的气体,主要来源于混凝土防冻剂等外加剂、室内装饰材料中的添加剂和增白剂、防火板中的阻燃剂等。氨对眼、喉、上呼吸道有强烈的刺激和腐蚀作用,它能降低人体对疾病的抵抗能力,氨被吸入肺后容易通过肺部血管进入血液,与血红蛋白结合,破坏造氧功能。短期内吸入大量氨气后,可通过皮肤及呼吸道引起中毒,轻者引发咽部充血、分泌物增多、肺水肿、支气管炎、皮炎,重者可发生中毒性肺水肿或有呼吸窘迫综合征,患者喉头水肿、喉痉挛,也可引起呼吸困难、昏迷、休克等,高含量氨甚至可引起反射性呼吸停止。

5. TVOC(总挥发性有机化合物)

VOC(volatile organic compounds)是挥发性有机物的英文简写,在室内空气中作为异类污染物,由于它们单独的浓度低,种类多,一般不予逐个分别表示,以 TVOC 表示其总量。TVOC 包括甲醛、苯类物、有机氯化物、氟利昂系列、有机酮、胺、醇、醚、酯、酸和石油烃化合物等,其中部分已被列为致癌物,如氯乙烯、苯、多环芳烃等。室内建筑和装饰材料及生活用品和办公品是空气中 TVOC 的主要来源。研究表明,即使室内空气中单个 VOC 含量低于极限含量,但多种 VOC 的混合存在及其相互作用,其危害强度将增大许多。TVOC 对人体健康的影响主要表现在感官效应和超敏感效应,能引起机体免疫水平失调,影响中枢神经系统功能,出现头晕、头痛、嗜睡、无力、胸闷等症状,还可能影响消化系统,出现食欲不振、恶心等,在高浓度TVOC 环境中可导致人体的中枢神经系统、肝、肾和血液中毒,严重时可损伤肝脏和造血系统,甚至引起死亡。室内空气中 TVOC 含量的大小与室内温度、室内相对湿度、室内材料的装载度、室内换气次数有关,在高温、高湿、负压和高负载条件下会加剧 TVOC 散发的力度。

10.6.3　室内空气污染防护

室内环境污染并不是一时能够解决的问题,特别是那些已使用了不当建筑材料和装潢材料的居室,不可能扔掉重来,这种情况下我们应该在一些细节上加以留意,尽量减少和避免室内污染。

(1) 适时通风换气是降低室内空气污染最有效、最经济的方法。选择室外空气质量高时通风换气,一方面新鲜空气的稀释作用可以将室内的污染物冲淡,有利于室内污染物的排放,另一方面有助于装修材料中的有毒有害气体尽早地释放出来。但要注意,室外空气污染很严重时,不要开窗通风。

(2) 室内保持一定的湿度和温度。湿度和温度过高,有利于大多数污染物尽快从装修材料中散发出来,但室内有人时不利,同时湿度过高有利于细菌等微生物的繁殖。可选择在住宅内无人时(比如外出旅游时)采取一些措施提高湿度和温度,回来后及时开窗通风换气。

(3) 在使用杀虫剂、除臭剂和熏香剂时要适量、适度,这些物质虽对室内害虫和异味有一定的处理作用,但同时它们也会造成新的环境污染。

(4) 尽量避免在室内吸烟。吸烟不仅危害自身,而且对周围人群会产生更大的危害。

（5）在装修过程中应把握以下原则。

① 在装修前,确定合理的施工方案,选择对室内环境污染小的工艺进行简约化装修。

② 将油性油漆改为水性油漆,这样进行室内装饰时会大大降低室内挥发性有机物的产量。

③ 使用低挥发性有机化合物的地毯和石膏作为间隔板。

④ 在装修中尽量使用天然材料,或被证明对人体无害的装饰材料。

⑤ 装修时必须考虑居室内家具摆放密度、房屋的空间承载量、装修完工后室内空气的净化、检测等问题。此外,一定要提高自我保护意识,在购房、装修、购买家具和商家签订合同时,一定要在合同中增加保证室内空气质量的条款。

（6）家具使用方面要注意以下几点:

① 新买的家具不要急于放进居室,有条件的最好放在空房间里,过一段时间再用;

② 使用人造板制作的衣柜,尽量不要把内衣、睡衣和儿童的服装放在里面。夏天放在衣柜里的被子要经充分晾晒后再用;

③ 布艺沙发不但要注意面料,更要注意内填充物的材料用料;

④ 在室内和家具内采取一些有效的净化措施及材料,可降低家具释放出的有害气体。

（7）有效进行污染治理的方法:

① 物理治理。物理治理是指使用活性炭、硅胶和分子筛等材料对污染气体进行吸附沉降,达到净化空气的目的。

② 化学治理。化学治理是指使用化学药品与有害气体发生化学变化,如光触媒、甲醛去除剂、克苯灵、除味剂等。此外,使用各种电动的空气净化器也能起到一定的化学治理与物理治理的效果。

③ 生物治理。生物治理是指采用植物来吸收空气中的有害气体,或用微生物、酶进行生物氧化、分解。根据中国室内环境监测工作委员会的推荐,很多植物对净化室内环境起到很好的作用,能吸收居室中的甲醛、二氧化硫、二氧化碳、一氧化碳、苯等有害气体,同时还能制造氧气,使室内空气中的负离子浓度增加。

室内空气污染治理不可能一劳永逸,目前的空气治理技术只能消杀已经释放出来的有害气体,对于还没有释放出的有害物质,我们还应采取相应措施,如经常开窗通风、定期消毒除菌处理、放置长效吸附有害气体的活性炭等药品。总之,保持室内人员清洁卫生,禁止室内吸烟,减少带有污染源的建筑装潢材料,适当增加空调新风量,并进行空气过滤,是提高室内空气质量的有效途径。

思 考 题

1. 什么是噪声? 噪声污染有哪些危害?

2. 噪声污染的防治措施有哪些?

3. 电磁辐射污染有哪些危害?

4. 电磁辐射污染的防治措施有哪些?

5. 放射性污染有哪些危害? 有哪些防治措施?

6. 什么是热污染? 热污染形成的原因有哪些?

7. 热污染的危害有哪些? 如何防治热污染?

8. 光污染主要有哪些种类？

9. 如何防治光污染？

10. 室内空气污染的来源有哪些？有哪些危害？

11. 如何避免室内污染？

第11章 环境评价与规划管理

11.1 环境评价

11.1.1 环境评价基本概念

一、环境质量

环境质量(environmental quality)一般是指在一个具体的环境内,环境的总体或环境的某些要素,对人群的生存和繁衍以及社会的经济发展的适宜程度,是反映人群的具体要求而形成的对环境评定的一种概念。20 世纪 60 年代,随着环境问题的出现,常用环境质量的好坏来表示环境遭受污染的程度。例如,对环境污染程度的评价称为环境质量评价,一些环境质量评价的指数,就称为环境质量指数。

环境质量是环境系统客观存在的一种本质属性,可以通过定性和定量的方法加以描述的环境系统所处状态。环境质量包括自然环境质量和社会环境质量。自然环境质量可分为大气环境质量、水环境质量、土壤环境质量、生物环境质量等。自然环境质量还可分为物理环境质量、化学环境质量及生物环境质量。

物理环境质量用来衡量周围物理环境条件,比如自然界气候、水文、地质地貌等自然条件的变化、反射性污染、热污染、噪声污染、微波辐射、地面下沉、地震等自然灾害等。

化学环境质量是指周围工业是否产生化学环境要素,如果周围的重污染工业比较多,那么产生的化学环境要素就多一些,产生的污染比较严重,化学环境质量就比较差。

生物环境质量可以说是自然环境质量标志中最主要的组成部分,鸟语花香是人们最向往的自然环境,生物环境质量是针对周围生物群落的构成特点而言的。不同地区的生物群落结构及组成的特点不同,其生物环境质量就显出差别,生物群落比较合理的地区,生物环境质量就比较好,生物群落比较差的地区生物环境质量就比较差。

社会环境质量主要包括经济、文化和美学等方面的环境质量。

二、环境影响

环境影响,是指人类活动(经济活动、政治活动和社会活动)导致的环境变化,以及由此引起的对人类社会和经济的效应。

环境影响的概念包括人类活动对环境的作用和环境对人类的反作用两个层次,既强调人类活动对环境的作用,即认识和评价人类活动使环境发生或将发生哪些变化,又强调这种变化对人类的反作用,即认识和评价这些变化将对人类社会产生什么样的效应。研究人类活动对环境的作用是认识和评价环境对人类的反作用的基础和前提条件;而认识和评价环境对人类的反作用是为了制订缓和不利影响的对策措施,改善生活环境,维护人类健康,保证和促进人类社会的可持续发展。

环境影响按照不同的标准可分为以下几个方面。

（1）按影响的来源可分为直接影响、间接影响和累积影响。直接影响与人类的活动同时同地；间接影响在时间上推迟、在空间上较远，但在可合理预见的范围内；累积影响是指一项活动的过去、现在及可以预见的将来的影响，有累积效应，或多项活动对同地区可能叠加的影响。

（2）按影响的效果可分为有利影响和不利影响。有利影响是指对人群健康、社会经济发展或其他环境的状况有积极促进作用的影响，不利影响是指对人群健康、社会经济发展或其他环境的状况有消极阻碍或破坏作用的影响。需注意的是，不利与有利是相对的，可以相互转化，而且不同的个人、团体、组织等由于价值观念、利益需要的不同，对同一环境变化的评价会不尽相同，导致同一环境变化可能产生不同的环境影响。因此，关于环境影响有利和不利的确定，要综合考虑多方面的因素，是环境影响评价工作中经常需要认真考虑、调研和权衡的问题。

（3）按影响的程度可分为可恢复影响和不可恢复影响。可恢复影响是指人类活动造成环境某种特性改变或价值丧失后可逐渐恢复到以前面貌的影响。例如，油轮发生泄油事件后可造成大面积海域污染，但在人为努力和环境自净作用下，经过一段时间以后又恢复到污染以前的状态，这是可恢复影响。不可恢复影响是指造成环境的某特性改变或价值丧失后不能恢复的影响。一般认为，在环境承载力范围内对环境造成的影响是可恢复的；超出了环境承载力范围，则为不可恢复影响。

（4）环境影响按建设项目的不同阶段可划分为建设阶段影响、运行阶段影响和服务期满后影响。

建设阶段的环境影响是指建设项目在开发、建设、施工期间产生的环境影响。它包括建筑材料和设备的运输、装卸、储存等过程产生的影响；施工场地产生的扬尘、施工污水、施工噪声的影响；土地利用、地形、地貌的改变影响；拆迁移民等对社会文化经济产生的影响。

建设项目运行阶段的环境影响是指建设项目竣工后，投入正常运行、正常生产时对环境产生的影响。该阶段的环境影响往往持续时间长，是环境影响评价的重点，也是建设项目环境管理的重点。

建设项目服务期满后的环境影响是指建设项目使用寿命期结束，对环境产生的影响或残留污染源对环境产生的污染影响。如采矿、油田开发服务期满后，对地质环境、地形、地貌、植被、景观和生态资源产生的影响。

另外，环境影响还可分为短期影响和长期影响；地方、区域影响和国家、全球影响；大气环境影响、水环境影响、声环境影响、土壤环境影响、海洋环境影响等。

三、环境质量评价

环境质量评价就是研究人类环境质量的变化规律，评价人类环境质量的水平，并对环境要素或区域环境性质的优劣进行定量描述的科学，也是研究改善和提高人类环境质量的方法和途径的科学。

1. 环境质量评价的意义

环境质量评价是认识和研究环境的一种科学方法，是对环境质量优劣的定量描述。环境质量的好坏，应该以它对人类的活动和工作，特别是对人类健康的适宜程度为评判标准。当前环境工作的关键问题是保护环境，使环境质量保持良好的状态。环境质量评价工作是根据对环境进行广泛的、深入的、全面的调查和监测结果，对环境的质量做出综合评价，以确定环境中存在的问题，从而有针对性地制定改善和提高环境质量的规划和措施。

在研究和评价某一区域环境质量时，往往从大气污染、水质污染、土壤污染、生物污染、噪声污染等单一环境要素出发，用各环境要素污染因子，如二氧化碳、氮氧化物、粉尘、生化需氧量、溶解氧等的年、月、日、时变化情况,污染物检出概率、超标率及分布状况和其影响等方面来表示,客观上反映环境被污染的水平。但在实际环境中,单一污染因素或污染物所造成的影响远小于多因素联合作用造成的结果。因此,在了解单一污染状况与影响的同时,查明多种因子之间的关系及其影响程度是重要的。将大量的环境监测数据和调查资料,系统地加以分析与进行环境质量指数的计算。从宏观的角度研究多因子的联合作用,并对环境质量变化的时空分布进行综合分析,对于了解区域环境质量总的状况,制定区域环境污染保护规划,以及开展环境污染趋势预报都有重要的意义。

环境质量评价工作的核心问题是研究环境质量的好坏。当前环境质量的好坏是以是否适于人类生存和发展(通常是以对人类健康的适宜程度)作为判别的标准。就自然环境而言,地球表面各不同地带及不同地区的环境质量是有很大差异的,从热带到寒带,从湿润地区到干旱的荒漠地区,各地的环境质量(包括物理的、化学的及生物的质量)是不同的,它可以用资源质量、生物质量、人群健康、人类生活等尺度来衡量。环境污染状况可以通过大量的环境监测和调查资料,以环境质量综合指数的无量纲数的形式,作为评价环境质量的工具,使地区与地区、城市与城市之间的环境质量好坏的比较有一客观评价标准。

2. 环境质量评价的内容

环境质量评价,是评价环境质量的价值,而不是评价环境质量的本身,是对环境质量与人类社会生存发展需要满足程度进行评定。环境质量评价的对象是环境质量与人类生存发展需要之间的关系,也可以说环境质量评价所探索的是环境质量的社会意义。

环境质量评价的关键是正确认识环境,分解构成环境的因子,选择评价因子,正确获取评价因子的性状数值,选择合适的评价标准,采用适当的模型进行归纳综合,将定量化的数值转化为定性的语言。

环境质量评价的内容随不同的研究对象和不同的类型而有所区别,大致有如下几个方面。

1) 污染源的调查与评价

通过对各类污染源的调查、分析和比较,研究污染的数量、质量特征,研究污染源的发生和发展规律,找出主要污染源,为污染治理提供科学依据。

2) 环境质量的调查与评价

通过布点采样或资料收集得到环境质量的信息,再用专门的评价方法得到环境质量的定性和定量的结论。

3) 环境效应分析

环境效应分析是指对环境污染所引起的生态效应、区域环境污染对人体健康的影响及环境污染的经济损益进行分析。

3. 环境质量评价的分类

1) 按时间划分

(1) 环境质量回顾评价。

指对区域过去较长时期的环境质量,根据有关资料进行回顾性评价,通过回顾评价可以了解区域环境污染的发展变化过程。

(2) 环境质量现状评价。

我国开展的环境质量评价工作多为这种类型,依据近几年的环境监测资料即可进行。通过质量现状评价,阐明当前环境污染的现状,对当前的环境质量进行估价和分析,为进行区域环境污染综合防治和管理提供科学依据。

（3）环境质量影响评价。

环境质量影响评价也称为"环境预先评价"。对所建大型工程（大型厂矿、机场等），首先要进行充分的调查研究，做出科学的预测估计。必须提出环境影响报告书，并制定出防止环境破坏的对策，为项目的设计和管理部门提供科学依据。我国环境保护法规定："在进行新建、改建和扩建工程时，必须提出对环境影响的报告书，经环境保护部门和其他有关部门审查批准后才能进行设计。"

2）按环境介质划分

（1）水环境质量评价。

（2）大气环境质量评价。

（3）土壤环境质量评价。

（4）环境噪声的评价。

（5）生物圈质量评价。

3）按区域划分

（1）城市环境质量评价。

（2）流域环境质量评价。

（3）海洋环境质量评价。

（4）风景游览区的环境质量评价。

（5）农村环境质量评价。

（6）自然保护区环境质量评价。

（7）工矿区环境质量评价。

（8）交通环境质量评价。

4）按参数选择划分

（1）卫生学参数质量评价。

（2）生态学参数质量评价。

（3）地球化学参数质量评价。

（4）污染物参数质量评价。

（5）经济学参数质量评价。

四、环境影响评价

环境影响评价广义指对拟议中的人为活动（包括建设项目、资源开发、区域开发、政策、立法、法规等）可能造成的环境影响，包括环境污染和生态破坏，也包括对环境的有利影响进行分析、论证的全过程，并在此基础上提出采取的防治措施和对策。

狭义指对拟议中的建设项目在兴建前即可行性研究阶段，对其选址、设计、施工等过程，特别是运营和生产阶段可能带来的环境影响进行预测和分析，提出相应的防治措施，为项目选址、设计及建成投产后的环境管理提供科学依据。

环境影响评价是建立在环境监测技术、污染物扩散规律、环境质量对人体健康影响、自然界自净能力等基础上发展而来的一门科学技术，其功能包括判断功能、预测功能、选择功能和导向功能。

《中华人民共和国环境影响评价法》（2002 年施行，2018 年第二次修订）规定：环境影响评价，是指对规划和建设项目实施后可能造成的环境影响进行分析、预测和评估，提出预防或者减轻不良环境影响的对策和措施，并进行跟踪监测的方法与制度。法律强制规定环境影响评价为指导人们开发活动的必需行为,是贯彻"预防为主"环境保护方针的重要手段。

环境影响评价按时间顺序分为环境现状评价、环境影响预测与评价及环境影响后评价;按评价对象分为规划和建设项目环境影响评价;按环境要素分为大气、地面水、地下水、土壤、声、固体废物和生态环境影响评价等。

环境影响评价的基本内容包括建设方案的具体内容,建设地点的环境本底状况,项目建成实施后可能对环境产生的影响和损害,防止这些影响和损害的对策措施及其经济技术论证。

11.1.2　环境影响评价与环境质量评价的关系

1. 意义不同

（1）环境影响评价:通过对环境质量现状定量判定和预测某项人类活动对环境质量的影响,为控制环境污染、制定环境规划、促进国土整治和资源开发利用等提供科学依据。

（2）环境质量评价:建立在环境监测技术、污染物扩散规律、环境质量对人体健康影响、自然界自净能力等基础上发展而来的一门科学技术,其功能包括判断功能、预测功能、选择功能和导向功能。

2. 内容不同

（1）环境影响评价:环境影响评价的基本内容包括建设方案的具体内容,建设地点的环境本底状况,项目建成实施后可能对环境产生的影响和损害,防止这些影响和损害的对策措施及其经济技术论证。

（2）环境质量评价:比较全面的城市区域环境质量评价,应包括对污染源、环境质量和环境效应三部分的评价,并在此基础上做出环境质量综合评价,提出环境污染综合防治方案,为环境污染治理、环境规划制定和环境管理提供参考。

11.1.3　环境影响评价

一、环境影响评价的目的

对建设项目进行环境影响评价是我国环境管理的一项法律制度,也是环境保护的一种重要手段。环境影响评价就是通过详细的现状调查,各种资料收集和准确的工程分析,核实工程建设所涉及的污染物种类、数量、形态和排放量等,分析工程方案的合理性、污染防治措施的可靠性。通过定性、定量的分析和预测,结合环境质量现状,评价项目建设的合理性,提出防治污染和减缓不利影响的具体解决方案与实施措施,并将环境影响评价中提出的环境保护措施、技术路线和相关方法反馈于整个工程建设中,把不利的环境影响减至最低程度,为工程项目的设计和环境管理提供科学的依据。

二、环境影响评价的分类

（1）按照评价对象,可以分为规划环境影响评价、建设项目环境影响评价两类。

（2）按照环境要素,可以分为大气环境影响评价,地表水环境影响评价,土壤环境影响评价,声环境影响评价,固体废物环境影响评价,生态环境影响评价。

（3）按照评价专题划分,可以分为人体健康评价、清洁生产与循环经济分析、污染物排放总量控制和环境风险评价等。

（4）按照时间顺序,可以分为环境质量现状评价、环境影响预测评价、规划环境影响跟踪评价、建设项目环境影响后评价。

三、环境影响评价在基建项目程序中的地位

环境影响评价一般要求全面、客观、公正地评价建设项目在建设期、运营期对环境的影响，并对建设项目的污染物排放总量进行分析，按照环境保护目标的要求，从环境保护的角度对建设项目的可行性进行论证，为环境保护行政主管部门及其他综合审批部门进行审批决策提供重要依据。

1. 保证建设项目选址和布局的合理性

合理的经济布局是保证环境与经济持续发展的前提条件，而不合理的布局则是造成环境污染的重要原因。环境影响评价从建设项目所在地区的整体出发，首先分析建设项目与所在地区的城市发展规划、区域环境功能区划、土地利用规划等各项相关规划的相容性，从规划的角度保证建设选址和布局的合理性，其次考察建设项目工业场地位置、场外公路和铁路专用线走向、工业场地平面布置的不同选址和布局对区域整体的影响，并进行比较和取舍，选择最有利的方案，保证建设选址和布局的合理性。

2. 保证建设项目设备和工艺的合规性

在建设项目的竣工验收过程中，环境影响评价文件时验收的重要依据。建设单位采用的工艺和设备是否是环境影响评价中分析的工艺和设备，是否严格按照环境影响评价的要求配套建设了相应的污染治理设施，是否达到了环境影响评价中的运行效果，污染物是否达标，是否配有相应的环境管理机构和监测仪器等。

四、环境影响评价的依据

1. 环境保护综合法

《中华人民共和国环境保护法》（2015 年 1 月 1 日）【第十九条】：编制有关开发利用规划，建设对环境有影响的项目，应当依法进行环境影响评价。未依法进行环境影响评价的开发利用规划，不得组织实施；未依法进行环境影响评价的建设项目，不得开工建设。

2. 环境保护单行法

《中华人民共和国大气污染防治法》（2016 年 1 月 1 日）【第十八条】：企业事业单位和其他生产经营者建设对大气环境有影响的项目，应当依法进行环境影响评价、公开环境影响评价文件；向大气排放污染物的，应当符合大气污染物排放标准，遵守重点大气污染物排放总量控制要求。

《中华人民共和国水污染防治法》（2018 年 1 月 1 日）【第十九条】（部分）：新建、改建、扩建直接或者间接向水体排放污染物的建设项目和其他水上设施，应当依法进行环境影响评价。

《中华人民共和国环境影响评价法》（2016 年 7 月 2 日一次修正，2018 年 12 月 29 日二次修正）【第十六条】：国家根据建设项目对环境的影响程度，对建设项目的环境影响评价实行分类管理。

建设单位应当按照下列规定组织编制环境影响报告书、环境影响报告表或者填报环境影响登记表（以下统称环境影响评价文件）：

（一）可能造成重大环境影响的，应当编制环境影响报告书，对产生的环境影响进行全面评价；

（二）可能造成轻度环境影响的，应当编制环境影响报告表，对产生的环境影响进行分析或者专项评价；

（三）对环境影响很小、不需要进行环境影响评价的，应当填报环境影响登记表。

建设项目的环境影响评价分类管理名录,由国务院生态环境主管部门制定并公布。

3. 政府部门规章

《建设项目环境保护管理条例》(1998 年 11 月 18 日颁布,2017 年 7 月 16 日修订)是目前指导我国环境影响评价工作的重要法规依据,对贯彻实施建设项目环境影响评价制度和"三同时"制度,防止建设项目产生新的污染和破坏生态环境具有重要意义。

11.2 环境规划

11.2.1 环境规划的概念

1972 年,联合国人类环境会议上世界各国共同探讨了保护全球环境战略,一致认识到各国社会经济发展规划中缺乏环境规划是导致环境问题产生的重要原因。在《人类环境宣言》中明确指出"合理的计划是协调发展的需要和保护与改善环境的需要相一致的""人的定居和城市化工作需加以规划""避免对环境的不良影响""取得社会、经济和环境三方面的最大利益""必须委托适当的国家机关对国家的环境资源进行规划、管理或监督,以期提高环境质量"。根据会议所提出的环境规划原则,各国开始编制环境规划。

《中华人民共和国环境保护法》第四条规定:"国家制定的环境保护规划必须纳入国民经济和社会发展规划,国家采取有利于环境保护的经济、技术政策和措施,使环境保护工作同经济建设和社会发展相协调。"将环境规划写入环境保护法中,这为制定环境规划提供了法律依据。

环境规划是指为使环境与社会经济协调发展,把"社会—经济—环境"作为一个复合生态系统,依据社会经济规律、生态规律和地学原理,对其发展变化趋势进行研究而对人类自身活动和环境所做的时间和空间上的合理安排。

环境规划的目的在于发展经济的同时保护环境,使经济与社会协调发展。环境规划实质上是一种为克服人类经济社会活动和环境保护活动的盲目和主观随意性所采取的科学决策活动。它是国民经济和社会发展的有机组成部分,是环境管理的首要职能,是规划管理者对一定时期内环境保护目标和措施做出的具体规定,是一种带有指令性的环境保护方案。

11.2.2 环境规划的功能

总体来说,环境规划可归纳为以下五个方面的作用。

1. 促进环境与经济、社会可持续发展

环境问题的解决必须注重预防为主,防患于未然,否则损失巨大、后果严重。环境规划的重要作用就在于协调环境与经济、社会的关系,预防环境问题的发生,促进环境与经济、社会的可持续发展。

2. 保障环境保护活动纳入国民经济和社会发展计划

我国经济体制由计划经济转向社会主义市场经济之后,制定规划、实施宏观调控仍然是政府的重要职能,中长期计划在国民经济中仍起着十分重要的作用。环境保护是我国经济生活中的重要组成部分,它与经济、社会活动有着密切联系,必须将环境保护活动纳入国民经济和社会发展计划中,进行综合平衡,才能得以顺利进行。环境规划就是环境保护的行动计划,为了便于纳入国民经济和社会发展计划,对环境保护的目标、指标、项目、资金等方面都需进行科学论证和精心规划才能有保障。

3. 合理分配排污消减量,约束排污者的行为

根据环境的纳污容量以及"谁污染谁承担消减责任"的基本原则,公平地规定各排污者的允许排污量和应消减量,为合理地、指令性地约束排污者的排污行为,消除污染提供科学依据。

4. 以最小的投资获取最佳的环境效益

环境是人类生存的基本要素、生活的重要指标,又是经济发展的物质源泉。在有限的资源和资金条件下,特别是对发展中的我国来讲,如何用最小的资金,实现经济和环境的协调发展,显得十分重要。环境规划正是运用科学的方法、保障在发展经济的同时,以最小的投资获取最佳环境效益的有效措施。

5. 指导各项环境保护活动的进行

环境规划制定的功能区划,质量目标、控制指标和各种措施以及工程项目,给人们提供了环境保护工作的方向和要求,可以指导环境建设和环境活动的开展,对有效实现环境科学管理起着决定性的作用。

11.2.3　环境规划的类型

在国民经济和社会发展规划体系中,环境规划是一种多层次、多要素、多时段的专项规划,内容丰富。根据环境规划的特征,从不同的角度,环境规划可以有不同的分类。不同类型的环境规划在内容、深度和规划方法等方面均存在差异。应根据环境建设和管理的需要,选择环境规划的类型。

一、按规划主体划分

按照规划主体划分,环境规划包括区域环境规划和部门(行业)环境规划。

区域环境规划,按地域范围划分,可以分为全国环境规划、大区(如经济区)环境规划、省域环境规划、流域环境规划、城市环境规划、乡镇环境规划、厂区(如开发区)环境规划等。区域环境规划综合性、地域性很强,它既是制定上一级环境规划的基础,又是制定下一级区域环境规划和部门环境规划的依据和前提。

不同的国民经济行业,有不同的部门环境规划,例如工业部门环境规划(冶金、化工、石油、电力、造纸等)、农业部门环境规划、交通运输部门环境规划等。

二、按规划的层次划分

按规划的层次划分,环境规划包括宏观环境规划、专项环境规划,以及环境规划决策实施方案。以区域环境规划为例,有区域宏观环境规划、区域专项环境规划和区域环境规划实施方案,它们的内容既有区别也有联系。

(1)区域宏观环境规划。这是一种战略层次的环境规划,主要包括环境保护战略规划、污染物总量宏观控制规划、区域生态建设与生态保护规划等。

(2)区域专项环境规划。例如:大气污染综合防治规划、水环境污染综合防治规划、城市环境综合整治规划、乡镇(农村)环境综合整治规划、近岸海域环境保护规划等。由于区域的地理分布、生态特征和环境特征,以及经济技术发展水平等各不相同,制定区域专项环境规划一定要因地制宜。

(3)区域环境规划实施方案。宏观环境规划是战略决策,最低层次的规划实施方案是决策和规划的落实和具体的时空安排。

三、按环境规划的要素划分

按环境规划的要素划分,环境规划可分为两大类型:一是污染防治规划,二是生态规划。

环境保护应坚持污染防治与生态保护并重,生态建设与生态保护并举。

1. 污染防治规划

污染防治规划,通常也称为污染控制规划,是我国当前环境规划的一个重点。根据范围和性质可分为区域(或地区)污染防治规划、部门污染防治规划、环境要素(或污染因素)污染防治规划。

(1)区域(或地区)污染防治规划。

该类规划主要包括城市污染综合防治规划、工矿区污染综合防治规划、江河流域污染综合防治规划、近岸海域污染综合防治规划等。

城市污染综合防治规划是常见的一种区域环境规划。该规划主要包括以下几个方面:①按照区域环境要求和条件,实行功能分区,合理部署居民区、商业区、游览区、文教区、工业区、交通运输网络、城镇体系及布局等;②大气污染防治规划,考虑产业结构和产业布局、能源结构等,提出大气主要污染物环境容量和优化分配方案,提出污染物消减方案和控制措施;③水源保护和污水处理规划,规定饮用水源保护区及其保护措施,根据产业发展情况,规定污水排放标准,确定排水管网与污水处理厂的建设规划;④垃圾处理规划,规定垃圾的收集、处理和利用指标和方式,争取由堆积、填埋、焚烧处理垃圾走向垃圾的综合利用;⑤绿化规划,规定绿化指标、划定绿地区等。

(2)部门污染防治规划。

该类规划也称行业污染防治规划。不同部门的经济活动会带来不同的环境影响,因此污染防治规划的侧重点有所不同。例如,燃煤电厂主要产生粉尘、二氧化硫、氮氧化物等大气污染、热污染,以及粉煤灰的处理和利用等问题;化工、冶金等行业主要是废水、重金属污染等。部门污染防治规划主要包括工业系统污染综合防治规划、农业污染综合防治规划、交通污染综合防治规划、商业污染综合防治规划等。

部门污染防治规划,是在行业规划的基础上,以重点污染行业加强技术改造和点源治理为主的规划。该类规划充分体现工业或行业特点,突出总量控制和治理项目的实施。规划的主要内容包括以下几个方面:①布局规划,按照生产组织和环境保护两方面要求,划定工业或行业的发展区,并确定工业或行业的发展规模;②根据区域内工业污染物现状和规划排放总量,按照功能目标要求,确定允许排放量或消减量;③对新建、改建、扩建项目,根据区域总量控制要求,确定新增污染物排放量和去除量;④对老污染源治理项目,制定淘汰落后工艺和产品的规划,提出治理对策,确定污染物消减量;⑤制定工业污染排放标准和实现区域环境目标的其他主要措施。

(3)环境要素(或污染因素)污染防治规划。

该类规划可以分为大气污染防治规划、水污染防治规划、固体废物防治规划等。

大气污染防治规划包括城市大气污染防治规划、区域大气污染防治规划、全球性大气污染防治规划等。针对区域内的主要大气污染问题,根据大气环境质量的要求,运用系统工程的方法,以调整经济结构和布局为主、工程技术措施为辅而确定的大气污染综合防治对策。该类规划的关键内容如下:①明确具体的大气污染控制目标;②优化大气污染综合防治措施。防治措施主要包括以下内容:减少污染物排放,改革能源结构,对燃料进行预处理,改进燃烧装置和燃烧技术,采用无污染或少污染的工艺,节约能源,加强企业管理,减少事故性排放,妥善处理废渣以减少地面扬尘等;治理污染物,回收利用废气中有用物质或使有害气体无害化,有计划、有选择性地扩大绿地面积,发展植物净化;利用大气环境的自净能力,合理确定烟囱高度,充分利用大气在时间和空间上的稀释扩散自净能力等。

水环境污染防治规划包括饮用水源地污染防治规划、城市水环境污染防治规划等。规划的对象可以是江河、湖泊、海湾、地下水等，针对水体的环境特征和主要污染问题，制定防治目标和措施。水污染防治规划的主要内容有：①水环境功能区规划，按照不同的水域用途、水文条件、排污方式、水质自净特征，划分水质功能区，确定监控断面，建立水质管理信息系统等；②制定水质目标与污染物排放总量控制指标；③治理污水规划，提出水体污染控制方案，以及工程设施的分期实施计划和投资概算等。

固体废物处理和利用规划，主要包括工业固体废物污染综合防治规划（包括减排、综合利用及无害化处理），危险固体废物处理、处置规划，城市生活垃圾处理和利用规划等。

土壤污染防治规划，一般侧重于农药、化肥污染防治、重金属污染防治等问题。

物理污染防治规划，主要包括噪声污染综合防治规划、光污染防治规划、电磁波污染防治规划、放射性污染防治规划、热污染防治规划等。

2. 生态规划

一般认为，生态规划是以生态学原理和城乡规划原理为指导，根据社会、经济、自然等条件，应用系统学、环境科学等多学科的手段辨识、模拟和设计人工复合生态系统内的各种生态关系，确定资源开发利用与保护的生态适宜度，合理布局和安排人类社会经济活动的各种生态关系，确定资源开发利用与保护的生态适宜度，合理布局和安排人类社会经济活动，探讨改善系统结构与功能的生态建设对策，以促进人与自然环境的协调发展。生态规划充分运用生态学的整体性原则、循环再生原则、区域分异原则，将生态评价、生态设计、生态管理融于一体。

（1）生态环境建设规划。该规划包括区域生态建设规划、城市生态建设规划、农村生态建设规划、海洋生态环境保护规划、生态特殊保护区建设规划、生态示范区建设规划。

（2）自然保护规划。根据不同要求、不同保护对象划分，常分为两类：自然资源开发与保护规划和自然保护区规划。

自然资源开发与保护规划包括森林、草原等生物资源开发与保护规划，土地资源开发与保护规划，海洋资源开发与保护规划，矿产资源开发与保护规划，旅游资源开发与保护规划等。

自然保护区规划是在充分调查的基础上，论证建立自然保护区的必要性、迫切性、可行性，确立保护区范围，拟建自然保护区等级和保护类型，提出保护、建设、管理对策的建议和意见。自然保护区一旦确立，便成为一个占有特定空间、具有特定自然保护任务、受法律保护的特殊环境实体。我国自然保护区分为国家自然保护区和地方级自然保护区，地方级包括省、市、县三级。建立、变更、撤销各级各类自然保护区，必须符合法律规定的条件、要求和审批程序。

四、按时间跨度划分

按照时间尺度划分，环境规划常分为长期环境规划、中期环境规划和短期环境规划。不同时间尺度的环境规划之间进行有效衔接和配合，才能确保环境规划的时效性。

长期环境规划是纲要性计划，一般时间跨度在 10 年以上，其主要内容包括确定环境保护战略目标、主要环境问题的重要指标、重大政策和措施。

中期环境规划是环境保护的基本计划，一般时间跨度为 5～10 年，其主要内容包括确定环境保护目标和指标、环境功能区划、主要的环境保护措施、环境保护设施建设，以及环境保护投资的估算和筹集渠道等。

短期环境规划一般时间跨度在 5 年以内，短期环境规划或年度环境保护计划是中期规划的实施计划，内容比中期规划更具体、可操作性更强。一般是针对当前突出的环境问题制定的短期环境保护行动计划,内容上可能有所侧重,不一定面面俱到。

五、按环境与经济的制约关系划分

按照环境与经济的制约关系,可以划分为经济制约型规划、环境与经济协调发展型规划和环境制约型规划。

经济制约型规划是在既定的经济和社会发展目标、产业结构、生产布局、技术水平的前提下,预测污染物的产量,根据环境质量要求和环境容量情况,规划去除污染物的数量和方式。经济和社会发展规划的制定过程不考虑环境保护的反馈要求。

环境与经济协调发展型规划将环境与经济看作一个大系统,既考虑经济对环境的影响,也考虑环境对经济发展的制约关系。对经济发展目标、规模、结构、布局、技术选择等方面进行规划时,以环境承载力作为约束条件,考虑环境质量的要求;在设定环境目标、提出环境保护措施和设施建设等过程中,充分尊重社会经济发展的需要,切合实际,实现经济与环境的协调发展。

环境制约型规划是在某些特殊情况下,环境保护成为环境与经济关系的主要矛盾方面,经济发展要服从环境质量的要求,例如,饮用水源保护区、重点风景游览区、历史遗迹等的环境规划。

11.2.4　环境规划的基本内容

从总体上概括,环境规划的主要内容包括以下七个部分。

1. 环境预测

通过现代科学技术手段与方法,对未来的环境状况与发展趋势进行定量或半定量的描述和分析。

2. 环境调查

环境调查与评价是制定环境规划的基础,规划所用的各种数据信息,主要通过环境调查与评价来获得。

3. 环境目标

确定恰当的环境目标是制定环境规划的关键。环境目标过高,环境保护投资多,超过经济承受能力,则环境目标无法实现。环境目标过低,不能满足人们对环境质量的要求或造成严重的环境问题。因此,在制定环境规划时,要制定恰当的环境保护目标。

4. 环境区划

环境区划是从整体空间观点出发,根据自然环境特点和经济社会发展状况,把特定的空间划分为不同功能的环境单元,研究各环境单元环境承载力及环境质量的现状与发展变化趋势,提出不同功能环境单元的环境目标和环境管理对策。

5. 环境规划方案的选择

环境规划方案主要是指实现环境目标应采取的措施以及相应的环境投资。在制定环境规划时,一般要做多个不同的规划方案,经过对各方案的定性、定量比较、综合分析对比优缺点,得出一个经济上合理,技术上先进,满足环境目标要求的最佳方案。

方案比较和优化是环境规划过程中重要的工作方法,在整个规划的各个阶段都存在方案的反复比较。环境规划方案的确定应考虑如下问题:比较的项目不宜太多,方案要有鲜明的特点,要抓住起关键作用的问题做比较,注意可比性;确定的方案要结合实际,针对不同方案的关键问题,提出不同规划方案的实施措施;综合分析各方案的优缺点,取长补短,最后确定最佳方案;对比各方案的环保投资和三个效益的统一,目标是效果好、投资少,不应片面追求先进技术或过分强调投资。

6. 环境规划设计

环境规划设计主要依据是环境问题、各有关政策和规定、污染物消减量、环境目标、投资能力及效益、措施可行。

7. 实施环境规划的支持与保证

实施环境规划的支持与保证包括制定投资预算、编制年度计划、确保技术支持和强化环境管理。

11.3　环　境　管　理

11.3.1　环境管理的概念

目前,"环境管理"没有统一公认的定义。

《环境科学大辞典》提出,环境管理有两种含义:①从广义上讲,环境管理指在环境容量的允许下,以环境科学的理论为基础,运用技术的、经济的、法律的、教育的和行政的手段,对人类的社会经济活动进行管理;②从狭义上讲,环境管理指管理者为了实现预期的环境目标,对经济、社会发展过程中施加给环境的污染和破坏性影响进行调节和控制,实现经济、社会和环境效益的统一。

可以从以下方面理解环境管理的概念。

(1) 环境管理首先是对人的管理。环境管理可以从广义和狭义两个角度去理解;广义上,环境管理包括一切为协调社会经济发展与保护环境的关系而对人类的社会经济活动进行自我约束的行动;狭义上,环境管理是指管理者为控制社会经济活动中产生的环境污染和生态破坏行为所进行的调节和控制。

(2) 环境管理主要是要解决次生环境问题,即由人类活动造成的各种环境问题。

(3) 环境管理是国家管理的重要组成部分,涉及社会经济生活的各个领域,其管理内容广泛而复杂,管理手段包括法律手段、经济手段、行政手段、技术手段和教育手段。

11.3.2　环境管理的基本任务

环境问题的产生源于思想观念和社会行为两个层次的原因。为了实现环境管理的目的,环境管理的基本任务有两个,一是转变人类社会的一系列基本观念,二是调整人类社会的行为。

转变人类的观念是解决环境问题的最深层根源的办法,它包括消费观、伦理道德观、价值观、科技观和发展观直到整个世界观的转变。这种观念的转变将是根本的、深刻的,它将带动整个人类文明的转变。应该承认,只靠环境管理无法完成这种转变,但是环境管理可以通过建设环境文化来帮助转变观念。环境管理的任务之一就是要指导和培育环境文化。环境文化是以人与自然和谐为核心和信念的文化,环境文化渗透到人们的思想意识中,使人们在日常的生活和工作中能够自觉地调整自身的行为,以达到与自然环境和谐共处的境界。

调整人类社会的行为,是更具体也更直接的解决环境问题的路径。人类社会行为主要包括政府行为、市场行为和公众行为三种。政府行为是指国家的管理行为,诸如制定政策、法律、法令、发展计划并组织实施等。市场行为是指各种市场主体包括企业和生产者个人在市场规律的支配下,进行商品生产和交换的行为。公众行为则是指公众在日常生活中诸如消费、居家休闲、旅游等方面的行为。这三类主体的行为都可能会对环境产生不同程度的影响。所以说,环境管理的主体和对象都是政府行为、市场行为、公众行为所构成的整体或系统。对这三种行为的调整可以通过行政手段、法律手段、经济手段、教育手段和科技手段来进行。

环境管理的两项任务是相互补充、相辅相成的。环境文化的建设对解决环境问题能够起根本性的作用,但是文化建设是一项长期的任务,短期内对解决环境问题效果并不明显;行为调整可以较快见效,而且行为调整可以反过来促进环境文化的建设。所以说,环境管理中,应同等程度地重视这两项工作,不可有偏废,只有这样才能做到标本兼治,长期有效进行环境管理。

11.3.3　环境管理的类型

一、从环境管理的范围划分

1. 流域环境管理

流域环境管理是以特定流域为管理对象,以解决流域环境问题为内容的一种环境管理。根据流域的大小不同,流域环境管理可分为跨省域、跨市域、跨县域、跨乡域的流域环境管理。例如,中国针对淮河流域、太湖流域、辽河流域、长江流域、黄河流域、珠江流域和松花江流域开展的环境管理就是典型的跨省域的流域环境管理,而滇池流域和巢湖流域的环境管理就是省域内的跨市域、跨县域的流域环境管理。

2. 区域环境管理

区域环境管理是以行政区划为归属边界,以特定区域为管理对象,以解决该区域内环境问题为内容的一种环境管理。根据行政区划的范围大小,可分为省域环境管理、市域环境管理、县域环境管理等。同时,还可分为城市环境管理、农村环境管理、乡镇环境管理、经济开发区环境管理、自然保护区环境管理等。

3. 行业环境管理

行业环境管理是一种以特定行业为管理对象,以解决该行业内环境问题为内容的环境管理。由于行业不同,行业环境管理可分为几十种类型,如钢铁行业环境管理、电力行业环境管理、冶金工业环境管理、化工行业环境管理、建材行业环境管理、医药行业环境管理、造纸行业环境管理、酿造行业环境管理、印染行业环境管理、交通部门环境管理、服务行业环境管理等。

4. 部门环境管理

部门环境管理是以具体的单位和部门为管理对象,以解决该单位或部门内的环境问题为内容的一种环境管理。例如,企业环境管理就是一种部门环境管理。

二、从环境管理的属性划分

1. 资源环境管理

资源环境管理是指依据国家资源政策,以资源的合理开发和持续利用为目的,以实现可再生资源的恢复与扩大再生产、不可再生资源的节约使用和替代资源的开发为内容的环境管理。例如,流域环境管理就是一种典型的资源环境管理。这是因为,可以把一个流域的水环境容量根据发展的公平性原则看成是面对整个流域可以重新进行优化分配的一种"资源"。同样,污染物总量控制也是一种资源环境管理。这是由于一个区域的污染物总量控制目标可看成是一种"资源"——可以根据国家产业政策和企业的技术优势在该区域内通过排污交易市场进行再分配的"资源"。对总量目标分解的实质就是对这种"资源"的再分配。

2. 质量环境管理

质量环境管理是一种以环境质量标准为依据,以改善环境质量为目标,以环境质量评价和环境监测为内容的环境管理。这种管理是一种标准化的环境管理。开展质量环境管理,意味着不考虑经济行为主体的生产技术水平和污染防治技术水平,也不考虑资源开发技术能力怎样,管理者只关心环境质量问题。达到区域环境质量标准就允许继续保持生产行为或资源开发行为,达不到区域环境质量标准,就要依法终止生产行为或资源开发行为。所以,开展这种类型的环境管理在完全法制化国度里容易实施,而在发展中国家由于受到经济发展水平和科技发展水平等因素的制约和影响,实践性较差。

3. 技术环境管理

技术环境管理是一种通过制定环境技术政策、技术标准和技术规程,以调整产业结构、规范企业的生产行为、促进企业的技术改革与创新为内容,以协调技术经济发展与环境保护关系为目的的环境管理。从广义上讲,环境保护技术可分为环境工程技术(具体包括污染治理技术、生态保护技术)、清洁生产技术、环境预测与评价技术、环境决策技术、环境监测技术等方面。技术环境管理要求有比较强的程序性、规范性、严谨性和可操作性。

三、从环保部门的工作领域划分

1. 规划环境管理

规划环境管理是依据规划或计划而开展的环境管理。这是一种超前的主动管理,也称为环境规划管理。其主要内容包括制定环境规划、将环境规划分解为环境保护年度计划、对环境规划的实施情况进行检查和监督、根据实际情况修正和调整环境保护年度计划方案、改进环境管理对策和措施。

2. 建设项目环境管理

管理建设项目环境管理是一种依据国家的环保产业政策、行业政策、技术政策、规划布局和清洁生产工艺要求,以管理制度为实施载体,以建设项目为管理内容的一类环境管理。建设项目包括新建、扩建、改建和技术改造项目四类。

3. 环境监督管理

环境监督管理是从环境管理的基本职能出发,依据国家和地方政府的环境政策、法律、法规、标准及有关规定对一切生态破坏和环境污染行为以及对依法负有环境保护责任和义务的其他行业和领域的行政主管部门的环境保护行为依法实施的监督管理。

11.3.4 环境管理的对象

环境管理是以环境与经济协调发展为前提,对人类的社会经济活动进行引导并加以约束,使人类社会经济活动与环境承载力相适应,因此,环境管理的对象主要是人类的社会经济活动。人类社会经济活动的主体大体可以分为以下三个方面。

(1) 个人:个人作为社会经济活动的主体,主要是指个体的人为了满足自身生存和发展的需要,通过生产劳动或购买获得用于消费的物品和服务。要减轻个人的消费行为对环境的不良影响,首先必须明确,个人行为是环境管理的主要对象之一。为此,在唤醒公众环境意识的同时,还要采取各种技术和管理的措施。

(2) 企业:企业作为社会经济活动的主体,其主要目标通常是通过向社会提供产品或服务来获得利润。无论企业的性质有何不同,在它们的生产过程中,都必须要向自然界索取自然资源,并将其作为原材料投入生产活动中,同时排放出一定数量的污染物。

（3）政府：政府作为社会经济活动的主体,其行为同样会对环境产生影响。其中特别值得注意的是,宏观调控对环境产生的影响具有极大的特殊性,既牵涉面广、影响深远又不易察觉。由此可见,作为社会经济行为主体的政府,其行为对环境的影响是复杂的、深刻的。既有直接的一面,又有间接的一面；既可以有重大的正面影响,又可能有巨大的难以估计的负面影响。要解决政府行为所造成和引发的环境问题,关键是促进宏观决策的科学化。

11.3.5　环境管理的手段

1. 行政手段

行政手段主要指国家和地方各级行政管理机关,根据国家行政法规所赋予的组织和指挥权利,制定政策、方针、颁布标准、建立法规、进行监督协调,对环境资源保护工作实施管理。

2. 法律手段

法律手段是环境管理的一种强制性手段,依法管理环境是控制并消除污染,保障自然资源合理利用并维护生态平衡的重要措施。环境管理是一方面要靠立法,把国家对环境保护的要求、做法,全部以法律形式固定下来,强制执行；另一方面还要靠执法。

3. 经济手段

经济手段是指利用价值规律,运用价格、税收、信贷等经济杠杆,控制生产者在资源开发中的行为,限制损害环境的社会经济活动,奖励积极治理污染的单位,促进节约和合理利用资源,充分发挥价值规律在环境管理过程中的杠杆作用,包括排污收费、使用者收费、资源征税、排污权交易、排污罚款,以及废物减量减免税和综合利用流程奖励等。

4. 技术手段

技术手段是指借助那些既能提高生产率,又能把对环境污染和生态破坏控制到最小限度的工艺技术以及先进的污染治理技术等来达到保护环境目标的手段,包括通过环境监测、环境统计对本地区、本部门、本行业污染状况进行调查；制定环境标准；编写环境报告书和环境公报；交流推广无污染、少污染的清洁生产工艺及先进治理技术；组织开展环境影响评价工作；组织环境科研成果和环境科技情报的交流等。

5. 宣传教育手段

宣传教育是环境管理不可缺少的手段。环境宣传既普及环境科学知识,又是一种思想动员。环境教育可以通过专业的环境教育培养各种环境保护的专门人才,提高环境保护人员的业务水平；还可以通过基础的和社会的环境教育提高公民的环境意识,来实现科学管理环境以及提倡社会监督的环境管理措施。

11.4　环境政策制度

11.4.1　我国的环境保护法律法规体系

环境保护法律法规体系是由一国现行的有关保护和改善环境与自然资源、防止污染和其他公害的各种规范性文件所组成的相互联系、相辅相成、协调一致的法律规范的统一体。

我国已建立了由法律、国务院行政法规、政府部门规章、地方性法规和地方政府规章、环境标准、环境保护国际公约组成的环境保护法律法规体系。

一、环境保护法律法规体系

1. 法律

1) 宪法

宪法是国家的根本大法。宪法关于环境与资源保护的规定,是国家环境保护法的立法基础,是各种环境保护法律、法规和规章的立法依据。很多国家在宪法里对环境保护做出规定,把保护环境和维护生态平衡确定为国家的基本职责,有的国家把"环境权"(即公民有在良好环境下生活的权利)作为公民基本权利之一,规定在宪法里。

《中华人民共和国宪法》第 9 条、第 10 条、第 22 条、第 26 条、第 51 条对有关保障人民在健康安全环境中生活和生存权利、自然资源和重要的环境要素的所有权及其环境保护的内容做了原则性规定。

2) 环境保护综合法

环境保护综合法是环境法体系的主干,除宪法外占有核心地位。环境保护综合法是一种实体法与程序法结合的综合性法律。对环境保护的目的、任务、方针政策、基本原则、基本制度、组织机构、法律责任等做了主要规定。

一般来说,环境保护综合法是在环境保护单行法的基础上发展起来的。制定环境保护综合法是环境立法的一种发展趋势,它的出现表明人类的环境保护活动经历了一个从局部到总体的发展过程,从对局部或单个环境要素的保护发展到把人类社会作为一个整体来加以保护。我国则正好相反,我国是在 1979 年颁布《中华人民共和国环境保护法(试行)》,然后才陆续制定环境保护单行法的。通过一系列法的颁布及环境问题的发展,于 1989 年对试行综合法进行修正并重新颁布。重新颁布的《中华人民共和国环境保护法》从规定的主要内容来看比较全面,它分为总则、环境监督管理、保护和改善环境、防治环境污染和其他公害、法律责任和附则共六章四十七条。

3) 环境保护单行法

环境保护单行法是针对特定的环境保护对象,如某种环境要素或特定的环境社会关系而进行专门调整的立法。它以宪法和环境保护综合法为依据,又是宪法和环境保护综合法的具体化。因此,环境保护单行法一般都比较具体详细,是进行环境管理、处理环境纠纷的直接依据。单行法在环境法体系中数量最多,占有重要的地位。

环境保护单行法规名目多、内容广泛,包括污染防治法(《中华人民共和国大气污染防治法》《中华人民共和国水污染防治法》《中华人民共和国固体废物污染环境防治法》《中华人民共和国环境噪声污染防治法》《中华人民共和国放射性污染防治法》等)、生态保护法(《中华人民共和国野生动物保护法》《中华人民共和国水土保持法》《中华人民共和国防沙治沙法》等)、《中华人民共和国海洋环境保护法》和《中华人民共和国环境影响评价法》。

4) 环境保护相关法

环境保护相关法指自然资源保护和其他有关部门法律。

在法律部门的划分上,环境是一个独立的法律部门,自然资源法则归入了经济法。但是,在环境法的学科研究和立法体系中,都不可能排除自然资源保护部分。近年来,我国加快了自然资源保护法的制定步伐,重要的自然环境要素和资源保护立法已基本完备,如《中华人民共和国水法》《中华人民共和国森林法》《中华人民共和国草原法》《中华人民共和国渔业法》《中华人民共和国煤炭法》《中华人民共和国矿产资源法》等。

另外如《中华人民共和国清洁生产促进法》《中华人民共和国循环经济促进法》等其他部门

法律中涉及环境保护的有关要求,也是环境保护法律法规体系的一部分。

2. 环境保护行政法规

环境保护行政法规是由国务院制定并公布或经国务院批准有关主管部门公布的环境保护规范性文件。一是根据法律授权制定的环境保护法的实施细则或条例,如《中华人民共和国水污染防治法实施细则》;二是针对环境保护的某个领域而制定的条例、规定和办法,如《建设项目环境保护管理条例》等。

3. 政府部门规章

政府部门规章是指国务院环境保护行政主管部门单独发布或与国务院有关部门联合发布的环境保护规范性文件,以及政府有关行政主管部门依法制定的环境保护规范性文件。政府部门规章是以环境保护法律和行政法规为依据而制定的,或者是针对某些尚未有相应法律和行政法规调整的领域做出相应规定。如环境保护部根据《中华人民共和国固体废物污染环境防治法》制定发布的《国家危险废物名录》。

4. 环境保护地方性法规和地方性规章

环境保护地方性法规和地方性规章是享有立法权的地方权力机关和地方政法机关根据《中华人民共和国宪法》和相关法律制定的环境保护规范性文件。

由于环境问题受各地的自然条件和社会条件等因素的影响很大,因地制宜地制定环境保护地方性法规和地方性规章,有利于对环境进行更好、更全面、更合理的管理。这些环境保护地方性法规和地方性规章也是我国环境法体系的重要组成部分,它对于有效贯彻实施国家法律法规,丰富完善我国环境法律法规体系的内容,具有重要的理论和实践意义。

环境保护地方性法规和地方性规章不能和法律、国务院行政规章相抵触。

5. 环境标准

环境标准是国家为了维护环境质量,控制污染,从而保护人体健康、社会财富和生态平衡而制定的各种技术指标和规范的总称。环境标准是环境法体系中不可缺少的有机组成部分,是具有法律性的技术规范。它不是通过法律条文规定人们的行为规则和法律后果,而是通过一些定量化的数据、指标、技术规范来表示行为规则的界限以调整环境关系。

我国的环境标准分为国家环境标准、地方环境标准和国家生态环境部标准。

6. 环境保护国际公约

国际环境法不是国内法,不是我国环境法律法规体系的组成部分。但是我国缔结参加的双边与多边环境保护条约协定,也是我国环境法律法规体系的组成部分。

我国已加入的国际环境保护公约主要有:保护大气和外层空间的《联合国气候变化框架公约》《保护臭氧层维也纳公约》及经修正的《关于消耗臭氧层物质的蒙特利尔议定书》等;动植物自然保护的《生物多样性公约》《濒危野生动植物物种国际贸易公约》等;危险废物控制的《控制危险废物越境转移及其处置巴塞尔公约》;保护海洋环境和渔业资源的《国际防止船舶造成污染公约》《国际油污防备、反应和合作公约》《跨界鱼类种群和高度洄游鱼类种群的养护与管理协定》等。

二、环境保护法律法规体系中各层次间的关系

《中华人民共和国宪法》是环境保护法律法规体系建立的依据和基础,在法律层次上不管是环境保护的综合法、单性法还是相关法,它们对环境保护的要求、法律效力是一样的。如果法律规定中有不一致的地方,应遵循后法大于前法。

国务院环境保护行政法规的法律地位仅次于法律。部门行政规章、地方环境法规和地方

政府规章均不得违背法律和行政法规的规定。地方法规和地方政府规章只在制定法规、规章的辖区内有效。

我国的环境保护法律法规如与参加和签署的国际公约有不同规定时,应优先适用国际公约的规定,但我国声明保留的条款除外。

我国环境保护法律法规体系如图 11-1 所示。

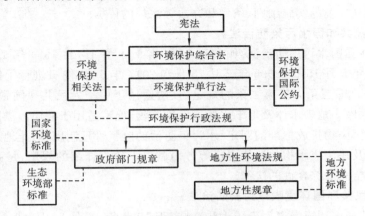

图 11-1 环境保护法律法规体系

三、主要法律法规简介

1.《中华人民共和国环境保护法》

《中华人民共和国环境保护法》于 1989 年 12 月 26 日第七届全国人民代表大会常务委员会第十一次会议通过,并于 2014 年 4 月 24 日第十二届全国人民代表大会常务委员会第八次会议进行修订的。修订后的《中华人民共和国环境保护法》自 2015 年 1 月 1 日起实施。作为一部环境保护法的综合法,它对环境保护的重要问题做出了较为全面的规定。

修订后的该法分七章共七十条。第一章"总则"规定了环境保护的任务、对象、适用领域、基本原则及环境监督管理体制;第二章"监督管理"规定了环境标准制定的权限、程序和实施要求、环境监测的管理和状况公报的发布、环境保护规划的拟订及建设项目环境影响评价制度、现场检查制度及跨地区环境问题的解决原则;第三章"保护和改善环境"对环境保护责任制、资源保护区、自然资源开发利用、农业环境保护、海洋环境保护做了规定;第四章"防治污染和其他公害"规定了排污单位防治污染的基本要求、"三同时"制度、排污申报制度、排污收费制度、限期治理制度及禁止污染环境和环境应急的规定;第五章"信息公开和公众参与"规定了公民、法人和其他组织依法享有获取环境信息、参与监督环境保护的权利。第六章"法律责任"规定了企业事业单位和其他生产经营者违法排放污染物,受到罚款处罚,被责令改正,拒不改正的,依法做出处罚决定的行政机关可以自责令改正之日的次日起,按照原处罚数额按日连续处罚;第七章"附则"规定本法自 2015 年 1 月 1 日起施行。

2.《中华人民共和国大气污染防治法》

《中华人民共和国大气污染防治法》颁布于 1987 年 9 月 5 日,自 1988 年 6 月 1 日实施,于 2000 年 4 月 29 日和 2015 年 8 月 29 日进行了两次修订,修订后的该法分八章共一百二十九条,明确了法的基本目的,以改善大气环境质量为目标,强化地方政府责任,加强考核和监督;坚持源头治理,推动转变经济发展方式,优化产业结构和布局,调整能源结构,提高相关产品质量标准。实现了单一污染物控制向多污染物协同控制,从末端治理向全过程控制、精细化管理的转变;从实际出发,根据我国经济社会发展的实际情况,制定大气污染物防治标准,完善相关制度;坚持问题导向,抓住主要矛盾,着力解决燃煤,机动车船等大气污染问题;推行区域大气污染联合防治,要求对颗粒物、二氧化硫、氮氧化物、挥发性有机物、氨等大气污染物和温室气体实施协同控制,完善重污染天气应对措施;加大对大气环境违法行为的处罚力度;坚持立法为民,积极回应社会关注。该法是我国在防治大气污染方面综合性的法律,也是国家和地方制定保护和改善大气环境的实施细则、条例和办法等法规的依据。

3.《中华人民共和国水污染防治法》

《中华人民共和国水污染防治法》颁布于 1984 年 5 月 11 日,自 1984 年 11 月 1 日开始施行,分别于 1996 年 5 月 15 日、2008 年 2 月 28 日和 2017 年 6 月 27 日进行了修订。修订后的该法分八章共一百零三条。依第二条的规定,该法适用于中华人民共和国领域内的江河、湖泊、运河、渠道、水库等地表水体及地下水体的污染防治,但不适用于海洋污染防治。该法对水环境质量标准和污染物排放标准的制定、水污染防治的监督管理制度、防止地表水和地下水污染的原则和措施及违法应承担的法律责任等方面做出了较为详细的规定,是我国在内陆水污染防治方面比较全面的综合性的法律。

4.《中华人民共和国环境噪声污染防治法》

《中华人民共和国环境噪声污染防治法》颁布于 1996 年 10 月 29 日,自 1997 年 3 月 1 日起施行,于 2018 年 12 月 29 日进行了修订。修订后的该法分八章共六十四条,依第三条的规定,该法适用于中华人民共和国领域内环境噪声污染的防治,因从事本职生产、经营工作受到噪声危害的防治,不适用本法。后者通常适用劳动保护方面的法律。该法在吸收了国务院发布的《环境噪声污染防治条例》有关内容的基础上,对环境噪声污染防治的基本原则和监督管理制度、工业噪声污染防治、交通运输噪声污染防治、社会生活噪声污染防治以及相应违法责任等方面内容做出明确规定。

5.《中华人民共和国固体废物污染环境防治法》

《中华人民共和国固体废物污染环境防治法》颁布于 1995 年 10 月 30 日,分别于 2004 年 12 月 29 日、2013 年 6 月 29 日、2015 年 4 月 24 日和 2016 年 11 月 7 日进行了四次修订,并于 2019 年 6 月 5 日对该法修订草案进行了审议,该法分六章共九十一条。依第二条的规定,该法适用于中华人民共和国境内固体废物污染环境的防治。固体废物污染海洋环境的防治和放射性固体废物污染环境的防治不适用该法。该法规定了固体废物管理的基本原则、固体废物污染环境防治的监督管理体制、固体废物污染环境的防治(包括工业固体废物和城市生活垃圾)以及危险废物污染环境的防治,并对违法行为应承担法律责任做出了明确的规定。

6.《中华人民共和国海洋环境保护法》

《中华人民共和国海洋环境保护法》颁布于 1982 年 8 月 23 日,于 1999 年 12 月 25 日、2013 年 12 月 28 日、2016 年 11 月 7 日和 2017 年 11 月 4 日进行了修订。修订后的该法分十章共九十七条,明确了法的目的和适用范围,确立了海洋环境监督管理和海洋生态保护制度和措施,对防治陆源污染物、海岸工程建设项目、海洋工程建设项目、倾倒废物和船舶及有关作业活动对海洋环境的污染损害做出了详细的规定,并对违法行为应承担的法律责任做出了明确的规定。

11.4.2　我国的环境标准体系

环境标准是为了防治环境污染,维护生态平衡,保护人群健康,对环境保护工作中需要统一的各项技术规范和技术要求所做的规定。具体讲,环境标准是国家为了保护人民健康,促进生态良性循环,实现社会经济发展目标,根据国家的环境政策和法规,在综合考虑本国自然环境特征、社会经济条件和科学技术水平的基础上规定环境中污染物的允许浓度和污染源排放污染物的数量、浓度、事件和速率以及其他有关技术规范。

环境标准是国家环境政策在技术方面的具体体现,是行使环境监督管理和进行环境规划的主要依据,是推动环境科技进步的动力,在我国环保工作中有着极其重要的地位和不可替代的作用。

1. 环境标准是国家环境保护法规的重要组成部分

我国环境标准具有法规约束性,是我国环境保护法规所赋予的。在《中华人民共和国环境保护法》《中华人民共和国大气污染防治法》《中华人民共和国水污染防治法》《中华人民共和国海洋环境保护法》《中华人民共和国噪声污染防治法》《中华人民共和国固体废物污染防治法》等法规中,都规定了实施环境标准的条款,使环境标准成为执法必不可少的依据和环境保护法规的重要组成部分。

2. 环境标准是环境保护规划的体现

环境规划的目标主要是用标准来表示的。我国环境质量标准就是将环境规划总目标依据环境组成要素和控制项目在规划时间和空间内予以分解并定量化的产物。因而环境质量标准是具有鲜明的阶段性和区域性特征的规划指标,是环境规划的定量描述。污染物排放标准则是根据环境质量目标要求,将规划措施,根据我国的技术和经济水平及行业生产特征,按污染控制项目进行分解和定量化,它是具有阶段性和区域性特征的控制措施指标。

3. 环境标准是环境保护行政主管部门依法行政的依据

多年来逐步形成的环境管理制度,是环境监督管理职能制度化的体现。但是,这些制度只有在各自进行技术规范化之后,才能保证监督管理职能科学有效地发挥。环境管理制度和措施的一个基本特征是定量管理,这就要求在污染源控制与环境目标管理之间建立定量评价关系,并进行综合分析。因而就需要通过环境保护标准统一技术方法,作为环境管理制度实施的技术依据。环境质量标准提供了衡量环境质量状况的标尺,而污染物排放标准为判别污染源是否违法提供了依据。

4. 环境标准是推动环境保护科技进步的一种动力

环境标准与其他任何标准一样,是以科学技术与实践的综合成果为依据制定的,具有科学性和先进性,代表了今后一段时间内科学技术的发展方向。环境标准在某种程度上成为判断污染防治技术、生产工艺与设备是否先进可行的依据,成为筛选、评价环保科技成果的一个重要尺度,对技术进步起到导向作用。同时,环境方法、样品、基础标准统一了采样、分析、测试、统计计算等技术方法,规范了环保有关技术名词、术语等,保证了环境信息的可比性,使环境科学各学科之间、环境监督管理各部门之间以及环境科研和环境管理部门之间有效的信息交往和相互促进成为可能。标准的实施还可以起到强制推广先进科技成果的作用,加速科技成果转化,污染治理新技术、新工艺、新设备尽快得到推广应用。

5. 环境标准是进行环境评价的准绳

无论进行环境质量现状评价,编制环境质量报告书,还是进行环境影响评价,编制环境影响报告书,都需要环境标准。只有依靠环境标准,方能做出定量化的比较和评价,正确判断环境质量的好坏,从而为控制环境质量,进行环境污染综合整治,以及设计切实可行的治理方案提供科学依据。

6. 环境标准具有投资导向作用

环境标准中指标值的高低是确定污染源治理污染资金投入的技术依据。在基本建设和技术改造项目中也是根据标准值,确定治理程度,提前安排污染防治资金。环境标准对环境投资的这种导向作用是明显的。

一、我国的环境标准体系

由于环境包括空气、水、土壤等诸多要素,环境问题又涉及许多行业和部门,环境要素的不同,各行业和部门的要求也不同,因而环境标准只能分门别类地制定,所有这些分门别类的标准的总和构成一个相联系的统一整体,称为环境标准体系。这个体系不是一成不变的,它随一定时期的技术经济水平以及人类对环境质量的要求而不断地发展和完善。

(一)环境标准体系

我国环境标准分为国家环境标准、地方环境标准和环境保护部标准。其中,国家环境标准包括国家环境质量标准、国家污染物排放标准(或控制标准)、国家环境监测方法标准、国家环境标准样品标准和国家环境基础标准。地方环境标准包括地方环境质量标准和地方污染物排放标准,如图11-2所示。

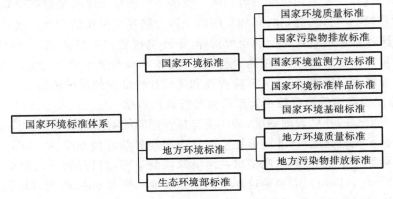

图 11-2　我国环境标准体系

1. 国家环境保护标准

1)国家环境质量标准

国家环境质量标准是指为保障人群健康、维护生态环境和保障社会物质财富,并考虑技术、经济条件,对环境中有害物质和因素所做的限制性规定。国家环境质量标准是一定时期内衡量环境优劣程度的标准,从某种意义上讲是环境质量的目标标准,如环境空气质量标准、水环境质量标准、环境噪声质量标准、土壤环境质量标准等。

2)国家污染物排放标准(或控制标准)

国家污染物排放标准是指根据国家环境质量标准,以及适用的污染控制技术,并考虑经济承受能力,对排入环境的有害物质和产生污染的各种因素所做的限制性规定,是对污染源控制的标准,如大气污染物排放标准、水污染物排放标准、噪声排放标准、固体废物污染控制标准等。

3)国家环境监测方法标准

国家环境监测方法标准是为监测环境质量和污染物排放,规范采样、分析测试、数据处理等所做的统一规定,如水质分析方法标准、城市环境噪声测量方法、水质采样法等。

4）国家环境标准样品标准

国家环境标准样品标准是为保证环境监测数据的准确、可靠，对用于量值传递或质量控制的材料、实物样品而制定的标准。标准样品在环境管理中起着甄别的作用，可用来评价分析仪器、鉴别其灵敏度；评价分析者的技术，使操作技术规范化，如土壤 ESS-1 标准样品、水质 COD 标准样品等。

5）国家环境基础标准

国家环境基础标准是对环境标准工作中，需要统一的技术术语、符号、代号（代码）、图形、指南、导则、量纲单位及信息编码等所做的统一规定，如地方大气污染物排放标准的技术方法、地方水污染物排放标准的技术原则和方法及环境保护标准的出版、印刷标准等。

国家环境保护标准分为强制性环境标准和推荐性环境标准。环境质量标准和污染物排放标准和法律、法规规定必须执行的其他标准为强制性标准。强制性环境标准必须执行，超标即违法。强制性标准以外的环境标准属于推荐性标准。国家鼓励采用推荐性环境标准，推荐性环境标准被强制性标准引用，也必须强制执行。

2．地方环境保护标准

地方环境标准是对国家环境标准的补充和完善，由省、自治区、直辖市人民政府制定。近年来为控制环境质量的恶化趋势，一些地方已将总量控制指标纳入地方环境标准。

1）地方环境质量标准

国家环境质量标准中未做出规定的项目，可以制定地方环境质量标准，并报国务院行政主管部门备案。

2）地方污染物排放（控制）标准

国家污染物排放标准中未做规定的项目可以制定地方污染物排放标准。

国家污染物排放标准已规定的项目，可以制定严于国家污染物排放标准的地方污染物排放标准。

省、自治区、直辖市人民政府制定机动车、船的大气污染物地方排放标准严于国家排放标准的，须报经国务院批准。

3．生态环境部标准

在环境保护工作中对需要统一的技术要求所制定的标准（包括执行各项规章制度，监测技术及环境区划、规划的技术要求、规范、导则等）。

（二）环境标准之间的关系

1．国家环境标准与地方环境标准的关系

执行上，地方环境标准优先于国家环境标准执行。

2．国家污染物排放标准之间的关系

国家污染物排放标准又分为跨行业综合性排放标准（如污水综合排放标准、大气污染物综合排放标准）和行业性排放标准（如火电厂大气污染物排放标准、合成氨工业水污染物排放标准、造纸工业水污染物排放标准等）。

综合性排放标准与行业性排放标准不交叉执行。即有行业性排放标准的执行行业排放标准，没有行业排放标准的执行综合排放标准。

二、环境质量标准

我国已经颁布的环境质量标准如下。

　　(1) 大气环境质量标准:环境空气质量标准(GB 3095—2012)、保护农作物的大气污染物最高允许浓度(GB 9137—88)、室内空气质量标准(GB/T 18883—2002)。

　　(2) 水环境质量标准:地表水环境质量标准(GB 3838—2002)、地下水质量标准(GB/T 14848—2017)、海水水质标准(GB 3097—1997)、渔业水质标准(GB 11607—89)、农田灌溉水质标准(GB 5084—2005)。

　　(3) 声环境质量标准:声环境质量标准(GB 3096—2008)、城市区域环境振动标准(GB 10070—88)。

　　(4) 土壤环境质量标准:土壤环境质量标准(GB 15618—2018)。

　　环境质量一般分等级,与环境功能区类别相对应。高功能区环境质量要求严格,低功能区环境质量要求宽松一些。以下举例说明。

1. 环境空气质量

　　环境空气质量标准(GB 3095—2012)将环境空气质量功能区分为三类。

　　一类区为自然保护区、风景名胜区和其他需要特殊保护的地区。

　　二类区为城镇规划中确定的居民区、商业交通居民混合区、文化区、一般工业区和农村地区。

　　三类区为特定工业区。

　　相应的将环境空气质量标准分为三级,一类区执行一级标准,二类区执行二级标准,三类区执行三级标准。

2. 地表水环境质量

　　地表水环境质量标准(GB 3838—2002)依据水域的环境功能和保护目标,按功能高低将水域依次划分为五类。

　　Ⅰ类:主要适用于源头水、国家自然保护区。

　　Ⅱ类:主要适用于集中式生活饮用水地表水源地一级保护区、珍稀水生生物栖息地、鱼虾类产卵场、仔稚幼鱼的索饵场等。

　　Ⅲ类:主要适用于集中式生活饮用水地表水源地二级保护区、鱼虾类越冬场、洄游通道、水产养殖区等渔业水域及游泳区。

　　Ⅳ类:主要适用于一般工业用水区及人体非直接接触的娱乐用水区。

　　Ⅴ类:主要适用于农业用水区及一般景观要求水域。

　　对应地表水上述五类水域功能,将地表水环境质量标准基本项目标准值分为五类,不同功能类别分别执行相应类别的标准值。水域功能类别高的标准值严于水域功能类别低的标准值。同一水域兼有多类使用功能的,执行最高功能类别对应的标准值。实现水域功能与达功能类别标准为同一含义。

3. 声环境质量

　　声环境质量标准(GB 3096—2008)按区域的使用功能特点和环境质量要求,将声环境功能区分为以下五种类型。

　　0类:指康复疗养区等特别需要安静的区域。

　　1类:指以居民住宅、医疗卫生、文化教育、科研设计、行政办公为主要功能,需要保持安静的区域。

　　2类:指以商业金融、集市贸易为主要功能,或者居住、商业、工业混杂,需用维护住宅安静的区域。

3 类:指以工业生产、仓储物流为主要功能,需要防止工业噪声对周围环境产生严重影响的区域。

4 类:指交通干线两侧一定距离之内,需要防止交通噪声对周围环境产生严重影响的区域,包括 4a 类和 4b 类两种类型。4a 类为高速公路、一级公路、二级公路、城市快速路、城市主干路、城市次干路、城市轨道交通(地面段)、内河航道两侧区域,4b 类为铁路干线两侧区域。

对应声环境五类功能区,将环境噪声标准值分为五类,不同功能类别分别执行相应类别的标准值。噪声功能类别高的区域(如居住区)执行的标准值严于噪声功能类别低的区域(如工业区)。

三、污染物排放标准

污染物排放标准包括大气污染物排放标准、水污染物排放标准、噪声排放标准、固体废物污染控制标准、放射性和电磁辐射污染防治标准等几大类。

过去,我国的污染物排放标准大部分是分级别的,分别对应于相应的环境功能区,处在高功能区的污染源执行严格的排放限值,处在低功能区的污染源执行宽松的排放限值。以下试以污水综合排放标准(GB 8978—1996)为例加以说明。

该标准分为三级:

(1) 排入地表水环境质量标准(GB 3838—2002)中Ⅲ类水域(规定的保护区和游泳区除外)和排入海水水质标准(GB 3097—1997)中二类海域的污水,执行一级标准;

(2) 排入地表水环境质量标准(GB 3838—2002)中Ⅳ、Ⅴ类水域和海水水质标准(GB 3097—1997)中三类水域的污水,执行二级标准;

(3) 排入设置二级污水处理厂的城镇排水系统的污水,执行三级标准。

排入未设置二级污水处理厂的城镇排水系统的污水,必须依据排水系统出水受纳水域的功能要求。

地表水环境质量标准(GB 3838—2002)中Ⅰ、Ⅱ类水域和Ⅲ类水域中划定的保护区,海水水质标准(GB 3097—1997)中一类海域,禁止新建排污口;现有排污口应按水体功能要求,实行污染物总量控制,以保证受纳水体水质符合规定用途的水质标准。

目前,污染物排放标准的制定思路有所调整。首先,排放标准限值建立在经济可行的控制技术基础上,不分级别。制定国家排放标准时,明确以技术为依据,采用"污染物达标技术",即现有污染源以现阶段所能达到的经济可行的最佳实用控制技术为标准的制定依据。国家排放标准不分级别,不再根据污染源所在地区环境功能不同而不同,而是根据不同工业行业的工艺技术、污染物产生水平、清洁生产水平、处理技术等因素确定各种污染物排放限值。排放标准以减少单位产品或单位原料消耗量的污染物排放量为目标,根据行业工艺的进步和污染治理技术的发展,适时对排放标准进行修订,逐步达到减少污染物排放总量,以实现改善环境质量的目标。

其次,国家排放标准与环境质量功能区逐步脱离对应关系,由地方根据具体需要补充制定排入特殊保护区的排放标准。逐步改变目前国家排放标准与环境质量功能区对应的关系,超前时间段部分级别,现时间段可以维持,以便管理部门逐步过渡。排放标准的作用对象是污染源,而污染源的排放量水平与生产工艺和处理技术密切相关。而当前这种根据环境质量功能区类别来制定相应级别的污染物排放标准过于勉强,因为单个排放源与环境质量不具有一一对应的因果关系,一个地方的环境质量受到诸如污染源数量、种类、分布、人口密度、经济水平、环境背景及环境容量等众多因素的制约,必须采取综合整治措施才能达到环境质量标准。但地方可以根据具体情况和管理需要,对位于特殊功能区的污染源制定更为严格的控制标准。

四、ISO14000 标准

我国在建立国内环境标准的同时,还积极参加了国际上的环境标准化活动。从 1980 年起,我国陆续加入了国际标准化组织(ISO)的水质、空气质量、土壤等三个技术委员会,建立了日常工作制度,做了大量的国际标准草案投票验证的工作,派出多个代表团参加国际会议。1996 年随着 ISO14000(环境管理体系)系列标准的陆续发布,原国家环境保护局在跟踪研究国际标准的基础上,积极开展试点工作,并于 1997 年成立了中国环境管理体系认证指导委员会,为我国顺利推进这套国际标准,为环境管理服务奠定了有力的组织保障。

ISO14000 环境管理系列标准是为了满足企业环境管理的需要而设计的。这套标准以环境管理体系为核心,给出一整套的环境管理体系关键要素,帮助组织处理所面临的环境问题。这套标准仅提供了系统地建立并管理组织的环境行为的方法,而没有设定具体的环境行为指标水平,即关心"如何"实行目标,而不注重目标应该是"什么"。另外,这套标准还包括许多提供支持手段的标准,包括环境审核、环境行为评价、环境标志和生命周期评价。这套标准的一个重要特点是它们都是自愿性的标准,而非强制性要求。企业自己决定是否执行这些标准。

(一)ISO14000 系列标准的构成

ISO14000 环境管理系列标准是一个庞大的标准系统,它包括了环境管理体系、环境审核、环境标志、生命周期评价等环境管理领域内的许多焦点问题。ISO 给 14000 系列标准预留了100 个标准号,编号为 ISO14001~ISO14100。根据 ISO/TC207 的各分技术委员会的分工,这100 个标准号分配如表 11-1 所示。

表 11-1　ISO14000 体系标准号分配

分技术委员会	任　　务	标　准　号
SC1	环境管理体系(EMS)	14000~14009
SC2	环境审核(EA)	14010~14019
SC3	环境标志(EL)	14020~14029
SC4	环境绩效评价(EPE)	14030~14039
SC5	生命周期评价(LCA)	14040~14049
SC6	术语和定义(T&D)	14050~14059
WG1	产品标准中的环境因素	14060
	备用	14061~14100

随着标准的推广和使用,为适应不断出现的新情况,ISO 也可制定超过分配的 100 个标准号外的标准,也可根据具体情况另外命名标准号。只要是属于环境管理领域内的标准,均可纳入 ISO14000 系列中。如 WG1 针对产品标准中的环境指标标准,由于制定过程中意见不同,最终以 ISO 导则 64——《产品标准中的环境因素导则》发布。

(二)ISO14000 系列标准之间的关系

ISO14000 标准系统由若干子系统构成,形成全面、完整的评价方法,提供了一整套支持科学环境管理的工具手段,体现了市场条件下"自我环境"管理的思路和方法。这些子系统之间的关系如表 11-2 所示。

表 11-2　ISO14000 体系子系统的关系

ISO14000 环境管理系列标准	评价组织	环境管理体系（EMS）	基本标准子系统
		环境审核（EA）	技术支持标准子系统
		环境绩效评价（EPE）	
	评价产品	环境标志（EL）	
		生命周期评价（LCA）	
		产品标准中的环境因素	基本标准子系统
		术语和定义（T&D）	基本标准子系统

1．环境管理体系

SC1 分委会制定的环境管理体系标准是以 ISO14001 为核心的环境管理体系规范及指南。环境管理体系标准叙述了一个组织的环境管理体系应具备的要求。通过实施环境管理体系的各个要求，能使组织明确并执行其环境职责。这些要求被用作认证和注册审核的基础。环境管理体系运行模式包括 5 个关键部分：方针、策划、实施与运行、检察和纠正、评审和改进。规范对下列愿望的组织都适用：

① 实施、保持并改进环境管理体系；

② 使自己确信并符合生命的环境方针；

③ 向外界展示这种符合性；

④ 寻求外部组织对其环境管理体系的认证、注册；

⑤ 对符合本标准的情况进行自我鉴定和自我声明。

2．环境审核

由于环境审核已经发展成为一个迅速发展的领域，但各种审核差异很大。环境审核是根据环境法规、环境行为、适当的预防措施或某一场所有关的实际或潜在的责任来进行评价的，而针对管理工作进行的评价很少。为了使环境审核更加明确，SC2 分委员会的首要任务之一是确定审核、评价、回顾和其他审查之间的区别。审核被定义成一种客观的、系统的、文件化的验证过程，它是通过有目的地获得证据并评价证据，以确定某一特定的主题事项是否符合审核准则。SC2 分委会进一步明确优先解决的问题是对环境管理体系的审核，其次才是对现场或对行为或法规遵守方面的评价。目前所制定的环境审核标准涉及审核的一般原则、环境管理体系审核程序和审核员资格要求，分委员会正在为指定环境现场评价指南提供理论依据。

3．环境标志

作为一种新型的管理手段，环境标志是依据一套环境标准、程序，对产品从生产到使用全过程实施环境保护的要求，并对符合或达到这一程序、标准要求的产品颁发证书或标志的管理方法。它是一种产品证明性"商标"，以表明该产品不仅质量合格，与同类产品相比，还具有低毒少害、节约资源等明显的环境优势特征。

由于环境标志具有竞争意义，因此不准确的环境标志将有害于公平竞争和贸易。SC3 分委会的首要任务是对不同类型的环境标志进行分类，明确出三种不同类型的环境标志，提出了制定这三种环境标志的规则和程序。

Ⅰ型环境标志（ISO14024）：是一种自愿的，基于多准则的第三方认证的环境标志。该标志要求在特定的产品种类中，基于生命周期考虑，该产品具有环境优越性。以此颁发许可证，授权产品使用环境标志证书。各国在 ISO14024 规定的原则和程序指导下，把产品的环境绩效标准具体化。目前我国已颁布数字式一体化速印机、家用洗涤剂、防水涂料等近 70 个环境标志产品标准。

Ⅱ型环境标志(ISO14021):自我声明的环境标志。它是一种未经独立第三方认证,基于某种环境因素提出的,由制造商、进口商、分销商、零售商或任何能获益的乙方自行做出的环境声明。

Ⅲ型环境标志(ISO14025):一个量化的产品生命周期信息简介,由供应商提供,以ISO14040 系列标准而进行的生命周期评估为基础,根据预先设定的参数,将声明的内容经由有资格的独立的第三方进行严格评审、检测、评估,证明产品和服务的信息公告符合实际后,准予颁发评估证书。

中国Ⅰ型、Ⅱ型、Ⅲ型环境标志如图 11-3 所示。

图 11-3　中国Ⅰ型、Ⅱ型、Ⅲ型环境标志

4. 环境绩效评价

SC4 分委会制定的环境绩效评价标准,为衡量、分析和评价组织的环境表现提供指南。在评价组织如何对待环境表现时,通常应考虑两个因素,即运行和管理。运行从现场来看待行为,确定使用了哪些资源,产出哪些产品、副产品、污染物和废物等;而管理体系则制订目标,并为实现目标提供所需资源。衡量、分析和评价是相对于该组织确立的目标和指标而进行的。SC4 分委会制定用于评价环境绩效的系统方法,通过系统的方法来制定可靠、实用的指标体系,为可靠的环境绩效报告提供一种通用的框架结构。

5. 生命周期评价

SC5 分委会制定的有关生命周期评价的标准,为决策提供使用生命周期评价的指南。生命周期评价考虑了产品从原材料获取到最终处置或"从摇篮到坟墓"的生产、工艺和服务的环境影响。通过对现有生命周期分析的方法进行回顾,该分委员会为如何评价产品对环境造成的压力提供指导原则,其中包括材料和能源的使用、生产过程、分销方法、再生和废物处置方法。生命周期分析是评价某一生产过程、产品或活动所产生的环境影响的一种整体分析的科学方法。评价可分为目的和范围的确定、清单分析、影响评价、结构解释四个阶段。SC5 针对上述四个阶段制定有关标准。

6. 产品标准中的环境因素

因为 TC207 不制定产品标准,因此,它成立了一个工作组来为产品标准中涉及的环境问题提供指导原则,以供那些产品标准制定者们使用。这是一个很重要的长期问题,因为它涉及产品标准本身,而不是管理体系。从长远看,产品标准的修改对组织的环境表现产生潜在的深刻影响。

7. 术语和定义

SC6 分委会的任务是确保 TC207 所有的分委会和工作组都使用统一的定义。SC6 并不起草定义,而是确保所下定义能够协调一致。曾有过两个工作组对同一术语下了不同的定义,SC6 分委会就是要发现这些不统一的定义,并提醒各个委员会注意,如果需要的话,帮助他们将定义协调一致。SC6 分委会最后将这些统一的术语及其定义出版,供 TC207 使用。

11.4.3　我国现行的环境管理制度

环境管理制度属于环境管理对策与措施的范畴,从强化管理的角度确定了环境保护实践应遵循的准则和一系列可以操作的具体实施办法,是关于污染防治和生态保护与管理的规范化指导,是一类程序性、规范性、可操作性、实践性很强的管理对策与措施,是国家环境保护的法律、法规、方针和政策的具体体现。

我国现行的环境管理制度是从探索我国环境保护工作的规律和方法出发,以有计划地控制环境污染、生态破坏和实现环境战略为目标,随着我国环境保护工作的深化而逐步产生的。

一、现行环境管理制度简介

从 1973 年我国环境保护事业起步至今,我国在环境保护的实践中,不断探索和总结,逐步形成了一套能够为强化环境管理提供有效保障的环境管理制度。从最早提出的"三同时"、环境影响评价和排污收费等老三项管理制度,到后来的环境保护目标责任制、城市环境综合整治定量考核、排污许可证制度、污染物集中控制和限期治理等新五项环境管理制度,以及后来又在环境保护的实践中形成了污染事故报告制度、现场检查制度、排污申报制度、环境信访制度和环境保护举报制度,目前,我国的环境管理制度已经远不是单项制度的"构件"的简单堆砌,而是一个由新老制度构成的有机整体。

二、环境影响评价制度

环境影响评价制度是把环境影响评价工作以法律、法规和行政规章的形式确定下来从而必须遵守的制度。环境影响评价只是一种评价方法、评价技术,而环境影响评价制度却是进行评价的法律依据。

从 1973 年第一次全国环境保护会议后,环境影响评价的概念开始引入我国。1978 年 12 月 31 日,中发〔1978〕79 号文件批转的国务院环境保护领导小组《环境保护工作汇报要点》中,首次提出了环境影响评价的意向。

1979 年 9 月,《中华人民共和国环境保护法(试行)》颁布并规定:"一切企业、事业单位的选址、设计、建设和生产,都必须注意防止对环境的污染和破坏。在进行新建、改建和扩建工程时,必须提出对环境影响的报告书,经环境保护主管部门和其他有关部门审查批准后才能进行设计。"它标志着我国的环境影响评价制度正式确立。

环境影响评价制度确立后,国家陆续颁布的各项环境保护单行法,如 1982 年颁布的《中华人民共和国海洋环境保护法》、1984 年颁布的《中华人民共和国水污染防治法》、1987 年颁布的《中华人民共和国大气污染防治法》都对建设项目环境影响评价有具体条文规定。同期颁布的自然资源保护法律,如 1985 年颁布的《中华人民共和国草原法》、1988 年颁布的《中华人民共和国野生动物保护法》、1988 年颁布的《中华人民共和国水法》都有关于环境影响评价的规定。这些法律对完善我国的环境影响评价制度起到重要的促进作用。

1989 年颁布的《中华人民共和国环境保护法》规定:"建设项目的环境影响报告书,必须对建设项目产生的污染和对环境的影响作出评价,规定防治措施,经项目主管部门预审并依照规定的程序报环境保护主管部门批准。环境影响报告书经批准后,计划部门方可批准建设项目设计任务书。"在这一条款中，对环境影响评价制度的执行对象和任务、工作原则和审批程序、执行时段和与基本建设程序之间的关系作出原则性规定，是行政法规中具体规范环境影响评价制度的法律依据和基础。

1998年国务院颁布实施《建设项目环境保护管理条例》，这是建设项目环境管理的第一个行政法规。环境影响评价作为其中的一章对建设项目实行分类管理，对建设项目环境影响评价实施资质管理，对建设单位、评价单位、负责环境影响审判的政府有关部门工作人员在环境影响评价中违法行为的法律责任等做了详细明确的规定，成为指导建设项目环境影响评价极为重要和可操作性强的行政法规。

2018年12月29日，第十三届全国人大常委会第七次会议对《中华人民共和国环境影响评价法》进行第二次修正。该法规定："国务院有关部门、设区的市级以上地方人民政府及其有关部门，对其组织编制的土地利用的有关规划，区域、流域、海域的建设、开发利用规划，应当在规划编制过程中组织进行环境影响评价，编写该规划有关环境影响的篇章或者说明。规划有关环境影响的篇章或者说明，应当对规划实施后可能造成的环境影响作出分析、预测和评估，提出预防或者减轻不良环境影响的对策和措施，作为规划草案的组成部分一并报送规划审批机关。未编写有关环境影响篇章或者说明的规划草案，审批机关不予审批。"用法律把环境影响评价从项目环境影响评价拓展到规划环境影响评价，成为我国环境影响评价史上的重要里程碑。中国的环境影响评价制度发展到一个新的阶段。

依据《中华人民共和国环境影响评价法》和《建设项目环境保护管理条例》，国务院环境保护行政主管部门和国务院有关部委及各省、自治区、直辖市人民政府和有关部门，陆续颁布了一系列环境影响评价的部门行政规章和地方行政法规，成为环境影响评价制度的主要组成部门。如为了加强环境影响评价管理，提高环境影响评价专业技术人员素质，确保环境影响评价质量，2004年2月，原人事部、原国家环境保护总局决定在全国环境影响评价行业建立环境影响评价工程师职业资格制度，对环境影响评价这门科学和技术以及从业者提出了更高的要求。

2016年7月2日和2018年12月19日又分别对《中华人民共和国环境影响评价法》进行了两次修订，新修订的《中华人民共和国环境影响评价法》规定，环境影响评价审批不再作为核准的前置条件，将环境影响登记表审批改为备案，环境影响评价未批先建取消限期补办手续，未批先建由县级以上环保部门处罚，未批先建罚款与项目总投资额挂钩，取消环境影响评价机构资质管理等。

三、"三同时"制度

"三同时"制度，是指新建、改建、扩建项目和技术改造项目及区域性开发建设项目的污染治理设施必须与主体工程同时设计、同时施工、同时投产的制度，它与环境影响评价制度相辅相成，是防止新污染和破坏的两大法宝，是我国"预防为主"方针的具体化、制度化。"三同时"制度为我国独创，也是我国出台最早的一项环境管理制度。

"三同时"制度要求首次在1972年国务院批转的《国家计委、国家建委关于官厅水库污染情况和解决意见的报告》中提出，该报告指出"工厂建设和三废综合利用工程要同时设计、同时施工、同时投产"。1973年《关于保护和改善环境的若干规定》中首次提出：一切新建、改建和扩建的企业必须执行"三同时"制度。正在建设的企业没有采取污染防治措施的必须补上，各级环保部门要参与审计设计和竣工验收。1979年《中华人民共和国环境保护法（试行）》以法律形式对"三同时"做了明确的规定，为"三同时"制度的实施提供了法律保证。1981年5月由国家计委、国家建委、国家经委、国务院环境保护领导小组联合下达的《基本建设项目环境保护管理办法》,把"三同时"制度具体化,并纳入基本建设程序。1986 年在《基本建设项目环境保护管理办法》的基础上,国家环境保护委员会、国家计委、国家经委联合发布了《建设项目环境保护管理办法》,对"三同时"制度从内容到管理程序、各部门之间的职责都做出了明确的规定;1998 年,为了适应环境保护事业的发展,国务院 1986 年《建设项目环境保护管理办法》的基础上,补充、修改、完善颁发了《建设项目环境保护管理条例》,其中有关"三同时"制度的规定如下。

1. 建设项目的设计阶段

建设项目的设计阶段,应对建设项目建成后可能造成的环境影响进行简要的说明,在可行性研究报告中,应有环境保护的专门论述。初步设计中必须有环境保护篇章。

2. 建设项目的施工阶段

建设项目施工阶段,环境保护设施必须与主体工程同时施工。在施工过程中,应当保护施工现场周围的环境,防止对自然环境造成不应有的损害;防止或减轻粉尘、噪声、震动等对周围生活环境的污染和危害。建设项目在施工过程中,环境保护部门可以进行现场检查,建设单位应提供必要的资料。

3. 建设项目正式投产或使用前

建设项目正式投产或使用前,建设单位必须向负责审批的环境保护部门提交《环境保护设施竣工验收报告》,说明环境保护设施运行的情况,治理的效果,达到标准的,经过环境保护部门验收合格并发给《环境保护设施验收合格证》,方可正式投入生产或者使用。

4. 各有关部门的职责

环境保护部门对建设项目的环境保护实施统一的监督管理,负责对设计任务书(可行性研究报告)和经济合同中的有关环境保护内容的审查,负责对环境影响报告书(表)的审批,负责对初步设计中的环境保护篇章的审查及建设施工的检查,负责对建设保护设施的竣工验收,负责对环境保护设施运转和使用情况的检查监督。

建设项目的主管部门负责建设项目环境影响报告书(表)、初步设计中的环境保护篇章、环境保护设施竣工验收报告等的预审,监督对建设项目设计和施工中的环境保护措施的落实;监督对项目竣工后环保设施的正常运转。

建设单位负责提出环境影响报告书(表),落实初步设计中的环境保护措施,负责对项目竣工后防治污染设施的正常运转。

5. 对违反"三同时"制度规定的处罚

违反"三同时"制度规定的,对建设单位及其单位负责人处以罚款。建设项目的环境保护设施未经过验收或验收不合格而强行投入生产或使用的,要追究单位和有关人员的责任。

四、排放污染物许可证制度

排污许可证制度是以改善环境质量为目标,以污染物总量控制为基础,规定排污单位许可排放什么污染物,许可污染物排放量,许可污染物排放去向等,是一项具有法律效力的行政管理制度。

生态环境部早在 1986 年就开始进行排放水污染物许可证制度的试点工作。第三次全国环境保护工作会议后,按照国务院《进一步加强环境保护工作的决定》中关于"逐步推行污染物排放总量控制和排污许可证制度"的要求,在水污染物许可证试点工作的基础上,于 1991 年又确定在上海、天津、太原、广州、沈阳等 16 个城市进行排放大气污染物许可证制度试点工作。随着"九五"以来全国主要污染物排放总量控制计划的实施,排污许可证制度的重要性日益突出。

2016 年 11 月,国务院办公厅印发了《控制污染物排放许可制实施方案》。该方案是落实党中央国务院的决策部署,依法明确排污许可的具体办法和实施步骤的指导性文件,标志着我国排污许可制度改革进入实施阶段。2018 年 1 月 10 日原环保部颁布了《排污许可管理办法(试行)》(环境保护部令[2018]第 48 号),是我国为了落实《国务院办公厅关于印发控制污染物排放许可制实施方案的通知》而进行排污许可制度改革的重要基础性文件。生态环境部印发了《排污许可管理条例》(草案征求意见稿)。全面实施排污许可制度,是党中央、国务院从推进生态文明建设全局出发,全面深化环境治理基础制度改革的一项重要部署,是贯彻落实党的十九大"强化排污者责任","构建政府为主导、企业为主体、社会组织和公众共同参与的环境治理体系"要求的重要举措,也是提高固定污染源管理效能、改善环境质量的重要制度保障。

目前我国排污许可证制度的基本内容主要包括以下几个方面。

1. 污染物总量控制目标和分配总量削减指标的确定

国家根据有关防治污染的法律、政策、法规、标准、措施、技术基础、经济能力等提出确定排污指标的规范方法、指导原则和统一技术参数,地方以此为依据,结合本地区的环境质量要求、技术经济条件,在排污申报的基础上规划分配各排污单位的污染物允许排放量。

2. 排污许可证的审批发放

排污企业用排污申请表向环保部门提出未来规定的时间内所需要排放的污染物种类、数量、浓度及排放方式、排放去向,并提出领取排污许可证的要求。

环境保护行政主管部门在收到排污单位的《排污许可证申请表》后,应在规定期限内对其申请的指标予以审核。对审核认可的排污许可证申请单位颁发正式的排污许可证;对排放未达标但已经有治理计划的污染源,颁发临时排污许可证,并责令限期治理;对排放未达标但又无治理计划的污染源,要求在规定的时间内制定污染治理计划,并重办排污许可证申请手续。

3. 排污许可证的监督检查和管理

排污许可证发放后,环保部门必须对持证者进行监督检查,对排污许可证加强管理。这是排污许可证制度能否贯彻实施的关键。

五、污染物总量控制制度

污染物总量控制制度是国家对一定时间、一定区域内排放单位排放污染物的总量进行控制的一项法律制度。

在 1980 年召开的第三次全国环境保护工作会议上,环境保护部提出同时实行浓度控制和总量控制的污染控制对策,确定由浓度控制向总量控制发展的方向。1996 年,全国人大通过的《国民经济和社会发展"九五"计划和 2010 年远景目标纲要》,把污染物排放总量控制定为中国环境保护的一项重大举措。

目前,污染物总量控制制度主要存在于政府及环保部门的行政政策、行政计划中,有总量控制计划、方案、目标等。具体的做法是,环境保护部在我国国民经济和社会发展计划实施期间制定出相应的污染物总量控制计划,如《"十一五"期间全国主要污染物排放总量控制计划》经国务院批准后,将污染物总量分解给各省,各省再把总量逐级分解,直至落实到污染单位,国家生态环境部、国家统计局和国家发展和改革委员会定期对各省执行情况进行考核和检查,各省的相关部门也定期考核和检查排污单位,对完不成任务的给予处罚。

六、其他环境管理制度

1. 污染物集中控制制度

污染物集中控制是在一个特定范围内,为保护环境所建立的集中治理设施和采用的管理措施,是强化管理的一种重要手段。污染集中控制,应以改善流域、区域等控制单元的环境质量为目的。依据污染防治规划,按照废气、废水、固体废物等的性质、种类和所处的地理位置,以集中治理为主,用尽可能小的投入获取尽可能大的环境、经济、社会效益。

污染物集中控制制度是一项在总结了长期的环境保护工作经验教训基础上提出的有效污染防治措施。与单个点源的分散和治理相对,污染物集中控制有利于集中人力、物力、财力解决重点污染问题;有利于采用新技术,提高污染治理效果;有利于提高资源利用率,加速有害物资源化;有利于节省防治污染的总投入;有利于改善环境质量。

2. 污染源限期治理制度

限期治理是指为了解决某一区域的环境问题或者达到一定的环境目标,对一些污染危害严重,群众反映强烈的污染源、污染物,要求有关企事业单位在期限内治理达到一定标准。这是一项强制性的行政措施,各有关单位必须无条件完成任务。随着环境保护工作的深入,限期治理已经从某一排污单位扩展到了地区和水域。

3. 环境保护目标责任制

环境保护目标责任制是将环境保护的责任具体落实到各级人民政府和有关部门,要求各级政府和有关部门必须对职责范围内的环境治理负责,通过定量化的管理和措施,使辖区内的环境治理达到预定标准。

4. 城市环境综合整治定量考核制度

城市综合整治定量考核是将城市环境作为一个整体、一个系统,从城市建设、环境建设、污染防治等多方面进行综合管理和控制,并对城市大气、水、固体废物、噪声、绿化等方面根据一定的标准进行等级划分,实行定量考核。

5. 现场检查制度

现场检查制度是指环境保护部门或者其他依法行使环境监督管理权的部门,对管辖范围内排污单位的排污情况和污染治理等情况进行现场检查的制度。

6. 污染事故报告制度

污染事故是指由于违反环境保护法律法规的经济社会活动与行为及意外因素的影响或不可抗力的自然灾害等原因,致使环境受到污染,人体健康受到危害,社会经济与人民财产受到损失,造成不良社会影响的突发性事件。

污染事故报告制度,是指因发生事故或者其他突然性事件,以及在环境受到或可能受到严重污染,威胁居民生命财产安全时,依照法律法规的规定进行通报和报告有关情况并及时采取措施的制度。

7. 排污申报登记制度

排污申报登记制度是环境行政管理部门的一项特别制度。凡是排放污染物的单位,必须按规定向环境保护管理部门申报登记所拥有的污染物排放设施、污染物处理设施和正常作业条件下排放污染物的种类、数量和浓度。

排污申报登记制度和排污许可证是两种不同的制度,两者既有区别又有联系。排污申报登记制度是实行排污许可证制度的基础,排污许可证是对排污者排污的定量化。排污申报登记制度的实施具有普遍性,要求每个排污单位应申报登记。排污许可证制度则不同,只对重点区域、重点污染源单位的主要污染物排放实行定量化管理。

8. 环境信访制度

为防范环境污染事故的发生,减少各类环境污染事件的扰民危害,除了进一步加大环境监督执法力度外,还必须加大环境检查的频率,增加明察暗访。为此,国家专门设立了鼓励广大群众参与环境监督的环境信访制度,并颁布了《环境信访办法》([1997]局令19号)。

9. 环境保护举报制度

"九五"期间,环境保护部开始在全国实施环境保护举报制度,同时全面开通12369中国环保举报热线,并逐步实现有奖举报制度。

思 考 题

1. 什么是环境规划?什么是环境管理?二者有什么作用?
2. 我国的环境保护法律法规体系包含哪些主要内容?
3. 我国的环境标准体系包括哪些?
4. 什么是"三同时"制度?它有什么作用?
5. 什么是排污收费制度?它有什么作用?
6. 什么是排污许可证制度?它有什么作用?
7. 什么是污染物总量控制制度?它有什么作用?

第 12 章 景观环境利用与保护

12.1 景观环境的概念与内涵

12.1.1 景观与景观环境的概念

一、景观

景观具有多重含义,包括图景与风景(scenery)、场所与地域(place)、文化与文明(culture),以及整体的实体(holistic entity)存在等方面。在不同学科中,"景观"所强调的重点是不同的。如景观地理学注重研究景观的类型与组合;景观生态学聚焦景观格局与过程;景观规划则更重视对景观的视觉感知,即景观的美学性质。

二、景观环境

景观环境,是指由各类自然和人文景观资源组成的,具有观赏价值、人文价值和生态价值的空间。景观环境特性与其组成要素密切相关,是各种景观要素空间关系的总和。月光、花卉、湖泊、绿地、道路、建筑物等都是景观环境的组成要素,也是景观的一个方面,但不是完整的景观环境本身。

景观环境是可以分解的,如街心花园中,由画坛、绿草、雕塑、喷泉等要素共同组成了一个优美的景观环境,其中的任何一个景区、景点、景物都是整个审美环境综合体的有机组成部分,减少或增加某一非主要的景观要素,原有的景观环境仍可以相对独立。

12.1.2 景观环境的构成

根据景观生态学理论,景观是一个由不同层级生态系统组成的镶嵌体,其组成单元称为景观要素(landscape element)。景观要素主要有三种类型,即斑块(patch)、廊道(corridor)和基质(matrix)(图 12-1),它们的时空配置形成的镶嵌格局即为景观结构。当然,景观格局和异质性都随尺度而变化,一个尺度的同质景观,随尺度的改变会成为异质景观。

一、基质

基质,或称本底,是占地面积最大、连接度最高、对景观功能起控制作用的景观要素。通常按照以下三条标准来区分基质、斑块和廊道,即相对面积、连接度和动态控制作用。

1. 相对面积

当景观中的某一要素所占面积超过其他要素类型的总面积时,这种要素类型即是基质。或者说,如果某种景观要素面积占景观总面积的 50%以上,它就是基质。这是确定基质的第一条标准。因为面积最大的景观要素类型往往也控制着景观中主要的物质流和能量流。基质中的优势物种往往也是景观环境中的主要物种。

2. 连接度

连接度是对廊道或基质空间连接程度或连续程度的度量。当难以根据面积判定基质时,

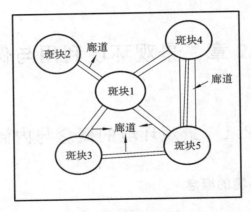

图 12-1　景观要素示意图

可用连接度来判断,连接度最高的景观要素类型即是基质。

根据度量方法的不同,可将景观连接度分为结构连接度和功能连接度两种类型。仅从景观要素在空间结构上的连续性出发,而不考虑任何生态学功能的景观连接度称为结构连接度;相反,从生态学实体(生物个体、种群、物种等)的角度出发,考虑到某一特定生态过程的景观连接度则称为功能连接度。结构连接度只关注景观的物理特征,如基质的大小、形状和位置,并不考虑物种在景观中的扩散行为,可通过卫片、航片或视觉器官观察来确定;功能连接度又可进一步分为潜在连接度和真实连接度。

3. 动态控制

当用以上两个标准都难以对景观基质进行判别时,就要从景观要素对景观的动态控制来判别。如果景观中的某一要素对景观动态的控制程度较其他要素类型大,它就是基质。实际上,无论是相对面积还是连接度,其最终的功能均反映在控制其他景观要素上。因此,对景观的动态控制才是判别基质最重要的标准。然而,由于某一要素对景观动态的控制程度很难测量,因此才用面积和连接度作为基质判别依据,面积和连接度只是对基质的一种间接度量。

4. 基质判定程序

判定基质时,可以把上述三条标准结合起来。一般的判定程序是先按照相对面积来确定,如果某种景观要素类型的面积较其他景观要素大得多,就可确定其为基质;如果不同景观要素面积近似相等,就从连接度来判别,连接度最大的类型可视为基质;如果从面积和连接度上都难以判定哪种景观要素是基质,则从景观要素对景观动态的控制作用来判定。

二、斑块

斑块是外观上不同于周围环境的相对均质的非线性地表区域。斑块主要是由于环境的异质性、干扰以及人为活动等原因产生的,是组成景观的基本要素,景观的各种性质都会由斑块反映出来,对景观异质性、动态、功能等的研究,实质上就是对斑块的性质、分布、组合及动态、功能的研究。

根据其成因可把斑块分为下列四类。

1. 干扰斑块

干扰斑块是由基质内的局部干扰引起的,采伐、森林火烧、泥石流、草原过牧、局部病虫害爆发都可能产生干扰斑块。如一场森林大火之后,局部火烧的区域留下了树木残骸,生物物种和生态系统发生了变化,明显地与未受到火烧的区域不同,受到火烧的区域就是森林景观中形成的干扰斑块。

2. 残存斑块

残存斑块是由于基质受到大范围干扰后残留下来的部分未受干扰的小面积区域。如一场洪水淹没了大片土地,冲毁村庄和农田,唯独一两处高地上的农田没有被毁,完整如初,形成残存斑块。

3. 环境资源斑块

由于环境资源的空间异质性或镶嵌分布而形成的斑块是环境资源斑块。如沙漠中的绿洲、海洋中的岛屿、农田中的塘堰等。由于环境资源分布的相对持久性,所以环境资源斑块的寿命也较长,周转速率相当低,其中的种群波动、迁入迁出和灭绝速率都较低。

4. 引进斑块

由人为活动把某些物种引进某一地区时所形成的斑块称为引进斑块。如水库、农田、城镇等,从大的区域自然景观环境上来看即为引进斑块。引进斑块又包括种植斑块和聚居地斑块两大类。

三、廊道

廊道是指不同于两侧基质的狭长地带,可以看作是线状或带状的斑块。几乎所有的景观都会被廊道分割,同时又被廊道连接在一起。廊道可以根据起源、构成和物理宽度分为不同类型。

1. 按起源分类

按起源不同,廊道可分为干扰廊道、资源廊道和引进廊道等。以森林生态系统为例,线状或带状采伐森林而形成干扰廊道;修筑公路和铁路等形成引进廊道;周边防护林为种植廊道;河流为环境资源廊道。

2. 按构成分类

按构成不同,廊道可分为绿道、蓝道、灰道、暗道和明道等。绿道是由绿色植物组成的廊道,为生物迁徙和保护提供条件。蓝道是由河流、水渠等水域组成的廊道,除了为水生生物提供传输路径外,还有灌溉土地、提供水源、交通运输、调节气候等多种功能。灰道是由人工建筑的公路、铁路、桥梁等组成的廊道,连接城市和乡村、城镇间不同地域。暗道是由地下管网等组成的廊道,主要用于信息传输、能量输送、废物排放、物质输送等。明道是由地表电缆线、高压线、电话线、地表管道等组成的廊道,主要用于传输能量和信息。

3. 按宽度分类

按照宽度可把廊道分为线状廊道和带状廊道。线状廊道为狭长条带状廊道,主要由边缘种组成,如道路、铁路、堤坝、沟渠、输电线、草本或灌木丛带、树篱等。狭窄的河流也属线状廊道。带状廊道相对较宽,足可包含一个内部环境。在景观中,带状廊道出现的频率一般比线状廊道少,常见的有高速公路、宽林带等。除了中间含有一内部环境外,它与线状廊道具有相同的特征。

12.2　景观环境的类型与价值

12.2.1　景观环境的分类

由于对景观定义的理解不同,对于景观环境的分类也有着不同的看法。目前主要根据人类影响程度和地理位置差异将景观环境分为不同类型。

一、按人类影响程度分类

1. 自然景观

自然景观的特点是具有原始性和多样性。根据人类活动影响程度，又可分为原始自然景观和轻度人为活动干扰的自然景观两类。原始自然景观未受人类活动的扰动，保持原始风貌，如高山、极地、荒漠、沼泽、苔原、热带雨林景观等（图12-2）。轻度人为活动干扰的自然景观包括范围较广，许多森林、草原、湿地可归入此类。某些自然保护区常常兼有上述两类景观，如生物圈保护区设计中的核心区与缓冲区。

(a)九寨沟中的雪山景观　　　　　　　　　　(b)南极景观

(c)荒漠景观　　　　　　　　　　　　　　　(d)沼泽景观

图 12-2　不同自然景观

2. 经营景观

经营景观又可分为人工自然景观与人工经营景观。人工自然景观中的非稳定组分——植被和物种受到人为的改造和管理，如采伐林地、刈草场、放牧场、定期进行收割的芦苇塘等半自然景观。人工经营景观中的稳定成分——土壤受到人为的改造，如各类农田、林果园等农耕景观（图12-3）。在耕作占优势的农耕景观中，镶嵌着村庄和自然或人工生态系统斑块，景观构图的几何化与物种的单纯化是其显著特征。

3. 人工景观

人工景观是一种自然界原先不存在的景观，完全是人类活动所创造。如历史文化景观、城市建筑景观、工程（产业）景观、风景园林景观等（图12-4）。人工景观的主要特征如下：①规则化的空间布局；②显著的经济性和很高的能量效率；③高度特化的功能和巨大的转化效率；④景观的视觉多样性追求。

图 12-3　四川大渡河及附近的农田景观

图 12-4　苏州园林景观

二、按地理位置分类

1. 城市景观

从景观生态学角度来看,城市景观是人工建成的景观与自然开放的景观在城市范围内的合集。

城市景观一般具有五个特点:一是以自然景观为基础,在自然景观的基础上,根据人类生产生活需要加以规划设计;二是物质性与精神性的协调统一,使每一座城市都具有独特的人文气息和魅力;三是具有多样性,城市中的广场、建筑、绿化、桥梁、雕塑小品及水体等自然元素和人工元素共同组成多元化的城市景观;四是具有整体性,城市建设中的每种元素共同构建和谐统一的城市景观效果;五是具有趋同性,随着经济文化全球化的进程,使城市景观处于一种趋同状态。

我国城市景观发展大体可以分为三个时期:萌芽期、形成期和发展兴盛期。

1840—1949 年为我国城市景观发展的萌芽期。这一时期我国的传统园林文化受到西方文化的冲击,城市景观从古典走向开放风格,出现了开放的城市中心公园并为公众提供服务。

1949—1977 年为我国城市景观的形成时期。新中国建立之初,国家处于经济恢复时期,很少新建城市公园,而是将曾经供少数人享用的公园开放给大众。1953 第一次国民经济发展计划实施后,以绿化为主的城市景观规划与建设工作全面展开,我国城市面貌也发生了较大变化。

20 世纪 80 年代开始,我国城市景观进入发展兴盛期,城市中出现了大量的休闲娱乐设施,环境更加优美,交通也更加便利。

2. 农村景观

农村景观是指乡村地域范围内不同土地单元镶嵌而成的嵌块体,包括农田、果园及人工林地、农场、牧场、水域和村庄等,以农业特征为主,是人类在自然景观的基础上建立起来的自然生态结构与人为特征的综合体。

农业是对自然景观影响重大的一种人为活动,火和工具的使用使人类改变自然的能力大大加强。机械化使大面积的耕种成为可能,许多原来难以耕种的土地被开垦为集约化农田。原野上出现种植斑块成为自然景观转变为农业景观的重要标志,外来栽培植物的种植使得区域的景观外貌也因此而发生变化。

农村景观发展的另一个重要特点是居住斑块的出现。农区村庄的出现,使区域中的廊道和网络增加,景观因此而趋向于破碎,连通性下降。此外,农村景观的发展也改变了当地的动植物区系,出现了外来植物和伴人植物,使当地的自然景观外貌变得复杂。

农业景观的发展经历了 3 个阶段,首先是传统农业景观;其次是传统农业向现代农业的过渡景观;最后是集约化的现代农业景观。现代农业的发展使大面积的集约化农田出现成为可能,农业的专门化和机械化使当地的景观变得十分单调,生产量上升的代价是景观多样性的下降、当地生物物种的减少和土壤侵蚀的增加。

3. 城郊景观

城郊是城乡接合处,是一类特殊的人工经营景观,具有很大的异质性。在城郊景观中,既有农田和果园,又有商业中心和工厂;既有自然景观和人工景点,又有风格各异的居民住宅(图12-5)。

图 12-5 城郊景观

12. 2. 2　景观环境的价值

景观环境是具有明显视觉特征与功能关系的地理实体,它既是生物的栖息地,更是人类的生存环境,具有生态、经济和文化的多重价值。景观环境的价值主要体现在以下几方面。

一、景观的稀有性

景观外貌形态及其所代表的自然过程的稀有性是重要的景观特征,按其重要性的差别可划分为世界级、国家级和地方级。某种景观被破坏后可能恢复的时间越长(年,世纪),则越为稀有。依据综合稀有性级别与可能恢复的时间尺度两方面,可对景观独特性价值进行综合判断,划分为低、中、高、最高等级别。如林区火山地貌类景观和温泉类景观即属世界级稀有性景观,其综合价值为最高。同理,景观的社会文化意义也可以按其影响的范围而区分为地方、区域、国家和国际等级别。只有地方社区价值的文化景观如教堂、公园、海湾等;具有区域价值的景观如绿色村庄等;具有国家价值的如国家公园、国家风景名胜地等。

二、景观的多样性

景观多样性是指景观单元在结构和功能方面的多样性,它反映了景观的复杂程度。景观的多样性首先反映斑块的多样性,即斑块数量、大小和形状的复杂程度;其次是景观组分类型的多样性和丰富度;第三是景观格局的多样性,即斑块间的空间关联性与功能联系性。景观多样性对于物质迁移、能量交换、生产力水平、物种分布、扩散和觅食有重要影响。景观组分类型多样性与物种多样性的关系呈正态分布,景观多样性的评定对于生物多样性研究具有直接和重要意义。

三、景观的功效性

景观的功效性指的是其作为一个特定系统所能完成的能量、物质、信息和价值等的转换功能。它是景观经济价值和生态价值的综合体现,包括以下几个方面。

(1) 生物生产力。

生物生产力是景观最基本的功能之一,对于自然景观和农业景观而言,其包含的生态系统的初级生产力、净生物量与光合作用生产率等指标无疑是最主要的特征。

(2) 景观的水分、养分物质循环。

景观的水分、养分物质循环与景观结构密切相关,合理的景观结构有利于水分、养分的循环,从而提高生物的生产力和改善区域生态环境。

(3) 景观中能量流动的规模与效率。

能值分析体系可综合分析通过景观的能量流、物质流与价值流的数量动态以及它们之间的数量关系,主要从能值投入率、净能值产出率和能值密度转换率等指标进行分析。这种方法适用于自然景观与人工景观的对比。

(4) 土地区位与经济密度。

这是土地开发与景观经济价值的重要体现。土地区位直接关系到其所能承载的经济密度,影响到景观经济价值的发挥。

(5) 生态系统多样性及其健康。

生态系统是景观的组分,相当于局部与整体的关系。生态系统多样性及其健康状况是景观生态意义的重要体现。景观斑块的面积、形状、景观中类型的多样性与复杂性以及景观类型空间分布的多样性对生态系统多样性均能产生重要影响。

四、景观的宜人性

景观的宜人性应理解为比较适合于人类生存、走向生态文明的人居环境,可采用景观通达度、生态稳定度、环境清洁度和空间拥挤度等指标来衡量。景观的通达度通常通过位置、区位、有廊道沟通、连通性、交通条件表现出来;生态稳定性则表现在系统结构、功能的一致性、连贯性以及恢复能力、对自然灾害的趋避性等方面;环境的清洁度主要表现为洁净的大气、水、土壤环境,在环境容量允许范围之内的污染物排放等;空间拥挤度是指单位空间的建筑密度和人口密度,绿色开敞空间系统,开放空间与绿色建筑体系,建筑容积率等。

五、美学价值

景观的美学价值是一个范围广泛、内涵丰富而又难于准确界定的问题。虽然不同民族和不同文化传统的人群具有不同的审美观,但是从人类共有的精神需求出发,如对兴奋、敬畏、轻松、美丽以及自由等的追求和体验,仍然可以归纳出景观美感评价的一般特征:其正向特征通常包含合适的空间尺度,多样性和复杂性,有序而不整齐划一,清洁性,安静性,景观要素的运动与生命的活力等;其负向特征则包括尺度的过大或过小,杂乱无章,空间组分不协调,清洁性和安静性的丧失,出现废物和垃圾等。

六、景观的资源性

景观的资源性主要表现如下。首先,在视觉上富有生机、和谐、优美或者奇特的景观可以直接为人类所利用,成为一种重要的资源。如对风景旅游地的认识和开发,以及对人类居住地的设计和改造等。其次,具有良好构型的景观是一种环境资源,可通过对景观格局的调整来影响和改变生态过程,使其发挥最大的生态效益。

12.3 农村景观环境规划与建设

12.3.1 农村景观规划的意义

农村各产业的蓬勃兴起,物质、能量和信息在各景观要素之间流动和传递,不断改变着农村区域内的景观格局,农业资源与环境问题日益突出。因此,运用景观生态学原理,对我国农村景观进行合理的规划和设计,对促进美丽乡村建设及农业的持续发展,具有重要的现实意义。

12.3.2 农村景观规划的原则

理想的农村景观生态规划应能充分反映农村景观资源提供农产品的第一性生产、保护生态环境和作为一种特殊的旅游观光资源这3个层次的功能。

首先,农村景观规划应该注重增加景观异质性来创建新的景观格局。如通过改变原有的景观基质,或营造生物廊道与水利廊道,或改变斑块的形状、大小与镶嵌方式,形成均匀或不均匀(散布与聚集)、细粒或粗粒的景观格局。

其次,要注意在原有的生态平衡中引进新的负反馈环,以增加系统的稳定性。通过多种经营、综合发展,或农果(林)牧结合,或农业种植与水产养殖相结合,提高景观中各生态系统的总体生产力,取得经济效益与生态效益的同步增长。

我国人口众多,人地矛盾突出,生态负荷重,在长时期高强度的土地利用之下,农村景观中自然植被斑块所剩无几。因此,我国农村景观生态规划建设要关注的首要问题是协调和提高人口承载力与维护生存环境之间的关系。生态保育必须结合经济开发来进行,通过人类生产活动有目的地进行生态建设,如调整农业生产结构、营造防护林、修建水保工程等。景观生态规划应贯彻如下原则:①建设高效人工生态系统,实行土地集约经营,保护集中的农田斑块;②重建自然植被斑块,因地制宜地增加绿色廊道和分散的自然斑块,补偿和恢复景观的生态功能;③控制建筑斑块盲目扩张,节约工程及居住用地,塑造环境优美、与自然系统相协调的人居环境与宜人景观;④山水林田路统一安排,改土、治水、植树、防污综合治理。

12.3.3　我国几种典型的农业景观模式

一、珠江三角洲湿地基塘农业景观模式

珠江三角洲的基塘体系是当地人民根据该地降水丰沛、地势低洼、排水不畅等环境条件而创造出来的一种独特的土地利用模式(图 12-6)。基塘体系在珠江三角洲已有 400 多年的历史,近年来,在农业转向外向型商品经济的推动下,愈益成为家庭经营的小尺度($2 \times 10^3 \sim 5 \times 10^3$ m²)集约化种养单元。基塘农业系统包括陆基与鱼塘两部分,陆基是作物生长之地,也是整个生态系统中桑、蚕、鱼的营养库;鱼塘则是土地利用的核心。基、塘比例(陆面和水面的比例)一般为 1:1。

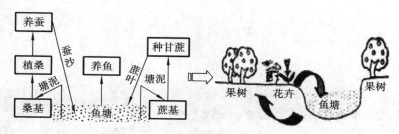

图 12-6　珠江三角洲"基塘农业"示意图

二、半干旱区沙地田-草-林农业景观模式

在我国东北平原的西部存在着大片固定沙地。由于历史上长期对沙地的过度开垦和农业利用,土地荒漠化日渐严重。20 世纪 80 年代开始,我国将沙地退化生态系统的恢复与重建列入国家战略,通过退耕还林还草政策,改变景观格局,有效遏制了沙化进程,同时在沙化土地上种植豆科牧草,形成一个使干扰不断减弱的负反馈环(图 12-7)。沙地田-草-林农业景观规划通常有以下几种形式:①在平顶沙地上建立网格状复合生态系统,林带内侧种植宽 50 m 的沙打旺草带,草带内形成固定耕地,林草田的比例一般以 2:1:5 为宜。②在外缘有沙地围绕、中间为碟形洼地的地段,建立环状的林草田格局。③在多丘状沙地上建立林网与草斑相结合的镶嵌结构,为固沙需要,林带网格大小以 200 m×100 m 为宜。

三、黄淮海及东北平原农田防护林网农业景观模式

在黄淮海平原和松嫩平原,针对风灾等环境问题,建立了我国面积最大、体系最完善的农田防护林网系统(图 12-8)。防护林网是农田景观中的廊道网络系统,如何以最小的造林面积达到最大的防护效果,是平原农田防护林区景观生态建设所要解决的问题。林网布局的理想状态是在最小重合度下,较少占地面积,使被防护的农田斑块全部处于林带的有效防护距离之内,即林带使景观基质处于抗大风干扰的正边缘效应带之内。防护林区的水量平衡是森林覆

图 12-7　半干旱区沙地田-草-林农业景观

盖率的限制因子,半湿润平原区以 18%～24% 为宜,半干旱平原区为 14%～20%,干旱区的绿洲可为 10%～16%。林带配置在半湿润区多采用宽带和大网格,干旱区宜采用窄带和小网格。

图 12-8　黄淮海平原农田防护林景观

四、南方丘陵区多水塘系统农业景观模式

在我国南方丘陵区以水稻田为基质的农业景观中广泛分布着用于蓄水的各种坑塘,面积从 $1.0×10^3$ m² 到 $1.0×10^5$ m² 不等,小者称为坑,大者称为塘,位于山麓、田间及村旁,是陆地与较大内陆水体过渡带的组成部分。在这种多水塘农业景观中,一般是 $5×10^4$ m² 陆地面积上分布 1 口水塘,这是当地农民为适应亚热带季风气候雨量不均不稳的特点,依据丘陵地形和水田耕作需要所建成的田间工程系统。这种分散布局的小水塘群有着拦蓄地表径流和泥沙以及过滤 N、P 营养物的重要生态作用,成为我国南方农村景观生态建设的典范(图 12-9)。

五、黄土高原区农-草-林立体镶嵌农业景观模式

控制大范围、高强度、占全球首位的水土流失是黄土高原生态环境改善和农业发展的核心

图 12-9　南方丘陵区多水塘系统农业景观

问题。据傅伯杰等的研究,梯田(或坡耕地)-草地-林地的土地利用结构具有良好的水土保持效果,是黄土丘陵沟壑区梁峁坡地上较好的土地利用结构类型。在黄土高原沟壑区一种以"坡修梯田、沟筑坝地、发展林草、立体镶嵌"为特色的立体农业景观生态模式已经基本建成(图12-10)。

图 12-10　黄土高原沟壑区农-草-林镶嵌立体农业景观

12.4　城市景观环境规划与建设

12.4.1　城市景观规划的意义

景观规划是城市环境的一个"载体"，增进人与人、人与环境间的情感交流，丰富着人们的精神世界。城市景观规划是包含城市设计、植物设计、风景设计、环境设计等多学科综合的设计体系，在设计中各组成部分相互影响、相互关联，共同形成了城市景观的基本框架。城市景观规划是一个城市软实力的核心体现，它反映了城市独特的生活方式、精神信念、文化底蕴、城市形象、情感归属和群体意识等，在城市发展建设中起重要作用。

12.4.2　城市景观规划的原则

一、以人为本的原则

城市是人类的聚居地，无论生活与工作都要在城市这个大环境中来进行。人是城市形成的最基本元素，没有人就没有城市的发展，所以我们的城市景观设计建设也要以"人"为基本原则。设计要为人服务，要以人的情感为主，要多方面满足人的多种需求，尤其充分考虑到人们对空间的需求，要把这些统统都考虑到细部设计实施当中。

二、人与自然和谐相处原则

城市的景观设计应在本城的自然景观基础之上进行再创造。自然景观是大自然在经历了几千年甚至是上万年才形成的，其中有我们人类再高的科技也无法完成的鬼斧神工。我们要树立起对这些自然景观的保护意识，不要让钢筋水泥逐渐替代了鲜花绿地，要做到和自然的和谐相处。

三、尊重城市历史文化，遵循可持续发展原则

城市历史让我们记住了我们先辈们的生活状况，我们也要通过同样的方式让我们的子孙后代也了解我们的生活。中国是一个有着悠久历史文化的文明古国，有着我们引以为豪的艺术形式，中国古代的城市建筑景观辉煌、奢华，我们要保护住这些享誉世界的景观。同时在现代城市的景观设计中我们要时刻谨记所有项目都要立足在可持续发展的基本点上，这样我们生活的环境才能越来越好。

12.4.3　国内外典型城市景观建设模式

一、德国慕尼黑

慕尼黑为德国的第三大城市，位于阿尔卑斯山北，是一座依山傍水、景色秀丽的山城，也是德国最瑰丽的宫廷文化中心，世界著名的啤酒城。慕尼黑突出的城市风貌是拥有众多的教堂塔楼等古建筑。在慕尼黑的开放空间设计中，沃尔夫斯堡大众汽车城主题公园的景观充满了它独有的特色。设计师充分运用当地的自然条件，创作出以城市广场、人工湖和岛屿景观为特点的主题公园，将工业与园林景观结合起来，体现了欧洲重视环保和生态的理念（图 12-11）。

二、意大利威尼斯

威尼斯是世界著名的水城，市中心最热闹繁华的地方，是被拿破仑称为"欧洲最美丽的客

图 12-11　德国慕尼黑城市景观

厅"的圣马克广场。广场分别被圣马克大教堂、钟楼、新市政府厅、克雷尔博物馆和总督府环绕,纷飞的鸽子是圣马克广场的一大特色。广场上永远都充满了人情味,做到了以人为本的景观空间。威尼斯人对于色彩非常热爱,城市里的房屋无一例外都是五彩斑斓的颜色,构成了一座"彩色岛"。弯曲的河道从房屋周边柔软地划过,当地人甚至可以划着小船出行(图 12-12)。

图 12-12　意大利威尼斯城市景观

三、美国波士顿

波士顿位于美国东北部大西洋沿岸,创建于 1630 年,是美国最古老、最有文化价值的城市之一。波士顿的早期欧洲移民最初根据这里的三座小山丘命名为三山城。在 19 世纪进行了巨大的"削山填海"的改造工程。1807 年开始,灯塔山的山顶被用于填平一个面积 20 公顷的池塘,后来那里形成了干草市场广场。自由之路是市政当局为方便游人观光而设计的路线,在地上用红砖和红油漆铺成。不是串联其高楼大厦,而是串联了其古老的建筑(图 12-13)。

图 12-13　美国波士顿城市景观

四、日本奈良

奈良市位于日本纪伊半岛中央,由被称为"近畿之屋顶"的纪伊山地及扩展至北侧的平原组成,土地面积约占全国面积的 1%,山地面积所占比例较大,森林覆盖率为 77%,90% 的人口集聚在县北部的奈良盆地及其周边地区。奈良市最初仿效中国唐代的长安城而兴建,西方的文化、艺术、建筑技术等透过古代丝绸之路传入日本,目前存有东大寺、法隆寺等世界文化遗产,以及佛教建筑、佛像雕刻等许多国宝和重要文化遗产(图 12-14)。

图 12-14　日本奈良城市景观

五、北京

北京是我国公布的第一批历史文化名城,它是中国古代都城规划史上最后的经典之作,作为中国历史文化名城,在世界古代城市规划史上也是独一无二的杰作。

　　中国古代城市的特点概括起来有两点。第一是在城市职能中政治性一直是第一位的,不论是早期的宫庙一体,还是后期的以官为主的封闭式里坊制和开放式街巷制,皆是以政治性为主的。第二是从公元 3 世纪曹魏邺北城开始,在城市建设中有了明确的规划,城市的中轴线出现,城市的主体——宫城,体现了皇权至高无上的城市设计思想。虽然现代化进程早已打破了古老北京城的原汁原味,但北京的城市风貌仍有其独特之处:严谨对称,富有变化的中轴线;刚柔并济的景观空间;棋盘式街道网,街道对景;起伏有致的城市天际轮廓;统一而重点突出的城市色彩(图 12-15)。

图 12-15　北京故宫鸟瞰图

六、深圳

　　深圳是一座新型的移民城市。深圳的城市建设坚持将园林绿化作为改善城市生态环境、投资环境、提高人居环境质量的一项重要措施来抓。根据城市总体规划,结合依山傍海的自然环境,按"点、线、面"相结合的原则,构筑了比较完善的绿地系统,被誉为中国主题公园和旅游创新之都。形成了包括城市景观环境、山海风光、乡土文化、购物休闲、文化娱乐、商务活动和康复保健在内的全方位旅游休闲体系,是中国最重要旅游城市之一。"深圳八景"融可观可游于一体,反映深圳本土文化,深受市民游客所青睐(图 12-16)。

图 12-16　深圳城市景观

12.5　景观环境的保护

12.5.1　景观环境保护的内涵

由于景观所具有的科学和实用价值，以及一部分有价值的景观环境正受到日益严重的人类活动的威胁，在 1987 年，国际上就提出了景观保护的概念。1991 年世界自然保护联盟（IUCN）工作组制定了景观保护计划，要求利用景观生态学原理，进行规划和管理，促进对文化景观的持续发展战略，并提出受胁景观红皮书。随着中国自然保护事业的发展，各地有关管理部门都制定了相应的"景观保护条例"。

景观保护的目的在于防止和治理景观的破坏和退化。景观保护是自然保护区和生态功能保护区的延伸，其重点在于视觉景观的保护。人类所感知的景观形态特征可成为视觉景观，如自然风光、风景画面、地形组合等，既是自然过程和人类活动对生态过程影响的体现，也是景观生态功能正常发挥的保证，因而是景观保护的重要内容。

12.5.2　景观环境保护的对象

根据我国的具体情况，结合景观的价值及其受胁程度，当前景观保护的对象应包括以下几个方面。

一、国家级自然遗产

此类景观以稀有、独特以及具有重要的美学价值而应受到重点保护。维持其存在以及保持其完整性是保护的主要目的，在此基础上进行适度的开发利用。国家级自然遗产主要包括以下几个方面。

（1）列入世界自然遗产，或符合世界自然遗产标准的景观。

（2）具有罕见特征的自然现象，能代表有特殊意义的自然地理过程或生态过程的景观。

（3）具有不同寻常的自然美，有重要美学价值的自然景观。

二、体现重要文化价值的人工经营景观

此类景观是由人类长期适应环境、利用与改造自然环境而形成的半人工景观，或称为人工经营景观，反映了人类活动对自然生态过程的正向干预，蕴藏着人类的重要信息和文化传统。对此类景观的保护不仅应注重于维持景观形态，更应侧重于发挥其正常的功能，使其成为人与自然环境和谐共生的范本。此类主要包括以下几个方面。

（1）长期发展形成的特殊土地利用方式，如云南哈尼梯田，新疆吐鲁番葡萄沟，苏北垛田，甘肃砂田等。

（2）有科学意义的古代水利工程或其他资源利用工程，如新疆坎儿井，四川都江堰和自贡盐井等。

（3）既具有良好生态效益又有显著美学价值的农村景观和生态工程景观，如被列入全球环境 500 佳的北京大兴区留民营生态农场、甘肃沙坡头麦草方格防沙治沙生态工程景观等。

三、由于工程破坏，应实行生态恢复或重建的景观

这类景观是由于人类活动对自然环境的负向干预而产生的。目前普遍采用的生态恢复途径主要是通过工程措施与生物修复的结合来实施。这类景观主要包括以下几个方面。

（1）道路工程迹地和岩土坡。

（2）露天矿、采石场迹地。

（3）煤矿地面沉降区与矸石山。

（4）水利工程边缘迹地。

四、因不当利用造成景观污染与破坏，应通过改造或恢复实行景观保护的地区

对于此类开发利用不当而造成的景观破坏，应通过调整开发方向，合理安排建设格局来实现。通过人工与自然景观的有机结合，促进景观生态过程的健康与持续发展，并保证景观的生态功能不受损害。其主要包括以下几点。

（1）自然保护区与风景名胜区中，侵占自然环境的破坏性建设。

（2）文化景观中破坏视觉形象的不协调建筑物。

（3）对城市郊野自然或半自然景观的不合理开发。

12.5.3　景观环境保护的判定指标与实践

对于特定的景观类型，要准确、合理地实施保护，首要问题之一是对景观保护进行等级评定，再选择适宜的保护措施，做到既充分地发挥景观的各项功能，体现景观功能的价值，又保护和改善受胁迫或已遭受破坏的景观。因此，景观保护规划往往是景观规划中的重要内容。

景观保护等级的确定需要科学、合理的评定方法。如欧美一些国家利用美学度估测模型、景观比较评判模型、环境评判模型等方法对景观保护等级进行评价，并形成了心理物理学派、认知学派、经验学派和专家学派等不同的评价体系。

在中国，随着人们环境保护意识的提高，景观价值的合理评估与保护越来越受到人们的关注。不仅景观的经济、社会、生态价值评价已得到普遍关注，对视觉景观评价的研究也已引起许多学者的重视。近年来，RS、GIS 技术也大量应用到景观评价和景观保护中来，对视觉景观价值和景观保护的评判也扩展到不同类型区域的各个景观层面。

一、景观美景度

景观美景度是通过测定公众的审美态度，获得美景度量值。目前通用的做法是根据景观图片资料，选取若干景观点位，再组织专家或不同类型的公众对选定的景观要素进行评分。如对铁路、公路等沿线的景观美学度评分中可选择地形地貌、植被、水体、色彩、毗邻风景和特异性等景观要素；森林景观美景度可选择林分平均胸径、林龄、林内可透视距离、林分组成、林分密度与郁闭度等评定要素；乡村景观评价可选取景观质量、吸引力、认知程度、人与景观协调度和景观视觉污染等因素。

二、景观脆弱度和景观阈值

景观脆弱度是表征景观对外界干扰的抵抗和同化能力，以及景观遭到破坏后的自我恢复能力。它主要取决于气候、土壤、海拔、岩性和生物诸资源因素，以及作为影响表现指标的景观对工程扰动的敏感系数和破坏后恢复能力系数。景观脆弱度常用计算公式如下：

$$G = \sum_{i=1}^{n} P_i \times W_i / (\max \sum_{i=1}^{n} P_i \times W_i + \min \sum_{i=1}^{n} P_i \times W_i) \tag{12-1}$$

式中：P_i——景观类型环境特征指标初值化之值；

　　W_i——各指标权重。

例如，王云才将乡村景观敏感度评价划分为 3 个部分，即乡村景观生态敏感度、视觉敏感度以及传统聚落建筑环境的敏感度评价,每一部分又选取若干影响要素。通过对各因子进行重要性赋值,计算出景观脆弱度以及景观阈值。

三、景观敏感度

景观敏感度是景观被注意的程度,它是景观醒目程度的综合反映。一般来说,景观敏感度越高的区域或部位,受干扰后所造成的冲击越大,因而应作为重点保护地区。在进行敏感度评价时,首先选取与敏感度密切相关的因子进行单因子评价,然后根据各因子的影响权重进行综合评定,从而确定景观敏感度的等级。

除了以上使用较普遍的指标外,根据研究需要与评价区的实际情况,学者们还创建了另外一些指标。例如,王云才对乡村景观评价中除了采用了美景度、敏感度指标外,还构建了乡村景观可达度、相容度以及可居度等指标,从而使评价指标体系更趋完善。通过对"五度"的综合评价,实现合理开发、利用、保护、保存乡村景观,实现乡村景观的多重价值体系与功能;在城市景观研究中经常被学者们提到的城市景观异质性以及生物多样性等指标,也是评价城市景观不可缺少的因子。

思 考 题

1. 为什么在不同学科中对"景观"一词的强调重点有所差别?
2. 景观价值通常表现在哪些方面?
3. 城市景观环境是否应进行生态转型?
4. 简述如何在"乡村振兴"计划中进行景观环境的保护和建设。

参 考 文 献

[1]　何强,井文涌,王翊亭.环境学导论[M].3版.北京:清华大学出版社,2004.

[2]　环境科学大辞典编委会.环境科学大辞典[M].修订版.北京:环境科学出版,2008.

[3]　周国强.环境保护与可持续发展概论[M].北京:中国环境科学出版社,2005.

[4]　盛连喜.现代环境科学导论[M].北京:化学工业出版社,2002.

[5]　陈英旭.环境学[M].北京:中国环境科学出版社,2001.

[6]　孔昌俊,杨凤林.环境科学与工程概论[M].北京:科学出版社,2004.

[7]　杨志峰,刘静玲.环境科学概论[M].北京:高等教育出版社,2004.

[8]　左玉辉.环境学[M].北京:高等教育出版社,2002.

[9]　郭怀成,陆根法.环境科学基础教程[M].2版.北京:中国环境科学出版社,2003.

[10]　吴义生.环境科学概论[M].北京:当代世界出版社,1999.

[11]　刘培桐,薛纪渝,王华东.环境学概论[M].2版.北京:高等教育出版社,1995.

[12]　张坤民.可持续发展论[M].北京:中国环境科学出版社,1997.

[13]　钱易,唐孝炎.环境保护与可持续发展[M].北京:高等教育出版社,2000.

[14]　李训贵.环境与可持续发展[M].北京:高等教育出版社,2004.

[15]　刘江.中国可持续发展战略研究[M].北京:中国农业出版社,2001.

[16]　曹凑贵.生态学概论[M].北京:高等教育出版社,2006.

[17]　施维林,张艳华,孙立夫.生态与环境[M].杭州:浙江大学出版社,2006.

[18]　王焕校.污染生态学[M].北京:高等教育出版社,2002.

[19]　尚玉昌.普通生态学[M].2版.北京:北京大学出版社,2002.

[20]　张善余.中国人口地理[M].北京:科学出版社,2003.

[21]　李建新.转型期中国人口问题[M].北京:社会科学文献出版社,2005.

[22]　白石,梁书民.世界粮食供求形势与中国农业走出去战略[J].世界农业,2007(11):5-9.

[23]　黄润华,许嘉琳,冯年华.人口、资源与环境[M].北京:高等教育出版社,2008.

[24]　陈三三.马寅初的人口经济思想和理论对我国的影响[J].集团经济研究,2007(12):
　　　 316-317.

[25]　乔晓春.中国控制人口增长的任务是否已经完成[J].人口与发展,2008(1):36-38.

[26]　蔡运龙.自然资源学原理[M].北京:科学出版社,2007.

[27]　孟庆瑜.自然资源法基本问题研究[M].北京:中国法制出版社,2006.

[28]　鲁传一.资源与环境经济学[M].北京:清华大学出版社,2004.

[29]　马中.环境与资源经济学概论[M].北京:高等教育出版社,1999.

[30]　林爱文.资源环境与可持续发展[M].武汉:武汉大学出版社,2005.

[31]　陈建省,张春庆,田纪春,等.生物质能源发展的趋势及策略[J].山东农业科学,2008,4:
　　　 120-124.

[32]　童志权.大气污染控制工程[M].北京:机械工业出版社,2006.

[33] 郝吉明,马广大.大气污染控制工程[M].北京:高等教育出版社,2002.

[34] 沈伯雄,鞠美庭.大气污染控制工程[M].北京:化学工业出版社,2007.

[35] 高廷耀,顾国维.水污染控制工程[M].3版.北京:高等教育出版社,2007.

[36] 张希衡.水污染控制工程[M].2版.北京:冶金工业出版社,2004.

[37] 彭党聪.水污染控制工程实践教程[M].北京:化学工业出版社,2007.

[38] 任伯帜,熊正为.水资源利用及保护[M].北京:机械工业出版社,2007.

[39] 黄昌勇,徐建明.土壤学[M].3版.北京:中国农业出版社,2016.

[40] 陈怀满,朱永官,董元华,等.环境土壤学[M].3版.北京:科学出版社,2018.

[41] 夏立江.土壤污染及其防治[M].上海:华东理工大学出版社,2007.

[42] 巩宗强,李培军,王新,等.污染土壤的淋洗法修复研究进展[J].环境污染治理技术与设备,2002,3(7):45-50.

[43] 张从,夏立江.污染土壤生物修复技术[M].北京:中国环境科学出版社,2000.

[44] 李永涛,吴启堂.土壤污染治理方法研究[J].农业环境保护,1997,16(8):118-122.

[45] 宁平.固体废物处理与处置[M].北京:高等教育出版社,2007.

[46] 杨建设.固体废物处理处置与资源化工程[M].北京:清华大学出版社,2007.

[47] 赵由才,牛冬杰,柴晓利,等.固体废物处理与资源化[M].北京:化学工业出版社,2006.

[48] 韩宝平,程建光,何康林.固体废物处理与利用[M].北京:煤炭工业出版社,2002.

[49] 李国建,赵爱华,张益.城市垃圾处理工程[M].2版.北京:科学出版社,2007.

[50] 沈渭寿,曹学章,金燕.矿区生态破坏与生态重建[M].北京:中国环境科学出版社,2004.

[51] 洪宗辉,潘仲麟.环境噪声控制工程[M].北京:高等教育出版社,2000.

[52] 马太玲,张江山.环境影响评价[M].武汉:华中科技大学出版社,2009.

[53] 刘绮,潘伟武.环境质量评价[M].广州:华南理工大学出版社,2004.

[54] 周国强.环境影响评价[M].武汉:武汉理工大学出版社,2003.

[55] 田子贵,顾玲.环境影响评价[M].北京:化学工业出版社,2004.

[56] 奚旦立.环境监测[M].北京:高等教育出版社,2004.

[57] 郦桂芬.环境质量评价[M].北京:中国环境科学出版社,1989.

[58] 张凯,崔兆杰.清洁生产理论与方法[M].北京:科学出版社,2005.

[59] 奚旦立.清洁生产与循环经济[M].北京:化学工业出版社,2005.

[60] 郭显锋,张新力.清洁生产审核指南[M].北京:中国环境科学出版社,2007.

[61] 朱庚申.环境管理学[M].北京:中国环境科学出版社,2002.

[62] 叶文虎.环境管理学[M].2版.北京:高等教育出版社,2006.

[63] 傅伯杰,马克明,周华峰,等.黄土丘陵区土地利用结构对土壤养分分布的影响[J].科学通报,1998,43(22):2444-2447.

[64] 李团胜,石玉琼.景观生态学[M].北京:化学工业出版社,2009.

[65] 苏晓静.城市景观环境的生态转型[D].上海:同济大学,2007.

[66] 王云才.乡村景观旅游规划设计理论与实践[M].北京:科学出版社,2004.

[67] 肖笃宁,高峻.农村景观规划与生态建设[J].生态与农村环境学报,2001,17(4):48-51.

[68] 肖笃宁,解伏菊,魏建兵.景观价值与景观保护评价[J].地理科学,2006,26(4):506-512.

[69] 赵羿,胡远满,曹宇,等.土地与景观[M].北京:科学出版社,2005.